Introduce | 머리말

이런 이야기가 있다. 오리 한 마리가 연못에서 재미있는 여름을 보내고 있었다. 그 연못에는 먹을 것도 많고, 놀기에도 아주 좋았다. 그래서 그 오리는 연못 밖으로 나올 생각을 하지 않았다. 그러나 시간이 지나 추운 겨울이 되어 얼음이 얼기 시작했다. 그래도 그 오리는 설마 하면서 그곳에 안주하다가 그만 얼어 죽고 말았다. 현대의 빠른 시대 변화에 적응하지 못하고 현실에 안주하는 사람은 이 오리와 같은 경우가 아닌가 생각해 본다.

현대 사회를 첨단 산업 사회 또는 정보화 사회라고들 한다. 그러기에 과학기술이 그 어느때보다도 우리들의 생활 깊숙이 뿌리잡고 있는 때이다.

그 중에서도 전기전자 기술은, 우리의 가정을 살펴보면 바로 알 수 있다. TV, 냉장고, 비디오, 오디오, 세탁기 등 대부분 전기전자 제품이며, 이외에도 산업용 기계, 조명기구, 교통 기관, 방송 통신 설비, 의료 기기, 해양개발, 항공 우주 산업, 정보처리 등 그 응용분야 또한 심히 광대하다.

흔히 전기전자를 모르고는 현대를 사는 신지식인라고 말할 수 없을 정도로 전기전자 기술은 우리들의 주위에서 없어서는 안 될 중요한 것이다.

이러한 점을 감안하여 저자는 산업현장과 강단에서의 오랜 경험을 토대로, 전기전자 분야를 전공하고자 하는 초보자들과, 기계금속, 자동화, 건축, 컴퓨터, 섬유화공 분야 등에 종사하는 비전공 기술자들에게 전기전자에 대한 기초에 대한 이론을 누구나 쉽게 이해하고 습득할 수 있도록 어려운 수식을 피하고 많은 그림을 넣어 이 책을 저술하였다.

이 책의 내용은 총10장으로 구성되어 있으며 그 특징은

- 각 장마다 연습 문제와 **실험 실습**을 **삽입**하여 별도의 실험책 없이 실험을 할 수 있도록 하였으며,
- **산업 현장**에 꼭 필요한 전기전자 지식을 중심으로 기초이론에서 제어까지 할 수 있는 기본 내용으로 구성되어 있다.

끝으로 전기전자 기술에 대한 이론을 습득하고자 하는 비전공자들과 전기전자 분야를 전공하는 초보 공학도들이 전기전자 기초를 이해하는데 많은 도움이 되기를 진심으로 기원하면서, 이 책이 출판되기까지 정성을 다해 도와준 기전연구사 나영찬 사장님과 직원 여러분들께 심심한 감사를 드린다.

지일구 씀

Basic
Electricity
Electronics

전기전자 기초

지일구 · 오창록 공저

Contents | 차　례

제 3 장 직류회로와 교류회로 ■ 105

제 4 장 다이오드와 정류회로 ■ 163

제 5 장 트랜지스터 ■ 199

제 6 장 증폭회로 및 펄스회로 ■ 233

제 7 장 AC 전력용 반도체 소자 ■ 265

제 8 장 OP-Amp ■ 283

제 9 장 센 서 ■ 323

제 10 장 전동기 및 컨버터 회로 ■ 347

제 1 장

전기회로 및 소자

학습목표

1) 전기회로의 구성을 이해하고, 전류, 전압, 기전력의 개념에 대하여 이해한다.
2) 저항, 코일, 콘덴서 소자에 대하여 이해한다.

1. 전기회로의 구성
2. 전기회로소자(1) 저항
3. 전기회로소자(2) 콘덴서
4. 전기회로소자(3) 코일

◆ 연습문제

제 1 장

전기회로 및 소자

1 전기회로의 구성

1.1 전기회로의 구성요소

전기회로에는 각종 전기부하를 제어하기 위하여 회로소자(회로부품)가 결합되어 있으며, 회로를 구성하는 요소(회로소자)는 저항 · 코일 · 콘덴서 · 다이오드 · 트랜지스터 · 전원 등이 있다. 각 소자 사이는 도선으로 접속하는데 도선은 전원, 전기부하, 스위치 등에 전류를 전달하는 통로 역할을 한다. 전기회로는 전원의 공급방식에 따라서 직류회로와 교류회로가 있으며, 회로에 소자의 접속방법에 따라서 직렬회로와 병렬회로가 있다.

1) 전기회로

① 전류가 흐르는 길을 "전기회로"라고 한다. 전구(전기부하)에 전원을 연결하고 스위치를 연결상태로 놓으면 전구가 점등이 된다. 이것은 전구에 (+)전원에서 나온 전류가 부하를 거쳐 (−)전원으로 흘렀기 때문이다. 이때 전류가 흐르는 길을 살펴보면 그림 1.1(a)에 나타낸 바와 같이 전원 (+)단자→전선→스위치→램프→전선→전원 (−)단자 순서로 전류가 흐른다.

② 스위치가 연결되지 않으면 전류가 흐르는 길에 끊어진 곳이 있어서 전류는 흐르지 못한다. 그러나 스위치를 눌러서 연결시키면 전류가 흐르는 길이 연결되어서 전류가 흘

러 전구가 점등한다.

③ 전류가 흐르는 길이 끊어진 곳이 없는 전기회로를 "폐회로(closed circuit)"라고 하고, 스위치를 누르지 않으면 전류가 흐르는 길이 차단되어서 (회로가 끊어져서) 전류가 흐르지 않는다. 이와 같이 전류가 흐르는 길이 끊어진 전기회로를 "개회로(open circuit)"라고 한다.

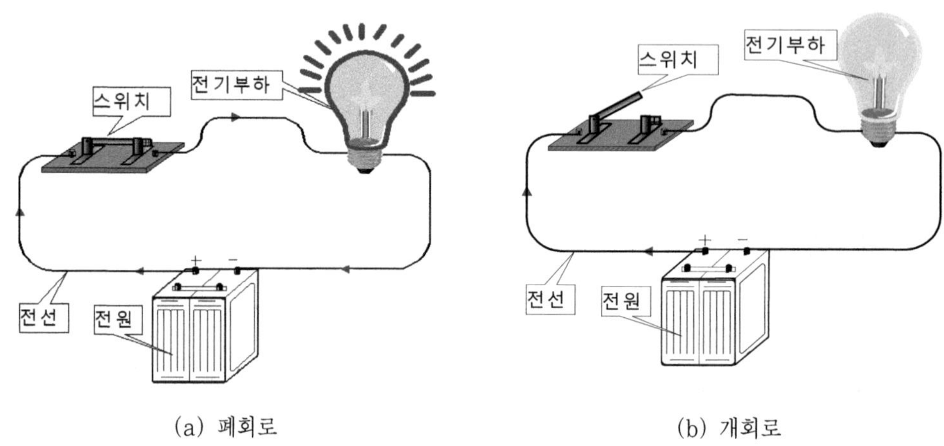

(a) 폐회로　　(b) 개회로

그림 1.1 전기회로의 구성

☞ **부하(負荷, load)**

전원으로부터 전압과 전류를 공급을 받아서 여러 가지 전기적·기계적인 에너지를 변환하는 전기기기 및 장치

2) 전류

① 도체 내에는 자유전자가 많이 존재한다. 도체에 전압을 인가하면 전자는 (+)극으로 이끌려가고, 전자의 방향과 반대로 전류가 이동한다.

② 이러한 자유전자들의 무리가 부딪치면서 이동하는 것이 "전류"의 실체이며, 전자는 (−)극 에서 (+)극으로 이동하고, 전류는 (+)극에서 (−)극으로 흐른다.

③ 전자는 (−)전기를 띠고 있는데 이것을 "(−) 전하"라고 한다. 전자 한 개가 가지는 전하량은 -1.602×10^{-19} 〔C=쿨롱〕으로 정의한다.

④ 전류의 문자기호는 "I", 단위는 "A(암페어)"를 사용한다.

⑤ 전류(Current)는 얼마나 많은 전하가 흘러갔는가 하는 세기를 의미하는 것이기 때문에 "Intensity"의 첫 자를 따서 "I"로 표기한다.

⑥ 전류를 흘려주는 원동력이 되는 것은 "전원(기전력)"이라고 하는데 그 이유는 전류가 흐르는 도선은 구리와 같은 금속원자로 구성된다. 전지나 전원장치를 연결하면 전자들이 원자핵에서 떨어져 나와 이동하면서 전류가 흐른다. 펌프를 연결하면 물이 수도관에 흐르는 것과 같은 흐름이다.

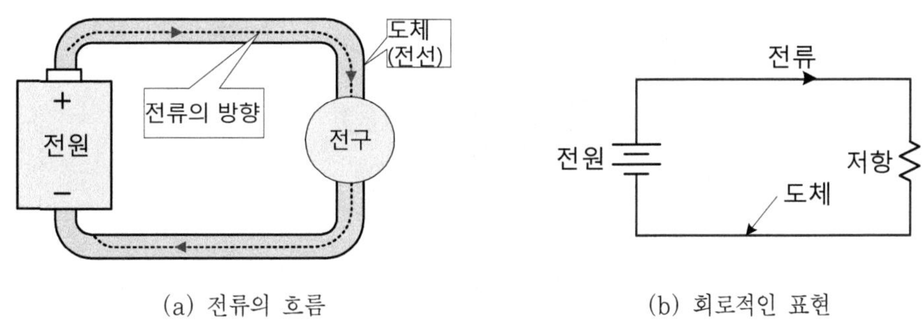

(a) 전류의 흐름　　(b) 회로적인 표현

그림 1.2 전류의 흐름과 회로적인 표현

⑦ 전류의 단위

전류 단위	승수	단위기호
1,000〔A〕	10^3〔A〕	1〔kA〕
1〔A〕	1〔A〕	1〔A〕
$\frac{1}{1,000}$〔A〕	10^{-3}〔A〕	1〔mA〕
$\frac{1}{1,000,000}$〔A〕	10^{-6}〔A〕	1〔μA〕

3) 전기량

전류는 전자의 흐름이며 그것의 실체는 전하가 이동하여 발생하는 현상이다. 그러면 전류의 운반꾼에 대해서 알아보기 위해서는 먼저 원자에 대한 이해가 필요하다.

① "원자"란 물질을 쪼개고 또 쪼개서 더 이상 쪼갤 수 없는 "입자"를 말한다.

☞ **입자**

아주 작고 거의 눈에 보이지 않을 정도의 작은 물체를 의미하며, 원자, 원소, 분자를 포함하고 있다.

② 그 구성은 중심에 있는 원자핵과 그 주위를 돌고 있는 전자로 구성되었고, 원자핵은 다시 "양성자와 중성자"라고 하는 두 종류의 입자로 구성되었다.

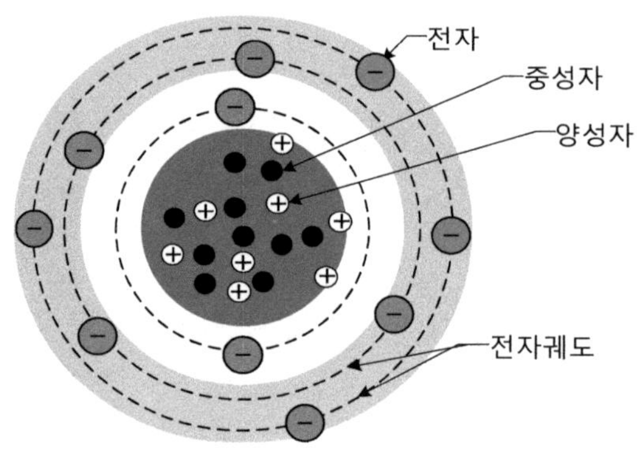

그림 1.3 원자핵의 구성

③ 각 입자의 질량은 양성자 1.673×10^{-27}[kg], 중성자 1.675×10^{-27}[kg], 전자 1.11×10^{-31}[kg]이다.

④ 이들 입자 사이에는 아주 작지만 만유인력과 함께 전자와 양성자는 서로 끌어당기고, 전자끼리나 양성자끼리는 서로 반발하는 전기력이 작용한다.

☞ **만유인력**

우주상의 모든 물체 사이에 작용하는 서로 끌어당기는 힘

☞ **원자와 전자의 크기 비교**

원자와 전자의 크기를 비교하자면, 원자의 크기가 "극장" 정도라면, 전자는 극장에 떠다니는 먼지 하나 정도의 크기이다.

☞ **중성자의 역할**

양성자는 전기적으로 (+)로 대전되기 때문에 양성자끼리는 전기적으로 척력을 갖는다. 서로 척력이 작용하는데도 양성자는 핵 안에서 강하게 결합하는 이유는 다음과 같다.

핵 안에서는 전기력도, 중력도 아닌 다른 힘이 존재하기 때문이다. 그것이 바로 "강한 핵력"이다.

강한 핵력은 양성자끼리의 전기적인 반발력을 뛰어넘는 힘이다. 그 힘의 원천은 중성자이다. 중성자는 전기력이 아닌 핵력을 사용하여 양성자와 양성자끼리를 묶어주는 일종의 접착제 역활을 한다.

⑤ 전자궤도 중 원자핵과 가장 먼 최외각 궤도를 있는 전자들은 궤도를 이탈할 수 있는 외부에너지(빛, 열, 전계)를 받게 되면, 원자핵의 인력에서 벗어나 자유롭게 이동할 있는 자유전자가 되며, 자유전자가 이동하게 되면 전기전자회로에서 전류가 흐르게 된다.

⑥ 전기력은 각 입자에 주어진 (+), (−) 전기량(전하량)이다. 전자는 (−)의 전기량을 가지고, 양성자는 (+)의 전기량을 갖는다. 중성자는 입자와의 사이에서 전기력이 전혀 작용하지 않기 때문에 전기량이 제로인 입자다.

⑦ 각 입자의 전기량은 전자 : -1.602×10^{-19}〔C=쿨롱〕, 양성자 : $+1.602\times10^{-19}$〔C〕, 중성자 : 제로이다.

⑧ 쿨롱(C)이라는 것은 전기량의 단위이며, "1〔A〕의 전류"는 1초간에 운반되는 전기량이 1〔C〕이다. 전자와 양성자의 전기량은 부호가 반대이지만 크기는 같다. 도선 속을 흐르고 있는 전류의 정체는 전자의 흐름이다. 전자가 갖고 있는 전하(전기량)는 (−)이므로 전원의 (−)극에서부터 (+)극으로 흐른다.

⑨ 일정한 시간 동안에 도선 단면을 통과하는 전하량을 "전류"라고 하며, 시간 〔t〕초 동안에 도체에 총전하량이 Q〔C〕이 통과하면 그 회로의 전류 I〔A〕는 I=(Q/t)로 정의하며, 1초 동안에 6.25×10^{18}개의 전자(=1〔C〕의 전하량)가 통과하면 1〔A〕의 전류세기가 된다. 즉 단면을 통과하는 전자개수가 많으면 많을수록 전류세기는 커진다.

⑩ 전기전자회로에서는 전류의 절대적인 크기를 제어하고 싶을 경우에는 "저항", 시간의 변화에 따른 전류의 크기를 제어할 경우에는 "코일", 시간의 변화에 따른 전압의 크기를 제어할 경우에는 "콘덴서"라는 소자를 사용한다.

예제

어떤 지점을 5〔C〕의 전하가 0.1초 동안 통과하였을 때 이 점의 전류의 크기 I는 몇 〔A〕인가?

풀이

$$I=\frac{\text{전기량}}{\text{시간}}=\frac{5[\text{C}]}{0.1\text{초}}=50[\text{A}]$$

☞ **자유전자**

핵에 인력에 의하여 구속된 전자가 외력(전계, 빛, 열)등에 의하여 원자핵의 인력에서 벗어나 자유롭게 움직이는 전자

☞ **전하**

① 전하는 물질을 구성하는 소립자를 말한다. 금속 속에서는 전자이며, 전해액 속에서는 이온, 반도체 속에서는 전자와 정공이 전하가 되어 이동하게 되어서 전기, 전자회로에서 전류가 흐르게 된다.

② 전하(電荷)는 어떤 물질이 갖고 있는 전기량을 의미하여, 전하는 (+)전하와 (−)전하로 나눌 수 있다.

③ (−)전하 : 중성인 물체가 전자를 얻으면, 전자가 많아져서 (−)의 전기적인 성질을 갖는다.

④ (+)전하 : 중성인 물체가 전자를 잃으면, 전자가 부족하여 (+)의 전기적인 성질을 갖는다.

⑤ 전하의 성질 : 동일한 부호의 전하 사이에는 서로 밀어내는 척력이 작용하고, 다른 부호의 전하 사이에는 서로 잡아당기는 인력이 작용한다. 이는 마치 자기력의 인력, 척력과 유사하다.

☞ **전자의 이동방향**

금속에서는 (+)전하는 움직이지 않기 때문에 전류를 "전자의 흐름" 이라고 한다. 전자가 전원의 (−)극에서 (+)극 방향으로 이동한다는 것은 과학자들의 실험으로 알았다. 전자의 움직임이 알려져 있지 않았던 시절의 과학자들은, 물의 흐름이 높은 곳에서 낮은 곳으로 흐르듯이 전류도 전원의 (+)극에서 (−)극으로 흐른다고 생각했기 때문에 실제 전자의 흐름과는 반대로 통상적으로 전류의 흐름을 사용하고 있다.

☞ **1〔A〕 의미**

① 전류의 세기(I)는 1초 동안 단면을 지나가는 전하량을 의미한다. 즉, "1〔A〕란" 1초 동안에 6.25×10^{18}개의 전자(=1〔C〕의 전하량)가 통과했을 때의 전류의 크기를 말한다. 전류의 크기를 I, 단면을 통과한 총 전하량을 "Q", 걸린 시간을 "t"라고 하면, 전류는 "I=Q/t"로 정의한다.

② 1초 동안 1〔A〕의 전류가 흘렀을 때 단면을 통과한 전자의 수를 계산해보면 I=Q/t에서 I는 1〔A〕이고, t는 1초이므로, $1[\mathrm{A}]=\frac{Q}{1}=\frac{ne}{1}$ (여기서 n은 전자의 개수이고, e는 전자의 전하량이다.)

도선의 한 단면을 통과한 전하량은 전자의 전하량에 전자개수를 곱해주고, n에 대하여 정리하면

$$n=\frac{1}{e}=\frac{1}{1.6\times10^{-19}}=6.25\times10^{18}$$

즉, 1초 동안 1〔A〕의 전류가 단면을 통과할 때 전자개수는 6.25×10^{18}개이다.

4) 기전력

① 전류를 연속적으로 흘리는 원동력이 되는 것을 "기전력(Electromotive Force)"이라고 한다.

② 기전력은 그림 1.4와 같이, B 수조의 물을 A 수조까지 퍼 올리는 펌프압력에 상당한다. 그 이유는 수류를 연속적으로 유지하기 위해서는 B 수조에서 A 수조까지 물을 항상 퍼 올리기 위해서는 물이 지속적으로 순환해야 한다.

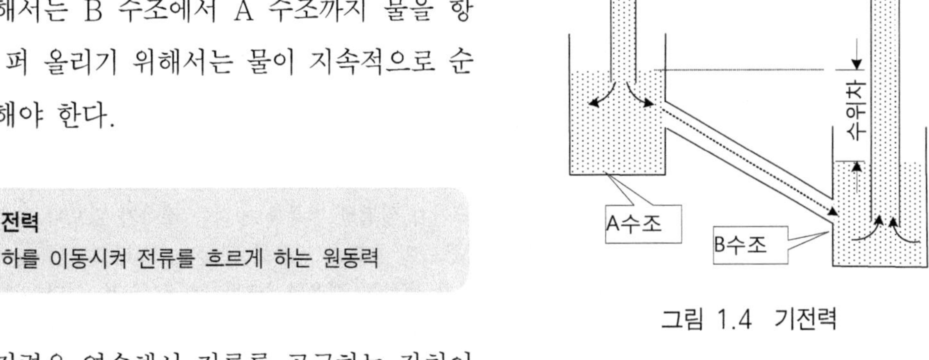

그림 1.4 기전력

☞ **기전력**
전하를 이동시켜 전류를 흐르게 하는 원동력

③ 기전력은 연속해서 전류를 공급하는 장치이다. 이러한 장치를 전기에너지의 원천이라는 의미에서 "전원(電源)"이라고 한다.

④ 전원은 전류를 연속적으로 흘리기 위하여 전자를 발생하는 장치, 예를 들면 전지나 발전기 등을 "전원"이라 한다. 그리고 전구나 전열기, 선동기 등은 전류의 공급을 받아서 빛이나 열이나 동력을 발생시킬 수 있는 즉, 전원으로부터 전류를 공급받아서 빛, 회전력 등을 발생하는 전기기기 및 장치를 "부하"라고 한다.

⑤ 기전력의 문자기호는 "E", 단위는 "V(볼트)"로 표시한다.

⑥ 기전력의 종류에는

㉮ 직류전원(DC : Direct Current)과 교류전원(AC : Alternating Current)

㉯ 전압원과 전류원 : 부하전류의 크기에 따라서 전압이 변화하지 않는 것이 "전압원"이고, 부하전압의 크기에 따라서 전류가 변화하지 않는 것이 "전류원"이다.

㉰ 정전원과 가변전원 : 전압·주파수 등이 일정한 것과 가변적인 것이 있다. 이런 것 외에 전압·전류 등의 크기, 변동률·안정도, 교류의 경우는 다시 주파수·상수(相數)·파형 등에 따라 여러 가지 교류의 성질을 표현할 수 있다.

전원의 종류

종류	기호	의 미
직류 전원	E + -	전압 전류 / 0 / 시간 ☞ 건전지의 전류와 같이 항상 일정한 방향으로 흐르는 전류. 약칭하여 보통 DC로 쓴다.
직류 전원	E + -	☞ 흐르는 방향과 크기가 일정한 전류를 칭하는 경우가 많으나 넓은 의미로는 일정한 방향으로 흐르는 전류를 말한다. 그리고 전류의 방향은 일정하지만 크기가 변하는 경우를 "맥동전류"로 구분 한다. 정류기나 전압조정기를 통해 출력되는 직류의 전압은 거의 변화가 없지만 전류의 크기는 변하기도 한다. ☞ 전화선상에서 목소리 신호가 규칙적으로 요동하는 것과 같이 직류전압이 시간에 따라 변하는 전류를 직류라 칭하기도 하는데, 이때는 극성이 일정한 전류라는 의미를 갖는다.
교류 전원	E	전압 전류 / 0 / 시간 ☞ 시간에 따라 크기와 방향이 주기적으로 변하는 전류로서 보통 AC (alternating current)로 표시한다. ☞ 정현파(사인파)가 가장 전형적이며 그 외에 구형파, 삼각파 등이 있다. ☞ 전류흐름의 방향이 일정한 직류와 여러 가지로 다른 성질을 갖고 있다. ☞ 종류는 단상교류와 삼상교류가 있다.

⑦ 단상교류 및 삼상교류

㉮ 단상교류는 하나의 기전력으로 전기부하에 교류전류를 공급하는 방식

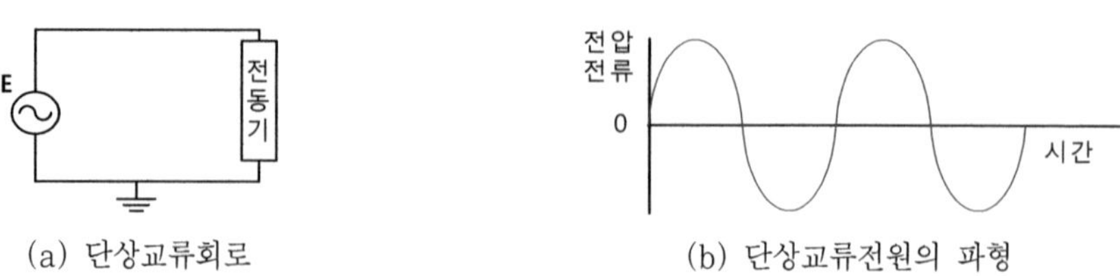

(a) 단상교류회로 (b) 단상교류전원의 파형

그림 1.5 단상교류회로

㉯ 삼상교류는 3개의 기전력(R상, S상, T상)으로 전기부하에 교류전류를 공급하는 방식

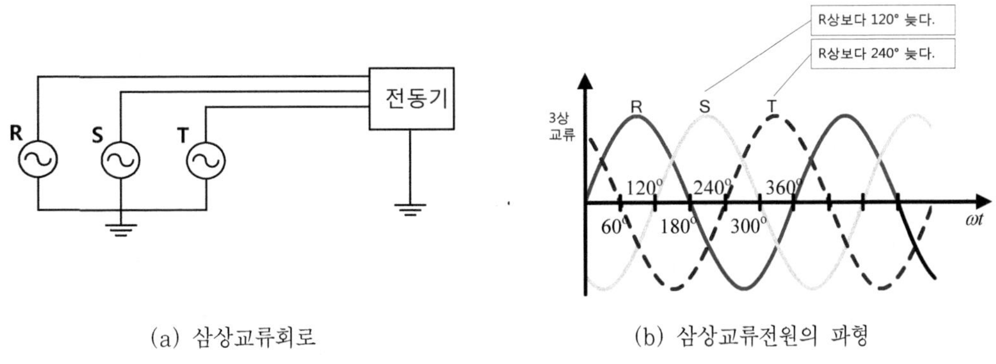

(a) 삼상교류회로 (b) 삼상교류전원의 파형

그림 1.6 3상 교류회로

5) 전압(전위차) : 문자기호 V(Voltage), 단위 [V]

① "전위"란 대지(영전위)를 기준으로 한 전위차[V]를 말하며 이것을 산에 비유하면 표고에 해당한다. 즉, 해면보다 높은 것은 플러스 몇 미디의 표고가 되고 또 해면보다 낮은 것은 마이너스 몇 미터의 표고가 된다.(그림 1.7 참조)

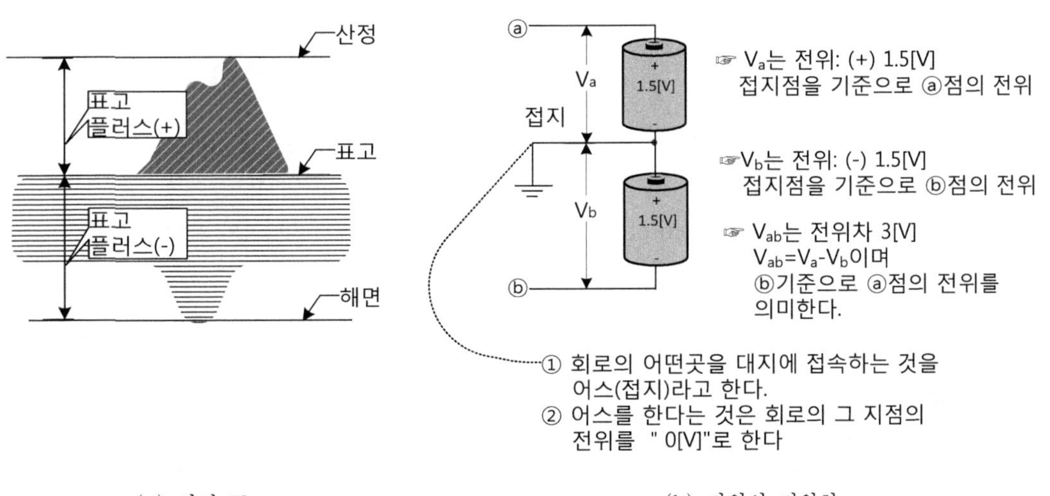

(a) 산의 표고 (b) 전위와 전위차

그림 1.7 전위와 전위차

② 전위차[V]란 물이 높은 곳에서 낮은 곳으로 흐르는 것처럼 전류는 전위가 높은 곳에서 낮은 곳으로 이동한다. 어떤 두 점 사이의 전압[V]을 말하며 이것을 산에 비유하면 표고차에 해당한다. 즉, 두 점 사이의 고저차인 것이다. 낮은 곳보다 높은 곳에서 떨어지는 물이 더 많은 위치에너지를 갖고 있듯이, 전압이 클수록(전위차가 클수록) 더 많은 전기에너지를 갖고 있다. 그리고 높이 차이가 없으면 물이 흐르지 않듯이 어떤 소자사이에 전위차가 0[V]라면 전류가 흐르지 않는다.

③ 그림 1.8(a)에서 전지 (−)극의 전위가 0[V]이고 (+)극의 전위가 1.5[V]가 높으면 전위차는 +1.5[V]가 이며, 전류는 전지 (+)극에서 (−)으로 흐른다. 한편 그림 1.8(b)에서는 어스되어 있는 (+)극의 전위가 0[V], (−)극의 전위는 그 보다 1.5[V]가 낮으면 −1.5[V]가 된다.

④ 전위차의 문자기호는 "V", 단위는 "V(볼트)"로 표시한다.

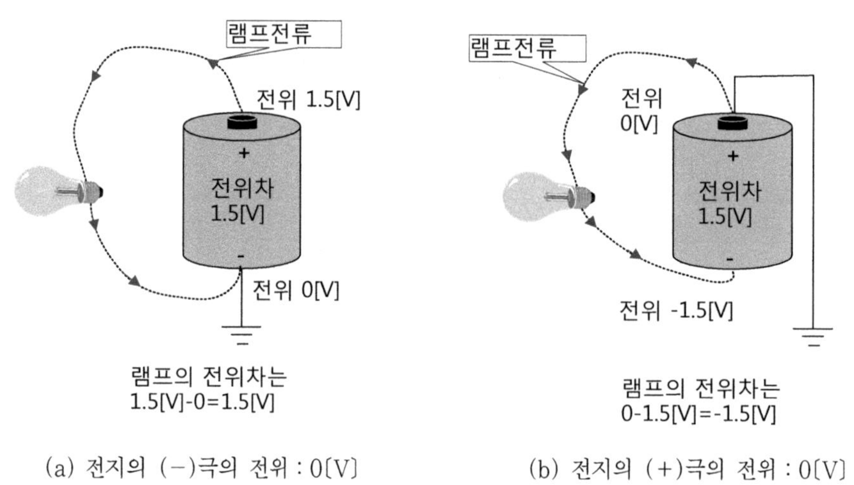

(a) 전지의 (−)극의 전위 : 0[V] (b) 전지의 (+)극의 전위 : 0[V]

그림 1.8 전위(전압)과 전위차

☞ **전압**

① 전자의 위치에너지 차이를 말한다.
② 높은 곳에 있을수록 위치 에너지가 커지는 것처럼 전자도 원자핵에서 멀리 있을수록 전기적인 위치에너지가 크다
③ 서로 다른 두 지점 사이의 전기적인 위치에너지의 차이를 "전압차"라고 하며, 전압이 크다는 것은 두 지점 사이의 전기적인 위치에너지의 차이가 크다는 것을 의미한다.
④ 전압차가 클수록 전류의 세기가 커진다.

⑤ 전압의 종류

전압의 종류	전압범위
저압	직류 :750〔V=볼트〕 이하 교류 :600〔V=볼트〕 이하
고압	직류 :750〔V〕 이상 7,000〔V〕 이하 교류 :600〔V〕 이상 7,000〔V〕 이하
특별고압	7,000〔V〕 이상

⑥ 기전력의 크기에 따른 전류의 방향

전기회로에서 전류는 전위가 높은 곳에서 낮은 곳으로 흐르며, 시계방향으로 흐르면 (+)전류값, 반시계방향으로 흐르면 (−) 값을 갖는다.

㉮ 그림 1.9(a)에서 E_1의 전압이 E_2의 전압보다 크기 때문에 부하에는 시계방향으로 전류가 흐르고, 이 경우 전류는 (+)값을 갖는다.

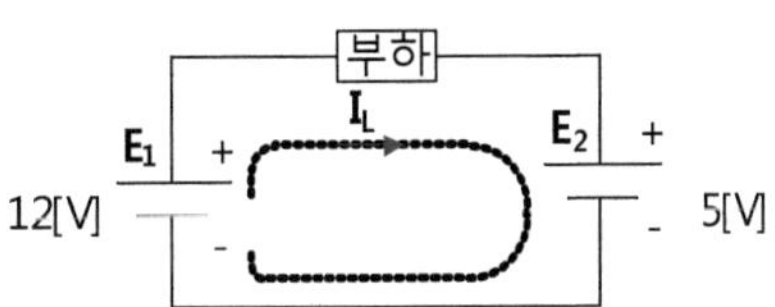

(a) E_1 〉 E_2 경우 : 부하에는 (+)전류가 흐른다.

㉯ 그림 1.9(b)에서 E_1의 전압이 E_2의 전압보다 작기 때문에 부하에는 반시계방향으로 전류가 흐르고, 이 경우 전류는 (−)값을 갖는다.

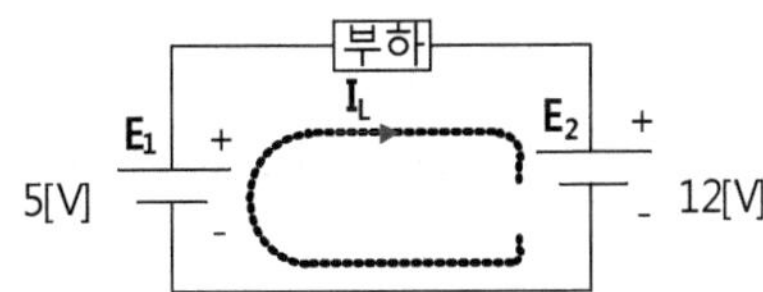

(b) E_1 〈 E_2 경우 : 부하에는 (−)전류가 흐른다.

㉰ 그림 1.9 (c)에서 E_1과 E_2의 전압 크기의 크기가 같기 때문에 부하에는 전류는 흐르지 않고, 이 경우 전류의 값은 0〔A〕이다.

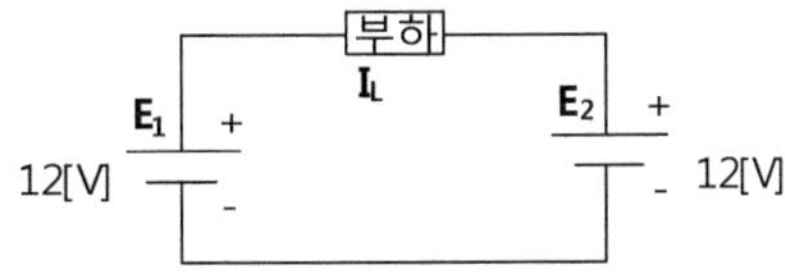

(c) E_1= E_2 경우 : 부하에는 전류가 흐르지 않는다.

그림 1.9 기전력의 크기에 의한 전류방향

6) 기전력과 전압의 차이

① 스위치를 차단하는 경우

㉮ 스위치를 차단하면 전원전압양단(V_1)에는 기전력의 전압 24〔V〕가 표시된다.

㉯ 스위치를 차단하면 전기부하양단(V_3)에는 전류가 차단되어서 0〔V〕에 가까운 전압이 표시된다.

㉰ 스위치 차단시에는 스위치 양단의 전압(V_2)은 전원전압에 가까운 전압 24〔V〕가 표시된다.

㉱ 전원과 전압의 차이는 회로에 전류를 차단하고, 독립적인 전압이 나타나면 "기전력", 독립적인 전압이 나타나지 않으면 "전압"으로 생각하면 된다.

㉲ 전원은 "E" 또는 "e"로 표기하고, 부하 또는 소자의 인가한 전압은 V_R(저항에 인가되는 전압), V_L(코일에서 발생하는 전압), V_C(콘덴서에서 발생하는 전압) 등으로 표기한다.

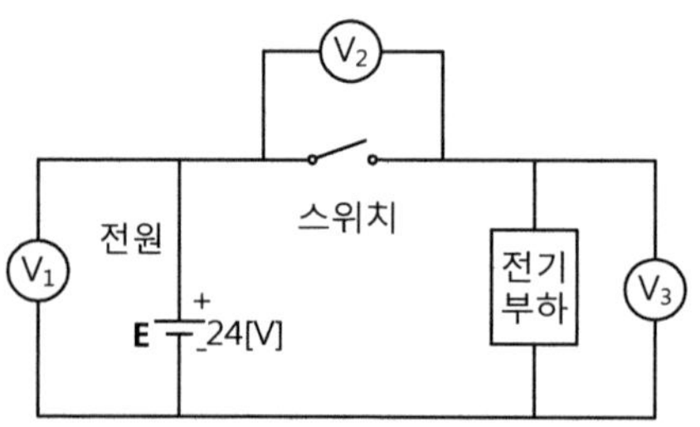

그림 1.10 기전력과 전압의 차이 - 부하에 전류를 차단하는 경우

② 스위치를 연결하는 경우

㉮ 스위치를 연결하면 전원전압양단(V_1)에는 기전력의 전압 24〔V〕가 표시된다.

㉯ 스위치를 연결하면 전기부하양단(V_3)에는 기전력의 전압 24〔V〕가 표시된다.

㉰ 스위치가 연결시에는 스위치 양단의 전압(V_2)은 0〔V〕에 가까운 전압이 표시된다.

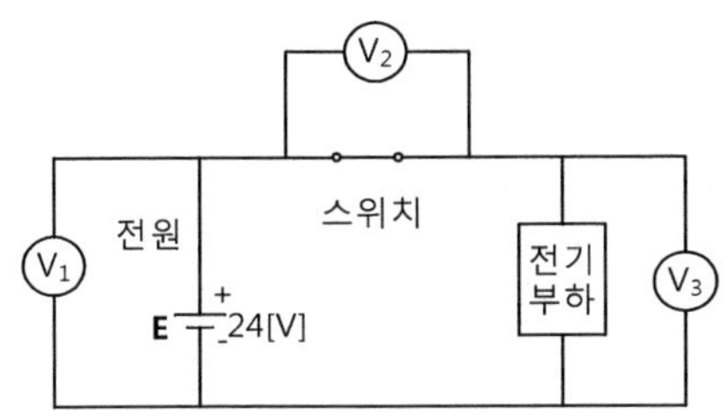

그림 1.11 기전력과 전압의 차이 - 부하에 전류를 공급하는 경우

7) 접지(earth)

① 전원접지

대지에 접지봉을 설치하고 전기회로나 전기기기의 일부를 도선으로 접지봉과 연결하여 전기기기의 전위를 대지전위와 같은 0〔V〕로 유지시키는 것을 "접지(어스)"라고 하며, 그 이유는 지구는 거대한 도체이며 가장 안정적인 교류전원의 기준전위(0〔V〕)를 제공하기 때문이다.

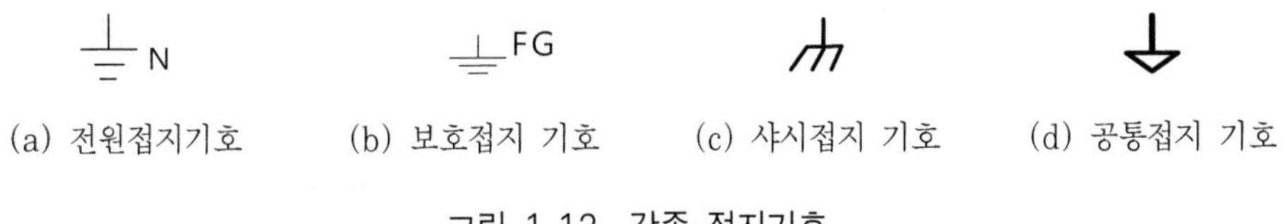

그림 1.12 각종 접지기호

② 보호접지

㉮ 전기기기의 외함을 보호접지단자에 부착시켜서 사람의 몸이 닿는 경우에 감전을 방지하기 위한 접지를 말한다.

㉯ 각종 전기기기에서 발생한 노이즈(전기쓰레기)를 버리기 위한 장소로도 사용한다.

③ 샤시접지

장비의 외함을 기준전위로 사용하는 것을 의미한다.

④ 공통접지

내부적인 전원공통을 의미하는 기호로, 전기기기의 단자대에서 공통접지기호가 있는 곳은 내부적으로 회로가 연결이 되었다는 것을 의미하는 기호이다.

※ 참조 - 10진 접두사

지수승	접두사	표시
10^{18}	엑사	E
10^{15}	페라	P
10^{12}	테라	T
10^{9}	기기	G
10^{6}	메카	M
10^{3}	킬로	K
10^{2}	헥토	h
10^{1}	데카	da
10^{-1}	데시	d
10^{-2}	센티	c
10^{-3}	밀리	m
10^{-6}	마이크로	μ
10^{-9}	나노	n
10^{-12}	피코	P

2 전기회로소자(1) 저항

2.1 전기저항

① 저항은 전기에너지를 소비하는 소자로, 소비된 전기에너지는 줄열의 형태로 변환한다.

② 전기전자회로에서 원하는 전류의 세기와 전압의 크기를 제어하는 소자이다.

③ 전기전자회로에서 사용하는 저항기호는 "-⁄\/\/\-"이고, 자동화분야에서 주로 사용하는 저항기호는 "-▭-"이다.

④ 도체는 전류를 잘 흘리는 물체이고, 절연체는 전류를 잘 흘리지 못하는 물체이다. 이들의 중간성질을 가지고 있는 것으로 전류를 필요에 따라 제어하는 물질을 "저항"이라 한다. 전기저항(電氣抵抗, electrical resistance) 또는 저항은 전류의 흐름을 방해하는 정도를 나타내는 물리량이며, 단위는 Ω(옴), 문자기호는 R(Resistor)을 사용한다.(실질적으로 저항은 전자의 이동개수를 조절하는 역할을 하는데 저항값이 크면 전자의 이동개수가 적고 따라서 전류의 크기가 작아지고, 저항값이 적으면 전자의 이동개수가 많기 때문에 전류의 크기도 커진다.)

⑤ "고유저항(또는 저항률)"이란 물질이 가지고 있는 고유한 저항특성을 말하는 것으로 〔Ω·m〕 단위로 표시한다

⑥ 1〔Ω·m〕는 그림 2.1과 같이 가로, 세로 높이가 각각 1〔m〕인 정육면체의 양변에 도체 판을 대고 그 양단의 저항을 측정해서 구한 저항치를 말한다. 각 변의 길이가 1〔cm〕씩이면 이는 〔Ω·cm〕가 된다.

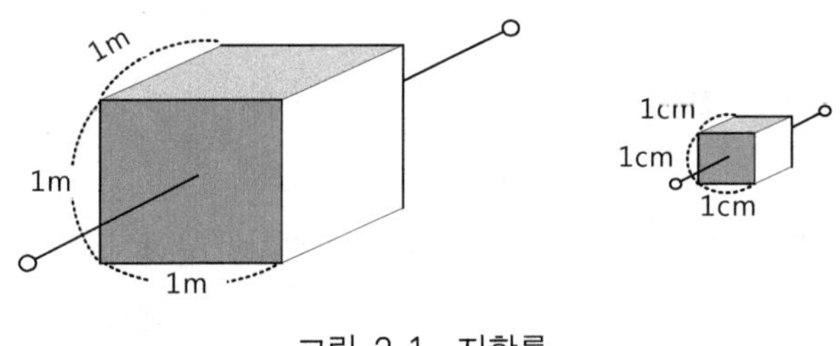

그림 2.1 저항률

⑦ 물질의 저항 크기는 다음과 같이 정의된다.

$$R = 저항율(\rho) \times \frac{길이(\ell)}{단면적(S)} [\Omega]$$

즉, 물질의 저항은 길이에 비례하고 그 단면적에 반비례한다

2.2 저항기

① 금속 또는 비금속의 저항체에 단자를 만들어 전기에너지의 소비, 전류의 세기 및 전압의 크기 제어할 목적으로 만든 전기전자부품이 "저항기(Resistor)"이다.

② 저항기는 크게 고정저항기와 가변저항기로 분류가 되며 사용하는 재료에 따라 탄소계와 금속계로 분류된다.

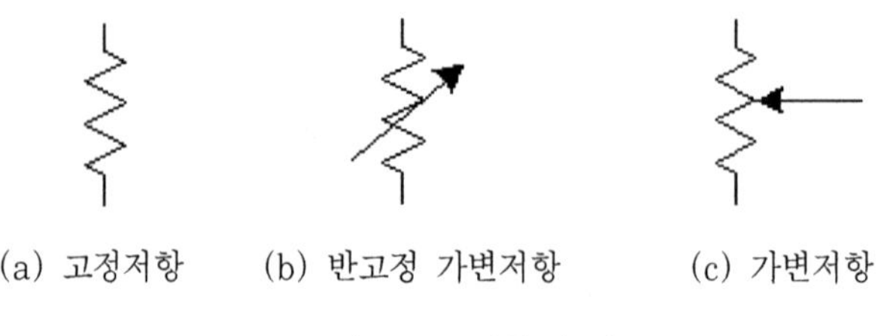

(a) 고정저항 (b) 반고정 가변저항 (c) 가변저항

그림 2.2 저항기 기호

☞ **고정저항, 가변저항**

① 고정저항 : 저항값을 임의적으로 변화시킬 수 없고 하나의 고정된 저항값만을 갖는 저항소자

② 가변저항

㉮ 제어회로에 맞게 저항값을 임의적으로 저항값을 가변하여 회로에서 원하는 전류와 전압을 얻기 위하여 사용한다.

㉯ 전기전자소자 예를 들면 저항, 코일, 콘덴서, 다이오드의 애노드-캐소드 단자, 트랜지스터의 컬렉터-이미터 단자, MOSFET의 드레인- 소스 단자, 각종 센서류는 "가변저항"이라는 개념으로 접근하면 쉽게 전기전자소자를 이해하는데 도움이 된다.

③ 저항기를 사용하는 경우에 중요한 포인트는 저항값, 정격전력, 저항값 오차가 있다.

④ "정격전력"이란 저항기가 견딜 수 있는 소비전력(W : 와트)으로, 소비전력은 전류의 제곱(I^2)×저항(R)으로 구할 수 있으며, 이 이상으로 사용하게 되면 저항기가 열을 발생하게 되고 결국 타버리는 경우가 발생한다. 전기전자회로에서 흔히 사용되는 저항의 정격전력은 1/8〔W〕, 1/4〔W〕, 1/2〔W〕, 1〔W〕, 2〔W〕 등이 있다.

⑤ 저항값

㉮ 보통의 경우는 4개의 색 띠로 저항값과 허용오차를 표시하나 정밀저항의 경우는 5개의 색 띠를 사용한다. 컬러 코드는 저항의 한쪽으로 치우친 곳을 시작으로 하여 컬러코드를 읽는다. 4개의 띠를 가진 저항의 경우, 첫째, 둘째 색 띠가 저항값의 유효 숫자이고, 셋째 띠는 10의 승수, 넷째 색 띠는 허용오차를 나타낸다. 5색 띠의 경우는 셋째 색 띠까지는 저항치의 유효숫자를 표시하며, 넷째 색 띠까지는 저항치의 유효숫자를 표시하며, 넷째 색 띠는 10의 승수, 다섯째 색 띠는 허용오차를 나타낸다.

㉯ 저항값 컬러 코드값

색	첫 번째 띠	두 번째 띠	세 번째 띠 (승수)	네 번째 띠 (오차)
검정	0	0	$\times 10^0 = 1$	
갈색	1	1	$\times 10^1 = 10$	±1% (F)
빨강색	2	2	$\times 10^2 = 100$	±2% (G)
주황색	3	3	$\times 10^3 = 1000 = 1$〔k〕	
노랑색	4	4	$\times 10^4 = 10$〔k〕	
초록색	5	5	$\times 10^5 = 100$〔k〕	±0.5% (D)
파랑색	6	6	$\times 10^6 = 1000$k$=1$〔M〕	±0.25% (C)
보라색	7	7	$\times 10^7 = 10$〔M〕	±0.1% (B)
회색	8	8	$\times 10^8 = 100$〔M〕	±0.05% (A)
흰색	9	9	$\times 10^9 = 1000$〔M〕	
금색			$\times 10^{-1} = 0.1$	±5% (J)
은색			$\times 10^{-2} = 0.01$	±10% (K)

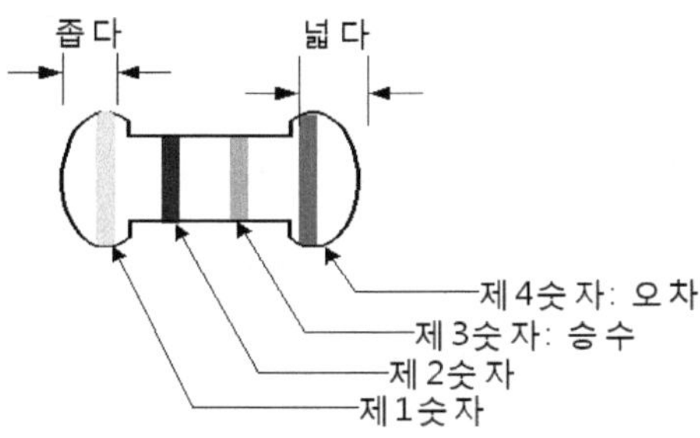

그림 2.3 저항의 컬러코드

㉰ 보통의 저항에는 그림 2.3과 같이 4개의 띠가 그려져 있다. 4개의 띠중 금색, 은색, 무색의 띠를 가장 오른쪽에 위치하도록 하고, 그 앞에 있는 2개의 띠 숫자를 그대로 읽고 3번째 띠의 승수를 곱하면 된다. 예를 들어 저항의 첫 번째 띠 색상은 2(빨강색), 두 번째 띠 색상은 1(갈색), 세 번째 띠 색상은 0(검정색)이면 저항값은 $21 \times 10^0 = 21$〔Ω〕이다.

예제

저항의 컬러코드가 다음과 같으면 저항값은?

① 제1색 : 황색 ② 제2색 : 자색(보라색) ③ 제3색 : 등색(오렌지색) ④ 제4색 : 금색

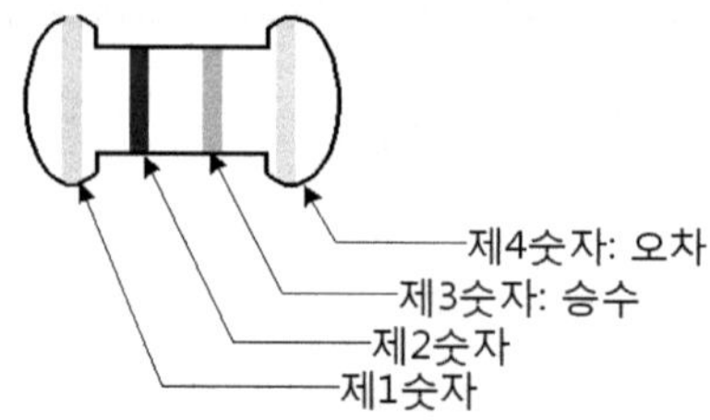

풀이

제1색	제2색	제3색	제4색	저항값
4	7	×103	오차±5%	47[kΩ]

2.3 고정저항기

고정저항기란 명칭과 같이 저항값이 고정된 소자이다.

1) 탄소피막저항(carbon film resistor)

온도계수가 크다. 따라서 온도에 의한 저항값의 변화가 크기 때문에 정밀한 용도로는 적합하지 않다. 또한 전기잡음(Noise)때문에 미소신호를 취급하는 회로에도 적합하지 않다. 정격전력이 충분해도 정격전압 이상의 고압펄스(Pulse)에 의한 아크(Arc)방전을 일으키기 쉽다.

그림 2.4 탄소피막저항

☞ **전기잡음(Noise)**

① 전기전자회로제어에서 제어를 방해하는 신호로 정의할 수 있는데 전기 · 전자 회로에서는 정상동작에 요구되는 신호 이외의 신호로 말한다.

② 한 회로의 정상적인 신호가 다른 회로에 결합되어 비정상 동작을 유발하는 신호라고 할 수 있다.

장 점	단 점
① 기계적으로 견고 하며 가볍고 소형이다. ② 제조 가능한 저항값의 범위가 넓다. ③ 단선 등의 치명적 불량이 거의 없다. ④ 절연체에 의해 보호 되므로 내전압이 양호 ⑤ 소형저항기 중에서 펄스(Pulse) 및 서지(Surge)에 강하다. ⑥ 고주파 특성이 양호	① 온도, 습도 의존성이 크다. ② 전기저항의 온도계수와 전류잡음이 크다. ③ 정밀한 제품을 만들기 어렵다.

☞ **단선**

전기회로가 끊어짐

☞ **절연체**

전류가 흐르기 어려운 성질을 가지는 물질을 말한다.

☞ **서지(Surge)**

전기회로 내에서 간헐적으로 나타나는 정격이상의 고전압, 대전류를 의미한다.

☞ **전기저항의 온도계수**

전기저항은 온도가 올라가면 원자들의 진동운동이 증가하고, 증가된 진동운동의 결과로 두 가지 현상이 나타난다. 자유전자와 원자간의 충돌이 증가하여 자유전자 흐름을 느리게 하거나, 전자들이 자유전자가 되어 오히려 전류흐름이 증가한다. 결과로 저항은 각각 증가하거나 감소한다. 이때 온도에 따른 저항증감비율을 "전기저항의 온도계수"라 한다.

2) 금속피막저항(metal film resistor)

탄소피막저항기의 탄소피막 대신에, 저항재료로서 니켈(Ni), 크롬(Cr) 등의 금속재료를 사용한 저항기이다. 탄소피막 저항기에 비해 온도특성이나 전류잡음, 직선성이 뛰어나고 있어 고정밀한 곳에 사용한다. 반면, 탄소 피막 저항기보다 비싸다.

그림 2.5 금속피막저항

장　점	단　점
① 저항온도계수가 낮다. ② 잡음이 대단히 낮다. ③ 내열성이 우수하다. ④ 고주파 특성이 양호하다. ⑤ 고정밀, 고안정성의 저항기 제작이 가능	① 가격이 비싸다.

3) 산화금속피막 저항기

장　점	단　점
① 소형이면서 큰 전력에 견딜 수 있다. ② 내열성, 불연성이 우수하다.	① 저항기의 표면온도가 높게 상승되어 주위의 타 부품에 영향을 미칠 수 있으므로 주의하여 사용한다. ② 단위면적당 전력밀도가 높아 저항기의 사소한 결함이 고장으로 연결되기 쉽다.

4) 휴즈형 저항기

휴즈형 저항기는 저항기의 특수한 형태중의 하나로 일정한 레벨 이상의 전류가 흐를 때 흐름을 차단하도록 만들어진 저항기 이다. 다른 저항기들도 정격전압이나 정격전류 이상의 전류가 흐를 때는 저항이 파괴 되지만 그 반응 시간이나 반응 후의 전류차단 특성을 보장하지 않는다.

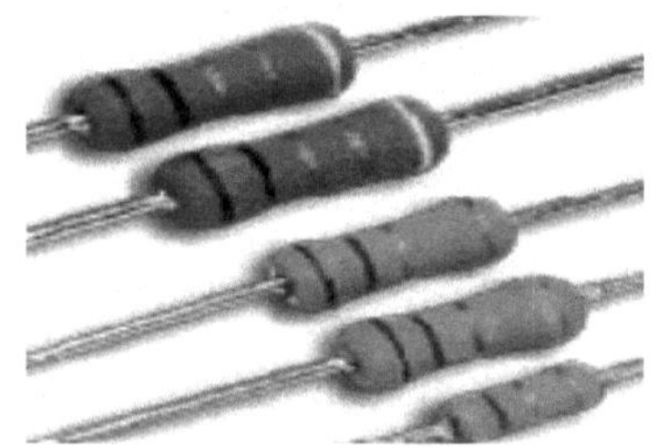

그림 2.6　퓨즈형 저항

장　점	단　점
① 정상상태에서는 저항기로 동작하고 과전류가 흐를 때 단선상태로 되어 회로 및 기기를 보호한다. ② 저항기로서의 신뢰성이 높고 확실한 용단특성을 갖는다.	① 단선상태로 되어 있을 때 높은 전압이 가해지면 아크(Arc) 방전을 일으킬 우려가 있다.

5) 권선형 저항기

권선형 저항기는 금속저항선을 세라믹 로드와 같은 권심에 감아서 일정한 저항값을 갖도록 만든 저항기이다. 따라서 정밀한 저항값을 갖는 저항기를 만들기 용이할 뿐만 아니라 고온과 습도에 우수한 특성을 갖는 저항기이다.

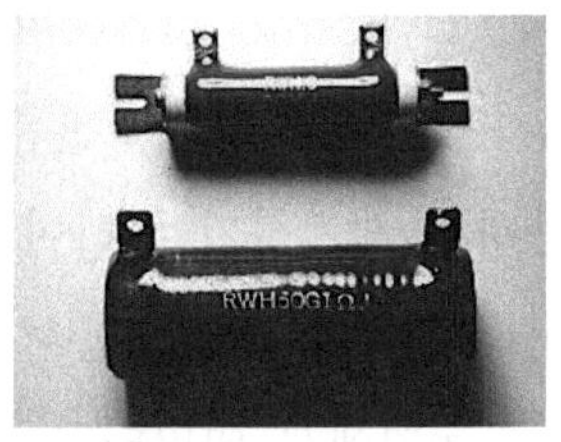

그림 2.7 권선형 저항

장 점	단 점
① 고온에 견디므로 부하전력을 크게 할 수 있다. ② 과부하에 강하다. ③ 온도계수가 작다. ④ 잡음이 극히 적다. ⑤ 낮은 저항값을 비교적 용이하게 얻어진다.	① 고저항값을 얻기가 어렵다. ② 고저항의 경우 단선의 우려가 크다.

☞ **과부하**

"과부하"란 정격이상의 전류가 전기부하에 흘러서, 전류의 제곱에 비례하여 소자나 기기에 발열이 발생하는 상태

6) 어레이 저항(Array Resistor)

① 어레이 저항은 여러 개의 같은 값을 가진 저항기가 일체형으로 만들어져 있다. 각 저항기의 한쪽이 내부에서 접속되어 있는 것도 있다. 여러 개의 발광 다이오드 전류를 제어하는 경우 등, 실장 공간이 적게 해결되어 편리하다.

② 그림 2.8의 그림은 8개의 저항을 가진 어레이 저항이다.

③ 이 저항은 9개의 리드(다리)가 있으며, 저항값의 인쇄면에서 보았을 때, 그림 2.8의 맨 좌측의 리드가 공통(common) 리드이다.

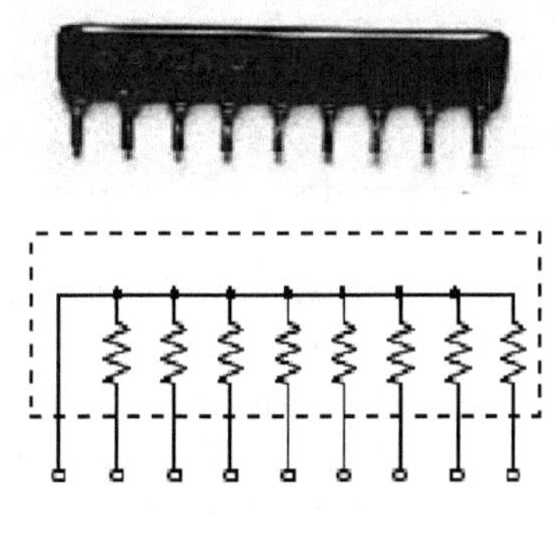

그림 2.8 어레이 저항

7) DBR(Dynamic Break Resistor=DB저항)

① DB란 Dynamic Brake의 약자로 인버터 시스템의 제동을 의미한다.

② DB저항은 전동기에 전류를 차단시 발생하는 코일의 역기전력을 저항의 발열특성을 이용하여 제거하기 위하여 사용하는 저항이다.

③ 인버터로 전동기를 짧은 시간에 감속을 하는 경우 전동기코일에서 역기전력이 발생하고, 전동기에서 인버터로 전류가 흘러간다. 이 전류를 회생전류라 하며 이 전류는 일차적으로 전동기의 코일의 권선저항에서 열로 소모한다.

④ 전동기의 권선저항에서 회생전류를 다 소모하지 못할 경우 경우에는 인버터에 정격이상의 과전압이 발생하게 된다. 이것을 방지하게 위하여 인버터에는 별도의 회생되는 전류를 소비시키기 위한 장치를 "제동유닛(DBU=Dynamic Brake Unit)"이라 하며, 제동유닛에 설치하는 저항을 "제동저항(Dynamic Break Resistor)"이라고 한다.

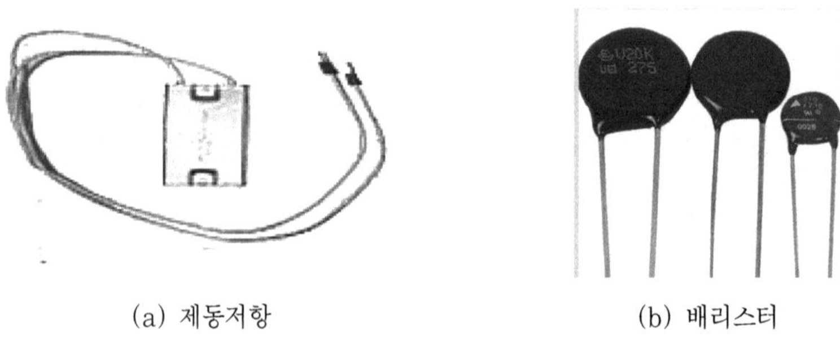

(a) 제동저항　　(b) 배리스터

그림 2.9　제동저항 및 배리스터

☞ **인버터**

교류의 전원 주파수, 전압을 변화시켜서 교류전동기의 속도를 제어하는 전기기기

☞ **권선저항(Winding Resistance)**

코일이 절연된 구리전선으로 만들어졌을 때, 전선은 단위 길이당 어떤 저항값을 갖는다. 이 고유 저항성을 "직류저항성" 또는 "권선저항성"이라고 한다. 이것은 코일의 인덕턴스와 함께 직렬로 구성된다.

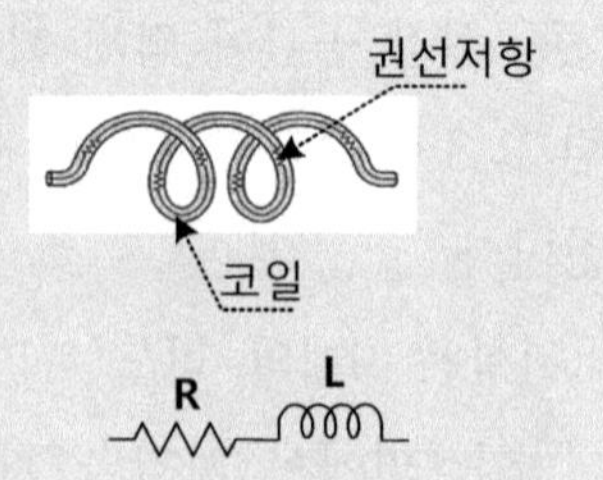

8) 배리스터

① 배리스터는 Variable Resistor의 약자로 일반적인 선형특성을 갖는 것이 아닌 전압에 의해 비직선적으로 변화되는 성질을 가진 반도체 디바이스이다.

② 배리스터는 전압에 따라 저항값이 변하는 특성을 이용한 저항소자이다. 배리스터는 어떤 임계전압 이하에서는 저항이 매우 높고 거의 전류가 흐르지 않으나, 그 임계전압(배리스터전압)을 넘으면 급격히 저항값이 낮아져 전류를 흐르게 하는 특성을 가지고 있어 회로내부에서 발생하는 써지전압을 흡수하여 전자부품을 보호하는 역할을 하여 통신기기, 가전, 자동차, 사무기기, 산업기기 등의 분야에서 사용한다.

2.4 가변저항기

① 가변저항기는 일반적으로 "볼륨(variable ohm)"이라 불리고 있으며, 라디오의 음량 조정과 같이 용이하게 저항값을 바꿀 수 있는 것과, 전자회로에서 부품의 오차에 의한 동작 상태를 조정(ADJ : adjust)해야 하는 경우 등에 사용한다.

② 통상적인 가변저항기는 회전할 수 있는 각도가 300° 정도이지만, 저항값을 세밀하게 조정하기 위해 기어(gear)를 조합하여 다회전(10~25회 정도)시킬 수 있는 퍼텐쇼미터(potentiometer)라는 것도 있다. 가변저항은 그림 2.10(c)와 같이 저항값을 용이하게 바꿀 수 있다. 그림 2.10(b)는 프린트 기판 등에 실장 하는 반고정 가변저항기이다.

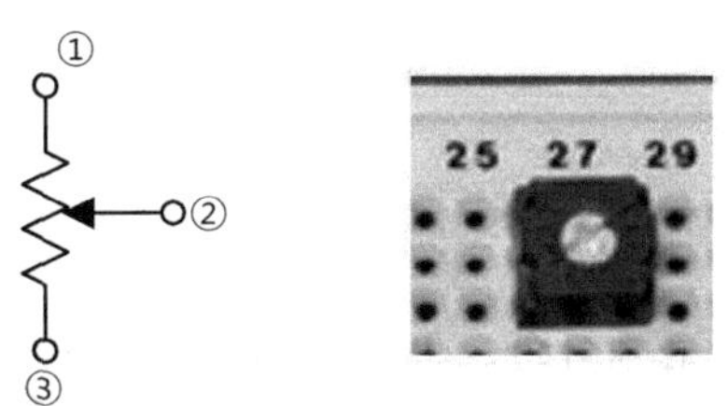

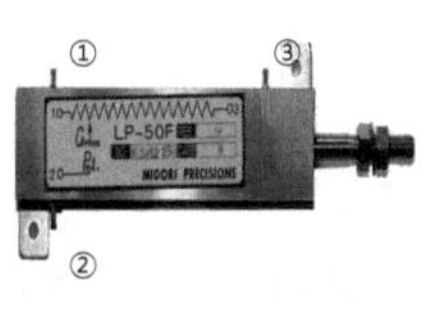

(a) 가변저항의 기호 (b) 반고정 가변저항 (c) 회전형 가변저항 (d) 직선형 가변저항

그림 2.10 가변저항

☞ **프린트 기판(Printed Circuit Board)**

PCB는 Printed Circuit Board의 약어이며 인쇄회로기판을 말한다. PCB(Printed Circuit Board 인쇄 회로 기판) PWB(Printed Writing Board 인쇄배선기판) 두 가지를 혼용해서 사용하고 있다. 여러 종류의 많은 부품을 페놀수지 또는 에폭시수지로 된 평판위에 밀집탑재하고 각 부품간을 연결하는 회로를 수지평판의 표면에 밀집 단축하여 고정시킨 회로기판이다. PCB는 페놀수지 절연판 또는 에폭시수지 절연판 등의 한쪽면에 구리 등의 박판을 부착시킨 다음 회로의 배선패턴에 따라 식각(선상의 회로만 남기고 부식시켜 제거)하여 필요한 회로를 구성하고 부품들을 부착 탑재시키기 위한 구멍을 뚫어 만든다.

③ 가변저항의 저항값 변화

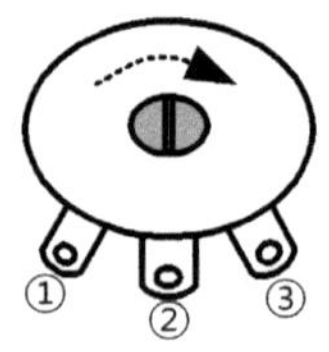

①과 ③단자 저항값	②과 ③단자 저항값	①과 ②단자 저항값
축의 회전에 관계없이 저항값이 고정	축을 회전하면 저항값이 가변	축을 회전하면 저항값이 가변

그림 2.11 가변저항의 저항값 변화

3 전기회로소자(2) 콘덴서

3.1 정전유도현상

1) 정전유도현상

① 전하에는 (+)전하와 (−)전하의 2종류가 존재하며, 그림 3.1(b)와 같이 도체에 (−)전하로 대전된 물체를 접근시키면 도체 내의 자유전자가 (+)전하로부터 인력을 받아 대전체쪽으로 이동한다. 결과적으로 대전체와 가까운 표면에 (−)전하가 유도되고, 반대편은 (+)전하가 유도된다. (−)전하로 대전된 물체를 접근시키면 그 반대가 된다. 이 현상을 "정전유도(靜電請導)"라고 한다.

② 이것은 도체 내에 자유로이 움직이는 전자(자유전자)가 전하로부터의 전계(電界)의 작용을 받아 새롭게 배치되기 때문이다.

(a) 정전현상이 발생하기 전의 도체 (b) 정전현상이 발생한 이후의 도체

그림 3.1 정전유도현상

☞ **대전**

물체가 (+), (−)의 전기를 띄는 것을 "대전"이라고 하고, 대전된 물체를 "대전체"라고 한다. 물체가 전기를 띌 수 있게 하는 것은 전자의 이동이다. 전자의 이동에 의해서 전기적인 성질을 갖는데, 물체에서 전자가 다른 물체로 이동하면 물체는 (+)전기를, 다른 물체에서 전지가 이동해오면 (-)전기의 성질을 갖는다.

☞ **전계(전기장=Electic Field)**

전하로 인한 전기력이 미치는 공간이다. 전계의 세기는 전기장 내의 한 점에 단위 양전하(+1C)를 놓았을 때 그 전하가 받는 전기력의 크기로 정한다. 전계의 방향은 고전위인 (+)극에서 저전위인 (−)극으로 향한다.

☞ **전기력(電氣力, electric force)**

전하의 종류는 양전하(+)와 음전하(−) 두 가지가 있으며, (+)전하와 (−)전하 사이에서 발생하는 힘은 서로 다른 극끼리는 서로 끌어당기는 힘을 "인력"이라 하고, (+)전하와 (+)전하 사이에서 또는 (−)전하와 (−)전하 사이에 작용하는 힘은 서로 밀어내는 힘을 "척력"이라고 하며, 전하의 종류에 따라 끌어당기거나 미는 힘이 발생하는데, 이를 "전기력"이라 한다.

2) 콘덴서의 구조

① 콘덴서는 그림 3.2(a)와 같이 2장의 금속 평행판에 전극을 부착한 것이며, 평행판 사이에는 공기나 유전율이 높은 절연물을 삽입하여 전하를 축적한다.

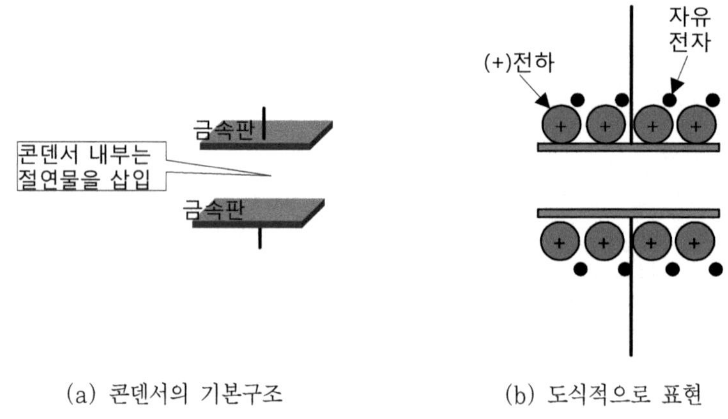

(a) 콘덴서의 기본구조 (b) 도식적으로 표현

그림 3.2 콘덴서의 구조

② 콘덴서의 기호는 그림 3.3과 같이 표시한다.

(a) 유극성 콘덴서의 회로기호 (b) 무극성 콘덴서의 회로기호

그림 3.3 콘덴서의 회로기호

☞ **유전체와 절연체**

유전체는 금속판과 금속판 사이에 전기를 담아둘 수 있는 물체 말하고, 절연체는 도선과 도선 사이의 전기를 차단하는 물체를 지칭한다. 유전체가 전하를 담아둘 수 있는 정도를 나타내는 지표는 "비유전율(dielectric constant)"이고, 절연체의 전기를 차단하는 정도를 나타내는 지표는 "비저항(resistivity)"이다.

☞ **비유전율**

비유전율에서 비(比)자는 비교하다는 의미로 진공의 유전율에 비교한 다른 물질의 유전율을 의미한다.

3.2 정전용량

① 콘덴서는 전하를 축적하여 전기에너지를 저장하는 소자로서, 전하를 축적하는 능력을 콘덴서의 "정전용량"이라고 한다.

② 각종센서 예를 들면 광전, 열전, 초전계열의 센서들은 다이오드를 역방향으로 사용하면 콘덴서와 유사한 역할을 하여서, 빛에 대한 전하, 열에 대한 전하를 축적한다.

③ 그림 3.4와 같이 물을 저장하는 용기와 동일하게 전하(전기량)를 축적하는 용기로 생각하면 이러한 전하를 축적하는 용기가 콘덴서이며, 이 전하를 축적하는 능력(밑면적)을 정전용량이 전기량을 저장하는 용기라고 할 수 있다. 즉, 물을 저장하는 능력에 상당하는 것을 "정전용량"이라고 하면, 수위에 상당하는 것이 "콘덴서의 전위 또는 전위차(전압)"가 된다.

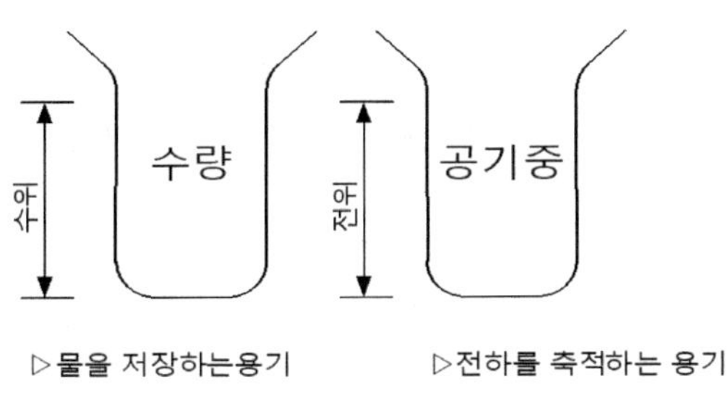

그림 3.4 수량과 정전용량 비교

④ 콘덴서는 정전용량값에 의하여 전압의 상승시간을 제어한다. 즉, 콘덴서의 정전용량의 크기에 따라서 전압의 크기를 제어하는 소자라고 할 수 있다.

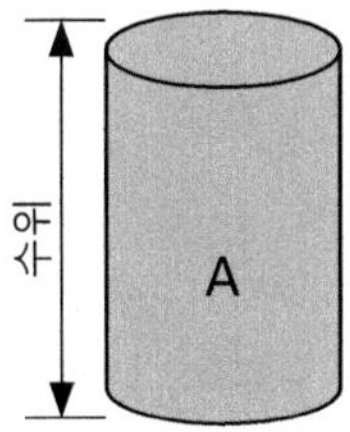

① 용기의 밑면적이 넓으면 물을 저장하는 능력이 커지고, 수위가 올라가는 시간이 길어진다.
② 정전용량이 크다는 것은 용기의 밑면적이 넓은 것과 같으며, 전하를 축적하는 능력이 큰 대신에 콘덴서에서 원하는 충전전압까지 상승시간이 길다.

(a) 정전용량이 큰 콘덴서

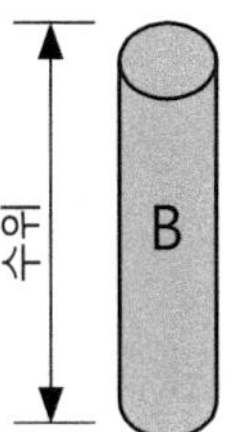

① 용기의 밑면적이 작으면 물을 저장하는 능력이 작아지고, 대신에 수위가 올라가는 시간이 짧아진다.
② 정전용량이 작다는 것은 용기의 밑면적이 작다는 것과 같으며, 전하를 축적하는 능력이 작은 대신에 콘덴서에서 원하는 충전전압까지 상승시간이 짧다.

(b) 정전용량이 작은 콘덴서

그림 3.5 콘덴서의 정전용량

⑤ 예를 들면 그림 3.5와 같이 용기의 높이가 같고, 일정한 양의 물을, 밑면적이 다른 용기 A, B에 넣은 경우에 수위의 차를 비교해 본다. A에서는 약간의 수위 밖에 되지 않으나 B에서는 높은 수위가 된다.

⑥ 용기의 밑면적이 일정하면 축적되는 전기량 Q와 용기에 생기는 전위차 V와는 비례한다. 이런 경우에 용기에 밑면적 C를 비례 정수라고 생각하면 다음 식이 성립한다.

$$Q = CV$$

이 식의 비례 정수 C를 콘덴서의 정전용량으로 정의한다.

C가 크면 낮은 전압으로도 많은 전하를 축적할 수 있고, C가 작으면 높은 전압을 인가해도 약간의 전하밖에 축적할 수 없다. 이 비례상수 C는 다음과 같이 정의 한다.

$$C = \epsilon \frac{A}{d}$$

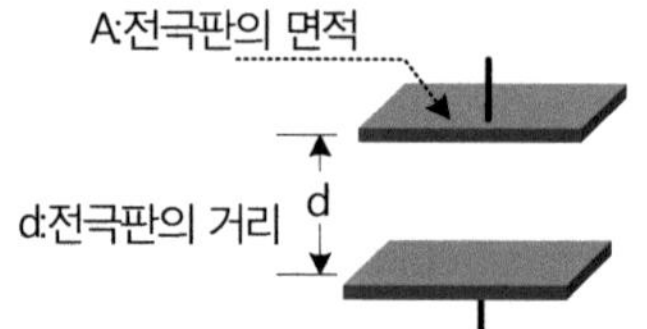

A : 전극판의 표면적〔m^2〕
ε : 절연체의 유전율
d : 전극판의 거리〔m〕

그림 3.6 콘덴서의 정전용량

⑦ 정전용량은 그림 3.6에서 보는 것과 같이 전극판의 표면적이 클수록, 전극판의 간격이 좁을수록, 또 유전체의 유전율이 클수록 콘덴서의 정전용량이 커진다.

⑧ 콘덴서의 회로기호는 "⊣⊢"이며, 정전용량의 기호는 C, 단위에는 〔F〕=패럿을 사용한다. 그러나 실용적으로 〔F〕의 단위는 너무 크기 때문에 다음과 같은 보조단위를 사용한다.

$$1〔\mu F〕= 10^{-6}〔F〕,\ 1〔pF〕= 10^{-12}〔F〕= 10^{-6}〔\mu F〕$$

예제

동일한 면적에 콘덴서의 극판거리 d일 때의 정전용량이 C라고 하면 극판의 거리를 2배 증가하면 정전용량의 변화는?

풀이

콘덴서의 정전용량은 극판거리에 반비례하고, 전극판의 면적에는 비례하므로 전극판의 거리를 2배하면 정전용량은 C/2, 극판거리를 4배하면 C/4로 정전용량이 감소하고, 전극판의 거리를 d/2, d/4 배로 감소하면 정전용량은 2C, 4C로 증가한다.

3.3 용량표시

① 콘덴서의 용량 표시에 3자리의 숫자가 사용되는 경우가 있다. 부품 메이커에 따라 용량을 3자리의 숫자로 표시하든가, 그대로 표시하기도 한다. 3자리 숫자로 나타내는 경우에는 앞의 2자리 숫자(제1숫자와 제2숫자)가 용량을 나타내고, 3자리 숫자가 승수가 된다. 표시의 단위는 〔pF〕(피코 패럿)로 되어 있다.

② 예를 들면 콘덴서의 정전용량이 "104"이면 10×10^4〔pF〕=100,000〔pF〕=0.1〔μF〕이 된다.

정전용량이 "103"이면 10×10^3=10,000〔pF〕=0.01〔μF〕이다.

③ 100〔pF〕 이하의 콘덴서는 용량을 그대로 표시하고 있다. 즉, 47은 47〔pF〕를 의미한다.

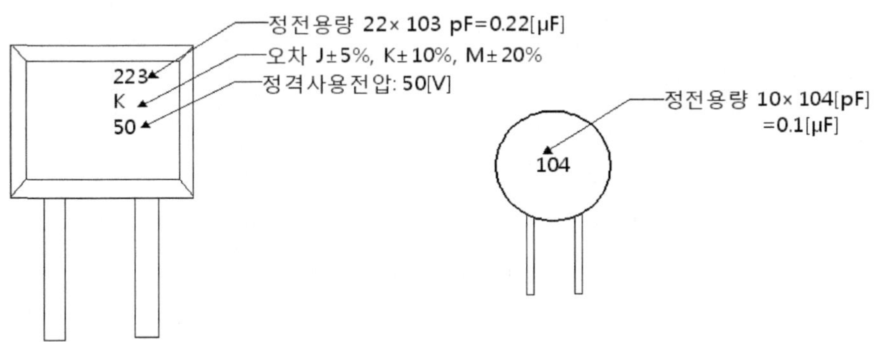

그림 3.7 콘덴서의 용량표시

3.4 콘덴서의 종류

1) 알루미늄 전해콘덴서(전해콘덴서)

① 단순히, 전해콘덴서 또는 케미콘(chemical condenser)이라고도 부른다.

② 이 콘덴서는 유전체로 얇은 산화막을 사용하고, 전극으로는 알루미늄을 사용하고 있다. 유전체를 매우 얇게 할 수 있으므로 콘덴서의 체적에 비해 큰 용량을 얻을 수 있다.

③ 특징은 극성(플러스 전극과 마이너스 전극이 정해져 있다)이 있다는 점이다. 일반적으로 콘덴서 자체에 (−)리드를 표시하는 마크가 붙어 있다. 또, 인가할 수 있는 전압, 용량(전기를 축적할 수 있는 양)도 표시되어 있다.

전해콘덴서에는 그림 3.8(b)와 같이, (−)측 전극을 표시하는 마크가 있다.

④ 극성을 잘못 접속하거나, 충전전압이 너무 높으면 콘덴서가 파열되기 때문에 극성을 바꾸어 실습하면 전기사고의 위험이 있다.

⑤ 이 콘덴서의 정전용량은 1〔μF〕부터 수 천 〔μF〕, 수 만 〔μF〕까지 비교적 큰 용량을 갖고 있다.

⑥ 주로 전원의 평활회로, 바이패스 등에 사용된다. 단, 코일성분이 많아 고주파에는 적합하지 않다(이것을 주파수 특성이 나쁘다고 말한다).

⑦ 직류신호는 제거하고 교류신호를 통과시킨다.

(a) 전해 콘덴서

(b) 전해 콘덴서의 극성표시

그림 3.8 전해콘덴서

> ☞ **평활회로**
> 교류를 직류로 바꿀 때 리플리 없는 직류를 얻기 위해 사용하는 회로.

☞ **바이패스 콘덴서(Bypass Condensor)**

콘덴서는 교류신호에 대해서는 단락된 스위치로 동작하기 때문에 ⓐ점에 교류신호가 연결되면 접지점과 단락하게 된다. 그러나 직류신호가 연결되면 바이패스 콘덴서는 개방회로가 되기 때문에 아무런 영향이 없다.

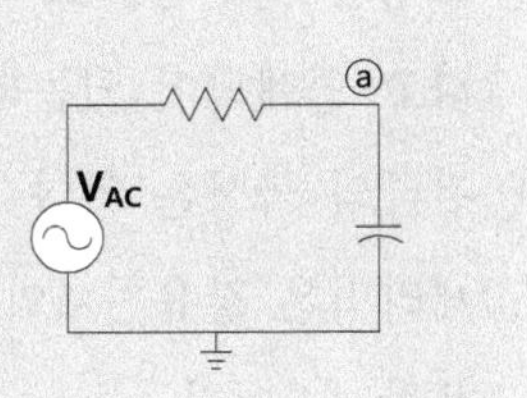

2) 탄탈 콘덴서

① 단순히, 탄탈 콘덴서(tantalum condenser)라고도 부르며, 전극에 탄탈륨이라는 재료를 사용하고 있는 전해콘덴서이다. 알루미늄 전해콘덴서와 마찬가지로 비교적 큰 용량을 얻을 수 있다.

② 그리고 온도 특성(온도의 변화에 따라 용량이 변화한다. 용량이 변화하지 않을수록 특성이 좋다고 말한다), 주파수 특성 모두 전해콘덴서보다 우수하다.

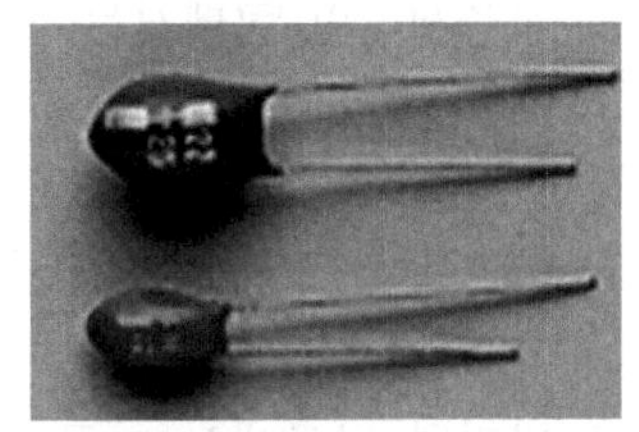

그림 3.9 탄탈 콘덴서

③ 이 콘덴서도 극성이 있으며, 탄탈 콘덴서도 전해 콘덴서와 마찬가지로 플러스와 마이너스 극성을 가지고 있으며, 전극(리드선)의 (+)측을 나타내는 기호는 콘덴서 자체에 표시되어 있다.

④ 가격은 전해콘덴서 보다 비싸기 때문에 온도에 의한 용량변화가 엄격한 회로, 주파수가 높은 회로 등에 사용한다.

3) 세라믹 콘덴서

① 세라믹 콘덴서는 전극간의 유전체로 티탄산 바륨(Titanium-Barium)과 같은 유전율이 큰 재료가 사용되고 있다.

② 이 콘덴서는 인덕턴스(코일의 성질)가 적어 고주파 특성이 양호하다는 특징을 가지고 있어, 고주파의 바이패스(고주파성분 또는 잡음을 어스로 통과시킨다)에 흔히 사용된다.

그림 3.10 세라믹 콘덴서

③ 모양은 원반형으로 되어 있으며, 용량은 비교적 작다. 그림 3.10의 콘덴서에 104이라고 인쇄되어 있는데, 이것은 10×10^4〔pF〕이므로 0.1〔μF〕가 된다.

④ 전극의 극성은 없다.

⑤ 세라믹은 강유전체의 물질로 아날로그 신호계 회로에 사용하면 신호에 일그러짐이 발생할 수 있다.

4) 적층 세라믹 콘덴서

① 적층세라믹 콘덴서는 전극간의 유전체로 고유전율계 세라믹을 다층구조로 사용하고 있으며, 온도특성, 주파수 특성이 양호하고, 게다가 소형이라는 특징이 있다.

② 디지털 회로에서 취급하는 구형파(펄스파) 신호는 비교적 높은 주파수 성분이 함유되어 있다. 이 콘덴서는 주파수 특성이 양호하고, 소형이라는 점 때문에 바이패스용으로 흔히 사용된다.

그림 3.11 적층 세라믹 콘덴서

③ 온도특성도 양호하므로 온도변화를 꺼려하는 회로에도 사용된다. 그림 3.11의 콘덴서에 "105"이라고 인쇄되어 있는데, 이것은 10×10^5〔pF〕= 1〔μF〕의 용량이다.

④ 전극의 극성은 없다.

5) 폴리에스테르 필름 콘덴서(마일러 콘덴서)

① 마일러(Mylar) 콘덴서라고도 하며, 얇은 폴리에스테르(polyester) 필름을 양측에서 금속으로 삽입하여, 원통형으로 감은 것이다.

② 저가격으로 사용하기 쉽지만, 높은 정밀도는 기대할 수 없다. 오차는 대략 ±5〔%〕에서 ±10〔%〕 정도이다.

③ 전극의 극성은 없다.

④ 그림 3.12 콘덴서에 222이라고 인쇄되어 있는데,

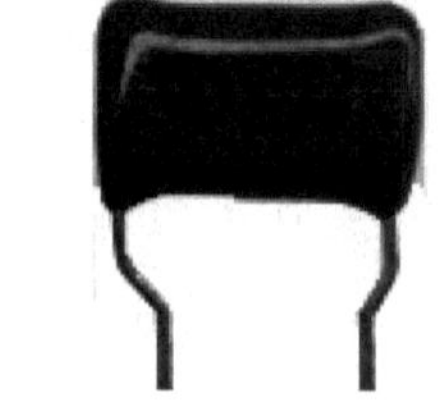
그림 3.12 폴리에스테르 필름 콘덴서(마일러 콘덴서)

이것은 22×10^2〔pF〕이므로 0.0022〔μF〕가 된다.

4 전기회로소자(3) 코일

4.1 코일(Inductor)의 개요

① 코일이란 자기장(Magnetic Field)의 형태로 전기에너지를 저장하는 소자로서 전도성이 좋은 선재를 절연성 재료로 사용, 피복하여 통형 또는 나선형으로 감은 것이다. 전류를 자속이라는 자기에너지로 변환하는 역할을 하는 소자이다.

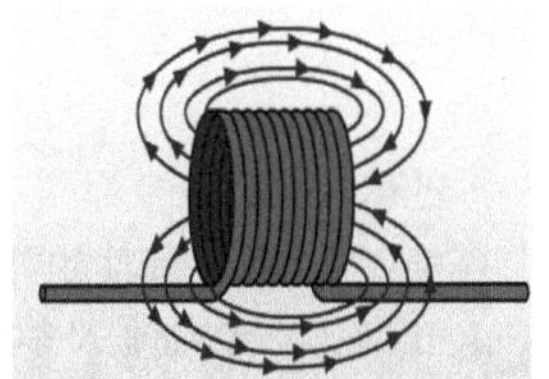

그림 4.1 코일의 자기장

② 회로기호는 "⏜⏜⏜"로 표시한다.

③ 코일의 단위는 헨리(Henry : H), 문자기호로는 L(Link : 코일과 코아의 자기적인 결합)을 사용한다. 권선을 많이 감을수록 인덕턴스값이 증가한다.

④ 인덕터는 코어(core)에 도체의 코일(coil)을 감는데, 이 도체에 전류가 흐를 때 발생하는 자기장(magnetic field)의 형태로 에너지를 저장하는 수동소자이다.

⑤ 코일은 내부에 아무것도 넣지 않은 공심으로 하는 것보다 철심에 감거나 "코어"라고 부르는 철분말을 응고시킨 것에 감는 편이 보다 큰 인덕터값을 얻는다.

> ☞ **코아**
> 실제로는 그저 단순하게 전선을 감은, 이른바 공심코일보다도 속에 철심이라 불리는 코어를 삽입하여 사용하는 편이 현실적이다. 코어란 자기 특성를 지닌 주성분이 철계의 금속으로 만들어진다. 코어는 적은 권선수를 가지고 코일의 인덕턴스를 증가시킬 목적으로 사용된다.

⑥ 코일에 교류전류가 흐르는 경우, 코일에 발생하는 자속이 변화한다. 그 코일에 다른 코일을 가까이 했을 경우, 상호유도작용(Mutual Induction)에 의해, 접근시킨 코일에 교류전압이 발생한다. 이 상호유도작용의 정도를 상호인덕턴스 〔단위는 헨리 : H〕로 표시한다.

⑦ 코일이 하나만 있는 경우에도 자신이 발생하는 자속의 변화가 자신에게 영향을 준다. 이것을 "자기유도작용"이라고 하며, 그 정도를 자기인덕턴스(Self Inductance)로 나타낸다.

⑧ 자기인덕턴스의 경우, "1〔H〕의 인덕턴스"는 초당 1〔A〕 비율로 전류가 변할 때, 1〔V〕의 기전력이 전원전류의 방향과 반대방향으로 발생하여 전류의 급격한 변화를 억제한다.

⑨ 상호 인덕턴스의 경우, 1〔H〕의 인덕턴스는 어떤 코일에 매초 1〔A〕 비율로 전류가 변화할 때, 다른 쪽의 코일에 1〔V〕의 기전력이 유기되면 두 코일간의 상호 인덕턴스를 "1헨리〔H〕"로 한다.

☞ **인덕터(Inductor)**
회로 내에서 전류의 변화를 억제할 목적으로 사용하는 수동소자이다. 회로내 전류가 인덕터에 흐르면 인덕터의 코아내에 자속이 발생되고, 이 자속이 전류의 흐름을 방해하는 방향으로 유기기전력을 발생시킴으로써 전류의 변화를 억제한다. 이 때 발생한 유기기전력은 크기는 L(di/dt)으로 표현된다.

4.2 코일의 주요 특성

1) 전류의 변화를 안정화

① 인덕터는 코일에 흐르는 전류에 비례하여 자속(magnetic flux)를 발생시킨다. 또한 코일속의 전류의 변화는 자속의 변화를 발생시키고, 자속의 변화는 Faraday's Law에 의하여 유기기전력을 발생한다. 이 기전력은 전류의 변화를 방해하는 방향으로 작용하기 때문에 인덕터는 전류의 급격한 변화를 억제하는 성질을 가지고 있다.

② 이 성질을 이용하여 교류로부터 직류로 변환하는 전원 평활회로에 사용된다. 교류를 정류기에 의해 직류로 변환한 경우, "맥류"(리플 : Ripple)라고 하는 교류성분이 많은 포함된 직류가 발생한다.

☞ **맥동전류(脈動電流, pulsating current)**
주기적으로 또는 단시간 동안만 흐름의 크기가 맥박 뛰듯이 변화하는 전류로 맥류(脈流)라고도 한다. 정류기에 의해서 정류된 반파정류전류, 전파(全波)정류전류, 직류에 교류가 겹친 전류 등이 있다. 펄스와 같은 뜻으로 쓰이는 일이 많다. 정류전원 등에서, 남은 교류성분이 출력의 직류에 겹쳐 있는 맥동전류는 리플(ripple)이라 한다

③ 평활회로는 콘덴서와 코일을 조합한 회로를 사용하는데 코일은 맥류에서 교류분은 거의 통과시키지 않고, 직류분만 통과시킨다.

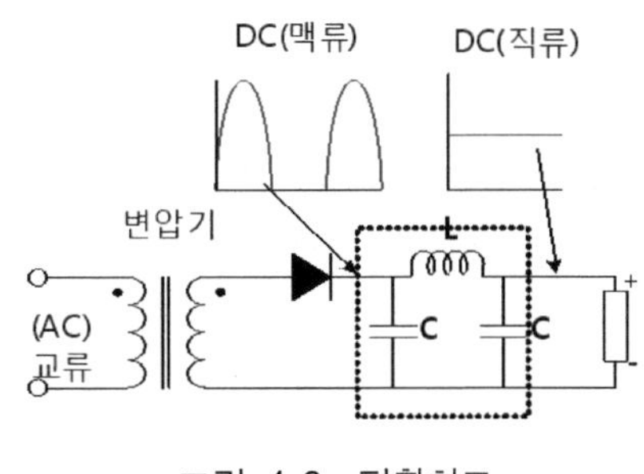

그림 4.2 평활회로

2) 상호유도작용을 한다.

① 변압기(트랜스)는 변압기로 교류회로에 가하여지는 전압을 그보다 높이거나 또는 낮은 전압으로 변화시킬 수 있다.

② 전원에 연결하는 1차권선(입력측)과 부하에 연결하는 2차권선(출력측)은 같은 철심(鐵心) 위에 감겨져 있다. 출력전압은 코일의 권수비와 입력전압으로 결정된다. 이들 관계식을 수식으로 나타내면 다음과 같다.

$$\frac{\text{1차 전압(입력전압)}V_{in}}{\text{2차 전압(출력전압)}V_{out}} = \frac{\text{1차 코일의 권선수}(N_1)}{\text{2차 코일의 권선수}(N_2)}$$

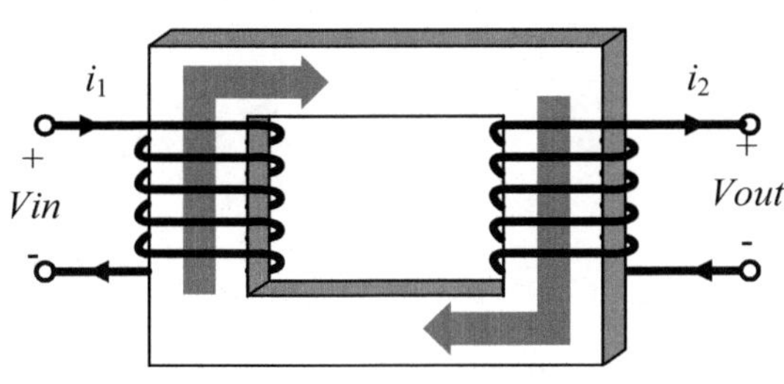

그림 4.3 변압기

③ 변압기의 출력전압은 코일의 권선수에 비례하는데, 1차코일과 2차코일의 권선수가 같으면 그 출력전압은 입력전압과 같게 되고, 2차코일의 권선수가 1차코일의 반이 되면 출력전압은 입력전압의 반이 된다.

3) 전자석

철심에 코일을 감고 코일에 전류가 흐르면 철이나 니켈을 흡착하는 자석성질이 된다. 이 성질을 이용한 것으로 계전기(릴레이)가 있다. 전류가 코일에 흐를 때에 접점을 끌어당겨 철판에 부착된 스위치를 연결시켜 전기부하를 ON, OFF할 수 있다.

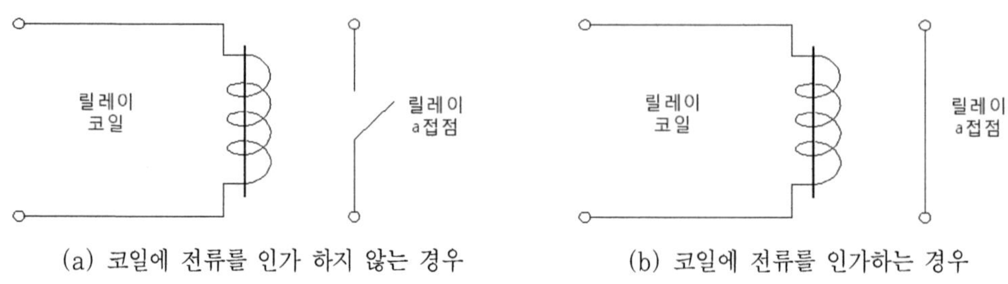

그림 4.4 계전기(Relay)

4.3 인덕터의 종류

1) 고주파 초크 코일(RFC)

고주파에 대하여 저항 작용을 하고 고주파를 감쇠시키는데도 사용 한다. 용도는 단순한 고주파 필터용 코일이다.

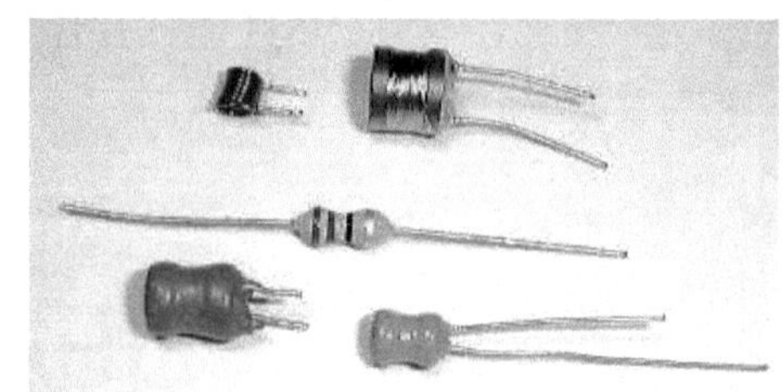

그림 4.5 고주파 초크 코일

2) 전원용 초크 코일

저주파에 대해서 특히 큰 저항을 갖도록 하여 전원 노이즈 방지용의 필터나 평활 회로의 필터에 사용한다. 전원 주파수대역에서 충분한 인덕턴스를 갖고 있는 코일로 코어에 동선을 감아서 만든다. 입력 전원용 필터나 스위칭 전원의 출력 필터로 사용되고 있다.

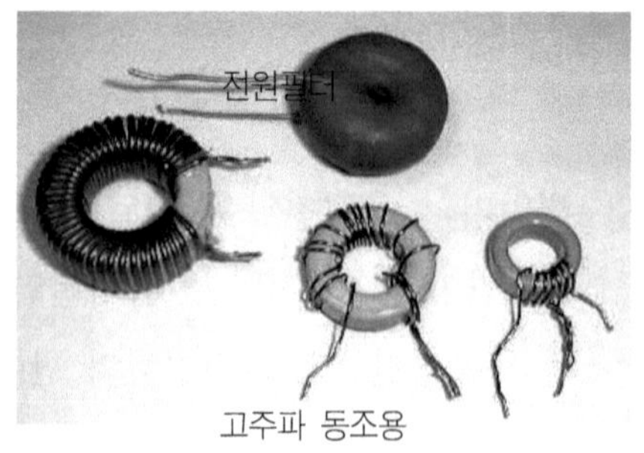

그림 4.6 전원용 초크코일

3) 전원 트랜스

주파수가 낮고 전류 용량이 큰 대형 코일로 출력 전압과 전류 용량에 따라 많은 종류가 있다. AC전원을 DC전원으로 만들 때 필수적인 부품이나, 최근에 시판되는 전원장치의 대부분은 스위칭 전원장치를 사용하고 있다. 그러나 간단하고 싸게 제작할 수 있는 전원장치로 전원 트랜스를 이용하고 있어서 아직도 널리 사용된다.

그림 4.7 전원 트랜스

4.4 인덕터의 값 읽기

필터, 초크 코일의 경우 인덕턴스(L)값이 제품 표면에 컬러코드로 표기되어있다. 읽는 방법은 컬러코드 저항기와 비슷한데 단위가 마이크로 헨리(μH)인 것만 다르다.

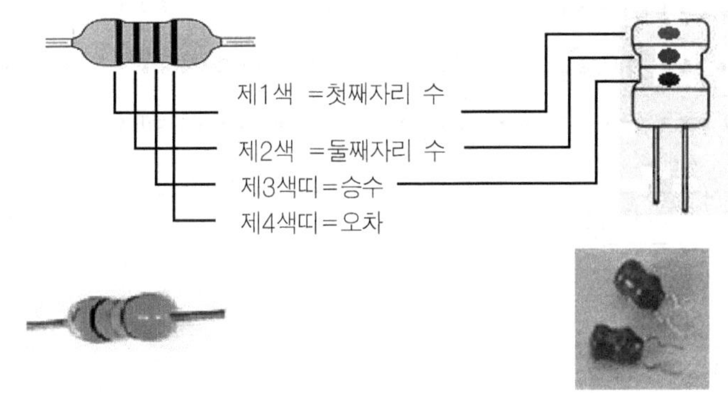

그림 4.8 인덕터 컬러코드

예를 들어 인덕터에 첫 번째 띠 색상은 4(노랑색), 두 번째 띠 색상은 7(보라색), 세 번째 띠 색상은 0(검정색)이므로 인덕터값은 $47\times10^{0}\times10^{-6}$[H]=47[μH]가 된다.

실험실습

1. 실험기기 및 부품

   1) 브레드보드

   2) 저항

      ① 51〔Ω〕 1/4〔W〕 ② 330〔Ω〕 1/4〔W〕 ③ 1〔kΩ〕 1/4〔W〕

      ④ 2.2〔kΩ〕 1/4〔W〕 ⑤ 4.7〔kΩ〕 1/4〔W〕 ⑥ 2.2〔kΩ〕 2〔W〕

   3) 마일러 콘덴서

      ① 103K 630V ② 472J 630V ③ 473J 630V

2. 다음과 같이 저항을 브레드보드에 배치하고 저항의 컬러색을 기록한다.

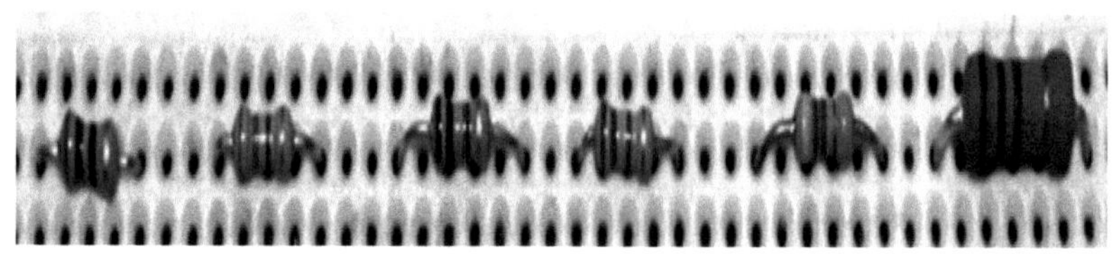

No	저항값	첫번째 색	두 번째 색	세 번째 색
①	51〔Ω〕 1/4〔W〕			
②	330〔Ω〕 1/4〔W〕			
③	1k〔Ω〕 1/4〔W〕			
④	2.2k〔Ω〕 1/4〔W〕			
⑤	4.7k〔Ω〕 1/4〔W〕			
⑥	2.2k〔Ω〕 2〔W〕			

3. 다음과 같이 마일러 콘덴서를 브레드보드에 배치하고 콘덴서 숫자 코드를 보고 용량과 오차를 판독한다.

No	숫자코드	용량	오차	내압
①	103K 630V			
②	472J 630V			
③	473J 630V			

◆ **전기의 어원**

전기를 영어로 일렉트리서티(Electricity)라고 하는데 이것은 그리스어 일렉트론(Electron)에서 유래한 말로, 본래는 호박을 의미한다. 기록에 의하면 기원전 600년경 그리스 사람들은 호박을 마찰하면 물체가 흡인되는 것을 알고 있었고, 이것이 전기현상을 발견한 최초라고 전해 내려오고 있다. 즉 장식품으로 사용하던 호박을 헝겊으로 문지르면 먼지나 실오라기 따위가 끌어 당기는 이르바 마찰전기 현상이 일찍부터 알려져 있었다고 한다. 동양에서 쓰는 전기의 전(電)자는 번개를 뜻하는 뢰(雷)자에서 유래했고 번개도 구름에 마찰전기가 일으키는 불꽃쇼이다.
에디슨이 백열전구를 발명(1879)하고 20년쯤 지나서 영국의 물리학자 톰슨이 전기의 정체를 맨 처음 밝혀냈다. 톰슨은 여러 가지 실험 끝에 전기라는 것이 아주 미세한 입자라고 것을 알아냈다. 그는 이 작은 입자가 빛도 만들고, 열도 나게 한다는 것을 알고 전자(Electron)라고 이름을 붙였다.

• 요점정리 •

1. 전류가 흐르는 길을 "전기회로"라고 하며, 자유전자의 이동에 의하여 전기회로에서 전류가 흐르며, 전자는 (-)극에서 (+)극으로 이동하고, 전류는 (+)극에서 (-)극으로 흐른다.

2. 전류를 지속적으로 흘려주는 원동력이 되는 것은 "기전력"이라고 한다.

3. 전하(電荷)는 어떤 물질이 갖고 있는 전기량을 의미하여, (−)전하는 중성인 상태의 물체가 전자를 얻어서 (−)의 전기 성질을 띠고, (+)전하는 중성인 상태의 물체가 전자를 잃어서, 즉 전자가 부족하기 때문에 (+)의 전기 성질을 갖는다.

4. "전류"란 I=〔Q/t〕로 정의되며, 1초 동안에 6.25×10^{18}개의 전자가 도선을 통과하면 1〔A〕가 되고, 단면을 통과하는 전자의 개수가 많으면 많을수록 전류의 크기가 커진다.

5. "전위차"는 어떤 두 점 사이의 전압〔V〕을 의미하여, 전위란 대지(영전위)를 기준으로 한 전위차〔V〕를 의미한다.

6. 전기저항(electrical resistance)은
   ① 전기에너지를 소비하는 소자이다.
   ② 저항에 전류를 흘리면 발열을 일으키는 소자이다.
   ③ 회로 내에서 전류의 크기, 전압의 크기를 제어하는 소자이다.

7. 4개의 띠를 가진 저항의 경우, 첫째, 둘째 색 띠가 저항값의 유효 숫자이고, 셋째 띠는 10의 승수, 넷째 색 띠는 허용오차를 나타낸다.

8. 콘덴서는 전하를 축적하여 전기에너지를 저장하며, 전하를 축적하는 능력을 콘덴서의 "정전용량"이라고 하며, $C = \varepsilon \frac{A}{d}$로 정의한다.

9. 코일은 자기에너지의 형태로 전기에너지를 저장하며, 코일 스스로 기전력을 발생하여 전류의 급격한 변화를 억제하는 소자이며, 콘덴서는 전압의 급격한 변화를 억제하는 소자이다.

10. 코일과 콘덴서는 전기에너지를 소비하지 않고, 단지 에너지를 저장했다, 방출했다 하는 과정을 되풀이하는 소자이다.

연습문제

1. 어떤 지점을 10〔C〕의 전하가 0.1〔s〕 동안 통과하였을 때 이 점의 전류 크기는 몇 〔A〕인가?

2. 단면에 2〔A〕 전류가 흐를 때 1초 동안에 통과하는 전자개수는?

3. 전류의 크기만을 제어하고 싶을 때 사용하는 전기소자는?

4. 시간의 변화에 따라서 전류의 크기를 제어하고 싶을 때 사용하는 전기소자는?

5. 시간의 변화에 따라서 전압의 크기를 제어하고 싶을 때 사용하는 전기소자는?

6. 전기에너지를 소모하는 소자는 무엇인가?

7. 전기에너지를 저장하는 소자는 어떤 것들이 있는가?

8. 전기회로 소자의 회로기호, 문자기호, 단위는 무엇인가?

	회로기호	문자기호	단위
저항			
코일			
콘덴서			

9. 다음 콘덴서의 정전용량은?

콘덴서	표시	정전용량
	104	
	105	

10. 얇은 폴리에스테르(polyester) 필름을 양측에서 금속으로 삽입하여, 원통형으로 감은 콘덴서는?

11. 동일한 면적을 가진 평형판 콘덴서의 극판거리를 2배로 하면 정전용량은 어떻게 변화하는가?

12. 다음 콘덴서 종류는 무엇인가?

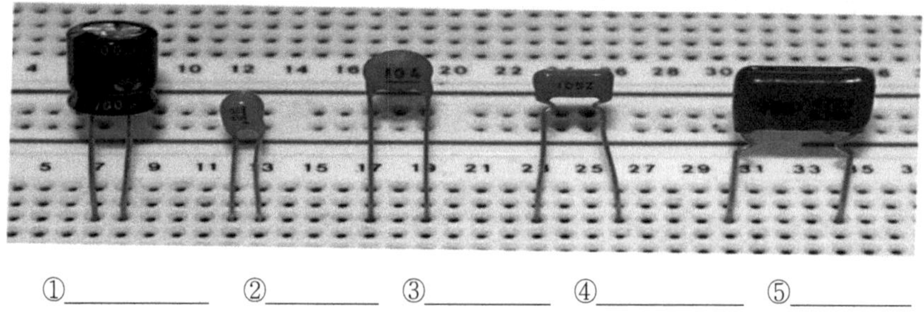

①__________ ②__________ ③__________ ④__________ ⑤__________

13. 다음 저항값을 보고, 빈칸에 알맞은 컬러코드 색상을 넣으세요.

저항값	제1색	제2색	제3색
100[Ω]	(　　　)	(　　　)	(　　　)
330[Ω]	(　　　)	(　　　)	(　　　)
1[kΩ]	(　　　)	(　　　)	(　　　)
2.2[kΩ]	(　　　)	(　　　)	(　　　)

제 2 장

전기 · 자기회로 및 계측기

학습목표

1) 전기회로의 기본법칙을 이해한다.
2) 자기회로의 기본법칙을 이해한다.
3) 계측기의 올바른 사용법을 익힌다.

제 2 장

전기·자기회로 및 계측기

1 전기회로의 기본법칙

1.1 옴(ohm)의 법칙

1) 옴의 법칙이란

① 부하저항에 전원전압을 인가하면 전기회로에 전류가 흐르고 그림 1.1과 같은 회로에서 저항, 전류, 전압의 관계를 나타내는 전기법칙이 "옴의 법칙"이다. 전지 1개에 전구 1개를 접속하고, 전지 2개에 전구 1개를 접속하면, 이때의 전구의 밝기는 전지 2개를 연결한 쪽의 램프가 더 밝다. 그 이유는 전지 2개를 연결한 쪽의 램프에 더 많은 전류가 흘렀기 때문이다.

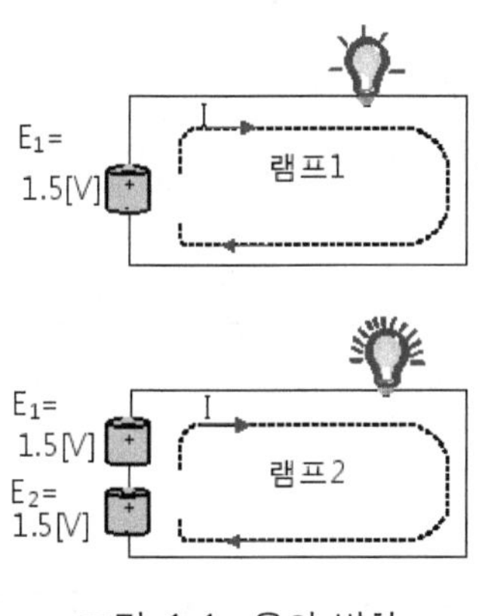

그림 1.1 옴의 법칙

② "회로에 흐르는 전류의 크기는 인가한 전원전압에 비례하고, 저항에 반비례한다." 이것을 "옴의 법칙"이라고 한다. 여기서 전류를 I[A], 전원전압을 E[V], 저항을 R[Ω], 저항양단의 전압을 VR이라고 하면 회로에 흐르는 전류는 다음과 같다.

$$I[A] = \frac{E[V]}{R[\Omega]}$$

③ 위 식에서 양변에 저항값을 곱하면 부하저항에 인가되는 E〔V〕=V_R=I〔A〕×R〔Ω〕이 된다. 양변을 전류 I로 나누면 R은 $R[\Omega] = \frac{E[V]}{I[A]}$ 이 된다. 즉 저항 R은 저항부하에 인가되는 전압과 전류의 비가 된다.

④ 전기전자부분에서 언급하는 공식은 수학이 아니고, 자연철학이기 때문에 쉽게 이해가 되지 않는 것이 당연하다. 이 공식을 처음만든 사람은 평생동안 연구를 통해서 공식을 수식화 하였다.

2) 전원전압과 부하저항을 알고 전류를 구하는 경우

① 저항 6〔Ω〕인 램프에 12〔V〕 전원전압을 인가한 경우 램프에 흐르는 전류는 옴의 법칙에 의하여 구하면

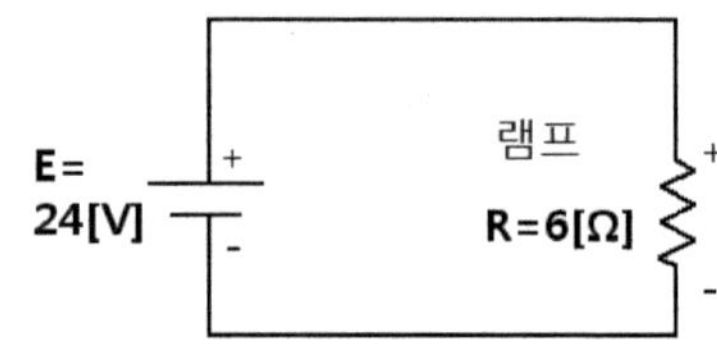

$$I[A] = \frac{E[V]}{R[\Omega]},\ E=12〔V〕,\ R=6〔Ω〕$$

이므로

② 램프에 흐르는 전류값은

$$I[A] = \frac{E[V]}{R[\Omega]} = \frac{24[V]}{6[\Omega]} = 4[A]$$

가 된다.

3) 전원전압과 전류를 알고 부하저항을 구하는 경우

① 24〔V〕 전원전압을 부하저항에 접속하고, 회로에 4〔A〕 전류가 흐르는 경우에, 부하저항값을 구하면 E=24〔V〕, I=4〔A〕이므로

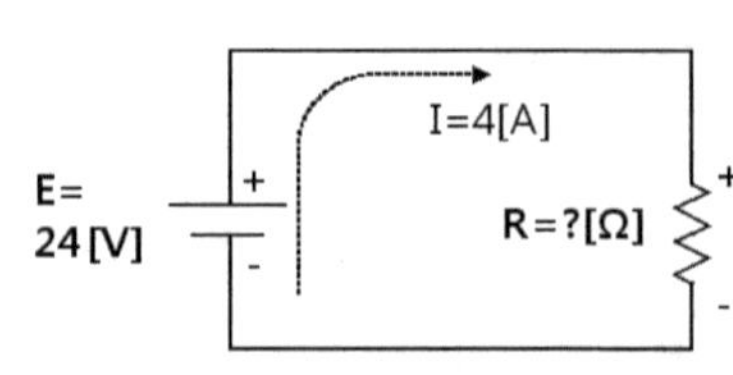

② $R[\Omega] = \frac{E[V]}{I[A]} = \frac{24[V]}{4[A]} = 6[\Omega]$이 된다.

4) 부하저항과 전류를 알고 전원전압을 구하는 경우

① 6〔Ω〕 부하저항에 4〔A〕 전류가 흐르게 하려면 몇 〔V〕의 전원전압이 필요한가?

② 저항의 단자전압 V_R=24〔V〕=I×R= 4〔A〕×6〔Ω〕=24〔V〕이기 때문에 전원전압 E는 24〔V〕가 필요하다.

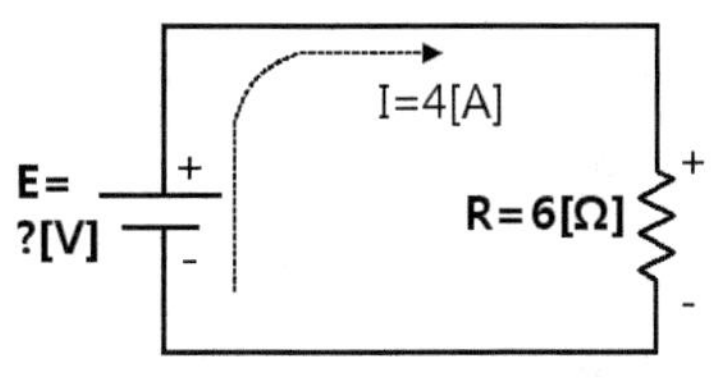

1.2 저항의 접속

1) 직렬접속

① 그림 1.2(a)와 같이 전류가 1개의 저항을 지나 다음의 저항을 통하여 한 길로 흐르게 하도록 저항을 일렬로 접속하는 방법을 "직렬접속"이라 하며, 이 경우에는 어느 저항에서나 동일한 크기의 전류가 흐른다.

② 예를 들면, 10〔Ω〕 저항과 2〔Ω〕 저항을 직렬로 연결하여 24〔V〕 전원전압을 가하면 저항에는 2〔A〕 전류가 흐른다. 따라서 합성저항은

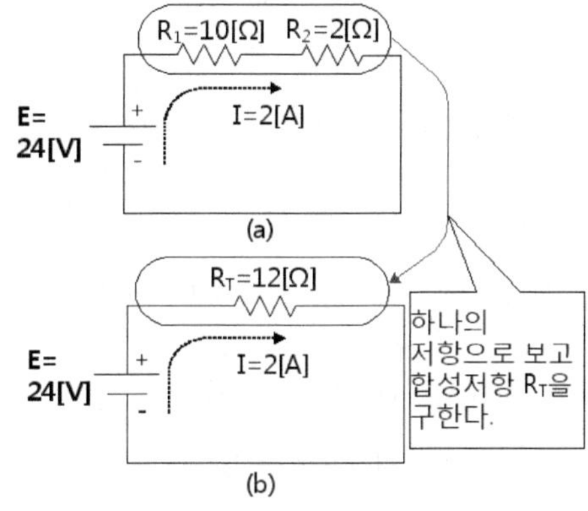

그림 1.2 저항의 직렬접속(저항 2개)

$$R_T[\Omega] = \frac{E[V]}{I[A]} = \frac{24[V]}{2[A]} = 12[\Omega]$$

이 된다.

③ 전기전자회로에서는 저항값을 증가시키기 위해 직렬로 저항을 연결하며, 저항값을 줄이기 위해 병렬로 저항을 연결한다. 그림 1.2(b) 회로의 12〔〔Ω〕 저항과 같이 여러 개의 저항을 하나의 저항으로 보고, 저항값을 계산한 저항을 "합성저항"이라고 한다.

$$R_T = R_1 + R_2 + R_3 + \cdots + R_n$$

④ 그림 1.3에서 3개의 저항 R_1, R_2, R_3을 직렬로 연결하고 여기에 전원전압 E〔V〕를 인가하면 3개의 저항에는 어느 것이나 같은 전류 I가 흘러서, 각각의 저항에는 전원전압을 분할한 단자전압이 인가된다.

⑤ 회로의 합성저항은 각 저항을 더한 합계와 같으며, 또한 각 저항에 흐르는 전류는 같고, 각 저항에 가해지는 전압의 합계는 전원전압과 같다.

⑥ 저항 R_1, R_2, R_3에 인가되는 전압을 각각 V_{R1}, V_{R2}, V_{R3} 회로에 흐르는 전류를 "I"라고 하면 각 저항 양단전압은 옴의법칙에 의하여 $V_{R1}=IR_1$, $V_{R2}=IR_2$, $V_{R3}=IR_3$가 된다.

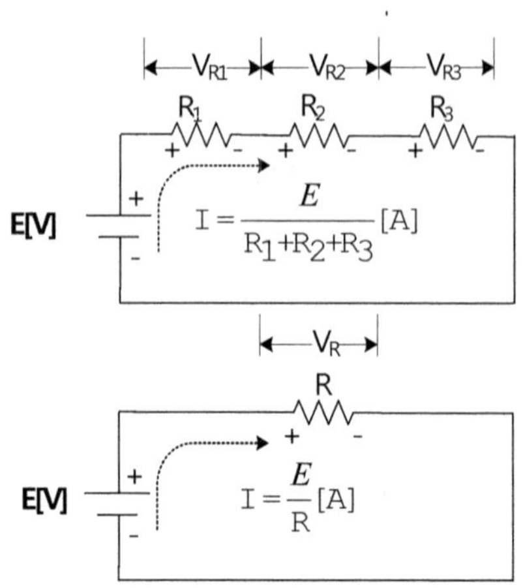

그림 1.3 저항의 직렬접속(저항 3개)

⑦ 회로에 흐르는 전류 : $I=\dfrac{E}{R_1+R_2+R_3}=\dfrac{E}{R}[A]$

⑧ 전체저항에 걸리는 전압 V는 $V_{R1}+V_{R2}+V_{R3}=IR_1+IR_2+IR_3=I(R_1+R_2+R_3)$

⑨ 여기에서 R(합성저항)은 $R_1+R_2+R_3$이 된다.

⑩ 그림 1.2 (a)와 같이 $R_1=10$〔Ω〕, $R_2=2$〔Ω〕, E=24〔V〕라 하면

㉮ 회로에 흐르는 전류 : $\dfrac{24[V]}{10[\Omega]+2[\Omega]}=2[A]$

㉯ R_1, R_2의 단자전압은 $V_{R1}=IR_1=2\times10=20$〔V〕, $V_{R2}=IR_2=2\times2=4$〔V〕가 된다.

㉰ R_1 저항값이 R_2 저항값에 5배이면 그에 따라 V_1도 V_2의 5배의 값이 된다. 각 저항 양단전압은 저항값에 비례하여 배분된다.

㉱ $V_1 : V_2=R_1 : R_2$이면
$V_1R_2=V_2R_1$의 관계식이 성립된다.

㉲ 전압분배 법칙에 의하여 V_1, V_2 전압을 구하면 다음과 같다.

$$V_1 \text{ 전압은 } V_1 = \frac{R_1}{R_1+R_2} \times E = \frac{10}{10+2} \times 24 = 20[V]$$

$$V_2 \text{ 전압은 } V_2 = \frac{R_2}{R_1+R_2} \times E = \frac{2}{10+2} \times 24 = 4[V]$$

예제

R_1=6〔Ω〕, R_2=4〔Ω〕, R_3 =2〔Ω〕을 직렬로 연결한 경우, V_{R1}, V_{R2}, V_{R3}의 단자전압과 회로에 흐르는 전류는 몇 〔A〕인가?

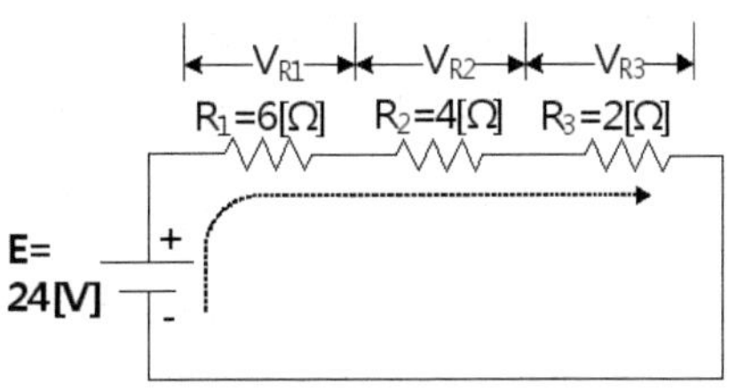

풀이

① 합성저항

$R = R_1 + R_2 + R_3 = 6 + 4 + 2 = 12$〔Ω〕

② 회로에 흐르는 전류는 I〔A〕는

$$I = \frac{E}{R} = \frac{24}{12} = 2[A]$$

③ 각 저항의 단자전압은

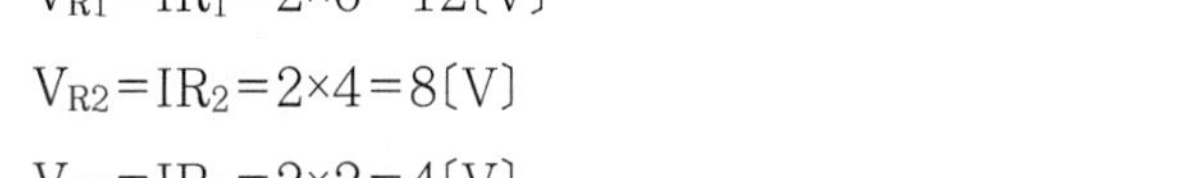

$V_{R1} = IR_1 = 2 \times 6 = 12$〔V〕

$V_{R2} = IR_2 = 2 \times 4 = 8$〔V〕

$V_{R3} = IR_3 = 2 \times 2 = 4$〔V〕

④ 각 저항의 단자전압을 전압분배 법칙에 의하여 구하면 다음과 같다.

$$V_{R1} \text{ 전압은 } V_{R1} = \frac{R_1}{R_1+R_2+R_3} \times E = \frac{6}{6+4+2} \times 24 = 12[V]$$

$$V_{R2} \text{ 전압은 } V_{R2} = \frac{R_2}{R_1+R_2+R_3} \times E = \frac{4}{6+4+2} \times 24 = 8[V]$$

$$V_{R3} \text{ 전압은 } V_{R3} = \frac{R_3}{R_1+R_2+R_3} \times E = \frac{2}{6+4+2} \times 24 = 4[V]$$

직렬회로에서는 일정한 전류가 흐르기 때문에 저항양단전압은 저항값의 크기에 비례한다.

2) 병렬연결

① 저항의 병렬연결은 그림 1.4(a)와 같이 전류 'I"가 한 길로 흐르다가 병렬접속된 부분에서 나뉘게 된다. 전류가 나뉘는 비율은 저항값이 적은 쪽으로 많은 전류가 흐르고, 저항값이 큰 쪽으로 적은 전류가 흐른다. 그리고 병렬회로에서는 각 저항에 인가되는 전압의 크기는 같다.

② 10〔Ω〕 저항 3개를 병렬로 연결하고 여기에 30〔V〕 전원전압을 인가하면 각 저항에는 30〔V〕/10〔Ω〕=3〔A〕 전류가 흐른다. 각 저항에 흐르는 전류의 합인 I(전체전류)는 $I_1+I_2+I_3$=3〔A〕+3〔A〕+3〔A〕=9〔A〕가 된다.

③ 30〔V〕 전압을 가하는 경우 회로의 합성저항 R은 옴의 법칙에 의하여

$$R[\Omega] = \frac{E[V]}{I[A]} = \frac{30[V]}{9[A]} = 3.33[\Omega]$$

또는

$$R = \frac{1}{\frac{1}{R_1} + \frac{1}{R_2} + \frac{1}{R_3}}$$

이 된다.

④ 그림 1.5와 같이 R_1, R_2 2개의 저항이 병렬로 연결된 회로에 전원전압 E〔V〕를 가했을 때 전원에서 유출하는 전류는 ⓐ점에서 각 저항에 분배되어 흐른다.

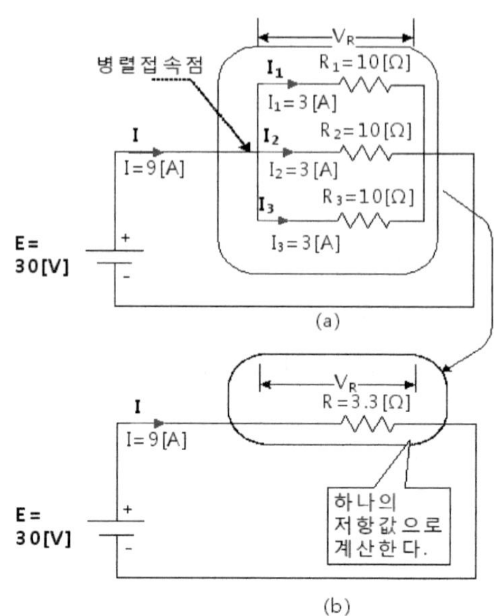

그림 1.4 저항의 병렬접속 (저항 3개인 경우)

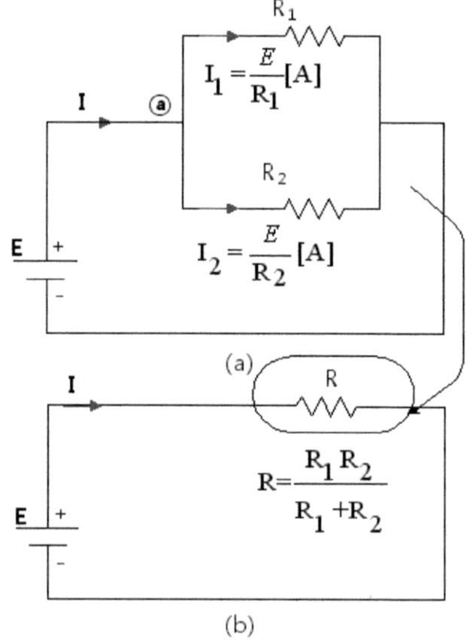

그림 1.5 저항의 병렬접속 (저항 2개인 경우)

⑤ 각 저항에 흐르는 전류를 I_1, I_2라고 하면 옴의 법칙에 의해

$$I_1 = \frac{V}{R_1}[A],\ I_2 = \frac{V}{R_2}[A]$$

⑥ 전원으로부터 나가는 전류는 I〔A〕는 각 저항에 흐르는 전류의 합과 같다.

$$I = I_1 + I_2$$

⑦ 2개의 저항 R_1, R_2가 병렬로 연결하였을 때의 합성저항을 R〔Ω〕이라고 하면

$$R = \frac{1}{\frac{1}{R_1} + \frac{1}{R_2}} = \frac{R_1 \times R_2}{R_1 + R_2}$$

가 된다.

⑧ 전류분배 법칙에 의하여 I_1, I_2 전류를 구하면

$$I_1 = \frac{R_2}{R_1 + R_2} \times I,\quad I_2 = \frac{R_1}{R_1 + R_2} \times I$$

예제

다음 병렬회로에서 R_1=100〔Ω〕, R_2=300〔Ω〕 저항에 흐르는 I, I_1, I_2 전류는 몇 〔A〕인가?

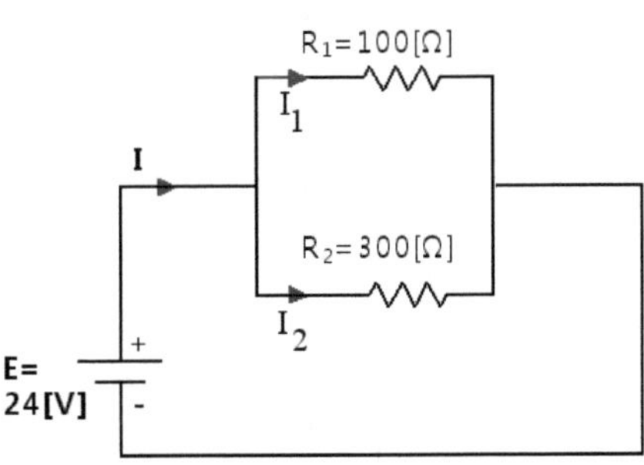

풀이

① 합성저항

$$R = \frac{R_1 \times R_2}{R_1 + R_2} = \frac{100 \times 300}{100 + 300} = 75[\Omega]$$

② 회로에 흐르는 전류는 I, I_1, I_2 는

$$I_1 = \frac{E}{R_1}[A] = \frac{24}{100} = 0.24[A]$$

$$I_2 = \frac{E}{R_2}[A] = \frac{24}{300} = 0.08[A]$$

$I = I_1 + I_2 = 0.24(A) + 0.08(A) = 0.32(A)$가 된다.

③ 전류분배 법칙에 의하여 회로에 흐르는 전류 I, I_1, I_2 구하면 다음과 같다.

$$I = \frac{E}{R} = \frac{24}{75} = 0.32[A]$$

$$I_1 = \frac{R_2}{R_1 + R_2} \times I = \frac{300}{100 + 300} \times 0.32 = 0.24[A]$$

$$I_2 = \frac{R_1}{R_1 + R_2} \times I = \frac{100}{100 + 300} \times 0.32 = 0.08[A]$$

예제

다음 직·병렬회로에서 $R_1 = 100(\Omega)$, $R_2 = 200(\Omega)$, $R_3 = 300(\Omega)$ 저항회로에 흐르는 I_1, I_2, I_3 전류는 몇 (A)인가?

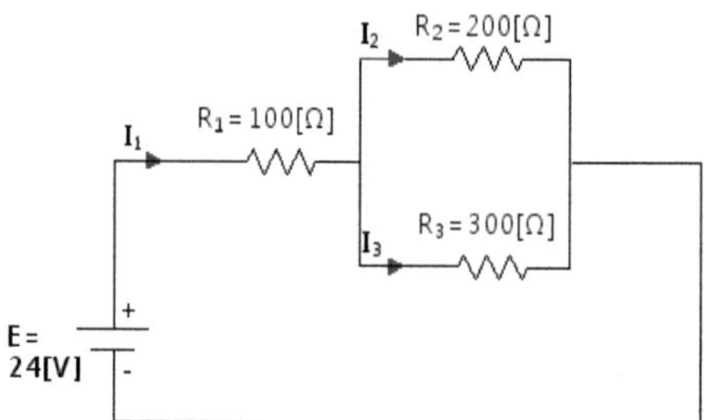

풀이

① 합성저항

$$R = R_1 + \frac{R_2 \times R_3}{R_2 + R_3}$$

$$= 100 + \frac{200 \times 300}{200 + 300}$$

$$= 220[\Omega]$$

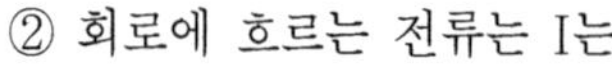
② 회로에 흐르는 전류는 I는

$$I_1 = \frac{24}{220} = 0.11[A]$$

$$I_2 = \frac{R_3}{R_2 + R_3} \times I_1[A] = \frac{300}{200 + 300} \times 0.11 = 0.066[A]$$

$$I_3 = \frac{R_2}{R_2 + R_3} \times I[A] = \frac{200}{200 + 300} \times 0.11 = 0.044[A]$$

1.3 키르히호프의 법칙(kirchhoff's law)

키르히호프의 법칙(kirchhoff's law)에는 제1법칙인 전류법칙과 제2법칙인 전압법칙이 있다.

1) 키르히호프의 제1법칙

① 키르히호프의 제1법칙은 "전류법칙"이라고 하며 한 분기점(node : 여러 개의 전류가 흘러 들어오고 나가는 회로의 분기점)에서 흘러 들어오는 전류 I는 흘러 나가는 전류 I_1, I_2의 합은 같으며, 회로 내의 어느 점을 취해도 그곳에 흘러 들어오는 전류를 (+), 흘러 나가는 전류 (−)로 부호를 붙여 구별하면, 분기점에서 유입되고, 유출되는 전류의 합은 "0"이 된다.

② 회로에 흐르는 전류는 저항에 반비례하여 흐른다. 그림 1.6에서 node에 7〔A〕 전류가 흘러가서 2〔Ω〕 저항에는 5〔A〕가 흐르고, 5〔Ω〕 저항에는 2〔A〕가 흐른다.

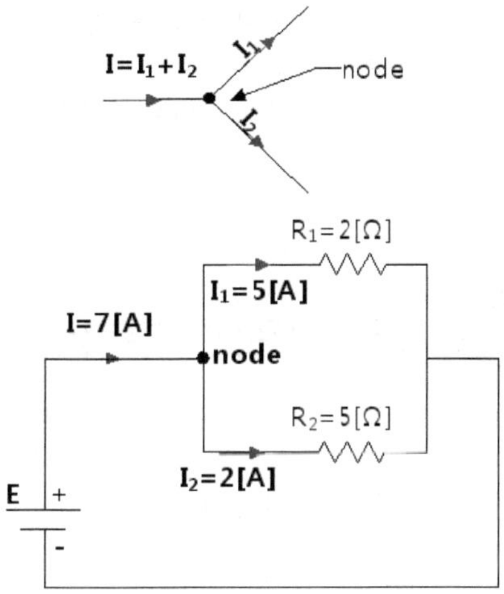

그림 1.6 키르히호프의 제1법칙

2) 키르히호프의 제2법칙

① 키르히호프의 제2법칙은 "전압법칙"이라고 한다. 임의의 닫힌회로(폐회로)에서 회로 내의 모든 전위차의 합은 "0"이다. 즉, 전류가 임의의 폐회로를 따라 한 바퀴 돌면서 저항에서 발생한 전압강하의 총합은 기전력의 총합과 같다.

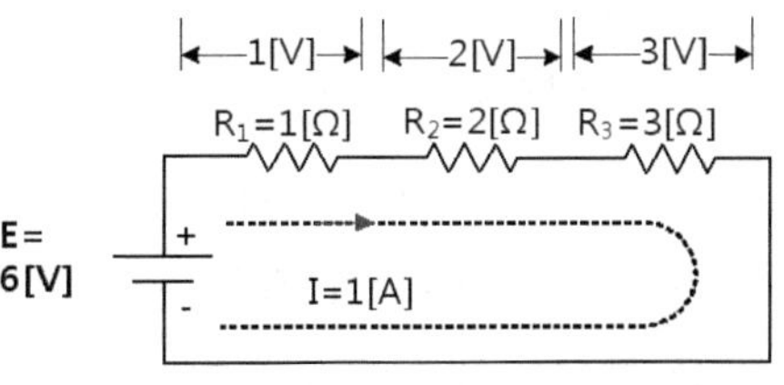

그림 1.7 키르히호프의 제2법칙

② 그림 1.7 회로에서 가해진 전원전압은 3개의 저항에서 나누어져 소비된다. 즉 회로에는 3개의 저항이 있고, 각 저항마다 전류가 흘러서 전압강하가 발생한다. 각 저항의 전압강하를 모두 합하면 가해진 전원전압 E[V]가 된다.

$$\text{전원전압 } E=6[V]=R_1\text{의 전압강하}+R_2\text{의 전압강하}+R_3\text{의 전압강하}$$
$$=1[V]+2[V]+3[V]$$

☞ **전압강하**

전류가 두 전위 사이를 흐를 때 저항을 직렬로 여러 개 연결하면, 전류가 각 저항을 통과할 때마다 옴의 법칙[전압(V)=전류(I)×저항(R)]만큼 전압이 작아져 나타나는 현상을 "전압강하"라고 한다. 이때 전원전압은 각 저항에서 발생한 전압강하의 합계와 같다.

2 자기회로의 기본법칙

2.1 자기(Magnetism)

① 자철광은 철이나 니켈 등을 흡인하는 성질을 지니고 있는데 이 성질을 "자성(磁性)"이라고 하며, 흡인하는 힘을 "자기(磁氣)"라고 한다. 자성을 지니고 있는 물체를 "자석(磁石)"이라고 한다. 또 철, 니켈, 코발트 등과 같이 자기 작용을 하거나 자석이 될 수 있는 물체를 "자성체"라고 하며, 알루미늄, 구리 등과 같이 자기가 거의 없는 것을 "비자성체"라고 한다. 자석의 양끝을 "자극(磁極)"이라고 부르며 이곳에서 자력이 가장 크다.

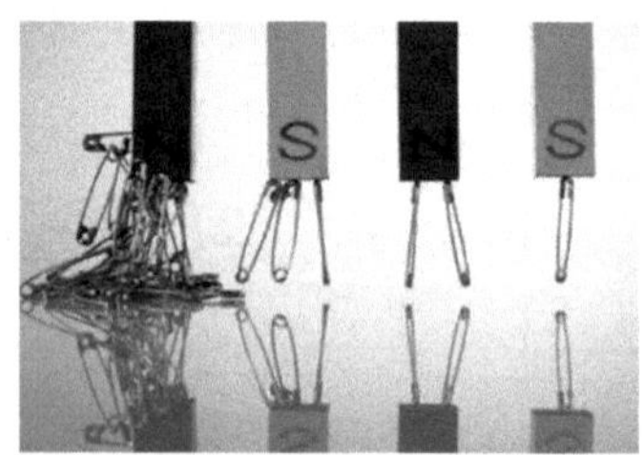

그림 2.1 영구자석

② 자석에는 자철광과 같은 천연(天然)자석 이외에 직류 발전기의 계자 철심에서 사용되는 영구(永久)자석과 기동 전동기의 솔레노이드 스위치와 같이 코일에 전류를 흐르게 하면 자석이 되는 인공자석(전자석) 등이 있다. 자석은 N(North)극과 S(South)극이

있으며, 그 성질은 같은 종류(同種)의 자극은 서로 밀어내고, 다른 종류(異種)의 자극은 서로 인력이 작용한다.

☞ **솔레노이드(solenoid)**
도선을 촘촘하고 균일하게 원통형으로 길게 감아 만든 기기이다. 에너지변환장치 및 전자석으로 이용한다.

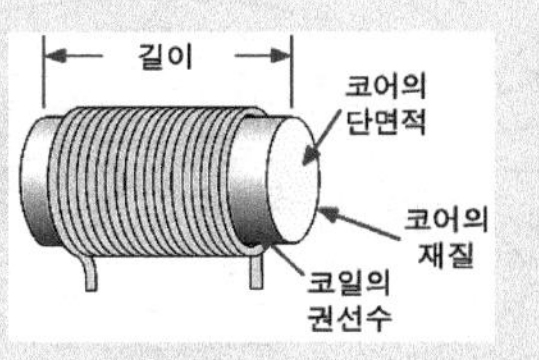

2.2 자계와 자기력선

① 자석 위에 유리판을 올려놓고 그 위에 쇳가루를 뿌린 후 유리판을 가볍게 두드리면 그림과 같이 N극과 S극을 연결하는 곡선의 모양이 생긴다. 이와같이 자석의 힘이 미치는 공간을 "자계(磁界) 또는 자장(磁場)"이라 한다.

② 쇳가루가 배열되는 것은 쇳가루입자 하나하나가 모두 작은 자석이 되어 자력이 작용하는 방향으로 배열되기 때문이다. 이것은 N극과 S극 사이에서 자기의 힘 즉, 자력이 어떤 경로를 거쳐서 작용하고 있는가를 나타내는 선이고, 이 선을 "자력선(磁力線)"이라 한다.

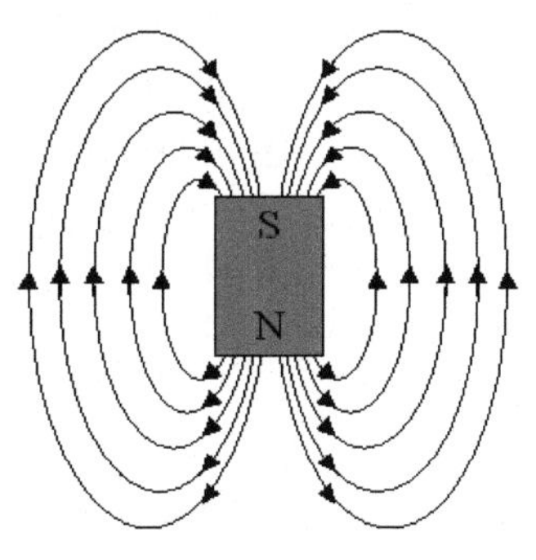

그림 2.2 자기력선

③ 자력선의 방향과 직각되는 단면적($1m^2$)을 통과하는 전체의 자력선을 "자속(磁束; magnetic flux)"이라 한다. 자력선은 일반적으로 N극에서 S극으로 향하는 방향에 화살표를 넣어 표시한다.

④ 또 자력선의 성질은 N극과 S극을 마주하면 서로 잡아당기고, N극과 N극, S극과 S극을 마주하면, 자력선이 서로 반발하여 서로 멀어지려는 현상을 갖고 있다.

⑤ 공기 중에서는 N극에서 S극으로 자기력선이 향하고, 자석 내부에서는 S극에서 N극으로 이동하며 자력선과 자속의 관계는 물질에 자력선이 통과하는 비율로 결정된다.

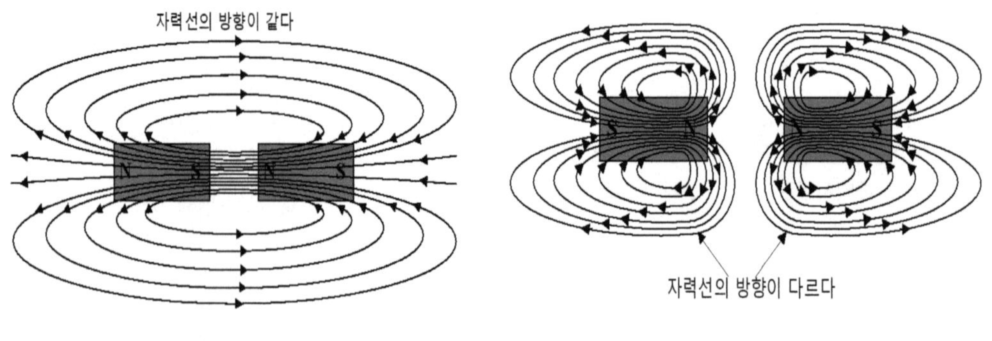

그림 2.3 자력선의 인력 그림 2.4 자력선의 척력

☞ **자속(磁束=자기력선속=ϕ, magnetic flux)**

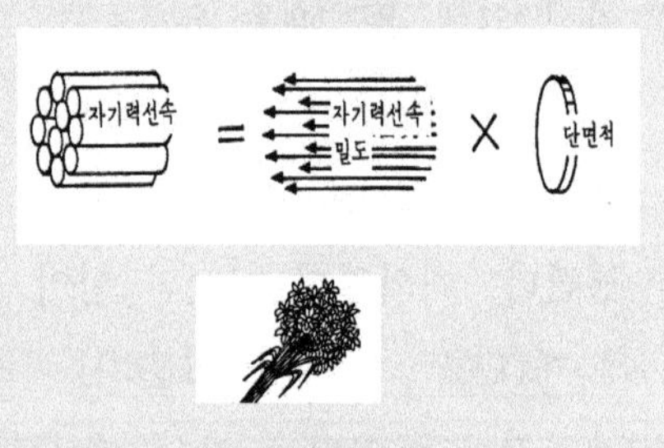

① "束"은 묶음, 다발을 뜻하며, 따라서 자속은 자기력선의 다발을 의미한다. 단위는 Wb(웨버)를 사용한다. 자기장이 세고, 코일의 면적이 클수록 코일을 관통하는 자기력선의 개수가 많고 자기력선속이 크다.

② 자속(자기력선속,ϕ)=자속밀도(자기력선속 밀도)×코일의 단면적
=B×S

☞ **자속밀도(자기력선속 밀도,B)**

단위 면적을 수직으로 지나는 자기력선의 수. 줄여서 "자속밀도"라고 하며, $B=\frac{\Phi}{S}$이며 자기장의 크기를 나타내는데 사용한다. 단위는 가우스(G) 또는 테슬라(T)를 사용한다.

2.3 전류가 형성하는 자계

그림 2.5와 같이 두꺼운 종이에 구멍을 뚫고 전선을 통과시킨 후 전선에 전류를 흐르게 하고 종이 위에 쇳가루를 뿌리면 쇳가루는 전선을 중심으로 하여 여러 갈래의 링 모양을 형성하는데 이것은 전선에 전류가 흘러서 전선주위에 맴돌이

그림 2.5 전류주위의 자기장

자력선이 발생하기 때문이다.

1) 오른나사의 법칙과 엄지손가락법칙

① 오른나사의 법칙(직선전류)

직선도체에 전류가 흐를 때 생기는 자력선의 방향을 알려면 전류의 방향을 오른나사가 진행하는 방향과 같게 하면 자력선의 방향은 오른 나사가 도는 방향이 된다. 이 법칙을 "오른나사의 법칙"이라 한다.

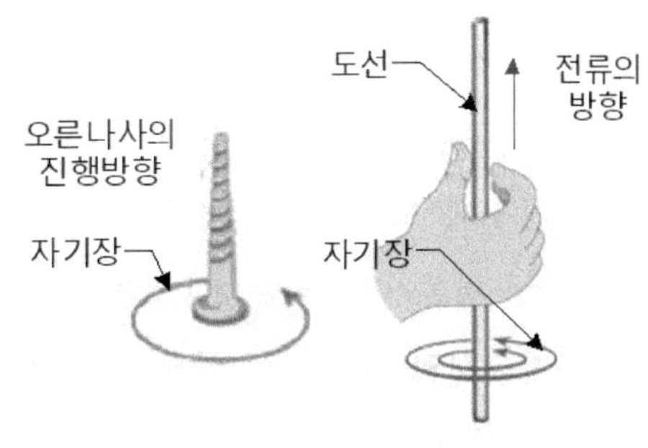

그림 2.6 오른나사의 법칙

② 오른나사의 법칙(코일)

코일에 전류가 흐르고 있을 때 전류의 방향으로 나사를 돌리면 나사의 진행하는 방향이 코일 속을 지나는 자력선의 방향과 일치한다.

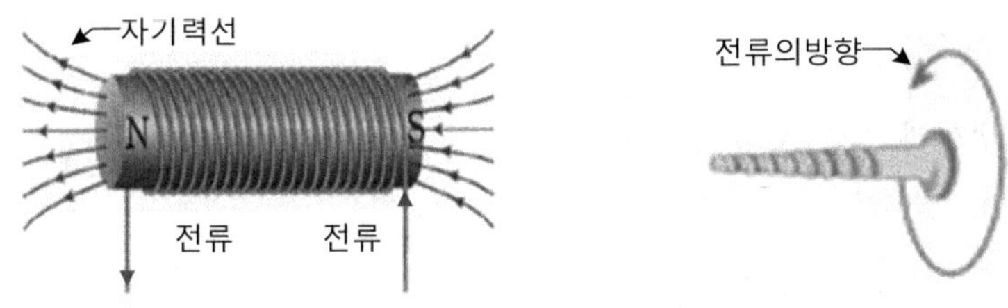

그림 2.7 오른나사의 법칙(코일)

③ 오른손 엄지손가락의 법칙

유도되는 자기장은 전류가 흐르는 방향으로 엄지손가락을 위치하고 오른손으로 감싸 주었을 때, 나머지 손가락이 가리키는 방향으로 자기장이 형성된다.

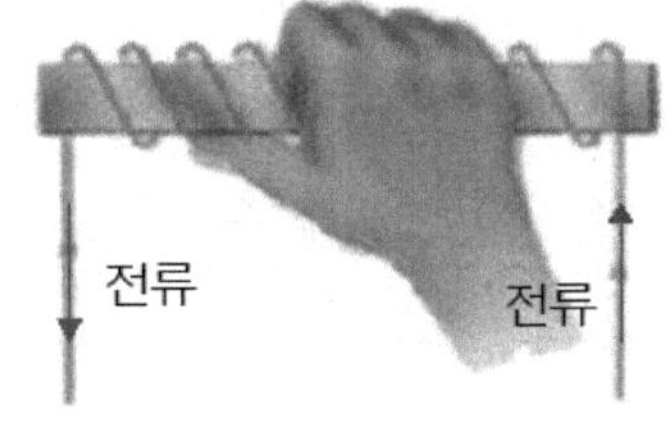

그림 2.8 오른손 엄지손가락의 법칙

2) 플레밍의 왼손법칙

① 전류가 흐르고 있는 도체에 대해 자기장이 미치는 힘의 작용방향을 정하는 법칙이다.

② 전류가 흐르는 도체 하나하나의 부분이 자기장에 의해서 받는 힘은, 왼손의 중지를 전류가 흐르는 방향으로, 검지를 자기력선의 방향으로 향하게 하여, 이것들에 대해 수직으로 편 엄지가 가리키는 방향으로 작용한다. 단, 전류와 자기장의 방향이 평행일 때는 이와 같은 힘은 작용하지 않는다.

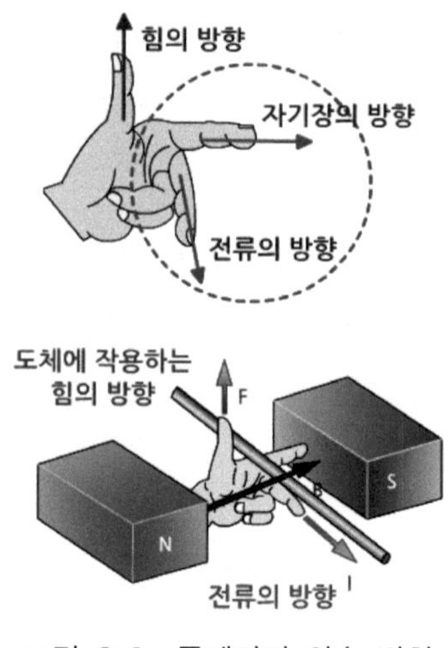

그림 2.9 플레밍의 왼손 법칙

3) 플레밍의 오른손법칙

① 자기장 속을 움직이는 도체 내에 흐르는 유도전류의 방향과 자기장의 방향(N극에서 S극으로 향한다), 도체의 운동방향과의 관계를 나타내는 법칙이다.

② 자기장 속에서 자기력선에 놓은 도선을 자기장에 대해 수직으로 움직일 경우, 오른손의 엄지를 도체가 운동하는 방향으로, 검지를 자기력선의 방향으로 향하게 하면, 도체 속에 발생하는 유도전류는 이것들에 대해 수직으로 구부린 중지 방향으로 흐른다.

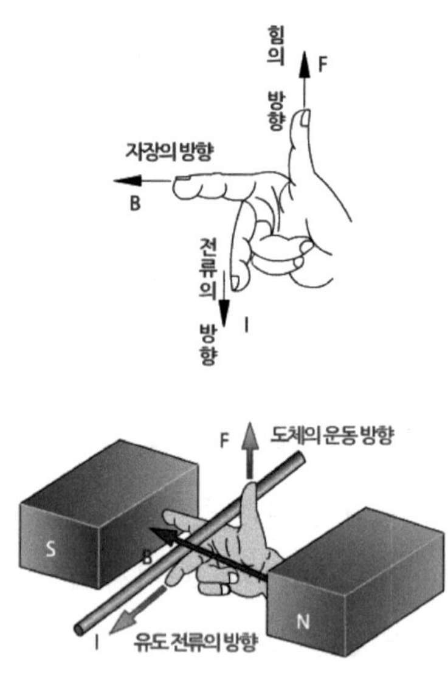

그림 2.10 플레밍의 오른손 법칙

2.4 전자유도작용

1) 전자유도작용

① 코일의 양 끝에 검류계를 연결하고 자석을 코일에 가까이 했다 멀리 했다 하면 검류계의 바늘이 흔들린다. 이것으로 전류가 흐르고 있다는 것을 알 수 있다.

② 전류의 크기는 자석을 움직이는 속도가 빠를수록 크고, 전류의 방향은 가까이 할 때와 멀리 할 때 반대가 된다.

③ 이처럼 자계의 변화에 의해 도체에 기전력이 발생하는 현상을 "<u>전자유도</u>"라고 하며 발생한 기전력을 "<u>유도기전력=유기기전력</u>", 흐르는 전류를 "<u>유도전류</u>"라고 한다.

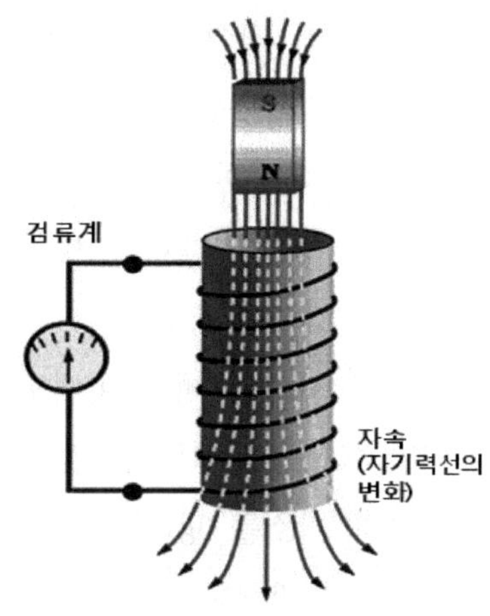

그림 2.11 전자유도작용

④ 유도기전력의 크기에 관해 페러데이는 유도기전력의 크기는 코일을 관통하는 자력선의 변화 속도에 비례한다는 사실을 발견했다. 이것을 페러데이의 "<u>전자유도 법칙</u>"이라고 한다.

> ☞ **검류계**
> 비교적 큰 전류의 크기를 측정할 때는 전류계를 사용하지만, 매우 작은 전류를 측정할 때는 검류계를 이용한다.

⑤ 전자유도현상에서 도체 또는 자석의 운동속도를 빠르게 하거나 강한 자석을 사용하면 같은 시간에 코일을 지나는 자속의 변화가 커진다. 또 코일의 감은 수를 증가시켜도 큰 유도기전력이 발생한다. 이러한 사실을 수식으로 다음과 같이 정의할 수 있다.

$$e = N\frac{\Delta\phi}{\Delta t}$$

e : 유기(유도)기전력의 크기
$\Delta\Phi$: 자속의 변화량
Δt : 시간의 변화량
N : 코일의 감은 횟수

2) 렌츠의 법칙

① 렌츠의 법칙은 전자유도에 발생하는 유기 기전력의 방향을 결정하는 법칙으로서 코일에 자석의 N극을 가까이 하면 코일의 자기력선(자속)은 증가한다. 이때 코일에는 유기기전력이 발생하고 자속의 증가를 방해하는 방향으로 유기기전력이 발생한다.

② 코일에 자석을 빼면 이때도 마찬가지로 코일의 유기기전력의 발생하는 방향은 자속의 감소를 방해하는 방향으로 유도기전력이 발생한다.

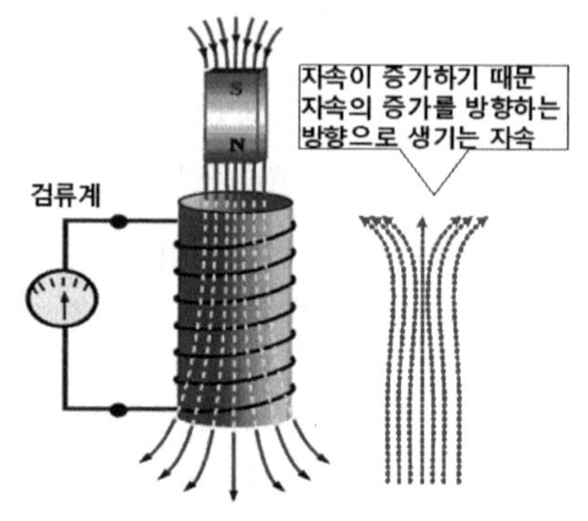

그림 2.12 렌쯔의 법칙

③ 발생하는 유기기전력 극성은 전자유도법칙에서 발생한 유기기전력에 (−)부호를 부친다. "(−)" 부호의 의미는 자석의 운동을 방해 하려는 방향, 즉 코일을 지나는 자기력선이 변하는 것을 방해하려는 방향으로 기전력이 발생한다.

$$e = -N\frac{\Delta\phi}{\Delta t}$$

3) 자기인덕턴스

① 코일에 전류를 흘려보내다가 전류를 갑자기 끊으면 전류의 변화를 방해하는 방향으로 코일 내에 역기전력이 발생한다. 이 현상은 코일의 자기유도작용에 의해 일어난다.

② "자기유도현상"이란 코일에 시간에 따라 크기가 변하는 전류가 흐를 때, 코일에 생성된 자기장의 변화가 전자유도법칙에 따라 반대방향으로 기전력을 유도된다. 코일에 흐르는 전류는 시간에 따라서 변화가 되며, 변화하는 전류가 흐르면 코일 내부에 생기는 자기장도 시간에 따라 변화한다. 그리고 전자유도에 의해 전원전압과 반대방향으로 유기기전력의 극성이 발생한다. 이와 같이 코일자체에서 유도기전력이 생기는 현상을 "<u>자기유도=자체유도</u>"라고 하고, 자기유도의 대소를 나타내는 값을 "<u>자기인덕턴스(H : Henry)</u>"라고 한다.

③ 자기유도에 의해 발생하는 기전력은 전류의 변화율 "ΔI", 전류가 변화하는 데 걸리는 시간 "Δt"라고 하면 다음과 같이 정의할 수 있다.

$$e = L\frac{\Delta I}{\Delta t}\,[V] \quad (L : \text{자기인덕턴스})$$

④ 코일에 흐르는 전류를 1초 동안에 1[A]의 비율로 변화시켰을 경우, 코일에 발생하는 기전력의 크기가 1[V]가 될 때 자기인덕턴스의 크기는 1[H]가 된다.

⑤ 코일에 전원전압을 인가하거나, 차단하는 경우에 코일에 발생하는 유기기전력의 방향을 알아보자. 그림 2.13(a)와 같이 스위치가 통전상태가 되면, 직류전원과 코일이 연결상태가 되고, 전원전류의 급격한 증가를 방해하는 방향으로 유기기전력의 극성이 발생한다. 이 유기기전력은 전원전압과 반대의 극성이라는 의미에서 "역기전력"이라고도 한다. 이 기전력에 의하여 코일에 흐르는 전류는 천천히 증가하며, 그림 2.13(b) 처럼 일정한 시간이 지난후에 일정한 전원전류가 흐르면 코일에서 발생하는 기전력은 0[V]가 되며, 코일에서는 자기에너지의 형태로 에너지를 저장한다.

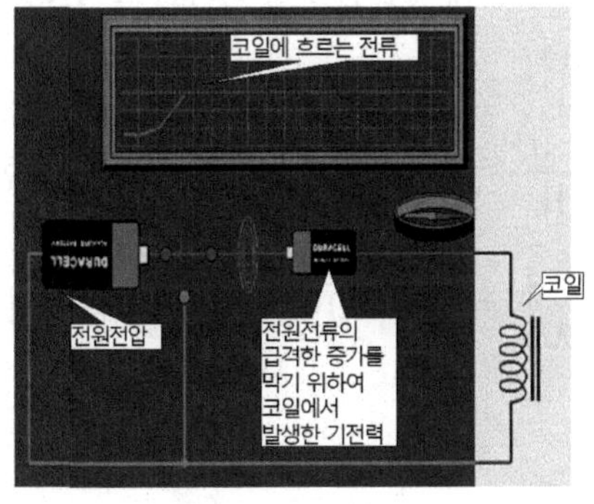

(a) 전원전압을 인가할 때 코일의 기전력

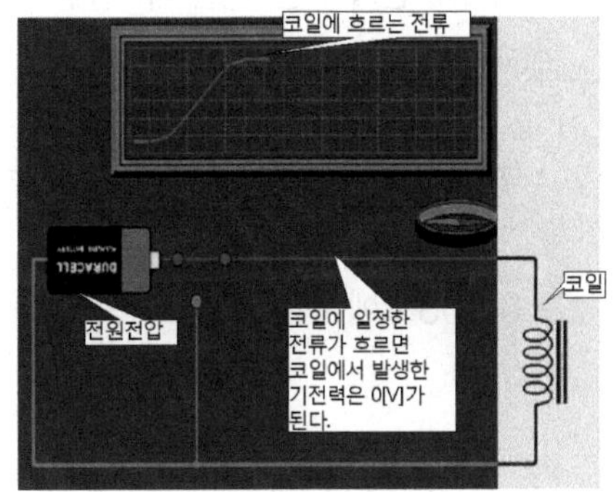

(b) 일정한 전원전류가 흐를 때 코일의 기전력

그림 2.13 전원전압을 코일에 인가시 코일에서 발생하는 기전력

⑥ 그림 2.14(a)와 같이 코일에서 전원전압을 차단시키면 전원전류의 급격한 감소를 막기 위한 방향으로 코일에서 기전력이 발생한다. 즉, 전원전류의 감소를 방해하는 방향으로 기전력이 발생하므로 "역기전력"이라고 한다. 이 때에 코일은 축적한 자기에너

지를 방출하며, 그림 2.14(b)와 같이 코일에 흐르는 전류는 감소하여 0〔A〕가 된다.

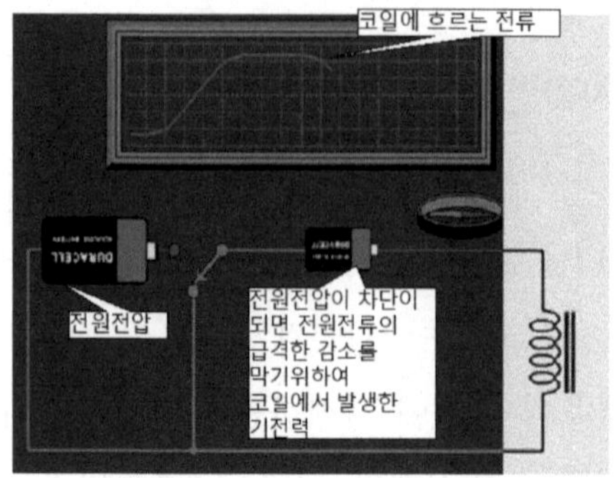

(a) 전원전압을 차단하는 순간 코일의 기전력

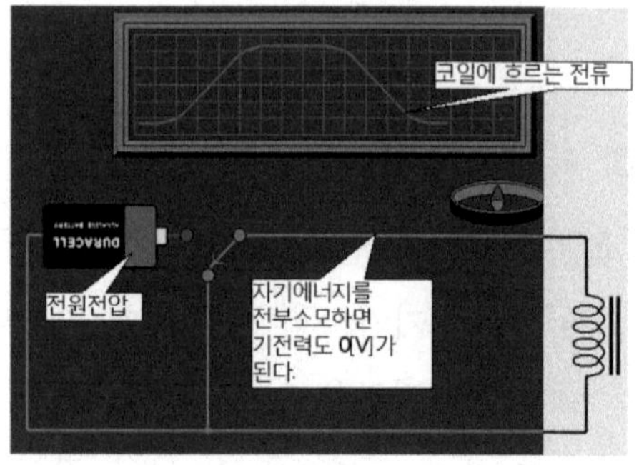

(b) 코일에 흐르는 전류가 0〔A〕일 때 코일의 기전력

그림 2.14 전원전압을 차단시 코일에서 발생하는 기전력의 변화

⑦ 코일에서 발생하는 유기기전력의 전압값을 계산해 보자.

㉮ 그림 2.15 회로에서 0.2〔H〕 코일에, 흐르는 전류가 0.01초 동안에 0〔A〕에서 4〔A〕로 변화하는 경우와 전류가 0.005초 동안에 0〔A〕에서 4〔A〕로 변화하는 경우에 기전력의 크기를 계산하면 다음과 같다.

- 0.01초에서는 $e = L\frac{\Delta I}{\Delta t}[V] = 0.2\frac{(4-0)}{0.01} = (+)80[V]$ 기전력이 발생한다.
- 0.005초에서는 $e = L\frac{\Delta I}{\Delta t}[V] = 0.2\frac{(4-0)}{0.005} = (+)160[V]$ 기전력이 발생한다.

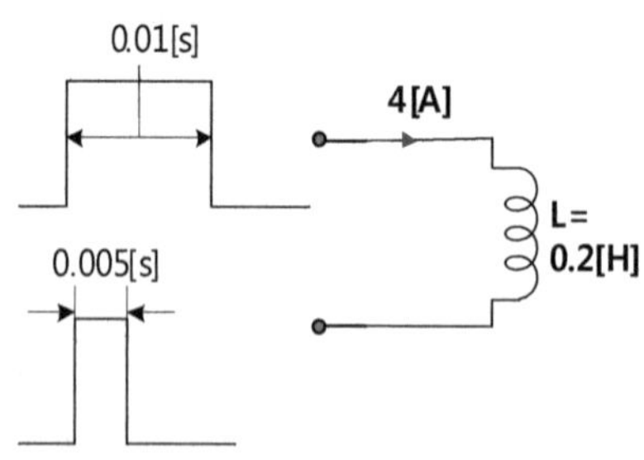

그림 2.15 유도 기전력 계산

㉯ 0.2〔H〕 코일에 흐르는 전류가 0.01초 동안에 4〔A〕에서 0〔A〕로 변화할 때의 기전력과 동일조건에서 전류가 0.005초 동안에 4〔A〕에서 0〔A〕로 변화할 때의 기전력을 구해보면

- 0.01초에서는 $e = L\frac{\Delta I}{\Delta t}[V] = 0.2\frac{(0-4)}{0.01} = (-)80[V]$ 기전력이 발생한다.
- 0.005초에서는 $e = L\frac{\Delta I}{\Delta t}[V] = 0.2\frac{(0-4)}{0.005} = (-)160[V]$ 기전력이 발생한다.

⑧ 코일에서 발생한 "(+)극성의 기전력"의 의미는 전원전류의 증가를 방해하는 방향으로 코일에서 발생한 역기전력이고, "(−)극성의 기전력"의 의미는 전원전류의 감소를 방해하는 방향으로 코일에서 유기기전력이 발생한다는 것을 의미한다.

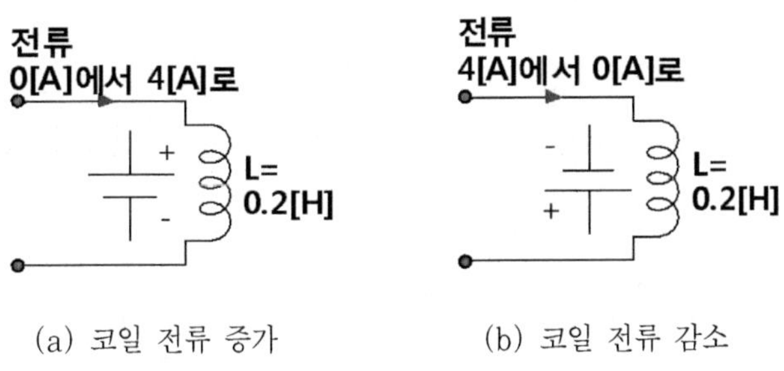

(a) 코일 전류 증가　　(b) 코일 전류 감소

그림 2.16　코일에서 발생하는 유기기전력의 방향

⑨ 코일은 전원전압을 인가하거나, 차단시에 유기기전력이 발생하며, 발생한 유도기전력은 전류의 변화가 빠르면 빠를수록 큰 전압이 발생하고, 코일에 흐르는 전류가 증가하면 증가를 하지 못하는 하는 방향으로, 코일에 흐르는 전류가 감소하면 감소를 못하게 하는 방향으로 코일자체에서 기전력을 발생한다.

예제

다음 회로에서 코일에 흐르는 전류파형이 다음과 같을 때 코일에서 발생하는 역기전력의 파형을 도시하여라.

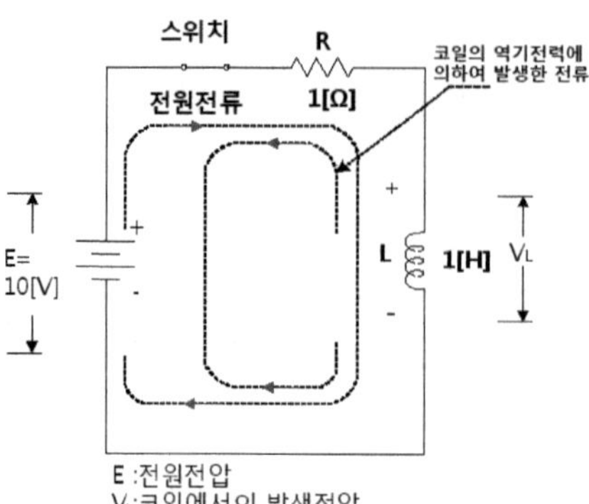

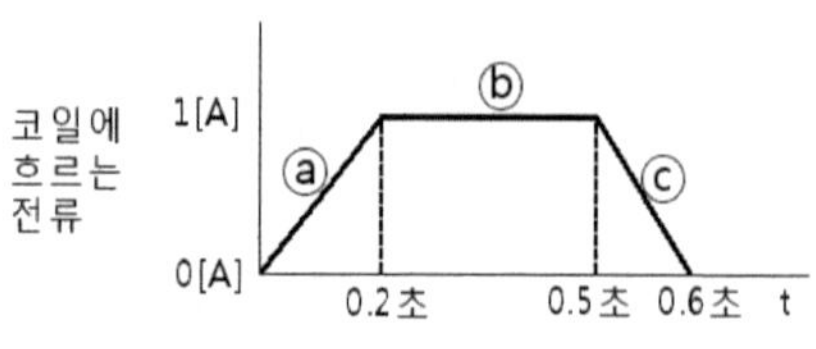

풀이

① 코일에서 발생하는 유기기전력(역기전력)을 V_L 이라고 하면

$$V_L = L\frac{\Delta I}{\Delta t}[V]$$

② 코일에 흐르는 전류가 증가하는 구간 ⓐ, 코일에 흐르는 전류가 일정한 구간 ⓑ, 코일에 흐르는 전류가 감소하는 구간 ⓒ에서 발생하는 전압크기, 극성, 전류방향은 다음과 같다.

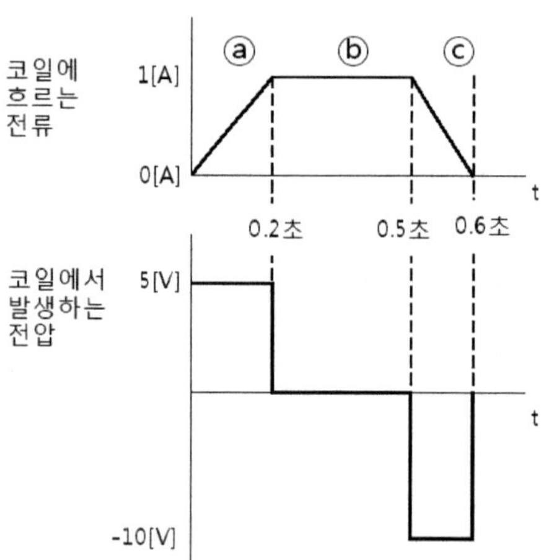

(a) 코일의 유기기전력 파형

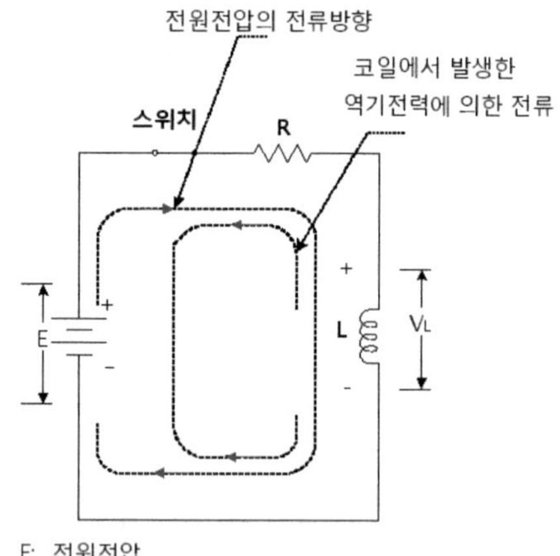

(b) 코일에 흐르는 전류가 증가하는 구간

ⓐ구간에서는 코일에서

$V_L = L\frac{\Delta I}{\Delta t}[V] = 1\frac{1-0}{0.2} = 5[V]$의 기전력이 발생하여 이 기전력에 의하여 전원전류는 순간적으로 1[A]로 증가하지 못하고 0.2[s]라는 시간의 변화율을 가지고 증가한다.

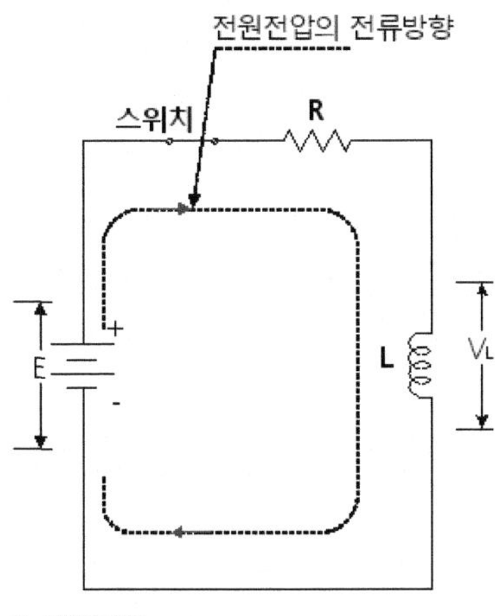

(c) 코일에 흐르는 전류가 일정한 구간

ⓑ구간에서는 코일에서

$V_L = L\frac{\Delta I}{\Delta t}[V] = 1\frac{0-0}{0.3} = 0[V]$가 발생하며

코일에서는 전류변화가 없으면 기전력을 발생하지 않는다.

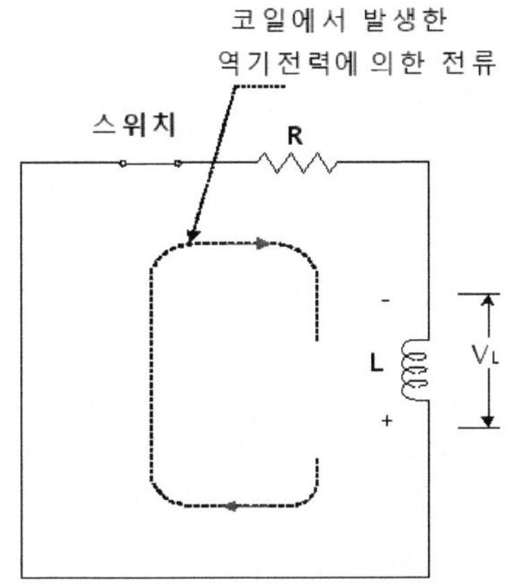

(d) 코일에 흐르는 전류가 감소하는 구간

ⓒ구간에서는 코일에서

$V_L = L\frac{\Delta I}{\Delta t}[V] = 1\frac{0-1}{0.1} = -10[V]$의 기전력이 발생하여 이 기전력에 의하여 전원전류는 순간적으로 0[A]로 감소하지 못하고, 0.1[s]라는 시간지연을 가지고 감소한다.

☞ **코일의 전류방향과 극성**

코일에 직류를 인가하면 전류는 (+)방향의 전류가 흐르고, 발생하는 기전력은 (+)(−), (−)(+)의 전압극성을 갖는다.

2.5 코일의 접속

저항과 마찬가지로 코일은 직렬과 병렬로 연결하며, 코일을 직렬연결하면 인덕턴스가 증가하고, 반면에 병렬연결을 하면 인덕턴스를 감소시킨다.

① 직렬로 코일을 접속는 경우에 합성인덕턴스의 값은 직렬로 저항을 연결할 경우와 같은 방법으로 구할 수 있다.

$$L_T = L_1 + L_2 + L_3$$

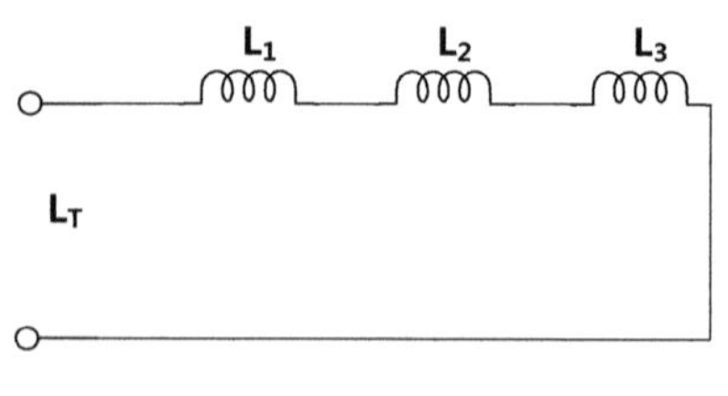

그림 2.17 코일의 직렬연결

② 병렬로 코일을 접속할 경우의 합성인덕턴스값은 병렬로 저항을 연결할 경우와 같은 방법으로 구할 수 있다.

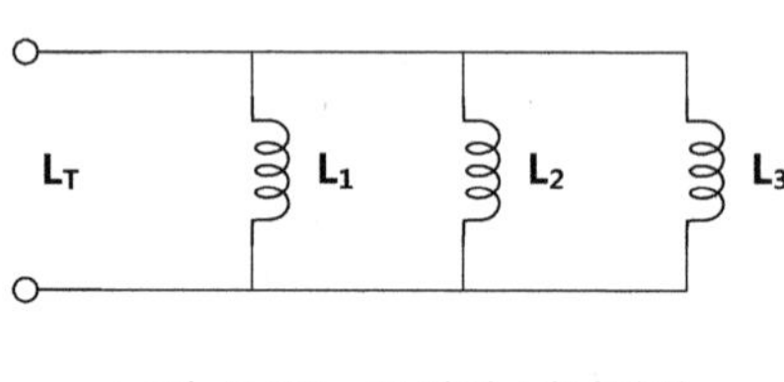

그림 2.18 코일의 병렬연결

$$\frac{1}{L_T} = \frac{1}{L_1} + \frac{1}{L_2} + \frac{1}{L_3}$$

두 병렬 코일에 대해서는 합성인덕턴스는

$$L_T = \frac{L_1 L_1}{L_1 + L_{2_1}}$$

예제

다음 회로와 같이 코일을 접속할 때 코일에 합성인덕턴스?

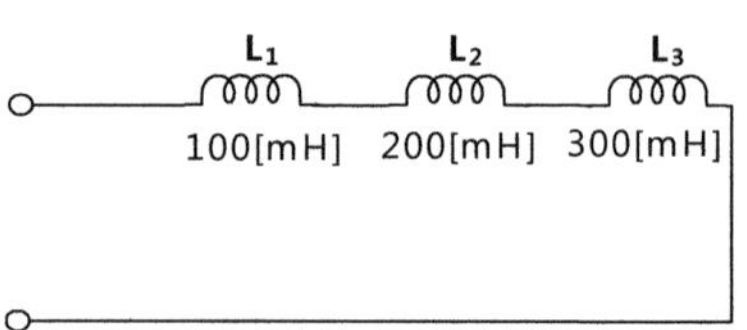

풀이

직렬로 코일을 접속할 경우, 합성인덕턴스는

$$L_T = L_1 + L_2 + L_3$$

$$= 100[mH] + 200[mH] + 300[mH] = 600[mH]$$

3 콘덴서의 충방전 및 연결

3.1 콘덴서의 충방전

1) 콘덴서의 충전

① 그림 3.1(a)와 같이 콘덴서 양단에 직류전원을 인가하면, 위쪽 극판에 있는 자유전자들이 이동하여 시작하여서 그 결과 두 극판은 전기적인 중성상태가 깨지며 위쪽 전극은 전자를 잃어서 (+)전하로, 아래쪽 전극은 전자를 얻어서 (−)전하로 대전된다. 따라서 두 평행극판 사이는 전계가 형성되기 시작한다.(콘덴서 전압이 점점 증가한다.) 위 극판에 있는 전자가 모두 아래 극판으로 이동이 완료되면 더 이상 전자의 이동이 없기 때문에 콘덴서에는 충전전류가 흐르지 않는다. 이와 같이 콘덴서의 (−)전극에 전자가 축적되는 과정을 "충전"이라고 한다. 이와 같이 전자들을 이동시켜 전하를 축적할 수 있는 용량을 "정전용량"이라고 한다.

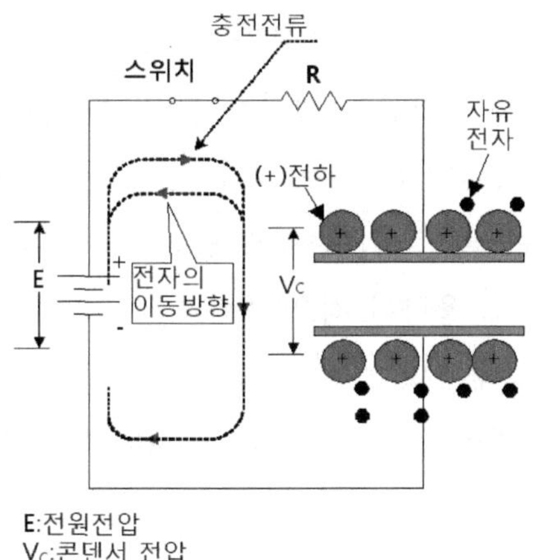

(a) 충전시작

☞ 전원전압 〉콘덴서 전압이면 콘덴서는 충전 시작
☞ 콘덴서 전압은 0[V]에서 점점 증가
☞ 충전전류는 충전이 시작할 때 가장 큰 (+)전류값을 가지며 시간이 지남에 따라서 점점 감소한다.

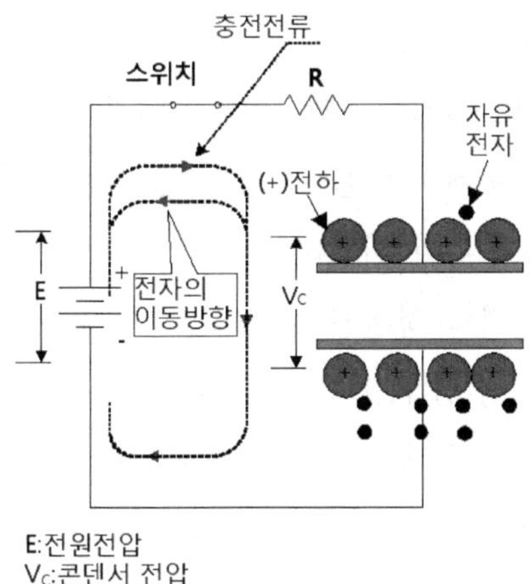

(b) 충전중

☞ 전원전압 〉 콘덴서 전압이기 때문에 충전을 계속 한다.
☞ 콘덴서 전압은 점점 증가한다.
☞ 충전전류는 점점 감소한다.

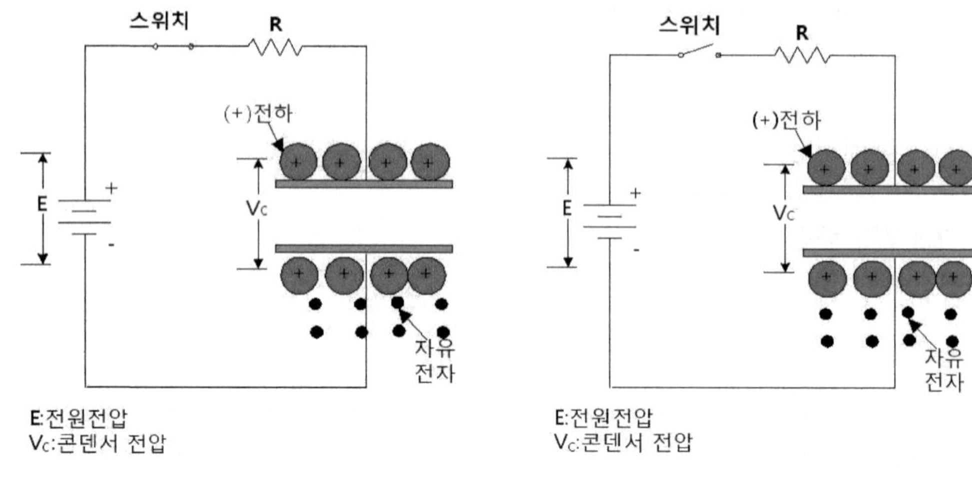

(c) 충전완료

☞ 전원전압 = 콘덴서 전압이므로 콘덴서는 충전이 완료
☞ 콘덴서 전압은 전원전압과 같다.
☞ 충전전류는 0〔A〕이다.

(d) 전원전압차단

☞ 전원전압을 차단하더라도 충전상태를 유지한다.

그림 3.1 콘덴서의 충전과정

② 콘덴서 충전전압을 살펴보면 저항을 통하여 콘덴서에 충전전류가 흐르고, 이 때 콘덴서 양단의 전압은 0〔V〕에서 시간이 지남에 따라 전압이 서서히 올라간다. 이는 큰 물통에 수돗물을 받을 때 물의 높이가 서서히 올라가는 것과 같다. 큰 물통의 경우는 물수위가 천천히 올라가고 작은 물통의 경우는 물수위가 빠르게 올라가는 것처럼 콘덴서의 정전용량이 크면 전압이 천천히 올라가고 용량이 적으면 빠르게 올라간다.

② 그림 3.1(d)와 같이 콘덴서는 일단 충전된 상태에서 전원전압을 차단하더라도 전하 충전된 상태를 유지하고 있다. 콘덴서는 이와 같이 전하를 축적하는 성질이 있어, "콘덴서(Condenser, 축전기)"라고 한다.

2) 콘덴서의 방전

① 그림 3.2(a)와 같이 충전된 콘덴서 양단에 외부에서 저항을 연결하면 위쪽 극판과 아래 극판 사이가 저항을 통해서 연결되므로 아래쪽에 있는 자유전자들이 위쪽으로 이동하기 시작하므로 전류가 흐르기 시작하며, 콘덴서 전압은 점점 떨어지기 시작한

다. 충분한 시간이 경과하면 아래쪽 극판의 전자의 수와 위쪽 극판의 전자의 수가 같아지면 더 이상 전자가 이동하지 않기 때문에 전류가 흐르지 않고, 이 때 콘덴서에서 나오는 전류를 "방전전류"라고 하며, 이런 과정을 "방전"이라고 한다. 방전이 완료되면 콘덴서에는 더 이상 방전전류가 흐르지 않고 콘덴서 전압은 0[V]가 된다.

② 콘덴서 방전전압을 살펴보면 스위치가 닫힌회로에서는 콘덴서에 저장된 전류가 저항을 통하여 방전한다. 이는 물통의 구멍을 통하여 빠져나갈 때 물의 높이가 서서히 낮아지는 것과 같다. 큰 물통의 경우 물수위가 천천히 낮아지는 것처럼 콘덴서의 정전용량이 클수록 전압은 천천히 내려간다.

③ 이와 같이 콘덴서에는 전하가 이동하는 시간동안만 전류가 흐르며, 전원으로부터 받은 에너지를 저장하였다가, 방전조건이 되면 외부로 전하를 다시 돌려 주기 때문에 "에너지 저장소자"라고 한다.

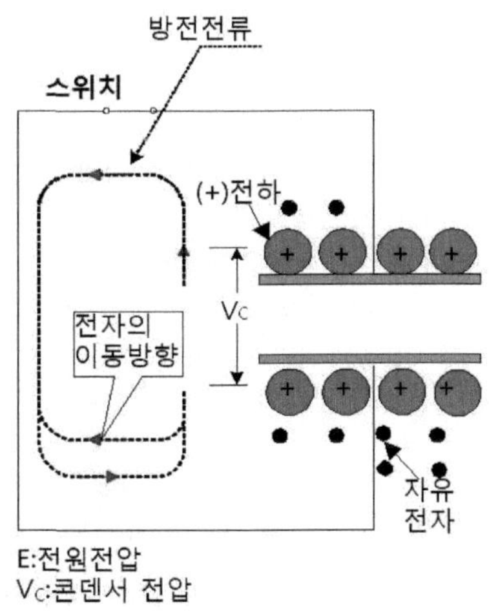

(a) 콘덴서 방전시작

- ☞ 전원전압 〈 콘덴서 전압이면 콘덴서는 방전시작
- ☞ 콘덴서전압은 점점 감소한다.
- ☞ 방전전류는 방전이 시작할 때 가장 큰 (−)방전류값을 가지며 시간이 지남에 따라서 점점 감소한다.

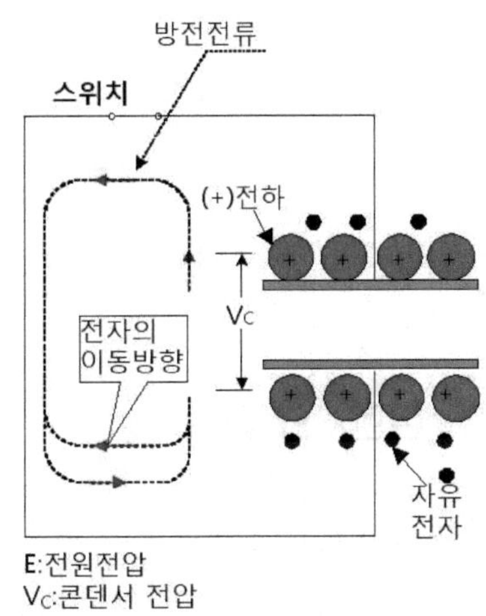

(b) 콘덴서 방전중

- ☞ 전원전압 〈 콘덴서 전압이기 때문에 방전을 계속 한다.
- ☞ 콘덴서의 전압은 점점 감소한다.
- ☞ 방전전류는 점점 감소한다.

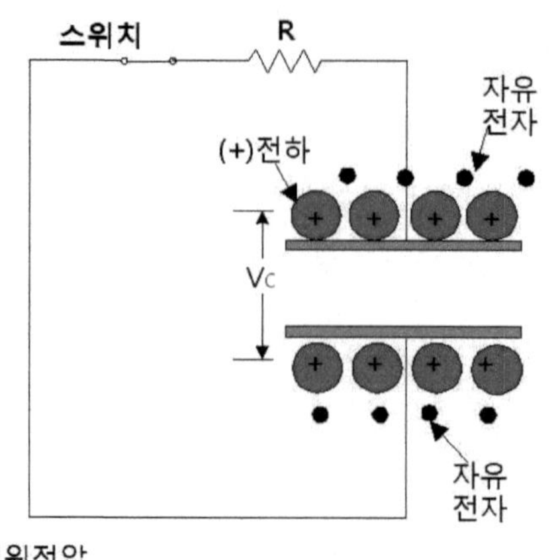

(c) 방전완료

☞ 전원전압(0[V]) = 콘덴서 전압이면 콘덴서는 방전이 완료
☞ 콘덴서 전압은 0[V]
☞ 방전전류는 0[A]이다.
☞ 방전이 완료되면 아래쪽의 극판과 위쪽 극판의 전자의 개수가 같으며, 전기적으로는 중성이 된다.

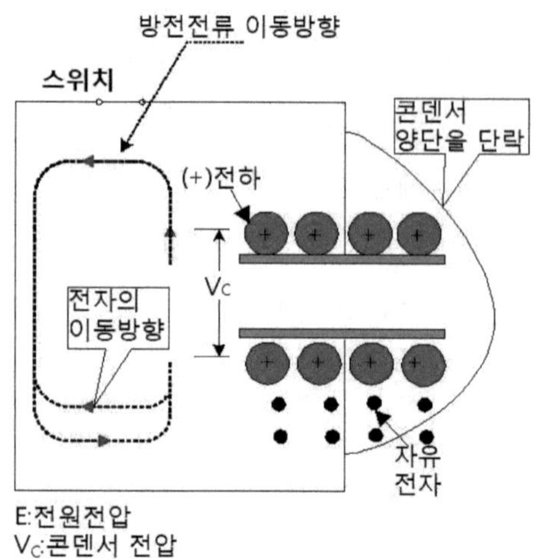

(d) 충전상태에서 단락

☞ 충전상태에서 콘덴서 양단을 단락 시키면 순간적으로 큰 방전전류가 흐른다.

그림 3.2 콘덴서의 방전과정

3.2 콘덴서의 접속

콘덴서는 도체간의 정전용량을 이용하여 전하를 축적할 목적으로 만든 것이다. 콘덴서는 저항과 똑같이 직렬이나 병렬로 연결하여 사용하는 경우가 많으며, 이때 합성정전용량, 전하, 전압과의 관계를 알아보자.

1) 직렬연결

① 한 개의 콘덴서에 가할 수 있는 전압은 한도가 있다. 따라서 한 개의 콘덴서에 걸리는 전압의 크기가 커지면 두 개 이상의 콘덴서를 직렬로 연결하여 사용한다.

② 그림 3.3은 정전용량 C_1, C_2, C_3〔F〕를 가진 3개의 콘덴서를 직렬로 연결하고 양단에 전원전압 E〔V〕를 가한 회로이다. C_1의 ⓐ측 전극판에는 (+)Q〔C〕의 전하가 축적되고 정전유도작용으로 ⓑ측 전극판에 (−)Q〔C〕의 전하가 생긴다. 또 C_3의 ⓔ측 전극판에 (+)Q〔C〕, ⓕ측 전극판에 (−)Q〔C〕의 전하가 축적되고

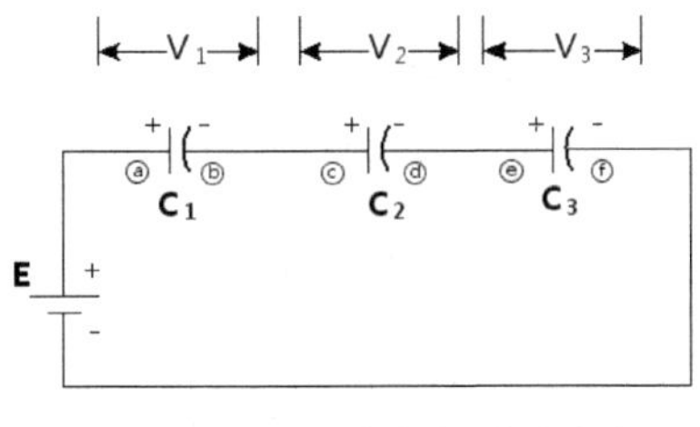

그림 3.3 콘덴서의 직렬연결

이와 같이, 각각의 전극에는 한쪽에 어느 전하가 주어지면 다른 쪽의 전극에는 이것과 극성이 반대이고 같은 크기의 전하가 정전유도작용에 의하여 나타난다. 결국 콘덴서를 직렬로 연결했을 때 각각의 콘덴서에 축적되는 전하량은 같으며, 각각의 콘덴서에 가해진 전압을 V_1, V_2, V_3〔V〕라 하면

$$V_1 = \frac{Q}{C_1} \times E[V],\ V_2 = \frac{Q}{C_2} \times E[V],\ V_3 = \frac{Q}{C_3} \times E[V]$$

인가전압 E는

$$E = V_1 + V_2 + V_3 [V]$$

이므로, 위 식을 대입하면

$$E = \frac{Q}{C_1} + \frac{Q}{C_2} + \frac{Q}{C_3} = Q\left(\frac{1}{C_1} + \frac{1}{C_2} + \frac{1}{C_3}\right)[V]$$

이로부터 합성정전용량 C는 다음과 같다.

$$C = \frac{Q}{E} = \frac{Q}{Q\left(\frac{1}{C_1} + \frac{1}{C_2} + \frac{1}{C_3}\right)} = \frac{1}{\left(\frac{1}{C_1} + \frac{1}{C_2} + \frac{1}{C_3}\right)}$$

즉, 콘덴서를 직렬로 연결했을 때 합성정전용량의 합은 각 콘덴서의 정전용량의 역수의 합의 역수와 같다. 예를 들면, 같은 용량의 콘덴서 두 개를 직렬로 연결하면 합성정전용량은 한 개의 용량의 1/2이 되고, 3개를 연결했을 때의 합성정전용량은 한 개의 용량의 1/3로 감소한다.

예제

콘덴서를 직렬접속할 경우 콘덴서의 합성정전용량과 각 콘덴서에 인가되는 전압 V_1, V_2, V_3은 몇 〔V〕인가?

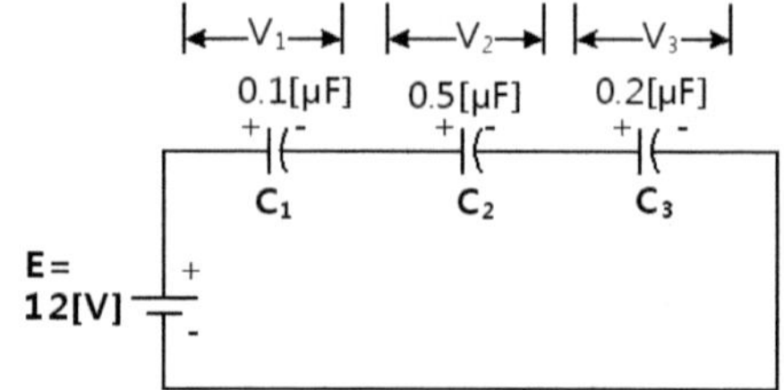

풀이

① 콘덴서의 합성정전용량은 병렬접속이므로

$$C = \frac{1}{(\frac{1}{C_1} + \frac{1}{C_2} + \frac{1}{C_3})} = \frac{1}{(\frac{1}{0.1\mu F} + \frac{1}{0.5\mu F} + \frac{1}{0.2\mu F})}$$
$$= \frac{1}{17}[\mu F] = 0.0588[\mu F]$$

② 각 콘덴서 전압은

$$V_1 = \frac{Q}{C_1} \times E[V] = (\frac{0.0588[\mu F]}{0.1[\mu F]}) \times 12[V] = 7.056[V]$$

$$V_2 = \frac{Q}{C_2} \times E[V] = (\frac{0.0588[\mu F]}{0.5[\mu F]}) \times 12[V] = 1.39[V]$$

$$V_3 = \frac{Q}{C_3} \times E[V] = (\frac{0.0588[\mu F]}{0.2[\mu F]}) \times 12[V] = 3.48[V]$$

2) 병렬연결

① 그림 3.4는 정전용량 C_1, C_2, C_3〔F〕를 갖는 3개의 콘덴서를 병렬로 연결하고, 단자 사이에 전원전압 E〔V〕 전압을 가한 회로이다.

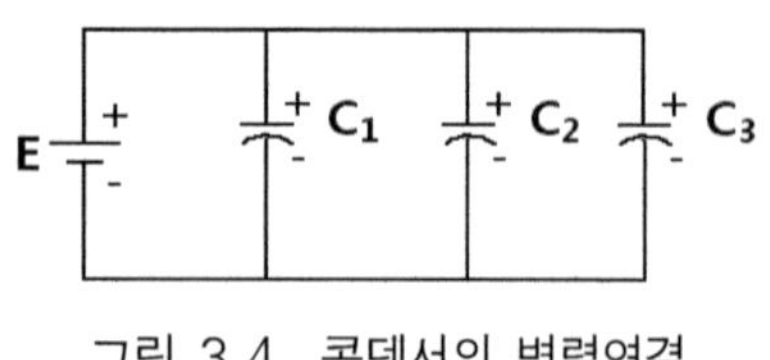

그림 3.4 콘덴서의 병렬연결

② 각 콘덴서에 축적되는 전하량은 각 콘덴서의 정전용량에 비례하므로 다음과 같다.

$$Q_1 = C_1E[C],\ Q_2 = C_2E[C],\ Q_3 = C_3E[C]$$

회로 전체에 축적되는 전하 Q〔C〕는

$$Q = Q_1 + Q_2 + Q_3[C]$$

이므로, 위 식에 대입하면

$$Q = Q_1E + Q_2E + Q_3E[C] = E(Q_1 + Q_2 + Q_3)[C]$$

이로부터 합성정전용량 C는 다음과 같다.

$$C = \frac{Q}{E} = C_{1+}C_2 + C_3[F]$$

따라서, 콘덴서를 병렬로 연결했을 때의 합성정전용량은 각 콘덴서의 용량의 합과 같다. 여기서, 알 수 있는 것은 한 개의 콘덴서에 전압을 가해서 전히를 축적할 때와 같은 콘덴서 두 개를 병렬로 연결하여 같은 전압을 가해서 전하를 축적할 때를 비교해 보면 병렬로 연결한 쪽이 축적되는 전체의 전하가 크다.

예제

콘덴서를 병렬접속 할 경우 콘덴서의 합성정전용량과 각 콘덴서에 인가되는 전압 V_1, V_2, V_3은 몇 〔V〕인가?

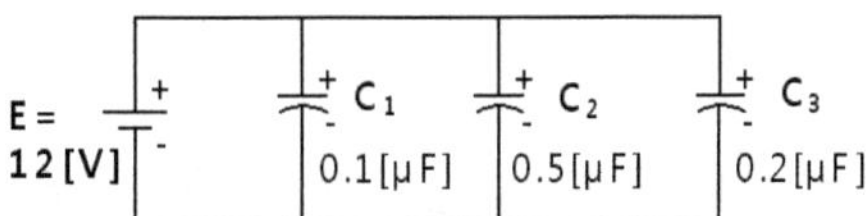

풀이

① 콘덴서의 합성정전용량은 병렬접속이므로

$$C = C_{1+}C_2 + C_3[F] = 0.1[\mu F] + 0.5[\mu F] + 0.2[\mu F] = 0.8[\mu F]$$

② 각 콘덴서 전압은 V_1, V_2, V_3는 전원전압과 병렬회로이므로 전압은 12〔V〕가 인가된다.

4 전압계와 전류계 사용법

4.1 전류계 사용법

1) 전류계란

① 전류의 측정 단위인 ampere는 am과 측정 기구를 뜻하는 meter(미터)를 합성하여 "암미터"라고도 한다. 원통형의 철심에 감아 놓은 코일을 자기장 속에 두고 전류를 흘리면, 코일은 전류와 수직한 방향으로 전류의 세기에 비례하는 힘을 받는다. 이 힘에 의해 코일이 회전하고 회전축에 달아 놓은 용수철의 탄성력과 코일이 자기장으로부터 받는 힘이 같아지면 멈춘다. 회전각은 전류의 세기에 비례하므로 코일에 연결된 바늘이 가리키는 눈금을 읽으면 전류의 세기를 알 수 있다.

② 전류계의 선택 : 측정할 전류가 직류인지 교류인지 확인하여 선택한다. "DCA"라고 표시되어 있는 것은 직류용이고, "ACA"라고 표시되어 있는 것은 교류용이다.

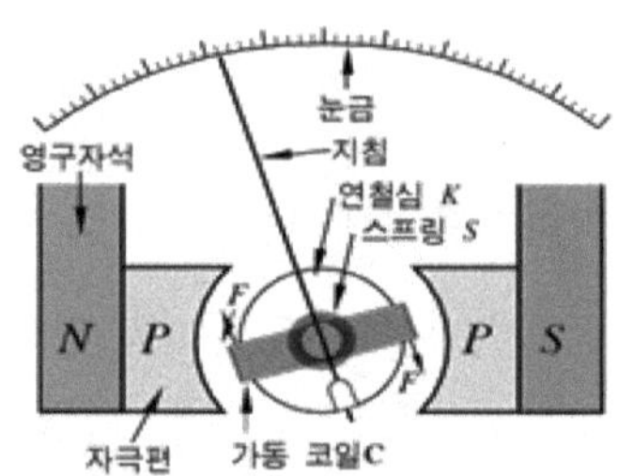

그림 4.1 가동 코일형 전류계의 구조

2) 전류계를 사용할 때 주의할 점

① 전류계를 사용할 때는 회로에 직렬로 연결하여야 하며, 전류계의 극성이 바뀌면 미터기의 지침도 반대로 움직이므로 바뀌지 않도록 주의해야 한다.

한편 전류계자체의 내부저항으로 인하여 전압강하가 발생하면 정확한 전류를 측정하기 어렵다. 그러므로 내부저항값을 작게 하는 것이 측정의 정확도를 높일 수 있다.

② 또한 보다 정밀한 측정을 할 경우는 미리 전류계의 내부저항을 조사하여 오차를 보정해 주어야한다. 측정해야 할 전류의 크기가 매우 클 경우, 가동코일에 병렬 연결된 분류기(分流器)를 이용하면 수십 암페어에서 수백 암페어의 대전류 값을 읽을 수 있다. 반대로 전류계로 측정할 수 없는 매우 작은 전류를 알고 싶을 때는 검류계(檢流計)를 이용한다.

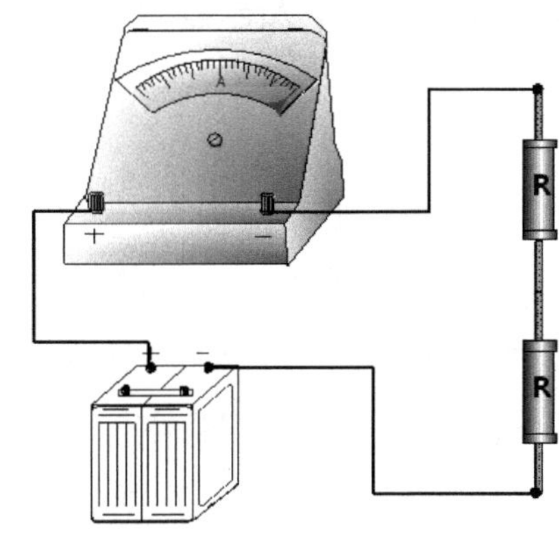

그림 4.2 직류 전류계의 회로결선

3) 분류기

전류계는 전류계와 병렬로 분류기(전류의 측정범위를 확대할 때 전류계와 병렬로 연결한 저항)를 접속한다. 그림 4.3(a)와 같이 가동코일형 전류계를 그대로 사용하면 1〔mA〕까지의 전류밖에 측정할 수 없다. 더 큰 전류까지 측정하고 싶을 때는 그림 4.3(b)와 같이 전류계와 병렬로 분류기를 연결한다.

1〔mA〕의 10배인 10〔mA〕까지 측정할 수 있도록 하려면 분류기에 얼마의 저항이 필요할까? 전류계에는 1〔mA〕, 분류기에는 9〔mA〕를 흐르도록 저항값을 조정해야 한다. 즉 분류기에는 전류계보다 9배의 전류가 흐르기 때문에 200〔Ω〕을 9로 나눈 약 22.22〔Ω〕을 연결한다. 그리고 100〔mA〕까지 측정범위를 확대하려면 분류기에 100−1=99〔mA〕가 흐르도록 200〔Ω〕/99≒2.02〔Ω〕 저항을 연결한다.

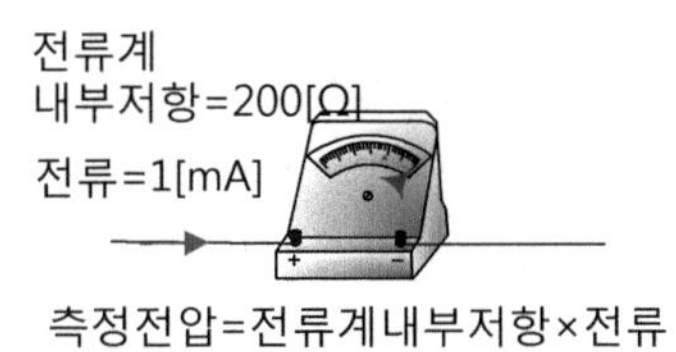

(a) 가동코일형 전류계

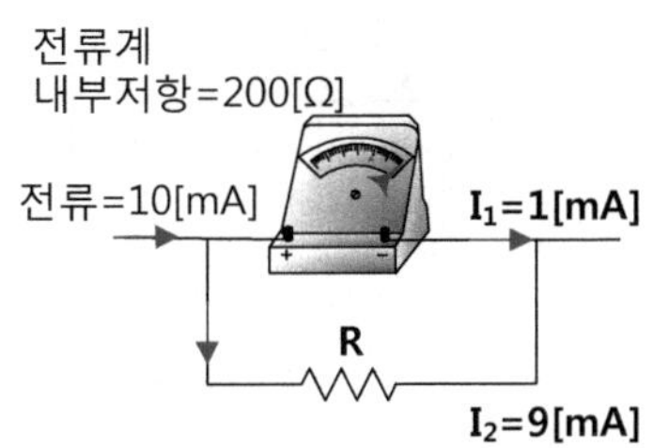

(b) 가동코일형 전류계+분류기

그림 4.3 전류계

4.2 전압계 사용법

1) 전압계

① 전압계는 전기회로에 있어 두 점 사이에 전위차이를 측정하기 위하여 사용하는 계측기이다. 아날로그 전압계는 그 회로의 전압에 크기로 눈금을 가로질러 포인터를 움직이며 디지털 전압계는 아날로그 디지털 변환회로를 사용함으로써 전압을 수치로 나타내는 화면을 보여준다.

② 전압계의 선택 : 측정할 전압이 직류인지 교류인지 확인하여 선택한다. "DCV"라고 표시되어 있는 것은 직류용이고, "ACV"라고 표시되어 있는 것은 교류용이다.

2) 전압계 사용법

① 전압계 연결 : 전압계는 회로에 병렬로 연결하며, (+)단자는 전원 (+)극 쪽에, (−)단자는 전원 (−)극 쪽에 연결한다.

직류 전압계의 극성은 회로극성과 일치하도록 접속하여야 한다.

② 전압계의 측정범위는 측정하려는 전압보다 높은 것을 선택한다.

③ 전압계의 내부저항에 의한 측정오차와 전압계 자체의 내부저항이 회로동작에 영향을 미치게 되므로 전압계의 내부저항은 가급적 큰 것이 바람직하다.

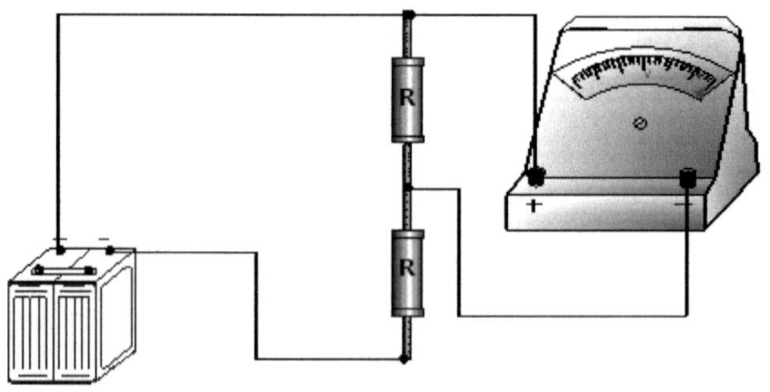

그림 4.4 직류 전압계의 회로결선

3) 분압기

전압계는 가동코일형 전류계와 분압기(전압의 측정범위를 확대하기 위하여 전류계와 직렬로 연결한 저항)로 구성된다. 그림 4.5(a)에서 전류계를 이용하여 전압을 측정하면

$$E = 1[mA] \times 200[\Omega] = 0.2[V]$$

그러므로 0.2[V]까지밖에 측정을 하지 못하기 때문에 그림 4.5(b)와 같이 전류계에 분압기를 직렬로 연결하면 더욱 높은 전압까지 측정할 수 있다.

10[V]까지 측정하려면 분압기로서 9,800[Ω]의 저항기를 직렬로 연결하면 되고, 100[V]까지 측정하려면 99,800[Ω]을 연결하면 된다.

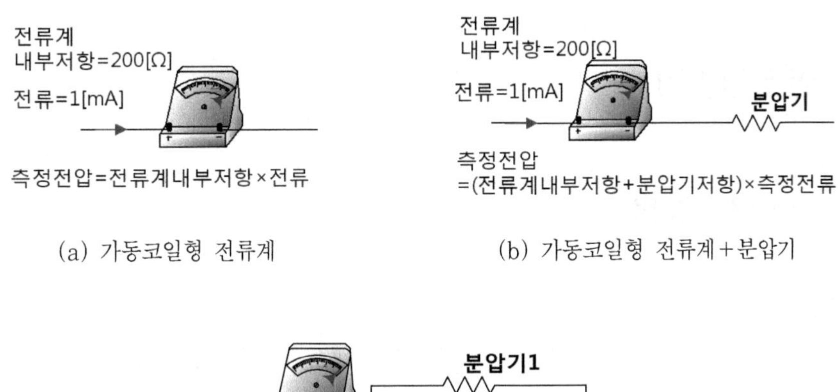

(a) 가동코일형 전류계

(b) 가동코일형 전류계+분압기

(c) 분압기를 이용한 전압측정선택

그림 4.5 전압계

4.3 전압계와 전류계의 동시연결

전압계와 전류계를 동시에 결선할 경우에는 그림 4.6과 같이 전압계는 부하와 병렬로 연결하고 전류계는 직렬로 연결한다.

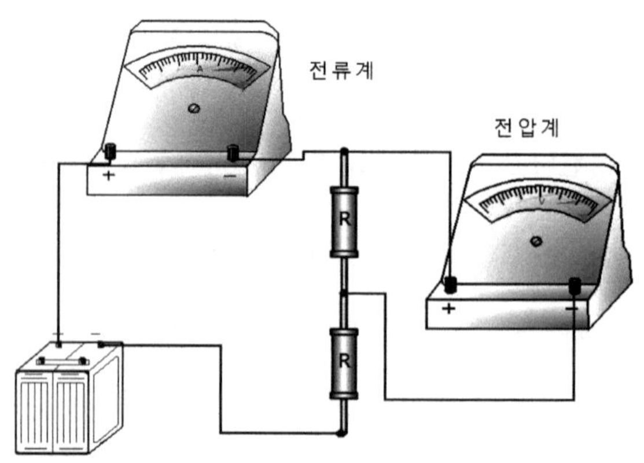

그림 4.6 직류 전압계와 직류 전류계의 동시 연결법

5 회로시험기

5.1 DMM 사용법

1) 직류전압 측정

① 테스터 리드선 중에서 적색을 (+)단자에 흑색을 (−)단자에 꽂는다.

② 파워 스위치를 "ON" 한다.

③ 로터리 스위치(기능스위치)를 DCV의 피측정 전압에 적합한 레인지(높은 레인지)로 한다.

④ 테스 리드선을 측정하고자 하는 곳에 댄다.

회로에서 전압측정은 테스터를 회로에 병렬로 접속하여 그 전압강하분을 측정하는 것이므로 테스터의 내부저항의 대소가 문제가 된다. 내부저항이 낮으면 회로에 흘러야 할 전류가 테스터쪽으로 많이 흘러, 실제 회로의 전압강하를 얻을 수 없게 된다. 테스터는 내부저항이 클수록 좋다. 아날로그 테스트의 경우는 레인지에 따라 내부저항이 다르므로, 고전압 레인지가 될수록 내부저항이 커서 유리하지만, 디지털 테스터에서는 DCV레인지 내부저항은 레인지에 관계없고, 또한 일반적으로 10〔MΩ〕 정도의 큰 저항을 사용하고 있으므로 아날로그 테스터보다 유리하다.

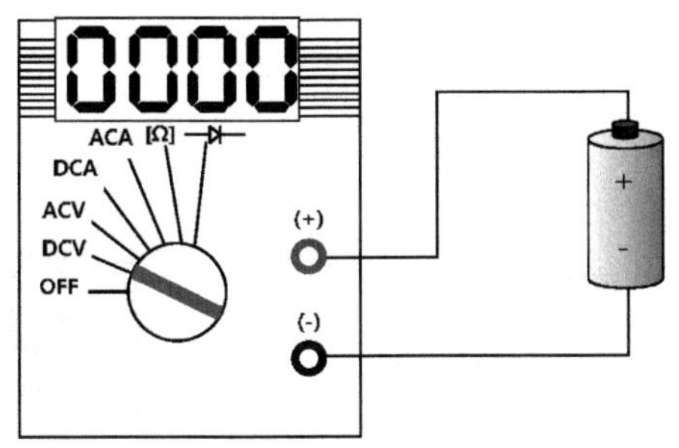

그림 5.1 DMM 직류전압 측정

2) 교류 전압의 측정

① 테스터 리드선 중에서 적색을 (+)단자에 흑색을 (−)단자에 꽂는다.

② 파워 스위치를 "ON"한다.

③ 로터리 스위치(기능스위치)를 ACV의 피측정 전압에 적합한 레인지(높은 레인지)로 한다.

④ 테스터 리드선을 측정하고자 하는 곳에 댄다.

교류전압도 직류전압과 같이 회로에 병렬로 접속하여 측정한다. 교류전압은 실효값을 다루지만 직류전압은 평균값이다. 따라서 교류를 직류로 변환하여 직류전압을 측정하므로, 교류의 실효값으로 환산하여 교정한 다음에 표시기로 읽도록 되어 있다. 이 경우 사인파 교류를 기준으로 하여 교정하기 때문에, 사인파이외의 교류에서는 파형 일그러짐을 일으키게 된다.

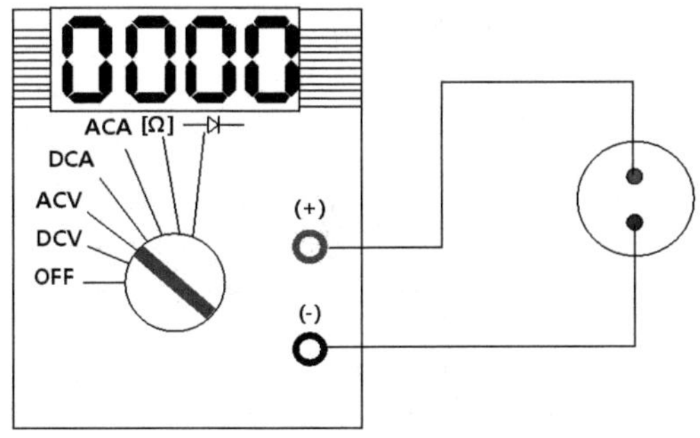

그림 5.2 DMM 교류전압 측정

3) DCA(직류전류)의 측정

① 테스트 리드선 중에서 적색을 (+)단자에, 흑색을 (-)단자에 꽂는다.

② 파워스위치를 "ON"으로 한다.

③ 로터리스위치를 DCmA의 피측정 전류에 적합한 위치에 맞춘다.

④ 테스트 리드선을 측정하고자 하는 곳에 댄다. 보통 직류 전류를 측정할 때는 회로의 일부를 끊고 그 회로에 직렬로 테스터를 삽입하여야 한다.

⑤ DCA 레인지를 이용한 측정 예로는 그림 5.3와 같이 저항에 흐르는 전류측정 등이 있다.

⑥ 최근의 회로는 프린트기판이 많아졌으므로, 회로를 절단하고 테스터를 연결할 수 없어서, 다음에 설명하는 전압강하법에 따라 측정하는 경우가 있다. 회로에 흐르는 전류는 I=(V/R)이기 때문에 측정저항 R보다 직류내부저항이 충분히 큰 것이 아니면 측정전류가 직류 전류계에 흘러 오차가 커지므로 주의해야 한다.

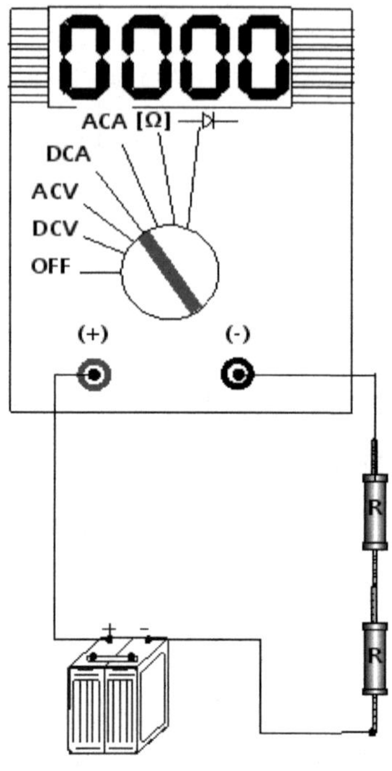

그림 5.3 DMM 직류전류 측정

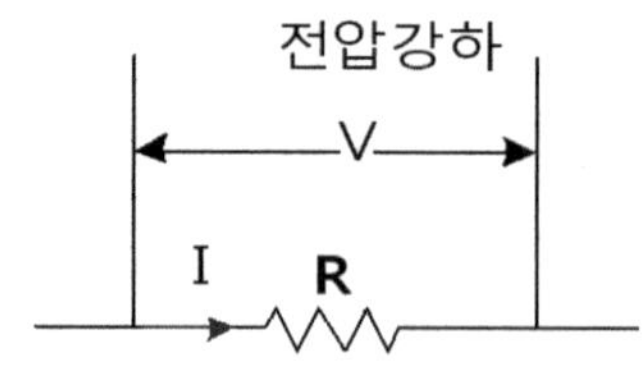

그림 5.4 전압강하법에 의한 전류 측정

4) Ω(저항)의 측정

① 테스트리드선 중에서 적색을 (+)단자에, 흑색을 (−)단자에 꽂는다.

② 파워스위치를 "ON"으로 한다.

③ 로터리스위치를 OHM(보통 K[Ω])의 피측정 저항에 적합한 위치에 맞춘다.

④ 일반적인 저항측정일 경우는 이 방법으로 하면 되지만, 동작중인 회로의 저항, 또는 전원이나 전지의 내부저항은 측정할 수 없다. 이것은 저항을 측정할 때 그 원리상 테스터에서 공급하는 전류 이외의 전류가 흐르고 있으면 측정할 수 없기 때문이다.

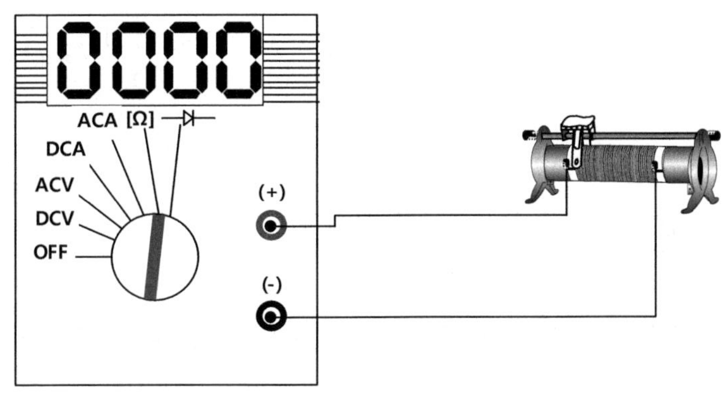

그림 5.5 DMM 저항값 측정

6 오실로스코프

6.1 정현파 전압 측정

1) 오실로스코프

오실로스코프는 전압파형의 변화를 음극선관(CRT) 화면을 통해 시각적으로 보여주는 장치이다. 일반적인 전압측정기는 신호전압을 출력하기 위해 계측 척도를 가진 지시계나 수치를 출력해 내는 수치 표시기를 갖는다. 반면 오실로스코프는 시간에 대한 신호의 전압 변화를 볼 수 있는 스크린을 갖는다.

2) 정현파 전압의 측정

오실로스코프를 이용하여 정현파전압의 크기와 주파수를 측정하는 순서는 다음과 같 다.

☞ **프로브(prove)**

오실로스코프 장치와 입력신호원을 연결 시키주는 결합장치로 고전압을 경우에는 1/10로 분압 시키기도 하고, 임피던스를 정합시켜주기도 한다.(트리머에 의한 임피던스를 조절한다. 우측 그림과 같이 프로브 중간에 있는 트리머 콘덴서를 조절하여 교정신호가 정확한 구형파가 되게 한다.

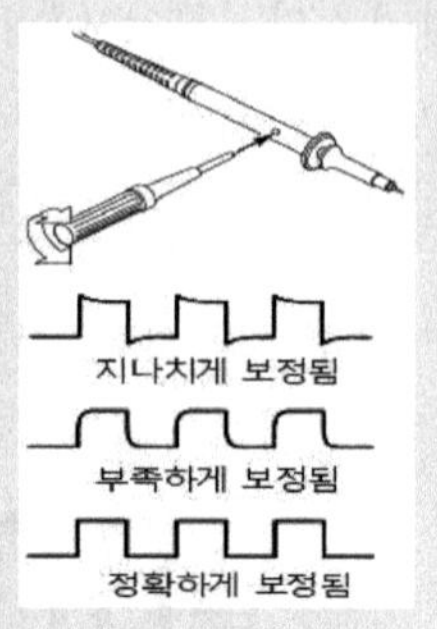

① Power를 "ON" 시킨다.

② 입력을 GND에 놓고 기준전위 위치를 확인한다.

③ 입력을 AC에 놓고 Prove 감쇠비를 확인한다.

④ Volt/DIV를 조정하여 파형을 측정하기 알맞도록 조절한다.

⑤ 정현파전압의 Peak-Peak값을 구하면 다음과 같다.

㉮ Prove 감쇠비는 10 : 1

㉯ Volt /DIV 전압값은 0.1〔V〕

㉰ 전압파형의 Peak-Peak는 4〔DIV〕

㉱ V_{p-p} 전압은 Prove감쇠비×(Volt/DIV)×전압파형의 Peak-Peak = 10×0.1×4= 4〔V〕가 된다.

⑥ 정현파주파수를 구하면 다음과 같다.

㉮ Time/DIV값은 0.1〔ms〕

㉯ 신호1주기는 2〔DIV〕

㉰ 주기는=(Time/DIV)×신호1주기=0.1〔ms〕×2=0.2〔Sec〕

㉱ 주파수는=1/T=1/0.2=5〔Hz〕

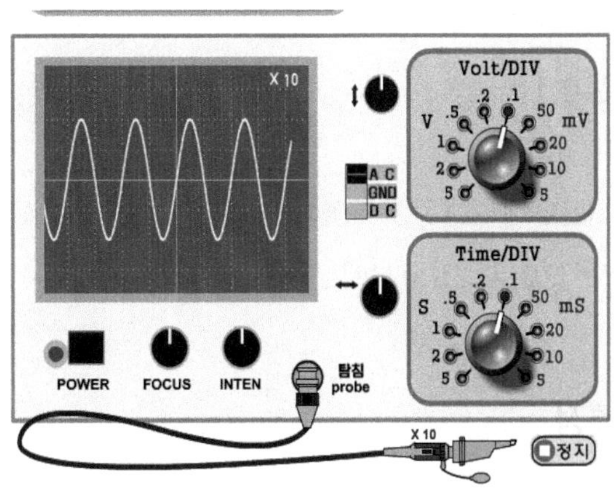

그림 6.1 정현파 전압 및 주파수 측정

6.2 펄스전압 측정

오실로스코프를 이용하여 펄스전압의 크기와 주파수를 측정하는 순서는 다음과 같다.

① 펄스파전압의 Peak-Peak값을 구하면 다음과 같다.

㉮ Prove 감쇠비는 10 : 1

㉯ Volt/DIV값은 0.1〔V〕

㉰ 전압의 높이는 2〔DIV〕

㉱ VDC 전압은 Prove감쇠비×Volt/DIV×전압높이 = 10×0.1〔V〕×2 = 2〔V〕

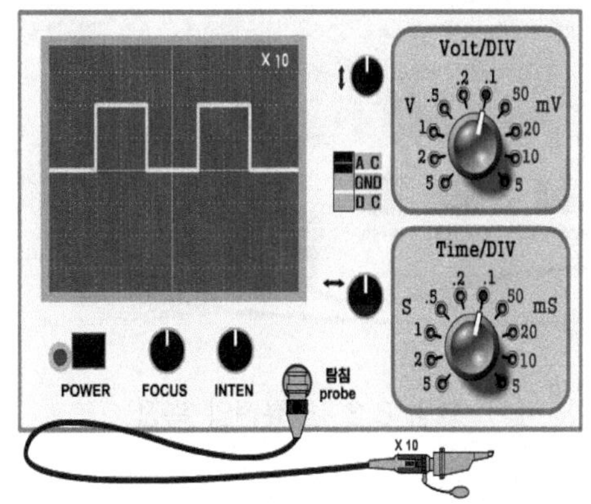

그림 6.2 펄스전압 측정 및 주파수 측정

② 펄스 주파수 측정

㉮ Time/DIV값은 0.1〔ms〕

㉯ 신호1주기는 4〔DIV〕

㉰ 주기는=Time/DIV×신호1주기=0.1ms×4=0.4〔Sec〕

㉱ 주파수는=1/T=1/0.4=2.5〔Hz〕

6.3 직류전압 측정

오실로스코프를 이용하여 직류전압의 크기를 측정하는 순서는 다음과 같다.

> ☞ **직류전원의 주파수**
> 직류전원의 주파수는 0〔Hz〕이다.

① Prove 감쇠비는 10 : 1

② Volt/DIV값은 0.1〔V〕

③ 전압의 높이는 2〔DIV〕

④ VDC 전압은 Prove감쇠비×Volt/DIV×전압높이=10×0.1×2=2〔V〕가 된다.

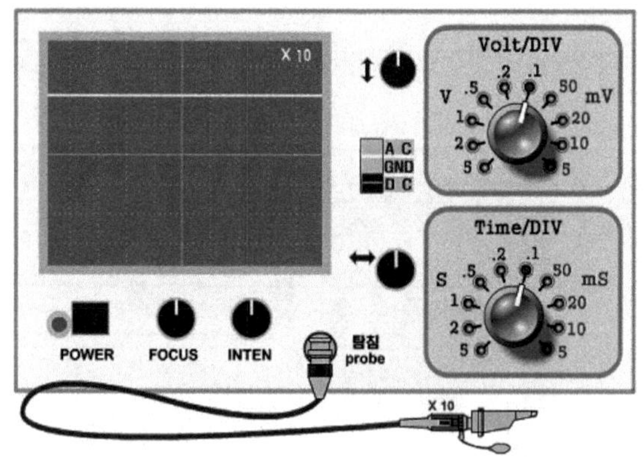

그림 6.3 직류전압 측정

실험실습

1. 실험기기 및 부품
   1) 브레드보드
   2) 측정기
      ① 전류계 ② 전압계 ③ DMM(Digital Multi Meter)
   3) 저항
      ① 10[Ω] ② 1[kΩ] ③ 100[Ω] ④ 330[Ω] ⑤ 680[Ω] ⑥ 2[kΩ]
      ⑦ 가변저항 ⑧ 어레이저항

2. 다음과 같이 저항 및 센서를 브레드보드에 배치하고 DMM을 이용하여 저항값을 측정한다.

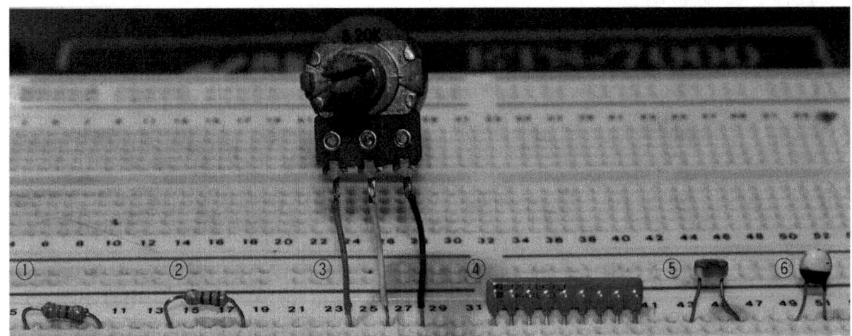

① 저항330[Ω]	컬러코드값: (　　　)[Ω]	측정값: (　　　)[Ω]
② 저항10[Ω]	컬러코드값: (　　　)[Ω]	측정값: (　　　)[Ω]
③ 가변저항	1번과 3번 단자 저항값: (　　　)[Ω]	
	1번과 2번 단자 저항값: (　　　)[Ω]	
	2번과 3번 단자 저항값: (　　　)[Ω]	
④ 어레이저항(9핀)	1번과 2번 단자 저항값: (　　　)[Ω]	
⑤ CDS	밝은 곳에서의 저항값 : (　　　)[Ω]	
	어두운 곳에서의 저항값: (　　　)[Ω]	
⑥ 써미스터	실온에서의 저항값: (　　　)[Ω]	
	손으로 약 20초 동안 잡았을 때의 저항값: (　　　)[Ω]	

3. 다음과 같이 회로를 구성하고 E(전원전압)을 5〔V〕, 12〔V〕, 15〔V〕, 24〔V〕 가변하면서 1〔kΩ〕 저항에 흐르는 전류값을 측정한다.

입력 전압	이론값	측정값
① 5〔V〕		
②12〔V〕		
③15〔V〕		
④24〔V〕		

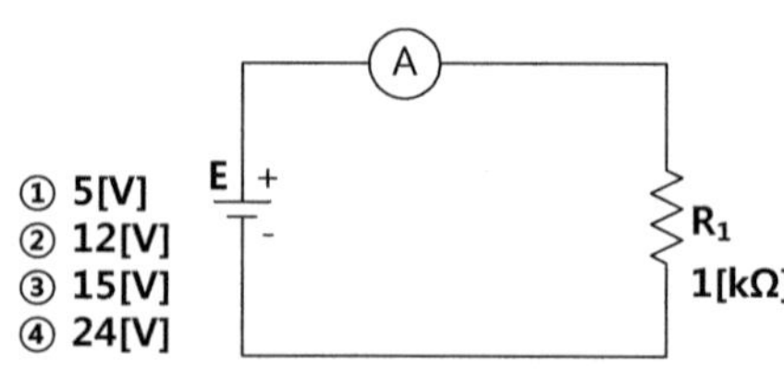

4. 실습3의 회로에서 전류계를 제거하고 10〔Ω〕 저항을 R_1과 직렬로 연결하여, E(전원전압)을 5〔V〕, 12〔V〕, 15〔V〕, 24〔V〕 가변하면서 전압강하법에 의하여 1〔kΩ〕 저항에 흐르는 전류값을 측정한다.

1) 10〔Ω〕 양단전압을 측정한다.

2) 10〔Ω〕 양단전압을 저항값 10〔Ω〕으로 나누어 주면 저항 R_1에 흐르는 전류를 전압강하법에 의하여 측정한다.

$$전류 = \frac{전압}{저항} = \frac{10[\Omega]\ 양단전압}{10[\Omega]}$$

입력 전압	10〔Ω〕양단의 전압측정값	R_1 전류= 10〔Ω〕전압/10
① 5〔V〕		
②12〔V〕		
③15〔V〕		
④24〔V〕		

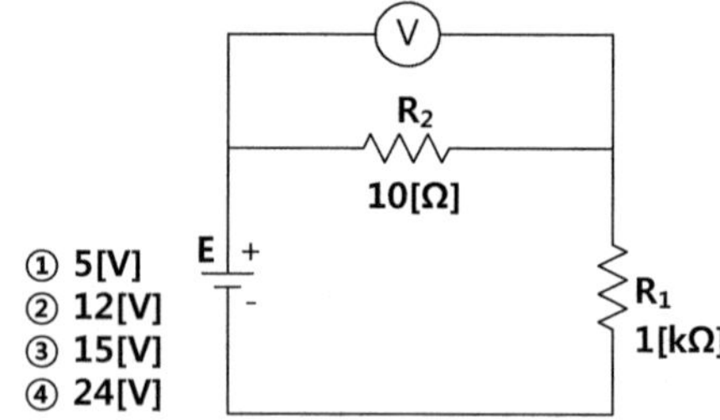

5. 다음과 같이 회로를 구성하고 R_1, R_2, R_3의 합성저항을 측정하고, 저항 전압과 전류 I를 측정한다.

① $R_1+R_2+R_3$의 합성저항값?

이론값	측정값

② 회로에 흐르는 전체전류를 측정한다.

이론값	측정값

③ 각 저항의 전압을 측정한다.

저항의 전압	이론값	측정값
R_1전압		
R_2전압		
R_3전압		

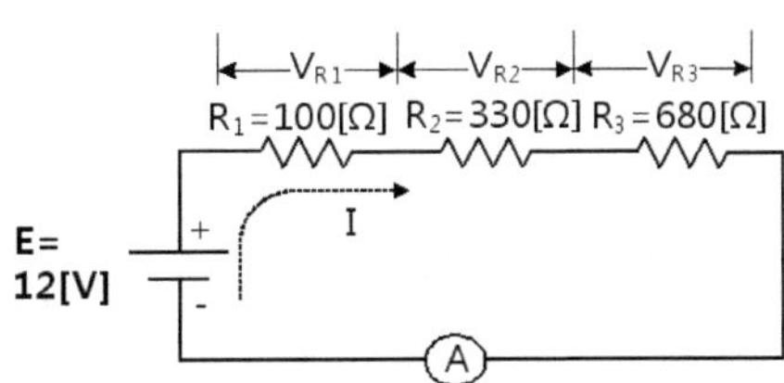

6. **다음과 같이 병렬회로를 구성하고 R_3, R_4 합성저항을 측정하고, R_3과 R_4에 인가되는 전압과 전류 I를 측정한다.**(단 R_1, R_2는 전압강하법에 의하여 전류를 측정하기 위하여 삽입한 저항이므로 R_3, R_4에 흐르는 전류값은 10[Ω]저항 양단전압을 측정하여 10[Ω]으로 나누면 구할 수 있다.)

① R_3+R_4 합성저항값?

이론값	측정값

② 회로에 흐르는 전류 I를 전류계에서 측정한다.

이론값	측정값

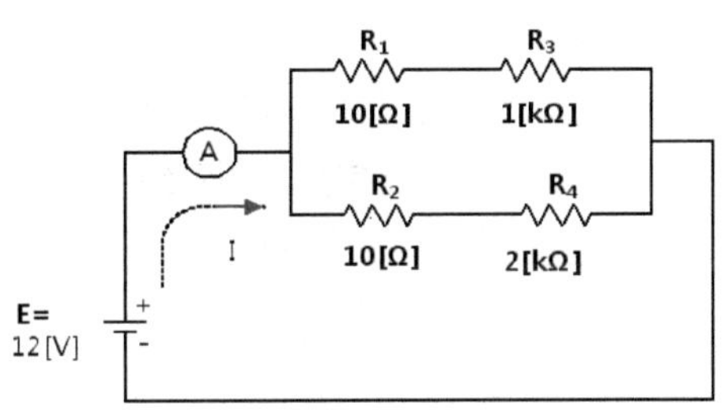

③ 전압강하법에 의하여 R_3, R_4에 흐르는 전류를 측정한다.

저항의 전류	이론값	10[Ω]양단의 전압측정값	전류=10[Ω]전압/10
R_3전류			
R_4전류			

• 요점정리 •

1. "옴의 법칙"에서 회로에 흐르는 전류의 크기는 전원전압에 비례하고, 저항값의 크기에 반비례한다. $I[A] = \frac{E[V]}{R[\Omega]}$

2. 전류가 1개의 저항을 지나 다음의 저항을 통하여 한 길로 흐르도록 저항을 일렬로 접속하는 방법을 "직렬접속"이라 하며, 직렬접속을 하면 각 저항에 인가되는 전압은 저항값의 크기에 비례하고, 각 저항에는 일정한 전류가 흐르게 된다.

3. 저항을 병렬연결로 연결하면 전원전류가 한길로 흐르다가 병렬접속된 부분에서 나뉘게 되며, 각 저항에 흐르는 전류크기는 저항값의 크기에 반비례하며, 각 저항에는 일정한 전압이 인가된다.

4. 키르히호프의 제1법칙은 "전류법칙"이라고 하며 한 소자에서 흘러 들어오는 전류와 흘러 나가는 전류크기는 같고, 부호는 반대이다.

5. 키르히호프의 제2법칙은 "전압법칙"이라고 하며, 임의의 폐회로를 따라 한 바퀴 돌 때 그 회로의 기전력의 총합은 각 저항에서 발생한 전압강하의 총합과 같다

6. "전자유도현상"이란 자계의 변화에 의해 코일에 기전력이 발생하는 현상을 말하며, 이 때 발생하는 기전력을 "유기기전력", 흐르는 전류를 "유도전류"라고 한다.

   유기기전력 $e = N\frac{\Delta\phi}{\Delta t}$

7. 코일에 전류를 흘려보내거나, 전류를 차단하면 전류의 변화를 방해하는 방향으로 코일 내에 "유기기전력"이 발생한다.

8. "자기유도(자체유도)"란 코일에 전류를 흘리면 자속(磁束)이 발생하고 그 코일 자체에서 자속을 상쇄시키는 방향으로 자속이 발생하여 코일 자체에 유기기전력이 생기는 현상이며, 자기유도의 대소를 나타내는 값을 "자기인덕턴스"라고 한다.

연습문제

1. 옴의 법칙이란?

2. 다음 회로에서 램프 저항 12〔Ω〕, 6〔Ω〕, 2〔Ω〕에 흐르는 전류는 몇 〔A〕 인가?
   ① 램프저항 12〔Ω〕에 흐르는 전류는?
   ② 램프저항 6〔Ω〕에 흐르는 전류는?
   ③ 램프저항 2〔Ω〕에 흐르는 전류는?

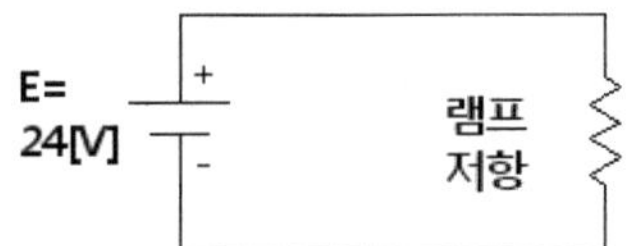

3. 다음 회로의 합성저항은 몇 〔Ω〕인가?

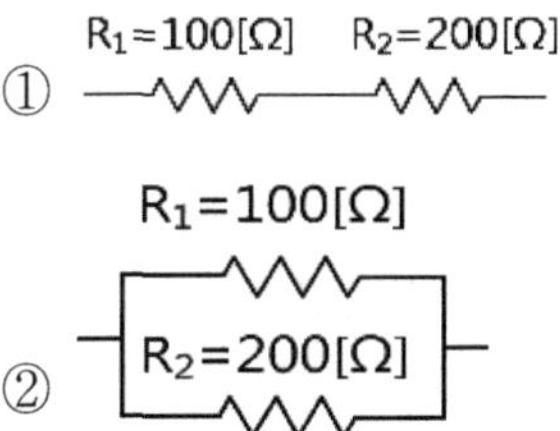

4. R_1=500〔Ω〕, R_2=500〔Ω〕은 병렬로 연결한 경우 회로에 흐르는 I, I_1, I_2 전류는 몇 〔A〕 인가?

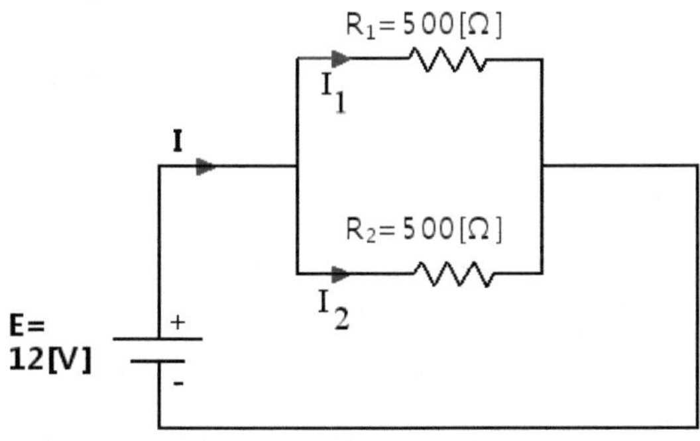

5. 0.1〔H〕 코일에 흐르는 전류가 0.1초 동안에 10〔A〕에서 0〔A〕로 변화할 경우 코일에서 발생하는 전압은 몇 〔V〕인가?

6. 다음 회로의 합성인덕턴스?

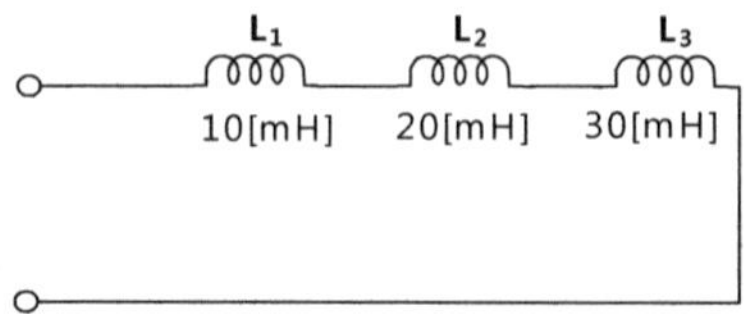

7. 코일에 흐르는 전류파형이 다음과 같을 때 코일에서 발생하는 유기기전력의 파형을 도시하여라.

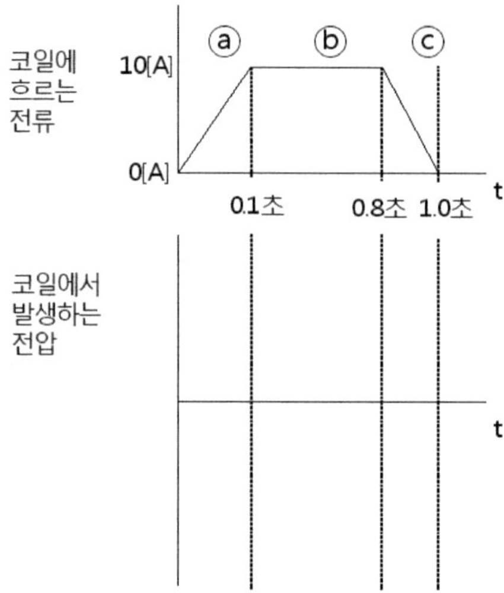

8. 콘덴서를 직렬접속로 할 경우 콘덴서의 합성정전용량과 콘덴서에 인가되는 전압 V_1, V_2 는 몇 〔V〕인가?

V_1 V_2

C_1 C_2

0.2[μF] 1[μF]

E = 24[V]

제 3 장

직류회로와 교류회로

학습목표

1) 직류회로와 교류회로의 여러 가지 법칙을 이해한다.
2) RLC 교류회로에 대하여 이해한다.

제 3장

직류회로와 교류회로

1 직류회로

1.1 중첩의 원리

중첩의 원리는 전압원과 전류원이 여러 개가 존재하는 전기·전자회로에서 어떤 한 소자에 흐르는 전류는 각각의 전압원과 전류원을 단독으로 생각하고 계산한 전류의 총합과 같다. 예를 들면 전압원과 전류원 두 개가 동시에 존재하면 전압원은 단락하고 계산한 전류값을 "I_1", 전류원을 개방하고 계산한 전류값은 "I_2"라고 하면, 소자에 흐르는 전류는 I_1+I_2이며, $(I_1+I_2)\times$(소자 저항값)의 전압이 소자에 인가된다.

☞ **단락(short)**

① "단락"은 전원을 부하가 없는 상태로 직결로 연결하는 것이다.

② 회로에서 보면 저항 R_2에 전선으로 연결되면 단락상태

③ 단락상태가 되면 단락선의 저항은 0[Ω]에 가까워지기 때문에 상대적으로 저항이 높은 저항 R_2로는 전류가 흐르지 못하기 때문에 R_2양단에 거의 0[V] 전압이 인가된다.

④ 단락시에는 순간적으로 큰 전류가 단락선에 흐르기 때문에 전류에 의한 전기기기의 소손의 원인이 된다.

⑤ 전원전압이 0[V]일 때는 전원의 저항값은 거의 0[Ω] 이므로 단락상태와 같다.

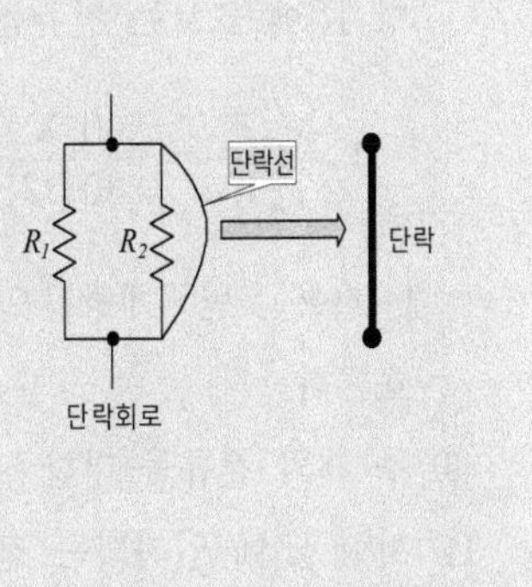

☞ **개방(open)**

① "개방"은 단락과 반대로 전기회로 끊어진 상태를 의미한다.

② 개방회로에서 보면 저항 R_2에 전선에 연결되지 않고 끊어져 있다.

③ 개방상태가 되면 개방단자의 저항은 무한대에 가까워지기 때문에 상대적으로 저항이 낮은 저항 R_1으로 전류가 흐른다.

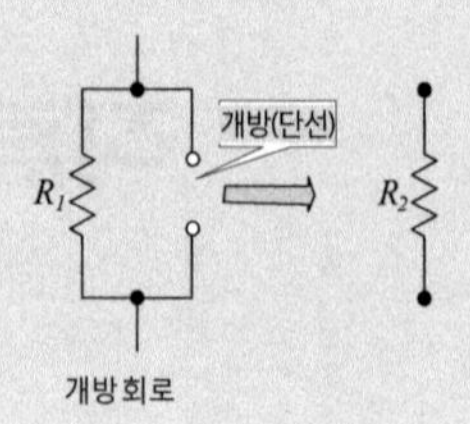

예제

다음 회로에서 저항 R_1에 흐르는 전류와 전압을 중첩의 원리에 의하여 구하여라.

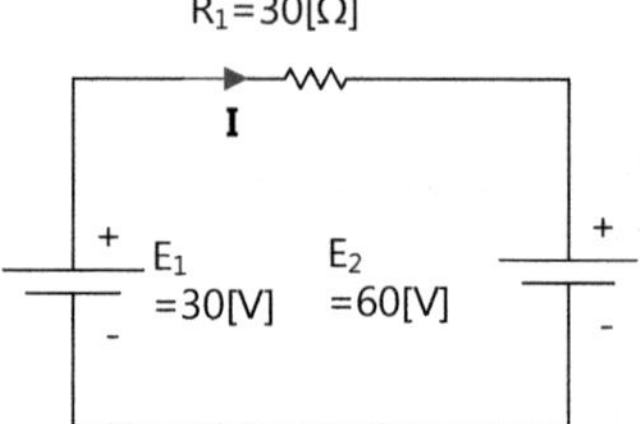

풀이

① 회로에는 E_1, E_2라는 두 개의 전압원이 존재하고 있다. R_1에 흐르는 전류를 구하기 위해서는 E_2 전압원은 단락시키고, E_1 전압원에 의하여 저항 R_1에 흐르는 전류를 먼저 구하면 다음과 같다.

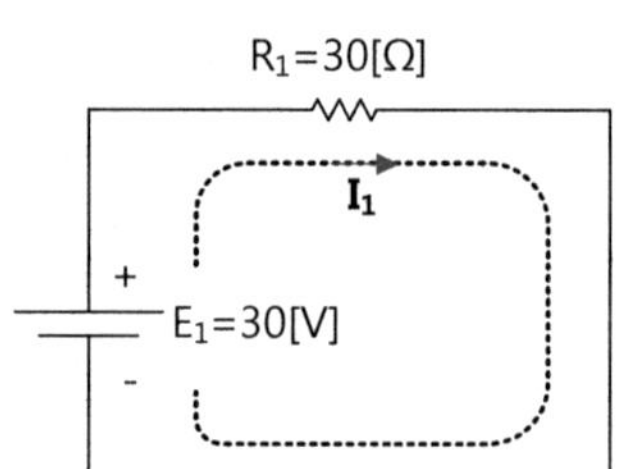

$$I_1 = \frac{E_1}{R_1} = \frac{30[V]}{30[\Omega]} = 1[A]$$

② E_1 전압원을 단락시키고, E_2 전압원에 의하여 저항 R_1에 흐르는 전류는 다음과 같다.

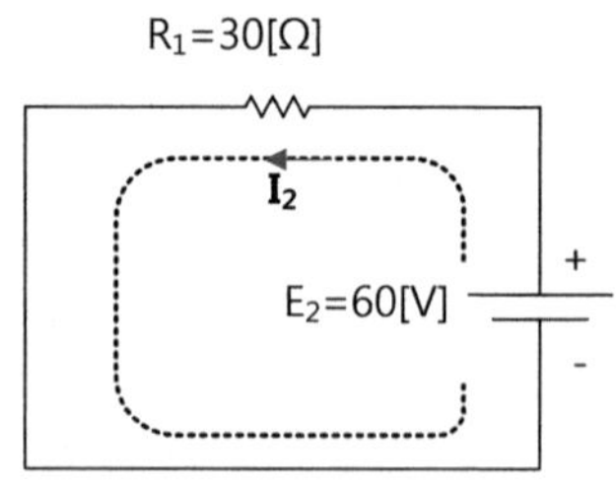

$$I_2 = \frac{E}{R_1} = \frac{60[V]}{30[\Omega]} = -2[A]$$

☞ I_2 전류는 반시계방향으로 흐르기 때문에 -2[A]가 흐른다.

③ 두 개의 전류를 더한 -1[A] 전류가 저항 R_1에 흐른다.

④ 저항 R_1에 인가되는 전압은 $V_{R1} = I \times R_1 = -1[A] \times 30[\Omega] = -30[V]$이다.

1.2 데브닌의 회로

그림 1.1과 같이 어떤 상자에 들어 있는 모르는 회로는 외부에서 연결된 두 단자 a, b에서 회로내부를 바라본 한 개의 전압원(E_{TH})과 저항(R_{TH})이 직렬로 연결로 형태로 상자에 있는 모든 소자를 대치할 수 있다는 것이 "데브닌의 정리"이다.

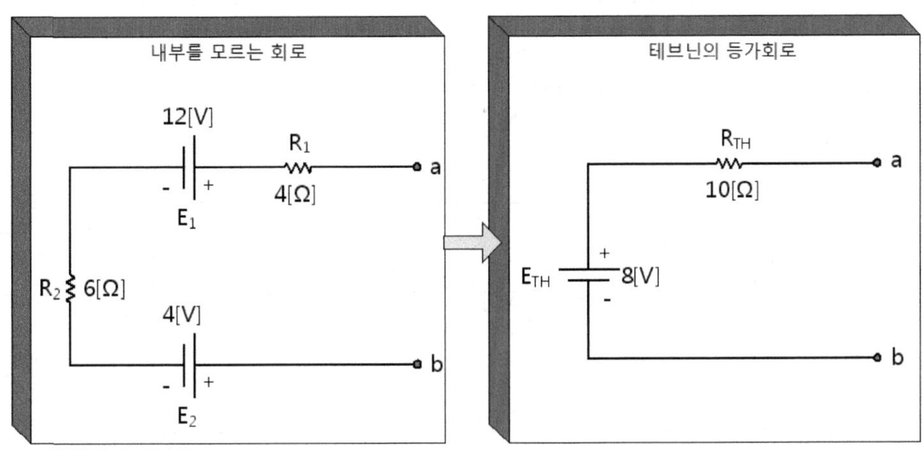

그림 1.1 데브닌의 정리

예제

다음 회로를 테브닌의 정리를 이용하여 부하저항 R_L에 흐르는 전류와 전압을 구하여라.

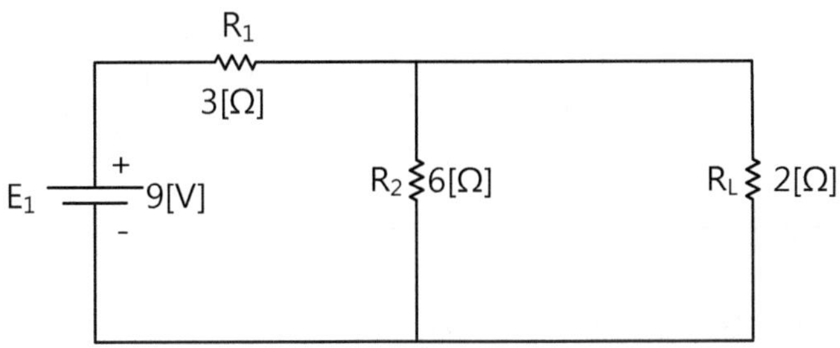

풀이

① 테브닌의 등가회로를 만들기 위해서는 R_L저항을 회로망으로부터 분리한다.

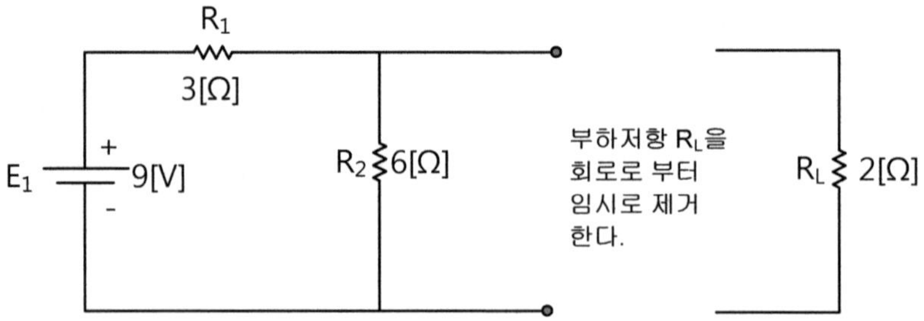

② 남아있는 두 단자의 이름을 정한다.

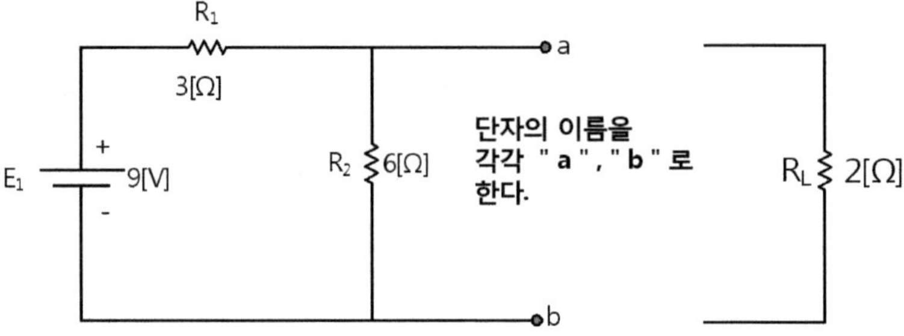

③ 우선 모든 전원을 "0"으로 놓고 R_{TH}를 계산한다. 전원을 "0"으로 하기 위해서는 전압원은 단락하고, 전류원은 개방하고 a, b단자에서 바라본 저항 R_{TH}를 구한다.

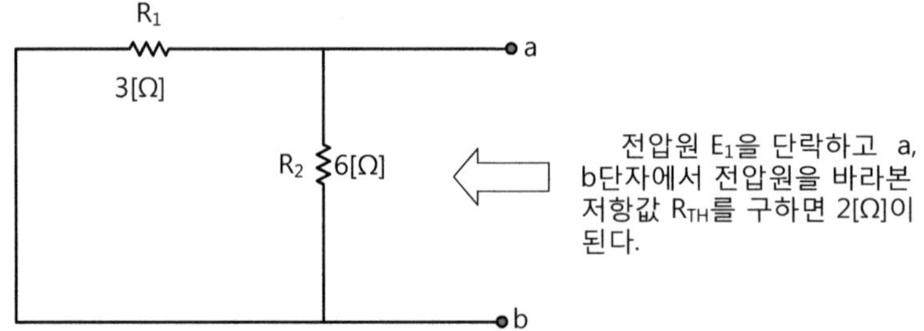

$$R_{TH} = \frac{R_1 \times R_2}{R_1 + R_2} = \frac{3 \times 6}{3 + 6}[\Omega] = 2[\Omega]$$

④ 모든 전원을 원래의 위치로 전환하고, a, b단자를 개방 하였을 때 개방단자 전압 E_{TH}를 구한다.

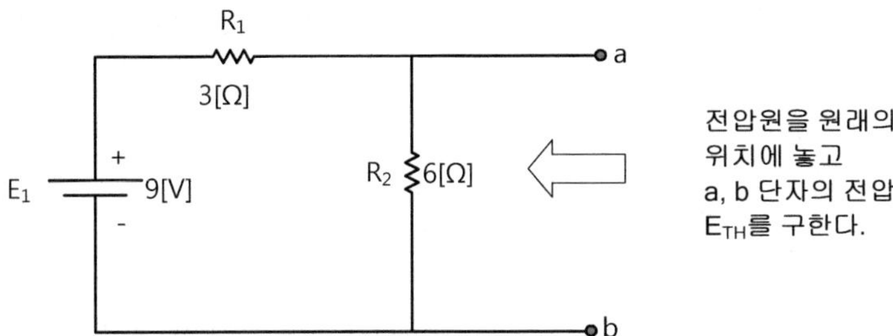

E_{TH} 전압(a, b 단자전압)과 R_2에 인가되는 전압과는 병렬회로로 구성되기 때문에

$$E_{TH} = \frac{R_2}{R_1 + R_2} \times E_1 = \frac{6}{3+6} \times 9\,[V] = 6\,[V]$$

⑤ R_{TH} 저항과 E_{TH} 전압을 부하에 연결하여 R_L에 흐르는 부하전류와 전압을 구한다.

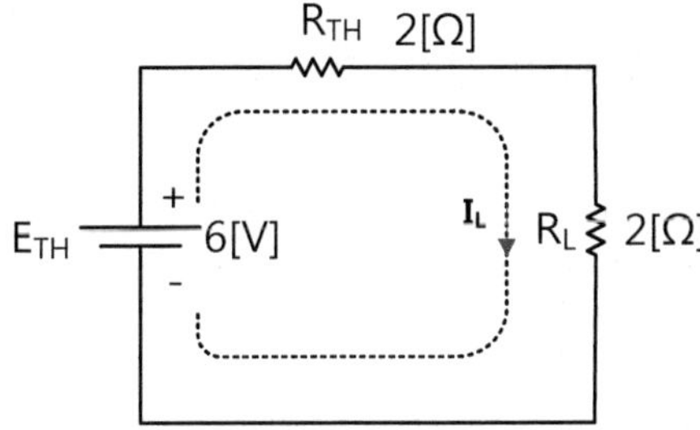

$$I_L = \frac{E_{TH}}{R_{TH} + R_L} = \frac{6\,[V]}{2+2} = 1.5\,[A]$$

∴ R_L에 흐르는 전류는 1.5〔A〕이며, R_L에 인가되는 전압은 $I_L \times R_L = 1.5〔A〕\times 2〔\Omega〕= 3〔V〕$ 이다.

1.3 노턴의 정리

그림 1.2와 같이 어떤 상자에 들어 있는 모르는 회로는 외부에서 연결된 두 단자 a, b 에서 회로내부를 바라본 한 개의 전류원(I_N)과 저항(R_N)이 병렬로 연결된 형태로 상자에 있는 모든 소자를 대치할 수 있다는 것이 "노턴의 정리"이다.

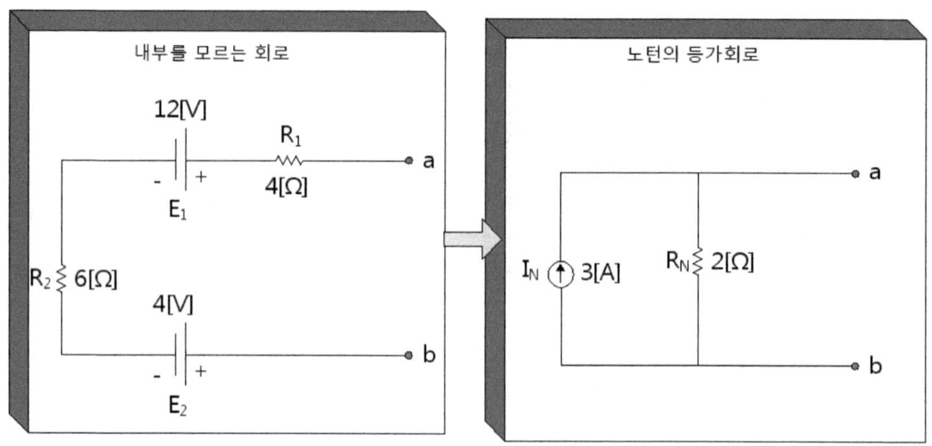

그림 1.2 노턴의 정리

예제

다음 회로를 노턴의 정리를 이용하여 부하저항 R_L에 흐르는 전류와 전압을 구하여라.

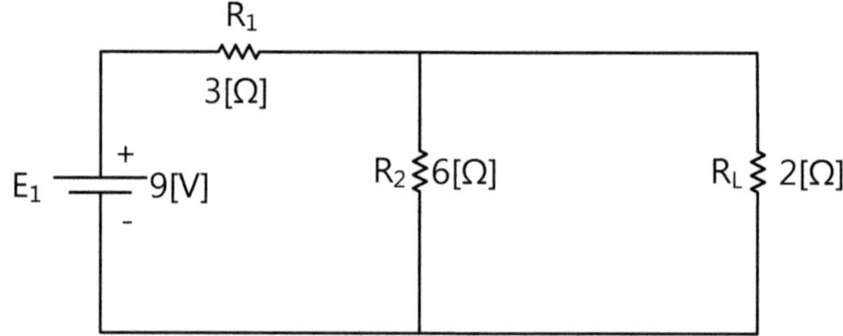

풀이

① 노턴의 등가회로를 만들기 위해서는 R_L저항을 회로망으로부터 분리한다.

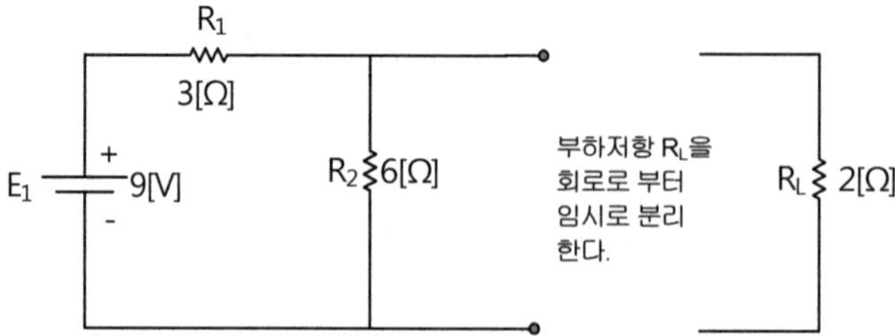

② 남아있는 두 단자회로의 이름을 정한다.

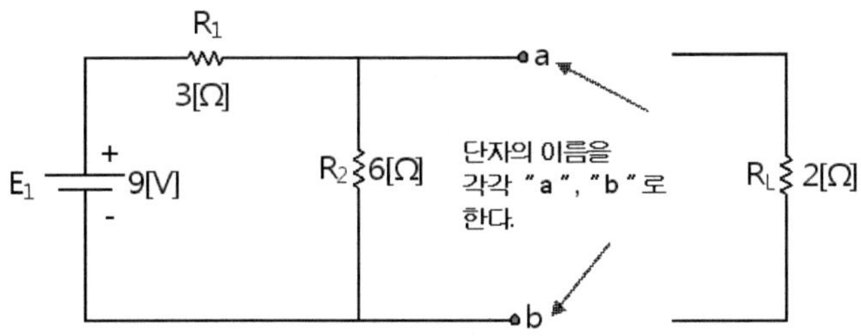

③ 우선 모든 전원을 0으로 놓고 R_N를 계산한다.
(전압원은 단락하고, 전류원은 개방하다.)
전압원을 단락하고 a, b단자에서 바라본 저항 R_N를 구한다.

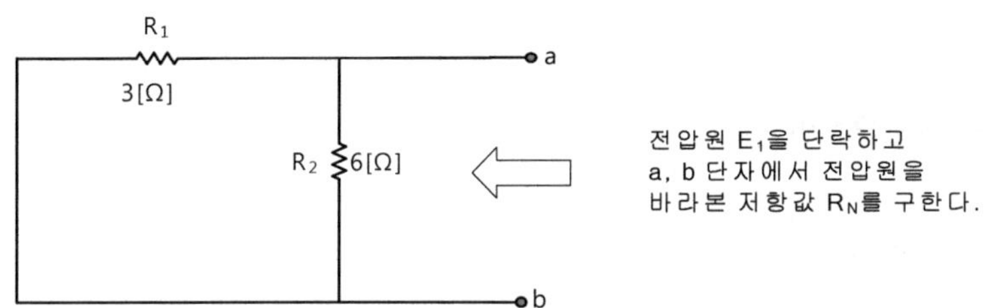

$$R_N = \frac{R_1 \times R_2}{R_1 + R_2} = \frac{3 \times 6}{3 + 6}[\Omega] = 2[\Omega]$$

④ 모든 전원을 원래의 위치로 전환하고, 전류 I_N을구한다.

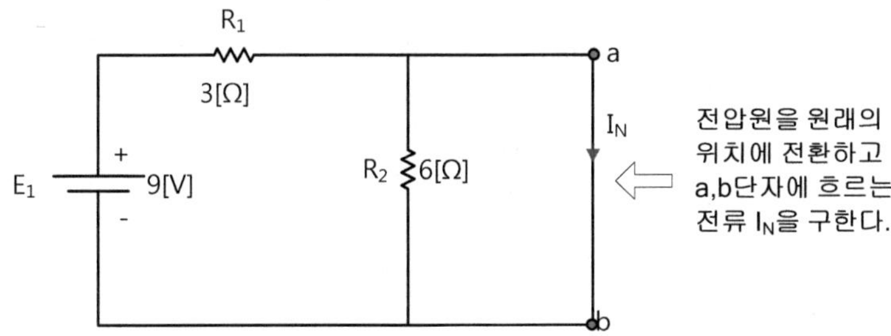

I_N 전류는 a, b단자에 흐르는 전류로 R_1에서 흐르는 전류값과 같다.

$$I_N = \frac{E_1}{R_1} = \frac{9}{3} = 3[A]$$

⑤ R_N 저항과 I_N 전류원을 병렬로 연결하고 부하를 연결하여 R_L에 흐르는 부하전류와 전압을 구한다.

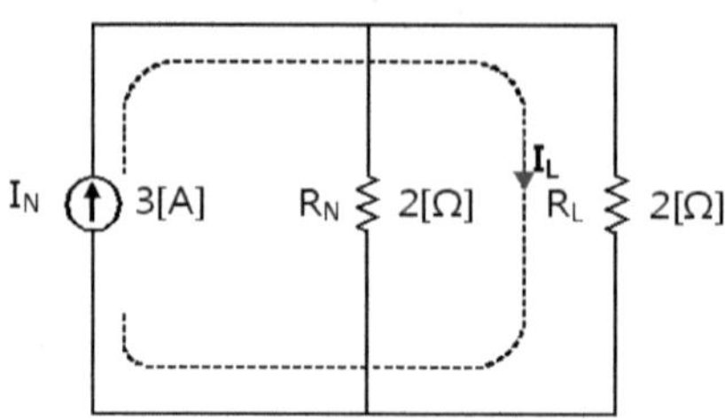

$$I_L = \frac{R_L}{R_N + R_L} \times I_N = \frac{2}{2+2} \times 3 = 1.5[A]$$

∴ R_L에 흐르는 전류는 1.5〔A〕이며, R_L에 인가되는 전압은 $I_L \times R_L = 1.5〔A〕\times 2 = 3〔V〕$이다.

1.4 직류전력(Power)

1) 직류전력(Power)

① 전력이란 전기에너지를 입력 받아서 다른 형태의 에너지(열, 빛, 회전력 등)로 어느 정도 변환되었는가를 나타내는 지표로서 단위시간당 전기에너지가 한 일을 의미한다. 예들 들어, 큰 전동기는 작은 전동기에 비해 큰 회전력을 갖는다. 그 이유는 같은 시간에 더 많은 전기에너지를 기계적 에너지로 변환할 수 있기 때문이다.

② 변환된 에너지는 줄〔J〕로 측정이 되며, 시간은 초〔s〕이다.

③ 전력의 전기적 단위는 왓트〔W〕이며, 다음과 같이 정의할 수 있다.

$$P = \frac{W}{t}[W] = [J/s]$$

2) 저항회로에서의 전력

옴의 법칙을 적용하여 회로에서 전력을 구하면

① 전류와 부하저항값을 알고 있을 때의 전력을 구하면

$$
\begin{aligned}
P &= I^2 \times R[W] \\
&= 10^2 \times 10[W] \\
&= 1000[W] \\
&= 1[kW]
\end{aligned}
$$

② 전원전압와 부하전류값을 알고 있을 때의 전력을 구하면

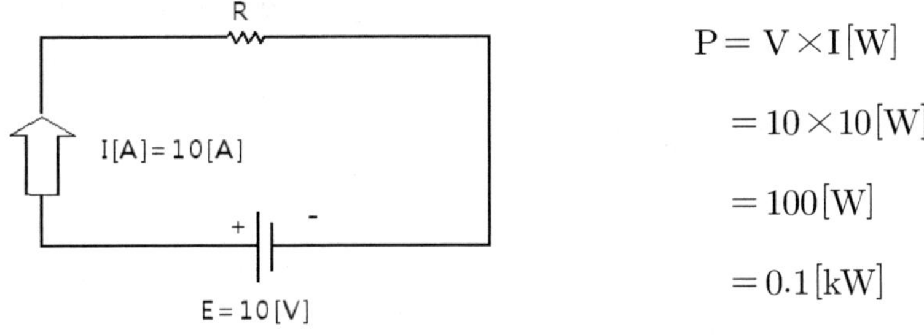

$$
\begin{aligned}
P &= V \times I[W] \\
&= 10 \times 10[W] \\
&= 100[W] \\
&= 0.1[kW]
\end{aligned}
$$

③ 전원전압과 부하저항값을 알고 있을 때의 전력을 구하면

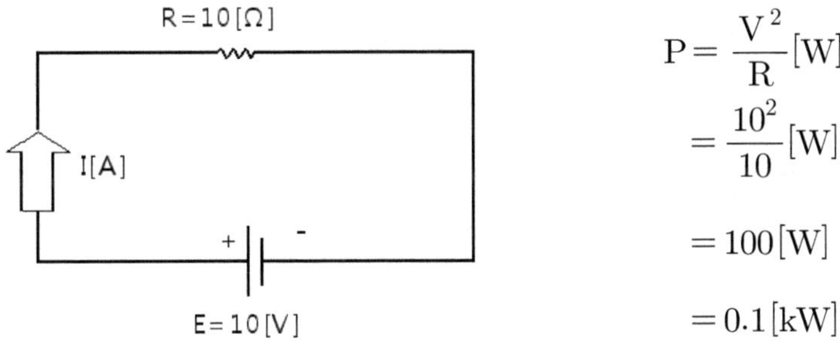

$$
\begin{aligned}
P &= \frac{V^2}{R}[W] \\
&= \frac{10^2}{10}[W] \\
&= 100[W] \\
&= 0.1[kW]
\end{aligned}
$$

2) 코일회로에서의 전력

이상적인 코일은 공급받은 전기에너지를 소비하지 않고 자기에너지 형태로

$$W = \frac{1}{2} LI^2 [J]$$

에너지가 저장된다.

예제

전류 5[A]가 인덕턴스 L=20[mH]에 흐르는 경우 축적되는 자기에너지는 W_L[J]은?

풀이

$$W = \frac{1}{2}LI^2 = \frac{1}{2}(20 \times 10^{-3} \times 5^2) = 0.25[J]$$

3) 콘덴서회로에서의 전력

이상적인 콘덴서는 공급받은 전기에너지를 소비하지 않고 저장 에너지 형태로

$$W = \frac{1}{2}CV^2 = \frac{1}{2}QV = \frac{Q^2}{2C}[J]$$

에너지가 저장된다.

예제

어떤 콘덴서를 220[V]로 충전하는데 9[J]의 에너지가 필요하다. 이 콘덴서의 정전용량은 몇 [μF]인가?

풀이

$W = \frac{1}{2}CV^2$에서

$$C = \frac{2W}{V^2} = \frac{2 \times 9}{220^2} = 371.9[\mu F]$$

1.5 전력량

① 전기에너지가 어떤 시간 안에 행한 전기적인 일의 총량, 즉 전기에너지의 총량을 "전력량"이라고 하며 이 전력량과 전력 사이에는 다음과 같은 관계가 있다.

전력량=전력×시간

② 전력량의 기호는 W, 단위에는 와트초([Ws])를 사용한다. 따라서 전력을 P [W], 전기에너지가 소비된 시간을 t[s]라고 하면 전력량 W는 다음과 같이 정의한다.

$$W = Pt[Ws]$$

③ 1와트초(1[Ws]) → 1[W]의 전력으로 1초간 사용한 전력량
1와트시(1[Wh]) → 1[W]의 전력으로 1시간 사용한 전력량
1킬로와트시(1[kWh]) → 1[kW] 전력으로 1시간 사용한 전력량

1.6 저항의 열용량과 허용전압 및 전류

① R[Ω]의 저항에, I[A]전류가 흐르면, 매초 I^2R[W]의 전력을 소비하고 $0.24I^2R$[cal]의 열량을 발생하여 온도가 상승한다.

② 전류가 정격이상으로 과도하게 흐르면, 과열하여 피막이 타게 되어 저항체가 파손이 되므로 저항기에 흐르는 전류에 대한 제한이 필요하다. 이것을 제한하는 전류를 "정격전류" 또는 "허용전류"라고 한다.

③ 저항에서 소비되는 전력의 한계, 즉 저항의 내열용량(=허용 최대 소비전력=정격전력(Rated Power)) 또는 정격전력을 표시하고 있다. 저항기를 쓸 때는 정격전력이나 정격전류를 고려하여 정격이상으로 초과하지 않게 주의를 하여야 한다.

④ 저항의 내열용량은 다음과 같은 식에 의하여 구할 수 있다.

㉮ 전압기준식 : 저항 R에서 소비되는 전력은 인가된 전압 V의 제곱에 비례한다.

$$P = \frac{V^2}{R}$$

㉯ 전류기준식 : 저항 R에서 소비되는 전력은 소자에 흐르는 전류의 제곱에 비례한다.

$$P = I^2R$$

㉰ 위 식으로부터 저항 R과 정격전력(내열용량) P가 주어졌을 때 인가할 수 있는 최대전압 V와 허용전류 I는 다음 식에 의하여 구할 수 있다.

$$V = \sqrt{PR} \qquad I = \sqrt{\frac{P}{R}}$$

☞ **줄열**

전류에 의하여 단위시간에 발생하는 열량은 도체의 저항과 전류의 제곱에 비례하는 것이 "줄의 법칙"(Joule's law)이라 하며, 발생하는 열을 "줄열(Joule heat)"이라 한다. 저항이 R〔Ω〕인 도체에 I〔A〕의 전류가 t〔s〕 동안 흐를 때 그 도체에 발생하는 열에너지 H는 다음과 같다. $H=I^2Rt$ 〔J〕이고 열에너지를 H〔cal〕로 표시하면 $H=0.24I^2Rt$ 〔cal〕가 된다. 〔J〕는 에너지의 단위로 줄(Joule)이라고 읽는다.

☞ **정격전력**

각 전기제품 및 소자는 사용할 수 있는 전력에 한계가 정해져 있다. 이 한계는 순간적인 한계와 장시간 사용했을 때의 한계가 있는데, 장시간 사용해도 기기와 소자에 손상이 가지 않고 연속적으로 사용할 수 있는 최대전력을 정격전력으로 정하고 정격전력 이하로 기기를 사용해야 한다. 고정저항의 내열용량은 그 크기와 재질에 따라 정해지며, 피막형 저항은 1/4〔W〕, 1/2〔W〕, 1〔W〕, 2〔W〕 제품만 생산된다. 대용량의 저항기는 시멘트 저항이나 권선저항의 형태를 가진다.

예제

전원전압 5〔V〕를 1/4〔W〕, 100〔Ω〕 저항에 인가하는 경우 이 저항의 허용전류를 구하여라.

풀이

허용전류는 소비전력 $P = I^2 \times R$의 식에서 I에 대하여 정리를 하면

허용전류는 $I = \sqrt{\frac{P}{R}} = \sqrt{\frac{0.25}{100}} = 0.05[A] = 50[mA]$가 된다.

예제

전원전압 5〔V〕를 1/2〔W〕, 100〔Ω〕 저항에 인가하는 경우에 허용전류를 구하여라.

풀이

허용전류는 $I = \sqrt{\frac{P}{R}} = \sqrt{\frac{0.5}{100}} = 0.0707[A] = 70.7[mA]$가 된다.

예제

전원전압 12〔V〕를 인가하고 20〔mA〕 전류가 흐르는 저항을 결선하려고 한다. 이 경우 저항값과 열용량은 얼마인가?

풀이

① V=12〔V〕, I=0.02〔A〕를 옴의 법칙에 대입하면 저항값은

$$R = \frac{V}{I} = \frac{12}{0.02} = 600[\Omega]\text{이 되고}$$

② 열용량은 $P = \frac{V^2}{R} = \frac{12^2}{600} = 0.24[W]$ 또는 $P = I^2R = 0.02^2 \times 600 = 0.24[W]$이다.

여기에서 실제적으로 사용하는 열용량은 이론 계산값의 2배 이상으로 하는 것이 안정적으로 사용할 수 있기 때문에 저항의 열용량은 0.5〔W〕가 된다.

예제

220〔V〕, 100〔W〕 전구와 220〔V〕, 200〔W〕 전구가 직렬로 연결하면 100〔W〕전구와 200〔W〕 전구가 실제 소비하는 전력의 비는 〔W〕는?

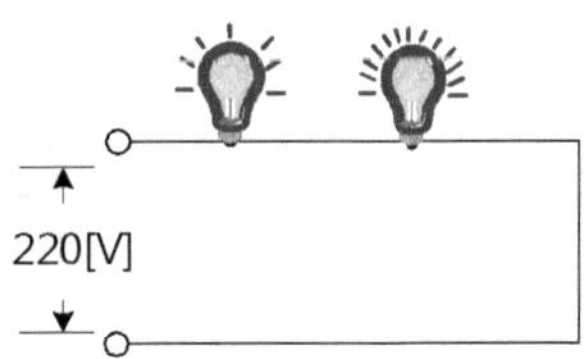

풀이

$$P = \frac{V^2}{R}\text{에서 } R = \frac{V^2}{P}$$

$$100[W]\text{전구 저항은 } R_{100} = \frac{220^2}{100} = 484[\Omega]$$

$$200[W]\text{전구 저항은 } R_{200} = \frac{220^2}{200} = 242[\Omega]$$

직렬회로에서는 전류는 일정하기 때문에 소비전력은 $P = I^2R \propto R$이 되기 때문에 실제 소비되는 전력의 비는 2 : 1이 된다.

2 과도현상

2.1 R, L, C 소자의 전압극성과 전류방향

1) 저항의 전압극성과 전류방향

① 전압극성

㉮ $V_R = IR$ 이므로 전류방향에 따라서 전원전압의 극성이 결정된다.

㉯ 저항에 유입되는 전류가 시계방향(+)이면 (+), (−) 전압극성이, 전류의 방향이 반시계방향(−)이면 (−), (+) 전압극성이 저항에 인가된다.

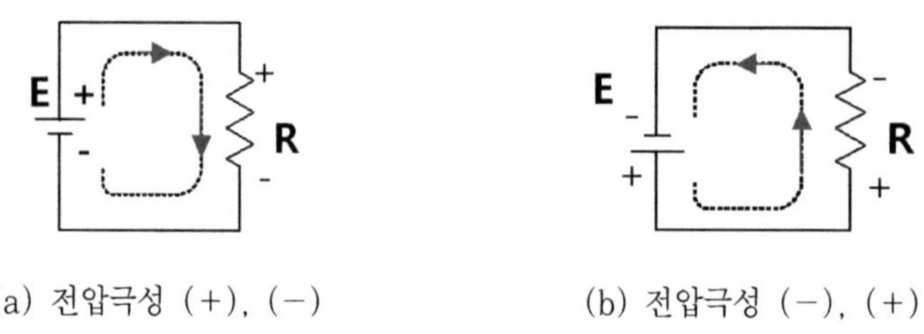

(a) 전압극성 (+), (−)　　(b) 전압극성 (−), (+)

그림 2.1 저항의 전압극성

② 전류방향

㉮ $I_R = \frac{E}{R}$ 이므로 전원전압 E의 극성에 따라서 전류방향이 결정된다.

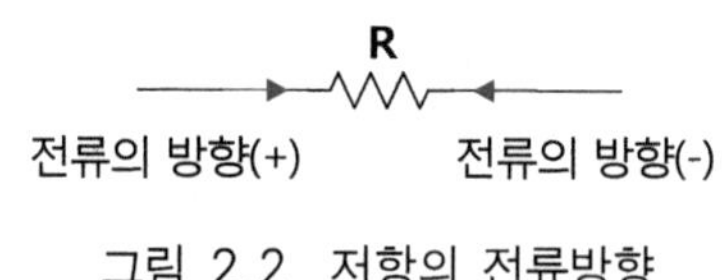

그림 2.2 저항의 전류방향

㉯ 저항에 흐르는 전류는 기전력(E)에서 공급을 받기 때문에 시계방향으로 흐르면 (+)전류, 반시계방향으로 흐르면 (−) 전류값을 갖는다.

㉰ 저항은 시간에 따라서 전류의 크기를 제어하지 못하고 전류의 절대적인 크기만 제어한다.

2) 코일의 전압극성과 전류방향

① 전압극성

㉮ 코일에서 발생하는 전압은 $V_L = L\frac{di}{dt}$이므로 코일에 흐르는 전류가 증가하면 (+), (−) 극성, 코일에 흐르는 전류가 차단, 또는 감소하면 (−), (+) 극성을 가진 기전력이 코일에서 발생한다.

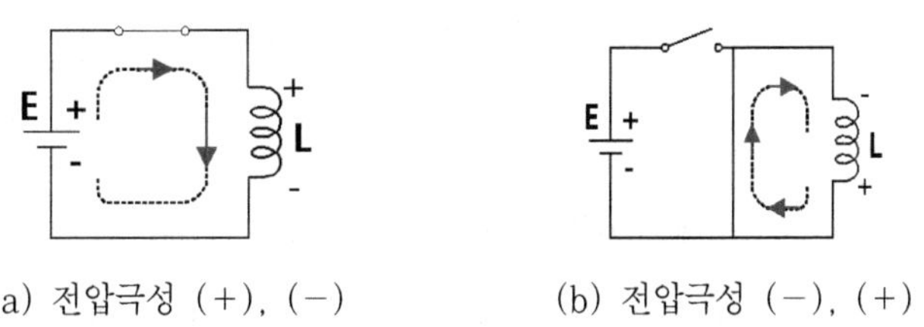

(a) 전압극성 (+), (−)　　(b) 전압극성 (−), (+)

그림 2.3 코일의 전압극성

② 전류방향

㉮ 코일에 흐르는 전류는 $I_L = \frac{1}{L}\int vdt$이므로 전류방향은 (+)방향만 존재한다.

㉯ $\int vdt$의 의미는 전압을 모으면 전류의 형태로 변환이 되며, v가 일정한 정전압이라면 $I_L = \frac{V}{L}t$가 되고, 코일은 시간에 따라서 전류의 크기를 제어하는 저항과 같은 의미를 갖는 소자이다.

㉰ 코일에 직류전원을 인가하면 전류파형은 삼각파와 비슷한 형태를 나타내고 전류의 증가, 전류의 감소를 반복하는 형태이므로 (+) 전류값만 갖는다. 이런 코일특성을 이용하여 전류 안정화를 도모하는 소자로 사용한다.

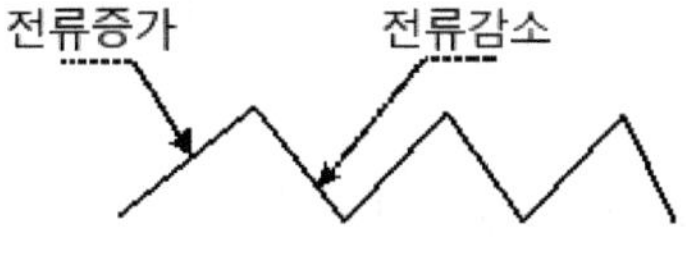

그림 2.4 코일의 전류파형

3) 콘덴서의 전압극성과 전류방향

① 전압극성

㉮ 직류전원을 콘덴서에 인가하면 발생 전압은 $V_C = \frac{1}{C}\int idt$이므로 전압극성은 (+)만 존재한다.

㉯ $\int idt$ 의미는 전류를 모으면 전압형태로 변환이 되며

i가 일정한 정전류라면 $V_C = \frac{I}{C}t$가 되며, 콘덴서는 시간에 따라서 전압크기를 제어하는 저항과 같은 의미를 갖는 소자이다.

㉰ 콘덴서 전압파형은 콘덴서가 충전하면 전압은 상승하고, 콘덴서가 방전하면 전압을 감소하는 삼각파와 비슷한 형태를 갖는다. 이런 콘덴서 특성을 이용하여 전압 안정화를 도모하는 소자로 사용한다.

그림 2.5 콘덴서의 전압파형

② 전류방향

㉮ 콘덴서에 흐르는 전류는 $I_c = C\frac{dv}{dt}$이므로 전압변화가 발생하면 콘덴서에서 충전과 방전전류가 흐르기 때문에 (+), (−) 전류가 존재한다.

㉯ 콘덴서에 전류가 흐르기 위해서는 콘덴서 양단에 전압의 변화가 있어야 한다. 전압의 변화란 기전력의 전압차에 의하여 발생한다.

㉰ 기전력(E) 전압 > 콘덴서 전압이면 콘덴서는 충전을 시작하고 콘덴서 전류는 (+) 값을 갖는다.

㉱ 기전력(E) 전압 = 콘덴서 전압이면 콘덴서는 충전 또는 방전을 중지하며, 전류는 0(전류가 흐르지 않는다)이 된다.

㉮ 기전력(E) 전압 < 콘덴서 전압이면 콘덴서는 방전을 시작하고, 콘덴서 전류는 (−) 값을 갖는다.

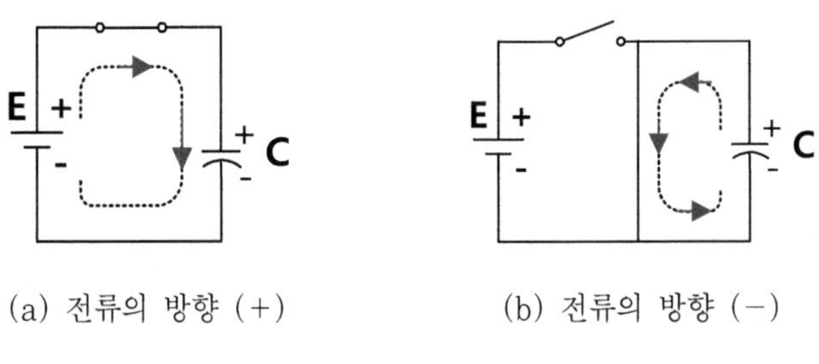

(a) 전류의 방향 (+) (b) 전류의 방향 (−)

그림 2.6 콘덴서의 전류방향

2.2 콘덴서와 코일의 저항값 측정

아날로그 테스터를 저항 레인지에 두고 리드선을 콘덴서에 연결하면 아날로그 테스터 바늘은 오른쪽 끝까지 갔다가 서서히 왼쪽으로 내려온다. 아날로그 테스터 내부에는 건전지(직류전원)가 있으며 그 건전지의 전원으로 콘덴서를 충전하기 때문에 리드선와 콘덴서가 연결되는 시점에서는 충전전류가 크고 충전이 진행됨에 따라 서서히 전류가 감소하여 충전이 완료되면 전류가 흐르지 않아 아날로그 테스터 바늘(지침)은 "∞" 위치로 돌아간다. 콘덴서 용량이 큰 경우에는 충전하는데 시간이 많이 걸리므로 아날로그 테스터 바늘의 움직임이 느리고 콘덴서 용량이 작은 경우에는 아날로그 테스터 바늘의 움직임 빠르다.

1) 콘덴서 저항값 측정

① Test 저항레인지를 1〔MΩ〕에 놓고 리드선의 (+), (−)단자를 콘덴서에 연결하면 Test 지침은 0〔Ω〕을 지시한다.

☞ 콘덴서 저항값 : 0〔Ω〕

☞ 콘덴서 전압 : 0〔V〕

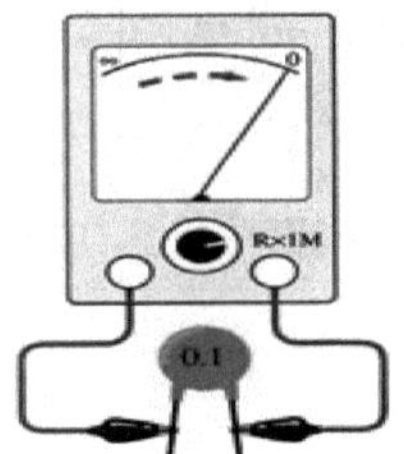

(a) 콘덴서가 충전 시작시 저항값

② 콘덴서가 충전중이면 Test 지침은 중간정도의 저항값을 지시한다.

☞ 콘덴서 저항값 증가

☞ 콘덴서 전압은 상승

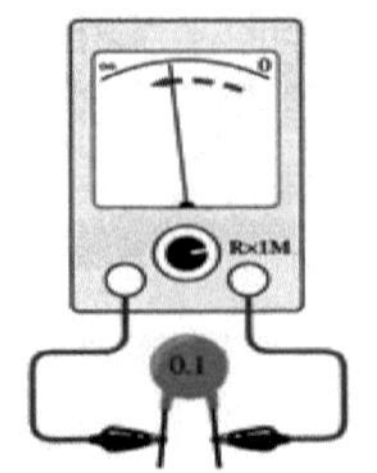

(b) 콘덴서의 충전중 저항값

③ 콘덴서가 충전을 완료하면 콘덴서에는 전류가 흐르지 못하기 때문에 Test의 지침은 ∞의 저항값을 지시한다.

☞ 콘덴서 저항값 무한대

☞ 콘덴서 전압은 Test기의 전압과 같다.

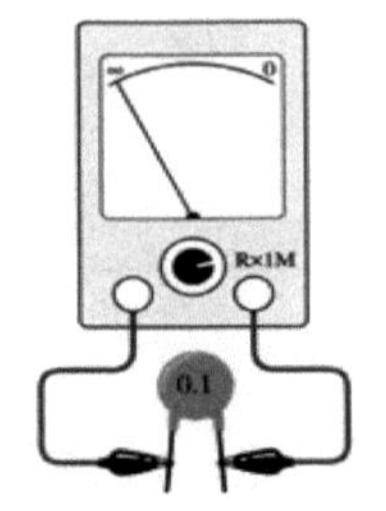

(c) 콘덴서의 충전완료시

④ 콘덴서가 충전이 완료한 후에 콘덴서 양쪽단자를 도선으로 단락시키면 콘덴서 전압은 순간적으로 0〔V〕가 된다.

☞ 콘덴서 전압 : 0〔V〕

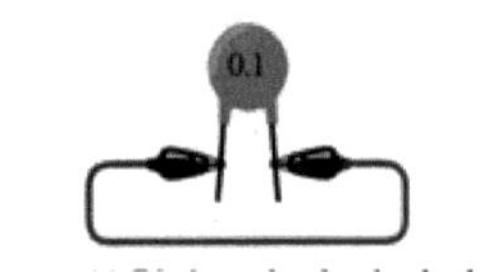

(d) 콘덴서의 충전 완료 후 단락

그림 2.7 콘덴서의 Test

2) 코일의 저항 Test

① 코일에는 권선저항이 존재하기 때문에 아날로그 테스터 저항레인지를 ×1레인지에 놓고 (+), (−)리드선 단자를 코일에 연결하면 Test 지침은 권선저항을 측정값을 지시하며 저항값이 존재하면 코일은 양호하다.

(a) 코일이 정상일 경우의 저항값

② 코일이 단선이 된 경우에는 Test 저항값이 "∞[Ω]"을 지시한다.

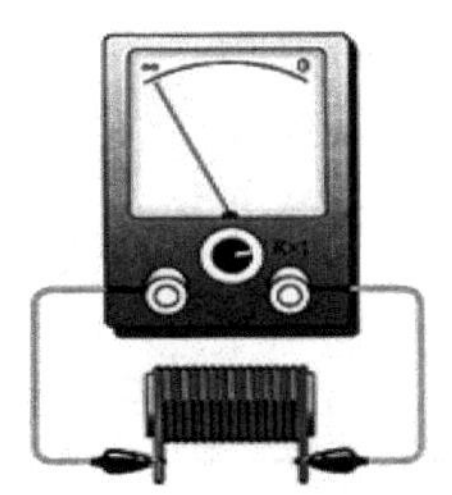

(b) 코일이 단선일 경우의 저항값

③ 코일이 단락이 된 경우에는 Test 저항값이 "0[Ω]"을 지시한다.

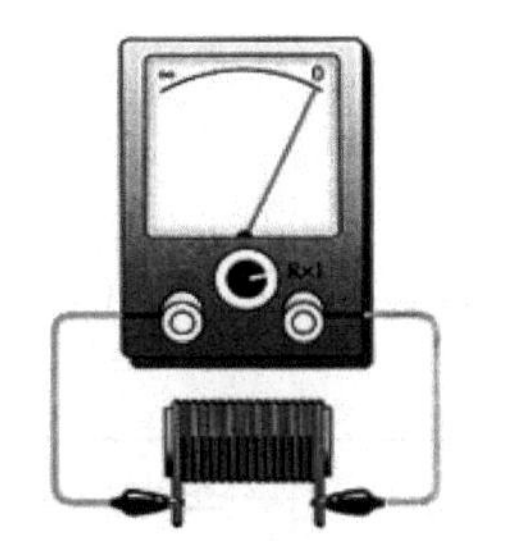

(c) 코일이 단락일 경우의 저항값

그림 2.8 코일의 Test

2.3 과도현상

1) 과도현상이란

① 전기・전자회로에서는 일정한 정상상태에서 다음 정상상태로 어느 시간 동안 변화되는 순간이 있다. 이 변화되는 시간을 "과도기간"라고 하며, 이 시간동안 회로는 "과도상태"에 있다.

② 이와 같이 회로의 전압이나 전류 등의 상태가 급격히 변했을 때, 하나의 상태에서 다음 상태로 안정되기까지의 과정에서 발생하는 현상을 "과도현상"이라고 한다.

2) R-C 직렬회로

① 그림 2.9(a)는 R-C 직렬회로를 나타내고 있다. 스위치S를 ⓐ로 연결하면 R-C 직렬회로에 직류전압 E[V] 인가되어서 콘덴서 C에 충전이 되며, 저항 R 단자전압을 V_R[V] 및 콘덴서 C 단자전압 V_C[V]의 과도상태는 다음과 같다.

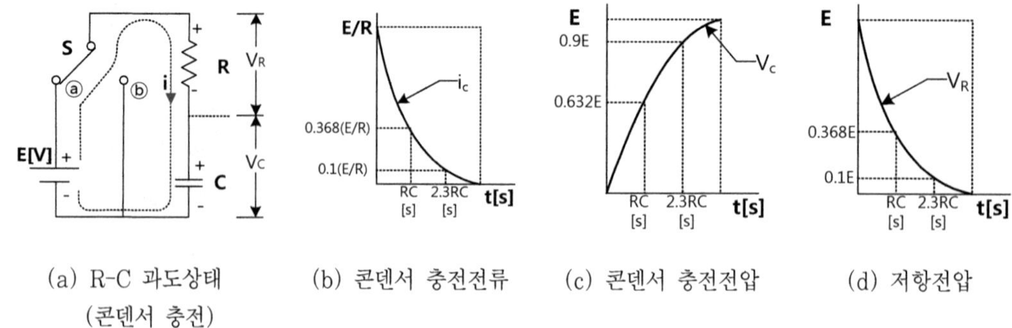

(a) R-C 과도상태 (콘덴서 충전)　(b) 콘덴서 충전전류　(c) 콘덴서 충전전압　(d) 저항전압

그림 2.9 R－C 직렬회로 충전 특성

아래의 표는 R－C 충전회로에 흐르는 전류와 발생전압의 변화를 나타내는 것이다.

	스위치 ⓐ가 OFF상태	스위치 ⓐ가 ON하는 순간 (과도상태)	충분히 시간이 경과 (정상상태)
i〔A〕	0	E/R	0
Vc〔V〕	0	0	E
V_R〔V〕	0	E	0

② 처음에는 콘덴서 C에는 전하가 없다고 하면, 그림 2.9(a)와 같이 스위치를 ⓐ측으로 연결하면 콘덴서 C는 저항 R을 통해서 전하를 충전한다. 이 경우 전하가 이동하여 충전전류가 흐르고, 저항에 의하여 전자의 개수를 조절되기 때문에, 충전이 완료될 때까지는 일정한 시간이 필요하다. 그림 2.9(c)와 같이 콘덴서 단자전압 V_C는 전원 전압 E〔V〕와 같게 되는 시점에서 충전이 완료되며 V_C는 다음과 같이 정의한다.

$$V_C = E(1-e^{(-\frac{t}{RC})})$$

③ 또한, 충전전류에 의하여 저항 R 단자전압 V_R의 변화 상태는 그림 2.9 (d)와 같이 되며 V_R은 다음과 같이 정의한다.

$$V_R = Ee^{(-\frac{t}{RC})}$$

④ V_C 전압의 크기가 전원전압 E의 0.632배가 되기까지의 시간, V_R의 전압에서는 전원전압의 0.368배가 되기까지의 시간을 이 회로의 "시간상수=시정수"라고 한다. 시간상수를 T_C[s]는 다음과 같이 정의한다.

$$T_C = R \times C$$

⑤ 시간상수 RC가 작을 때는 V_R, V_C 단자전압의 전압변화가 급격하게 되고, RC가 클 때는 변화가 완만해짐을 진다. 또한 V_R, V_C의 변화가 거의 완료되는 시간은 V_C의 변화가 전원전압의 0.9배가 될 때까지의 시간, 또는 V_R이 0.1배가 될 때까지의 시간을 기준으로 한다. 그리고 이 변화의 완료시간을 T_e[S]로 하면, 다음과 같이

$$T_e = 2.3 \times R \times C[s]$$

가 된다.

⑥ 다음으로 콘덴서를 충전이 완료된 이후에, 그림 2.10(a)과 같이 스위치 S를 ⓑ측으로 연결하면, 이번에는 콘덴서의 전하가 저항 R을 통해서 방전한다. 이 경우는 콘덴서의 단자전압 V_C는 지수적으로 감소한다. 또한 저항 R 단자전압 V_R은 방전전류가 충전전류와는 반대 방향이 되기 때문에 (−) 전압극성이 나타난다.

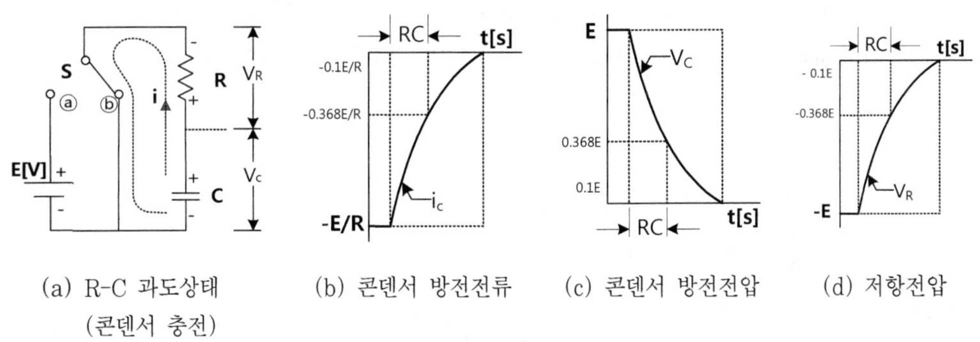

(a) R-C 과도상태 (콘덴서 충전) (b) 콘덴서 방전전류 (c) 콘덴서 방전전압 (d) 저항전압

그림 2.10 R−C 직렬회로의 방전 특성

⑦ 아래의 표는 R−C 방전회로에 흐르는 전류와 발생전압의 변화를 나타내는 것이다.

	① 스위치 ⓐ가 OFF상태	② 스위치 ⓐ가 ON하는 순간 (과도상태)	③ 충분히 시간이 경과 (정상상태)
i〔A〕	0	−(E/R)	0
Vc〔V〕	E	E	0
V_R〔V〕	0	−E	0

예제

R=1〔MΩ〕, C=1〔μF〕의 R−C 직렬회로에 직류 12〔V〕를 가했을 경우, 시정수 T_C, 전류의 초기값 I는 얼마인가?(전류의 초기값 I는 R−C 직렬회로에 전류를 인가하는 순간의 전류이다.)

풀이

① 시정수 $TC=R\times C=10^6\times10^{-6}=1$〔s〕

② $I=\frac{E}{R}=\frac{12}{1\times10^6}=12[\mu A]$

3) R-L 직렬회로

① 그림 2.11(a)와 같이 저항 R〔Ω〕과 인덕턴스 L〔H〕의 직렬회로에서 스위치를 ⓐ쪽으로 연결하고, 직류전압 E〔V〕를 인가하면 전원전류의 급격한 증가를 막기 위하여, L에는 역기전력의 전압이 발생하여 그림 2.11(c)와 같은 과도현상이 발생한다.

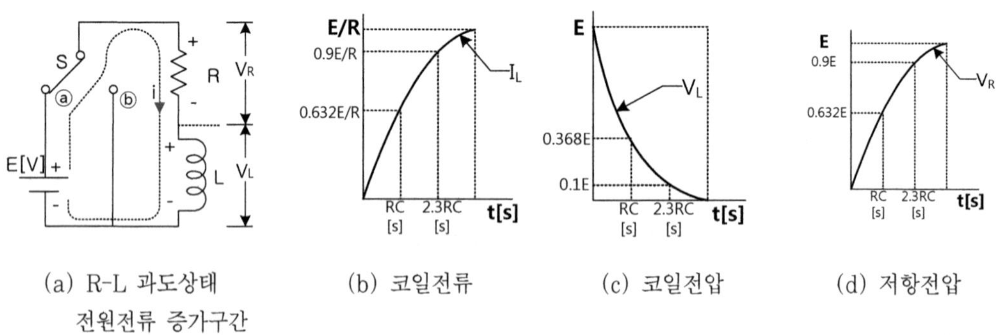

(a) R-L 과도상태 전원전류 증가구간　(b) 코일전류　(c) 코일전압　(d) 저항전압

그림 2.11 R−L 직렬회로의 과도현상(전원전류가 증가하는 경우)

② 전원전류는 정상상태가 되면 옴의 법칙에 따라서 전류 I=(E/R)가 되는데, 정상값이 되기까지의 일정한 시간을 두고 지수 함수적으로 증가한다. 이것은 인덕턴스 L에는 렌쯔의 법칙에 따라, 전원전류의 증가를 방해하는 방향으로 코일에서 역기전력이 발생한다. 따라서 코일에 흐르는 과도전류 i는 순간적으로 증가하지 못하고 시간지연을 갖고 증가한다. 어느 일정한 시간이 경과하게 되면 일정한 크기의 전류가 된다. 인덕턴스 L이 클수록 전류의 증가를 방해하는 역기전력의 크기가 증가하여 정상상태(저항에 의해서만 일정한 전류값을 갖는 상태)에 도달하는데 시간이 걸린다. 이 경우의 전류 i는 시간상수를 T_C[s]라고 하면 다음과 같은 식으로 정의한다.

$$i = I(1 - e^{(-\frac{t}{T_C})})$$

단, R[Ω], L[H]로 이루어진 회로의 시정수 T_C는 $T_C = \frac{L}{R}$이고, I는 정상상태의 전류로서 I=(E/R)을 의미한다.

③ 아래의 표는 R−L 직렬회로에서 코일에 전원전류가 증가하는 구간에서의 전류와 전압의 변화를 나타내는 것이다.

	① 스위치 ⓐ가 OFF상태	② 스위치 ⓐ가 ON하는 순간 (과도상태)	③ 충분히 시간이 경과 (정상상태)
i[A]	0	0	E/R
V_L[V]	0	E	0
V_R[V]	0	0	E

④ 또한, 그림 2.12(a)와 같이 스위치 S를 ⓑ쪽으로 연결하면 전류 i는 Ie^{-t/T_C}로 감소하여, 최종 전류값은 "0[A]"가 된다.

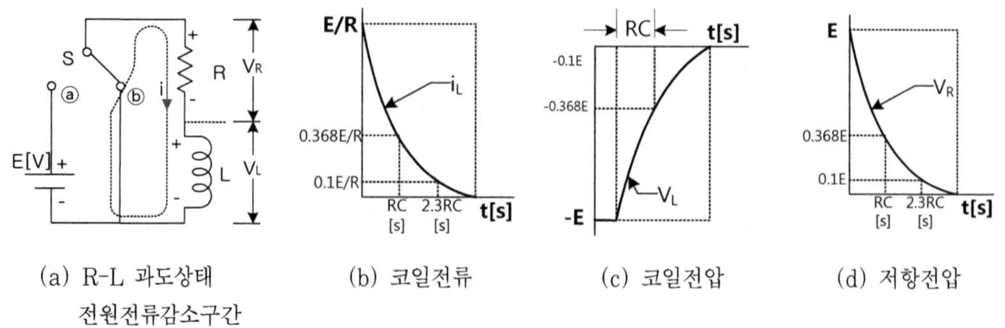

(a) R-L 과도상태 전원전류감소구간　(b) 코일전류　(c) 코일전압　(d) 저항전압

그림 2.12 R−L 직렬회로의 과도현상(전원전류가 감소하는 경우)

⑤ 아래의 표는 R−L 전원전류가 감소하는 경우, 전류와 전압의 변화를 나타내는 것이다.

	① 스위치 ⓐ가 OFF상태	② 스위치 ⓑ가 ON하는 순간 (과도상태)	③ 충분히 시간이 경과 (정상상태)
i〔A〕	E/R	E/R	0
V_L〔V〕	0	−E	0
V_R〔V〕	E	E	0

예제

R=100〔Ω〕, L=10〔mH〕의 R−L 직렬회로에 직류 12〔V〕를 가했을 경우, 시정수 T_C는?

풀이

$$\text{시정수 } T_C = \frac{L}{R}[S] = \frac{10\times 10^{-3}}{10} = 1[ms]$$

3 교류회로

3.1 교류

1) 교류

① 교류란 시간의 변화에 따라 흐르는 전류방향과 크기가 일정한 주기로 변화하는 전류를 말하며, 그와 같은 전류가 흐르게 하는 근본은 교류전원이다. 그리고 교류회로란 회로 내의 전력공급원으로부터 발생하는 전류의 양과 방향이 주기적으로 바뀌는 회로를 말한다.

② 교류의 파형은 사인파, 삼각파, 구형파, 톱니파 등이 있으며 그 중에서도 사인파(정현파)가 가장 전형적인 교류이며, 이것 이외의 파형을 "비사인파"라고 한다.

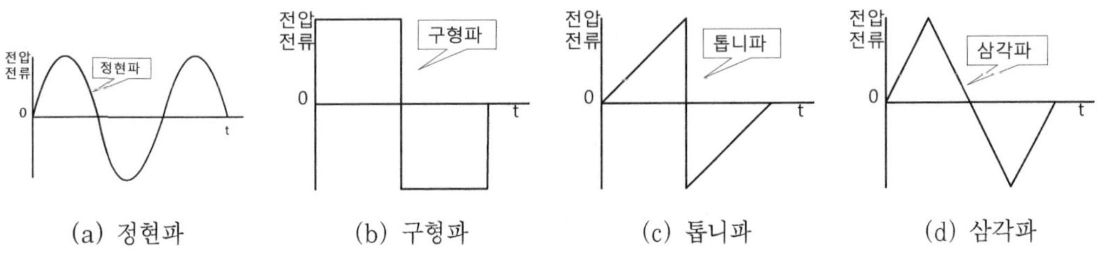

그림 3.1 여러 가지 교류종류

2) 주파수

① 그림 3.2와 같이 정현파 교류전류, 전압의 파형은 예를 들면 교류전류 파형은 0[A] →(+)전류의 최대값→0[A]→(−)전류의 최대값→0[A]를 지나는 파형을 반복한다.

② 교류전압, 전류가 변화되는 과정을 보면, 일정한 시간마다 같은 모양의 형태를 반복한다.

③ 교류전류의 (+) 최대값에서 다시 (+) 최대값까지의 시간(같은 크기의 전류값으로 돌아오기까지의 시간)을 "주기(Period) T"라고 하며, 이 같은 주기적인 현상이 단위 시간(1초) 동안 몇 번 같은 모양이 반복 되는 횟수를 "주파수(frequency)"라고 한다.

단위는 헬쯔[Hz]를 사용하며, 1[Hz]는 1초에 1번, 2[Hz]는 1초에 2번, 60[Hz]는 1초에 60번 주기적인 반복현상이 나타난다.

④ 주파수 f와 주기 T의 관계는 다음과 같다.

$$\text{주파수 } f = \frac{1}{T}[\text{Hz}]$$

⑤ 주파수를 주기로 변환하면 60[Hz]의 경우 $T = \frac{1}{f}[\text{ms}] = \frac{1}{60} = 16.7[\text{ms}]$가 된다.

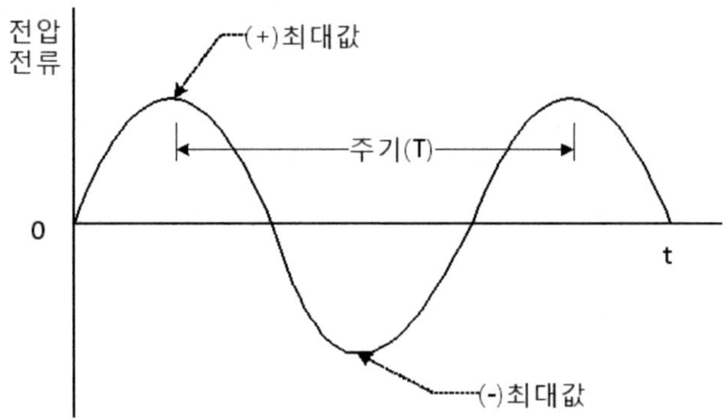

주기(T): 같은 형태의 교류파형이 반복적으로 일어나는 시간 간격

그림 3.2 교류 주파수와 주기

⑥ 아래의 표는 주파수와 주기의 승수를 읽는 법에 관한 것이다.

주파수 (f)	읽는 법	헤르츠	킬로 헤르츠	메가 헤르츠	기가 헤르츠
	단위기호	[Hz]	[kHz]	[MHz]	[GHz]
	승수	1	1×10^3	1×10^6	1×10^9
주기 (t)	읽는 법	세컨드	밀리 세컨드	마이크로 세컨드	나노 세컨드
	단위기호	[s]	[ms]	[μs]	[ns]
	승수	1	10^{-3}	10^{-6}	10^{-9}

3.2 도수법과 호도법

① 도수법 : 각도를 1°, 2° 같이 표시한 단위법

② 호도법 : 발전기와 같은 원운동을 하는 코일도체의 속도를 나타내는 경우, 1초간에 얼마 만큼의 각도가 움직였는지를 각도로 나타내면 편리하다. 이 경우 각도는 호도법으로 나타낸다. 호도법은 원호 ℓ의 길이가 반경 r의 몇 배인가, 그 배율로 각도를 나타내는 방법이다. 단위는 라디안[rad]이다.

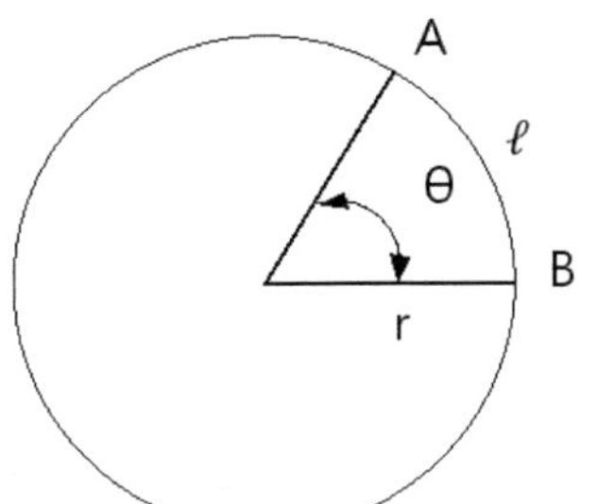

$$\theta = \frac{\ell}{r}[rad]$$

여기서

θ : 중심각[rad]

ℓ : 원호의 길이[m]

r : 원의 반지름[m]

도수 [°]	0°	30°	45°	600°	90°	180°	270°	360°
호도 [rad]	0	$\frac{\pi}{6}$	$\frac{\pi}{4}$	$\frac{\pi}{3}$	$\frac{\pi}{2}$	π	$\frac{3\pi}{2}$	2π

그림 3.3 라디안과 각속도

③ 각주파수(각속도) : 회전체가 1초 동안에 회전한 각도를 "각속도"라고 하며 ω[rad/s]로 나타낸다. 따라서 회전체가 1회전한 경우, 2π[rad] 회전한 것이 되므로 매초 n회전한 도체의 각속도는 $\omega = 2\pi n$[rad/s] 가 된다.

④ N과 S가 한 쌍인 발전기에서는 1회전이 1[Hz]에 해당하므로 회전수 n이 그대로 주파수 f가 되므로 $\omega = 2\pi f$[rad/s] 가 된다.

3.3 교류의 크기 표시

교류의 크기를 나타내는 방법은 5가지가 있다.

1) 순시값

시시각각으로 변하는 교류의 파형의 순간순간의 전압, 전류의 크기를 말한다. 전압이나, 전류가 시간적인 변화를 나타낼 때 사용하고 소문자(e, v, i 등)로 나타낸다.

〔예, $e=E_m \sin(\omega t+\theta)$〕

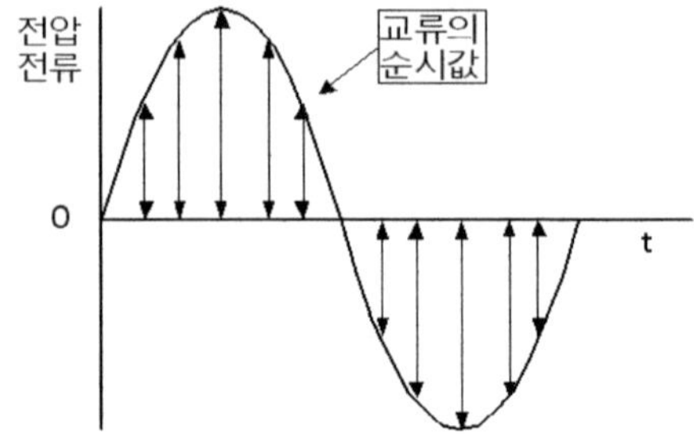

2) 최대값

순시값 중에서 가장 큰 값을 나타낼 때 사용하며 대문자에 첨자인 m을 붙여서 표시한다.〔예, E_m, I_m, V_m〕

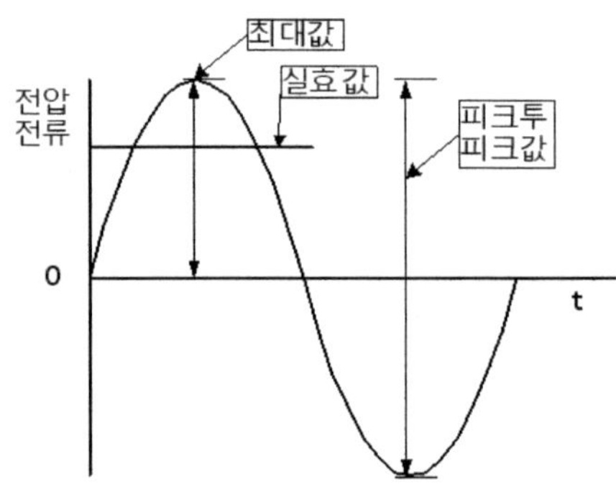

3) 피크-피크값(peak to peak)

파형의 (+) 최대값과 (−) 최대값 사이의 값을 V_{P-P}(피크-피크값)이라 한다.

〔예, V_{P-P}〕

4) 평균값

① 평균값은 순시값에 대한 반주기간의 평균적인 값이며 대문자에 첨자인 a 또는 ave를 붙여서 표시한다.〔예, E_a, E_{ave}, V_a, V_{ave}, I_a, I_{ave}, P_a, P_{ave}〕

② 일반적으로 교류는 1주기간의 평균을 취하여 (+)값과 (−)값이 서로 상쇄되어서 "0"이 된다. 그래서 교류 평균값은 1주기의 평균값이 아니고 교류파형의 (+), 또는 (−)의 반주기 구간을 평균해서 구한다.

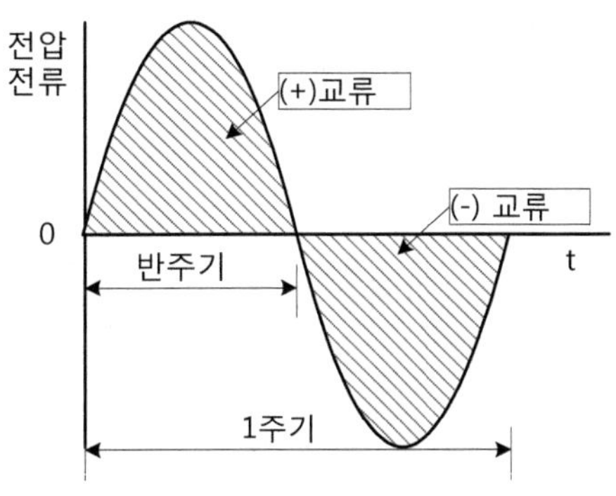

③ 정현파교류의 평균값은 다음과 같이 정의를 한다.

$$\text{평균값} = \frac{2}{\pi} \times \text{교류최대값}$$

5) 실효값(r.m.s)

① 직류의 경우 전력은 일정하나 교류인 경우는 전압과 전류가 시간에 따라 변하게 된다. 변하는 전력을 평균하여 일정한 시간을 주었을 때 같은 일을 하는 직류로 환산했을 때의 값들을 "실효값"이라 하며, 기호는 대문자로 나타낸다.〔예, E, V, I〕

② 정현파교류의 실효값은 다음과 같다.

$$\text{정현파의 실효값} = \frac{1}{\sqrt{2}} \times \text{교류최대값} = 0.707 \times \text{교류최대값(Vp)}$$

☞ **실효값(r.m.s : root mean square)**

저항 R에 교류전원을 인가할 경우 그 전압의 크기를 다음과 같이 정의한 값이다. 즉, 저항 R에 직류전압 V가 공급될 경우의 소비전력이 교류전압을 공급할 경우의 소비전력과 동일하면 교류전압의 크기를 실효값이라고 정의한다.

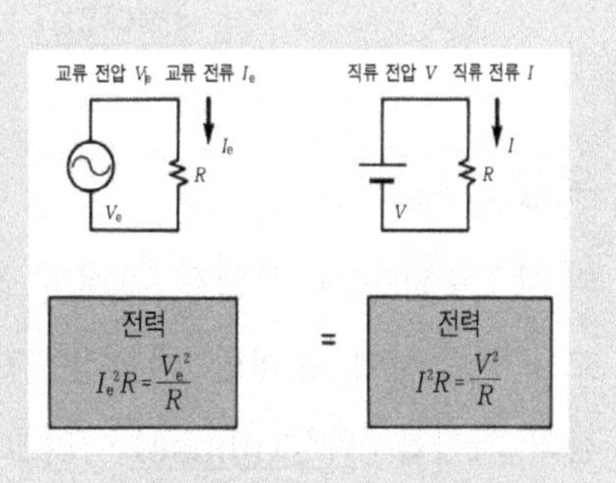

예제

최대값(Vp)이 200〔V〕인 사인파(정현파)의 실효값은?

풀이

$$\text{정현파의 실효값} = \frac{1}{\sqrt{2}} \times \text{최대값} = 0.707 \times \text{최대값}$$

$$= \frac{200}{\sqrt{2}} = 141.4[V]$$

3.4 교류의 기본성질

직류전압, 직류전류를 나타내는 경우에는 크기만을 나타내면 되는데, 교류를 나타내는 경우에는 다음과 같은 4가지를 사용하여 표현할 수 있다.

① 크기(최대값) ② 파형 ③ 변화의 속도 ④ 위상

1) 순시값

어떤 시간 t에서 정현파교류의 순시값은 다음과 같이 표현된다.

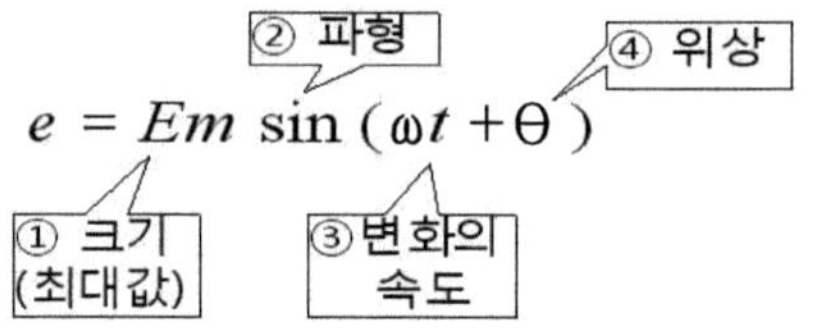

2) 위상과 위상차

① 위상 : 주파수가 동일한 2개의 이상의 교류가 동시에 존재할 때, 상호간의 시간의 차이를 "<u>위상(phase)</u>"이라고 한다.

② 위상차 : 2개 이상의 교류 사이에서 발생하는 위상의 차를 "<u>위상차</u>"라고 한다.

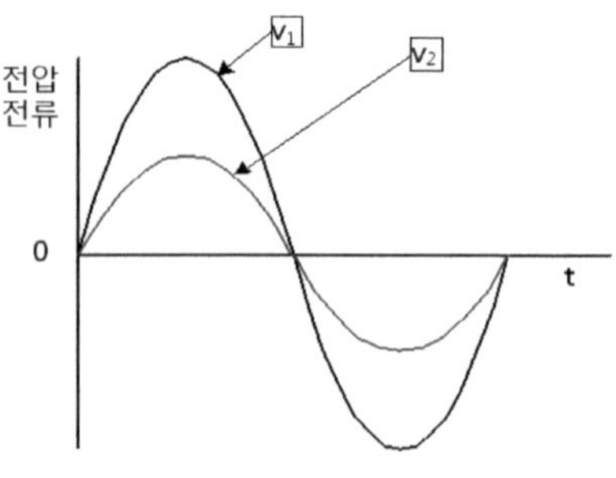

그림 3.4 위상차가 동상인 경우

③ 동상 : 2개의 교류 사이에 시간적인 차이가 없는 경우, 두 교류는 서로 "동상"이라 한다.

3) 위상차와 교류표시

① 위상차가 없는 동상인 교류전압은

$$V_1 = V_{m1} \sin\omega t \,[V]$$

② 위상이 V_1보다 θ_2만큼 뒤진 교류전압은

$$V_2 = V_{m1} \sin(\omega t - \theta_2) \,[V]$$

③ 위상이 V_1보다 θ_3만큼 앞선 교류전압은

$$V_3 = V_{m1} \sin(\omega t + \theta_3) \,[V]$$

로 표현한다.

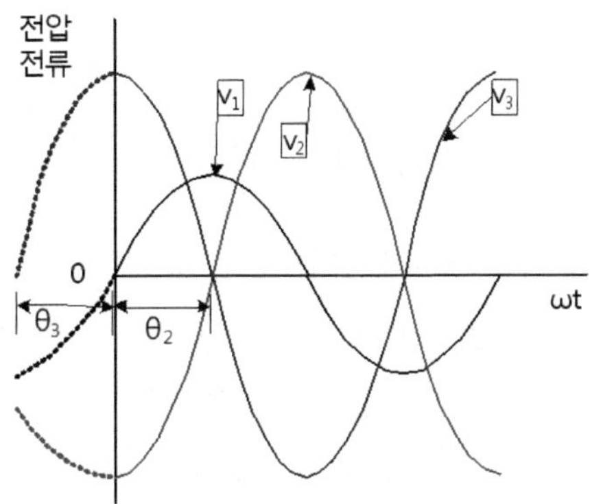

그림 3.5 위상차가 발생하는 경우

예제

$v = 141\sin(377t - \frac{\pi}{6})$인 교류파형의 주파수는 몇 〔Hz〕인가?

풀이

$\omega t = 377t$에서 $\omega = 2\pi f = 377$이므로 $f = \frac{377}{2\pi} = 60\,[Hz]$

4 RLC 교류회로

4.1 저항회로

① 그림 4.1과 같이 교류전원전압을 저항에 인가될 때에는 전압은 0〔V〕부터 증가하여 (+)최대치까지 증가했다가 감소하여 다시 0〔V〕로 되고 반대 극성으로 (−)최대치까

지 증가했다가 또 다시 0〔V〕으로 떨어지는 전압파형을 나타낸다. 전류는 그림 4.1 (c)와 같이 전원전압과 동상으로 움직인다. 즉, 전압이 증가함에 따라서 전류도 증가하고 전압이 감소할 때도 같이 감소한다. 그리고 전압극성이 바꾸는 순간에 전류는 그 극성을 바꾼다. 이 때문에 저항회로에서는 전압파형과 전류파형이 "동상(in phase)"이라고 한다. 저항에 교류전압을 인가할 경우에 흐르는 전류의 크기는 저항에 직류전압을 가했을 때와 마찬가지로 옴의 법칙으로 계산하면 $I = \frac{V_R}{R}$ [A]가 된다.

② 저항에 교류전압을 인가하면 흐르는 전류는 어느 시간에서도 전원전압 e에 비례한다. 즉 전압이 0〔V〕일 때는 전류도 0〔A〕가 되고, 전압이 최대가 되면 전류도 최대가 된다. 또 전압의 극성을 바꾸면 그에 따라서 전류의 극성도 변화된다. 전류가 흐르는 모양은 전압에 비례해서 변화되는 것을 전류와 전압이 "동상"이라고 한다.

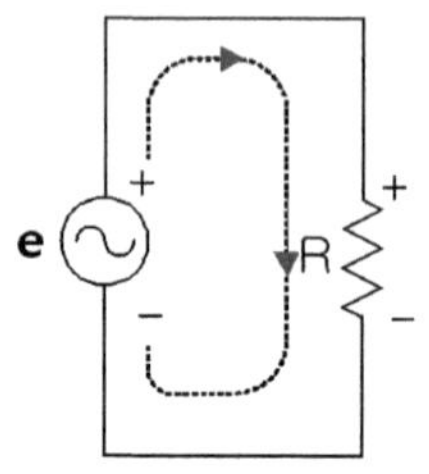

(a) 전원전압이 (+), (−) 구간에서 저항에 흐르는 전류

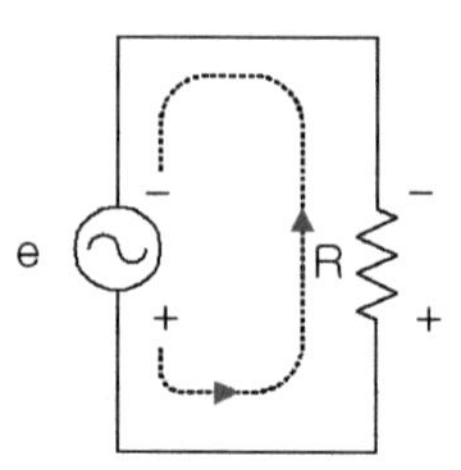

(b) 전원전압이 (−), (+) 구간에서 저항에 흐르는 전류

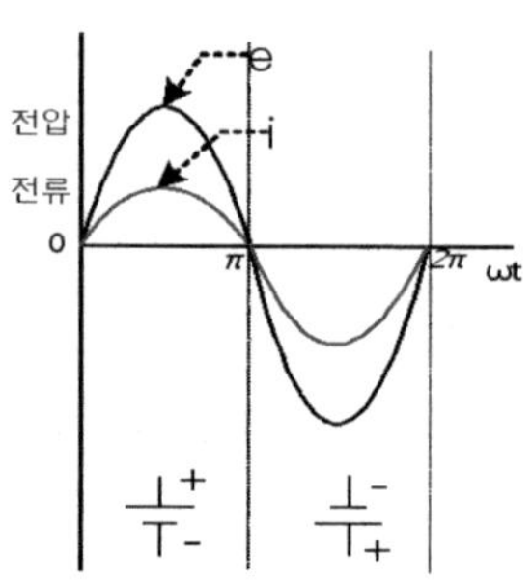

(c) 저항회로의 전류와 전압파형

그림 4.1 저항에 흐르는 전류와 전압

예제

다음 교류회로에서 전원전압의 최대값, 합성저항, 전류 I, 각 저항의 전압 V_1, V_2를 구하여라.

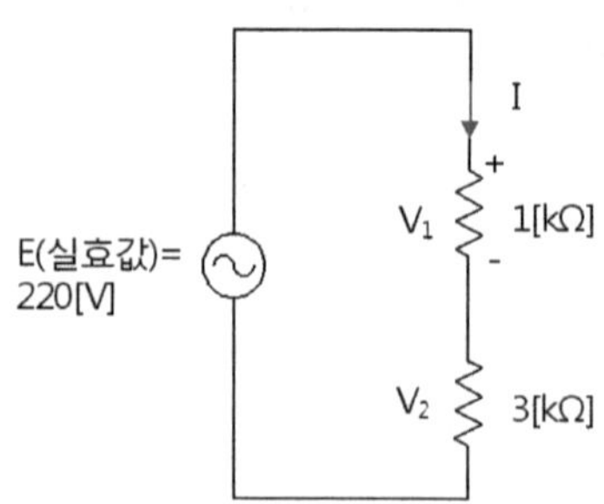

풀이

① 교류 실효값이 220[V]이므로 교류전원전압의 최대값은

$$V_m = \sqrt{2} \times E = \sqrt{2} \times 220[V] = 311[V]$$

② 합성저항은 직렬이므로 $R_1 + R_2 = 1[k\Omega] + 2[k\Omega] = 4[k\Omega]$이 된다.

③ 전류 $I = \frac{E}{R} = \frac{220[V]}{4[k\Omega]} = 0.055[A] = 55[mA]$

③ 각 저항의 전압은

$$V_1 = \frac{R_1}{R_1 + R_2} \times E = \frac{1}{1+3} \times 220[V] = 55[V]$$

$$V_2 = \frac{R_2}{R_1 + R_2} \times E = \frac{3}{1+3} \times 220[V] = 165[V]$$

4.2 코일회로

① 코일에 교류전압을 인가할 경우에 코일에 흐르는 전류와 전압이 변화하는 파형은 형태가 일치하지 않는다.

② 이 회로에서 코일에 흐르는 전류가 변화하는 파형을 살펴보면 전압이 0[V]로 되는 순간에 전류는 (−) 최대값을 가지며, 전압이 (+) 최대값일 때 0[A]로 된다. 다시 전압이 0[V]일 때 전류는 (+) 최대값을 갖는다.

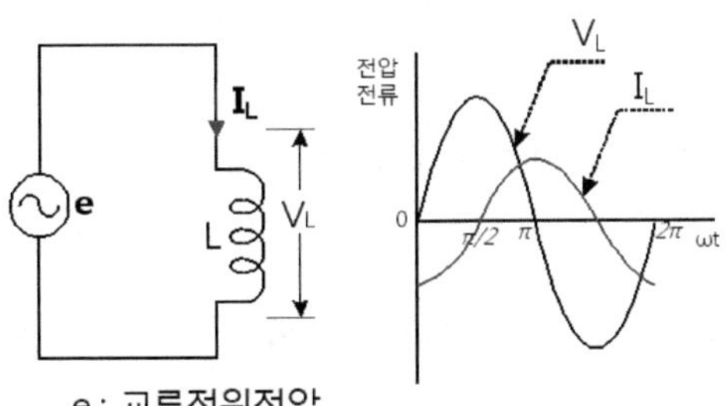

그림 4.2 코일에 흐르는 전류와 전압

③ 이와 같이 전류파형이 변화하는 모양은 전압파형보다 시간이 늦어지고 있다. 이 전류는 전압보다 위상이 늦어지고 있다고 하며, 이 경우에는 전압과 전류 사이에 위상차가 있다고 한다. 즉 I_L전류는 V_L전압보다 90°만큼 위상이 늦었다. 반대로 V_L전압은 I_L전류보다 90°만큼 위상이 앞선다고 표현할 수 있다.

④ 실제의 코일은 전혀 저항성분이 없지는 않지만, 코일에 전혀 저항이 없다고 생각하고 주파수에 관계한 코일의 교류저항을 고려하여 보자.

⑤ 그림 4.3 (a), (b)를 살펴보면 직류전원에 직렬로 접속한 전구는 밝게 점등이 되지만 직류전원을 교류전원으로 교체하면 전구는 점등이 하지만 같은 전압을 인가하더라도 직류의 경우보다 어둡다. 왜 어두워질까? 교류를 인가하면 코일 자체의 전기저항이 증가하는 것이 아니다. 이것은 "자체유도"라고 하는 현상이 원인이 되며, 교류전압을 인가했을 때 코일내부로 흘러가는 전류는 바로 증가하지 않고 서서히 증가하는데 이것은 코일의 자체인덕턴스가 교류전류의 흐름을 방해하기 때문이다.

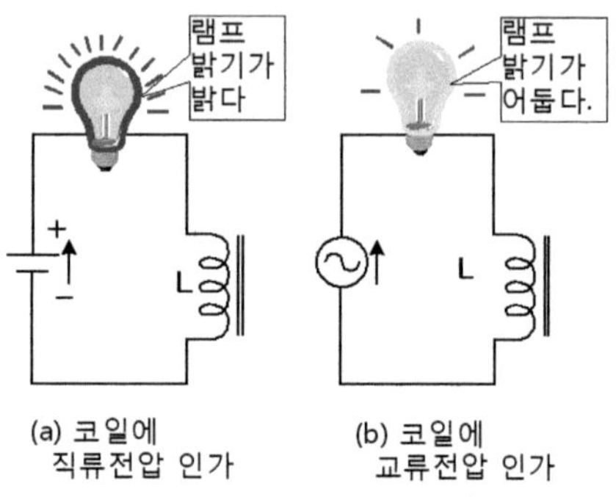

그림 4.3 코일 회로에서의 전등의 밝기 비교

⑥ 이와 같이 코일의 자체인덕턴스는 교류전류의 흐름에 대하여 일종의 저항과 같은 작용을 한다. 이 작용을 "유도성 리액턴스(reactance)"라 하며, 유도성 리액턴스는 X_L 기호로 표시하고, 그 단위를 나타낼 때는 저항과 마찬가지로 〔Ω〕을 사용한다.

⑦ 자체인덕턴스를 L〔H〕, 주파수를 f〔Hz〕라 하면, 유도성 리액턴스는 $X_L = 2\pi fL\,[\Omega]$으로 정의하며, 주파수가 증가하면 유도성 리액턴스의 크기는 증가하고, 주파수가 감소하면 유도성 리액턴스의 크기는 감소한다. 즉 유도성 리액턴스와 주파수는 비례관계가 성립하며, 코일이라는 소자는 인가되는 주파수에 따라서 저항값의 크기가 변화되는 가변저항이라고 할 수 있다.

⑧ 코일에 흐르는 전류의 크기는

$$I_L = \frac{\text{코일양단전압}}{\text{유도성 리액턴스}} = \frac{V_L}{X_L} = \frac{V_L}{2\pi f L}\,[A]\text{이다.}$$

⑨ 코일에 흐르는 전류는 인덕턴스 L이 클수록, 전류가 쉽게 흐르지 못하고, 주파수가 높을수록(주기가 짧을수록), 즉 시간에 따른 전류의 변화가 빠를수록 전원전류의 흐름을 방해하는 큰 역기전력이 발생하기 때문에 전류가 흐르기 어렵다.

예제

자체인덕턴스 L이 0.2[H]인 코일에 220[V], 60[Hz]의 교류전압을 인가했을 때 리액턴스 X_L 값과 코일에 흐르는 전류는 몇 [A]인가?

풀이

① 유도성 리액턴스

$$X_L = 2 \times \pi \times f \times L = 2 \times \pi \times 60 \times 0.2 = 75.36\,[\Omega]$$

② 코일에 흐르는 전류는

$$I_L = \frac{E}{X_L} = \frac{220}{75.36} = 2.92\,[A]$$

4.3 콘덴서회로

① 콘덴서에 전구, 직류전원을 직렬로 연결하면 전구는 직류전원에 연결하면 아주 짧은 시간만 점등하고 바로 소등한다. 이유는 콘덴서에는 전하가 이동하는 아주 짧은 시간만 전류가 흐르고, 전하가 완전히 축적되면 전하는 이동을 중지하므로 전류는 더 이상 흐르지 않기 때문이다.

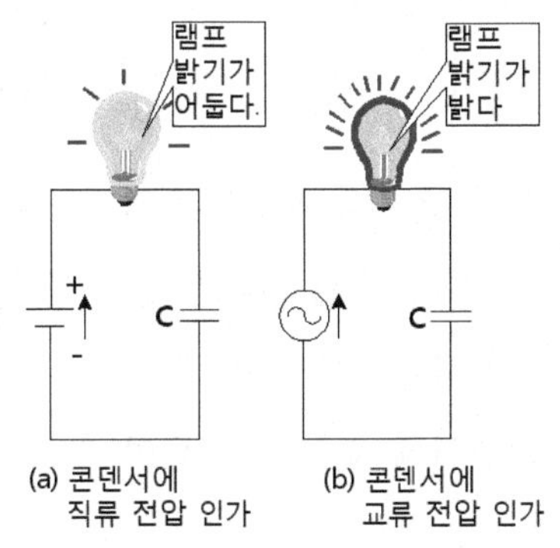

그림 4.4 콘덴서 회로에서의 전등의 밝기 비교

② 그런데 교류전원을 연결하면 전구는 계속하여 점등상태를 유지한다. 그 이유는 교류에서는 전원전압이 (+)→(−)→(+)→(−)로 늘 변화하기 때문에 콘덴서의 극판에는 번갈아 가면서 플러스(+), 마이너스(−)의 전하가 저장된다. 콘덴서의 극판 사이에는 전류가 흐르지 않지만, 전구의 관점에서는 전자가 왔다, 갔다 하기 때문에 전류가 흘러서 전구를 점등한다.

③ 콘덴서에 교류전압을 인가했을 때 흐르는 전류는 90°의 위상차를 가지고 있으며, 코일에 흐르는 전류와는 반대로 전압보다 90° 위상이 앞선다. 즉 콘덴서 양단에 교류전원을 인가했을 경우 콘덴서 내부의 충전작용에 의해 인가된 전압이 바로 걸리지 않고 서서히 증가한다.

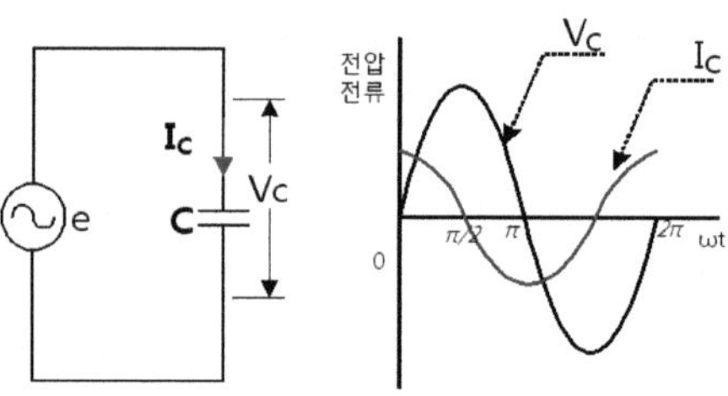

e : 교류전원전압
Vc: 콘덴서에서 발생하는 전압
Ic : 콘덴서에 흐르는 전류

그림 4.5 콘덴서 회로의 전압과 전류파형

④ 콘덴서가 갖는 리액턴스를 "용량성 리액턴스"라고 하며, 용량성 리액턴스는 X_C 기호로 표시하고, 그 단위를 저항과 마찬가지로 〔Ω〕을 사용한다. 콘덴서의 정전용량을 C〔F〕, 주파수를 f〔Hz〕라 하면, 용량성리액턴스 $X_C = \frac{1}{2\pi fC}[\Omega]$이며, 이 값은 주파수가 증가하면 감소하고, 주파수가 감소하면 증가한다. 즉 주파수와 용량성 리액턴스는 반비례 관계이며, 콘덴서라는 소자는 주파수에 따라서 저항값의 크기가 변화되는 가변저항이라고 볼 수 있다.

⑤ 콘덴서에 흐르는 전류의 크기는

$$I_c = \frac{\text{콘덴서양단전압}}{\text{용량성 리액턴스}} = \frac{V_C}{X_C} = \frac{V_C}{\frac{1}{2\pi fC}}[A] = V_C \times 2\pi fC[A]$$

⑥ 콘덴서의 흐르는 전류는 정전용량이 클수록 많은 전하량이 이동하므로 전류가 흐르기 쉽고, 또 주파수가 높을수록 충・방전 횟수가 증가하기 때문에 전류가 증가한다.

☞ **리액턴스**

① 직류회로에서 전류의 흐름을 제한하는 것은 저항뿐이지만, 교류회로에서는 전류를 제한하는 요소에 리액턴스가 추가된다.

② 리액턴스에는 인덕턴스(코일)에 의한 유도성 리액턴스와 정전용량(콘덴서)에 의한 용량성 리액턴스 두 가지가 있다.

③ 직류전원에서는 코일의 리액턴스는 $X_L = 2\pi fL = 2\pi(0)L = 0[\Omega]$

④ 매우 높은 교류주파수에서는 코일의 리액턴스는 $X_L = 2\pi fL = 2\pi(\infty)L = \infty[\Omega]$

코일은 저주파신호에 대해서는 작은 저항값을, 고주파신호에 대해서는 큰 저항값을 갖는다.

⑤ 직류일 때의 콘덴서의 리액턴스는 $X_c = \dfrac{1}{2\pi fC} = \dfrac{1}{2\pi(0)C} = \infty[\Omega]$

⑥ 매우 높은 교류주파수에서는 콘덴서의 리액턴스는 $X_c = \dfrac{1}{2\pi fC} = \dfrac{1}{2\pi(\infty)C} = 0[\Omega]$

콘덴서는 저주파신호에 대해서는 큰 저항값을 갖으며, 고주파신호에 대해서는 작은 저항값을 갖는다.

예제

10〔μF〕 콘덴서에 60〔Hz〕, 220〔V〕 교류전압을 인가하면 몇 〔A〕가 흐르는가?

풀이

① 용량성 리액턴스 $X_C = \dfrac{1}{2\pi fC} = \dfrac{1}{2 \times 3.14 \times 60 \times 10 \times 10^{-6}} = 265.39[\Omega]$

② 콘덴서 전류 $I_C = \dfrac{E}{X_C} = \dfrac{220}{265.39} = 0.83[A]$

4.4 임피던스

① 직류는 주파수가 0이기 때문에 코일과 콘덴서에 직류를 인가한 경우 코일의 저항값은 거의 0〔Ω〕, 콘덴서의 저항값은 무한대가 된다. 저항은 직류・교류 모두에서 주파수와 관계없이 일정한 저항값을 갖는다. 그러나 교류에서는 주파수가 존재하기 때문에 코일과 콘덴서에 교류를 가한 경우에는 저항과는 다르게 리액턴스(주파수를 따라서 저항값이 변화되는 가변저항)라는 요소가 추가되어서 전류를 제한하는 역할을 수

행한다. 따라서 직렬・병렬교류회로에서는 코일과 콘덴서 용량에 주파수를 고려한 저항값으로 계산한 유도성 리액턴스, 용량성 리액턴스와 저항을 벡터적으로 계산하여 합성저항을 구한다. 이 합성저항을 "임피던스(Impedance)"라고 한다.

② 단위는 주파수를 고려하여 저항값으로 환산하기 때문에 〔Ω〕을 사용하며, 기호는 "Z"로 표시한다.

구분	임피던스	저주파	고주파
저항	R	저항값 일정	저항값 일정
코일	ωL	유도성 리액턴스 감소	유도성 리액턴스 증가
콘덴서	1/(ωC)	용량성 리액턴스 증가	용량성 리액턴스 감소

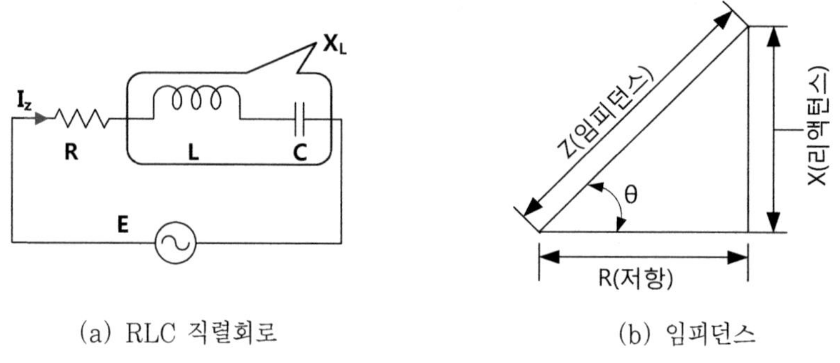

(a) RLC 직렬회로 (b) 임피던스

그림 4.6 RLC 직렬회로에서 임피던스

③ 임피던스는 복소수 나타내고 Z=R+jX로 정의하며(R는 저항, j는 허수, X는 리액턴스) 실수부는 저항, 허수부는 리액턴스를 의미한다. 그 크기는 아래와 같이 정의한다.

$$Z = \sqrt{(\text{저항성분})^2 + (\text{리액턴스성분})^2} = \sqrt{R^2 + X^2} = \sqrt{R^2 + (X_L - X_C)^2}$$

(여기는 R는 저항, X는 전체 리액턴스를 의미하며 $X = X_L - X_C$ 이다.
X값은 $X_L > X_C$일 때는 (+) 값, $X_L < X_C$일 때는 (−) 값을 갖는다.)

④ R−L−C직렬회로에서 전원전압 E〔V〕를 인가할 경우에 흐르는 전류는

$$I_Z = \frac{E}{Z} = \frac{E}{\sqrt{R^2 + X^2}}$$

가 된다.

⑤ 각[Θ]는 전원전압 E[V]와 전류 I_Z의 위상차를 나타내며 $\theta = \tan^{-1}\frac{X}{R}$이며 Θ>이면 전압의 위상이 전류보다 Θ만큼 앞서고, Θ<0이면 전압의 위상이 전류보다 Θ만큼 뒤진다.

예제

6[Ω] 저항과 20[mH] 코일이 직렬로 연결한 교류회로의 임피던스는 몇 [Ω]인가?

풀이

임피던스 Z[Ω]은

$$Z = \sqrt{R^2 + (\omega L)^2} = \sqrt{R^2 + (2\pi f L)^2} = \sqrt{6^2 + (2\pi \times 60 \times 20 \times 10^{-3})^2} = 9.63[\Omega]$$

예제

6[Ω] 저항과 8[Ω] 유도성 리액턴스가 직렬로 연결한 교류회로에서의 임피던스는 몇 [Ω]인가?

풀이

임피던스 Z[Ω]은

$$Z = \sqrt{R^2 + (\omega L)^2} = \sqrt{6^2 + 8^2} = \sqrt{100} = 10[\Omega]$$

예제

저항 R 10[Ω], 용량성 리액턴스 X_C 10[Ω]가 직렬로 연결한 교류회로에 220[V] 정현파를 가할 때 임피던스와 전류값은?

풀이

임피던스 Z[Ω]은

$$Z = \sqrt{R^2 + (X_C)^2} = \sqrt{10^2 + 10^2} = 14.14[\Omega]$$

$$I = \frac{E}{Z} = \frac{220}{14.14} = 15.56[A]$$

4.5 교류전력

① 교류전력

직류회로의 전력은 전압과 전류의 곱이다. 교류회로의 전력은 부하의 성질에 따라 전압보다 전류의 위상이 앞서거나, 늦거나 하므로 직류의 경우와 같이 간단하게 구할 수 없다. 그러므로 교류전력 P는 전압 V와 전류 I의 곱만으로 구하는 것이 아니고 V와 I의 위상차를 고려해야 하며 그 종류는 피상전력, 유효전력, 무효전력으로 나눈다.

② 피상전력(평균전력) Pa는 교류부하 또는 전원의 용량을 표시하는 전력으로 전원으로부터 공급되는 전력을 의미한다.

$P_a = V \times I$이며 단위는 〔VA〕를 사용한다.

③ 유효전력 P는 전원에서 공급받아서 부하에서 실제 소비되는 전력을 의미한다.

$P = VI\cos\theta$이며, 단위는 〔W〕를 사용한다. 여기에서 θ는 전류와 전압의 위상차를 의미하고, cosθ는 피상전력에서 부하에서 소비되는 전력의 비율인 역률을 의미한다.

예를 들면 200〔V〕, 10〔A〕 교류부하의 전류와 전압의 위상차가 0°, 60°, 90°인 경우의 유효전력(저항성분에서 소비한 에너지)은 다음과 같다.

㉮ 0°인 경우 $P = VI \times \cos\theta = 200 \times 10 \times 1 = 2000$〔W〕

㉯ 60°인 경우 $P = VI \times \cos\theta = 200 \times 10 \times 0.5 = 1000$〔W〕

㉰ 90°인 경우 $P = VI \times \cos\theta = 200 \times 10 \times 0 = 0$〔W〕가 된다.

> ☞ **역률**
>
> 역률이란 전압과 전류의 위상차를 여현(cosine)으로 표시한 값을 말하며, 전열기나 백열전구와 같이 전기에너지를 열에너지로 바꾸는 것에서는 역률은 1이 되나, 전동기나 변압기와 같이 철심을 갖고 철심에 교류전원으로부터 흘러 들어온 전류의 일부에 의하여 자속을 발생시켜 에너지를 자기적으로 저장함으로써 동작하는 것 및 콘덴서와 같이 정전(靜電)적으로 에너지를 저장하는 것에서는 역률이 저하한다.

④ 무효전력 P_r는 전기에너지와 다른 형태(코일에서는 자기에너지, 콘덴서는 정전에너지)로 전기에너지가 저장한 것을 의미한다.

P_r=VIsinΘ이며, 단위는 〔Var〕를 사용한다. 여기에서 Θ는 전류와 전압의 위상차를 의미하고, sinΘ는 피상전력에서 부하에서 전기에너지 이외의 다른 에너지 형태로 변환된 비율인 무효율을 나타낸다.

예제

어떤 회로에 전압과 전류의 실효값이 220〔V〕, 10〔A〕이고 역률이 0.8이다. 이 회로의 소비전력〔W〕은?

풀이

$$P = VI\cos\Theta = 220 \times 10 \times 0.8 = 1760〔W〕$$

예제

전원전압 AC220〔V〕, 용량 2〔kW〕 모터가 역률이 100〔%〕에서 역률 50〔%〕으로 변화될 때 모터에 흐르는 전류 변화량은?

풀이

① 역률이 100%인 모터전류는

$$I = \frac{\text{모터용량}}{\text{전압} \times \text{역률}} = \frac{2000}{220 \times 1} = 9.09[A]$$

② 역률이 50%인 모터전류는

$$I = \frac{\text{모터용량}}{\text{전압} \times \text{역률}} = \frac{2000}{220 \times 0.5} = 18.9[A]$$

③ 전류의 변화량=(역률이 50%인 모터전류)−(역률이 100% 모터전류)=9.09〔A〕이고 역률이 저하되기 때문에 전류는 2배가 더 많이 소모되고, 이에 따라서 전류에 의한 발열량은 전류의 제곱에 비례하기 때문에 전류가 2배 증가하여 모터 권선저항의 발열량은 4배로 증가한다.

5 3상 교류

5.1 교류발전기

① 교류발전기의 구조는 그림 5.1과 같이 코일의 두 끝은 각각 링(ring)에 고정되어 있으며 링은 코일과 함께 회전하고, 링은 고정된 브러쉬(brush)를 통해 교류전압을 외부로 공급한다.

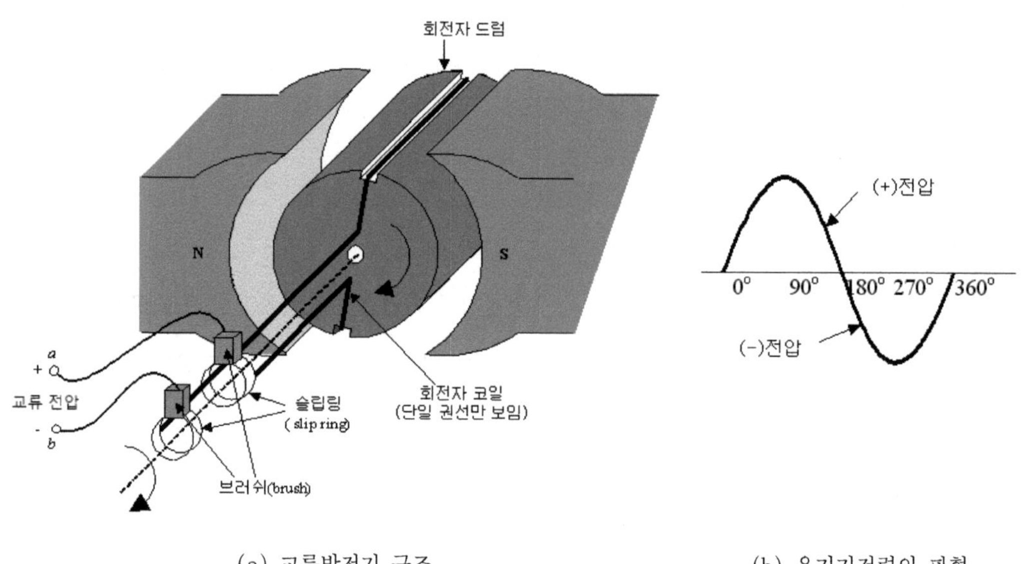

(a) 교류발전기 구조

(b) 유기기전력의 파형

그림 5.1 교류 발전기의 구조

② 그리고 유기되는 전압을 높이기 위해서 코일을 여러 번 감는다. 그러면 감은 권선수에 비례하여 그림 5.1(b)와 같은 교류전압을 얻을 수 있다.

③ 발전기나 전동기에서는 회전하는 부분을 "회전자(rotor)", 고정되어 움직이지 않는 부분을 "고정자(stator)"라고 한다.

④ 발전기 또는 전동기에서 자기장을 만들어 주는 부분을 "계자(field)"라고 한다. 회전하면서 유도기전력에 의하여 전류를 발생하거나(발전기의 경우), 회전력을 발생하는(전동기의 경우) 부분을 "전기자(armature)"라고 한다.

⑤ 자기장과 도체 사이에 상대적인 속도를 얻기 위해서는 그림 5.2와 같이 두 가지의 방법을 이용하는데 그림 5.2(a)에서는 자장을 만드는 계자가 영구자석으로서 고정시키고, 유기기전력을 발생하는 코일(전기자)이 회전한다. 즉 전기자가 회전자, 계자가 고정자이다.

⑥ 그림 5.2(b)는 유기전기력을 발생하는 코일(전기자)를 고정시키고 계자인 영구자석이 회전한다. 즉 전기자가 고정자이고 계자가 회전자이다.

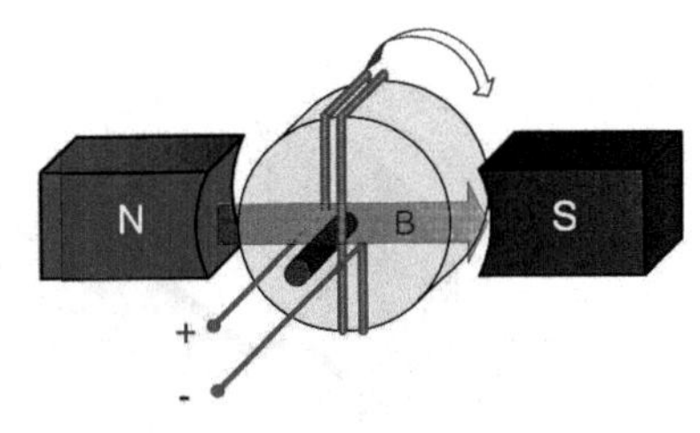

(a) 계자 고정(고정자), 전기자 회전(회전자)

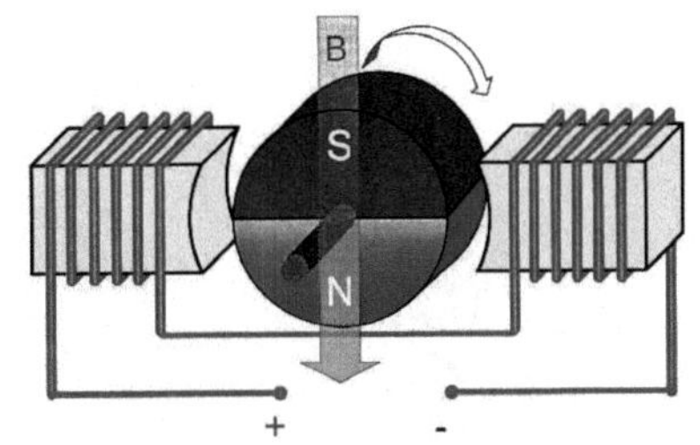

(b) 전기자 고정(고정자), 계자 회전(회전자)

그림 5.2 발전기 및 전동기의 고정자와 회전자

☞ **발전기**

기계동력에 의해 전력을 발생하는 회전기계를 말하다. 즉, 각종 에너지를 전기에너지로 변환하는 전기기기이다.

☞ **전동기(모터)**

교류 또는 직류전원을 입력받아서 기계동력(속도, 회전력)을 발생하는 회전기계를 말한다. 즉, 발전기와 반대로 전기에너지를 기계동력 에너지로 변환하는 전기기기이다.

⑥ 코일의 회전각의 변화에 따라서 발생하는 기전력의 파형은 그림 5.3(f)에서 볼 수 있다.

⑦ 코일이 자속 내에서 회전운동을 하면 코일이 이루는 단면을 수직으로 통과하는 자속이 시간에 따라 변화하면(코일이 수평일 때 자속이 코일 단면을 수직으로 관통하는 자속이 0이며, 코일이 수직일 때는 관통하는 자속이 최대), 패러데이 법칙에 의하여 코일을 관통하는 자속의 변화율에 비례하여 유기기전력이 발생하여 전류가 흐른다.

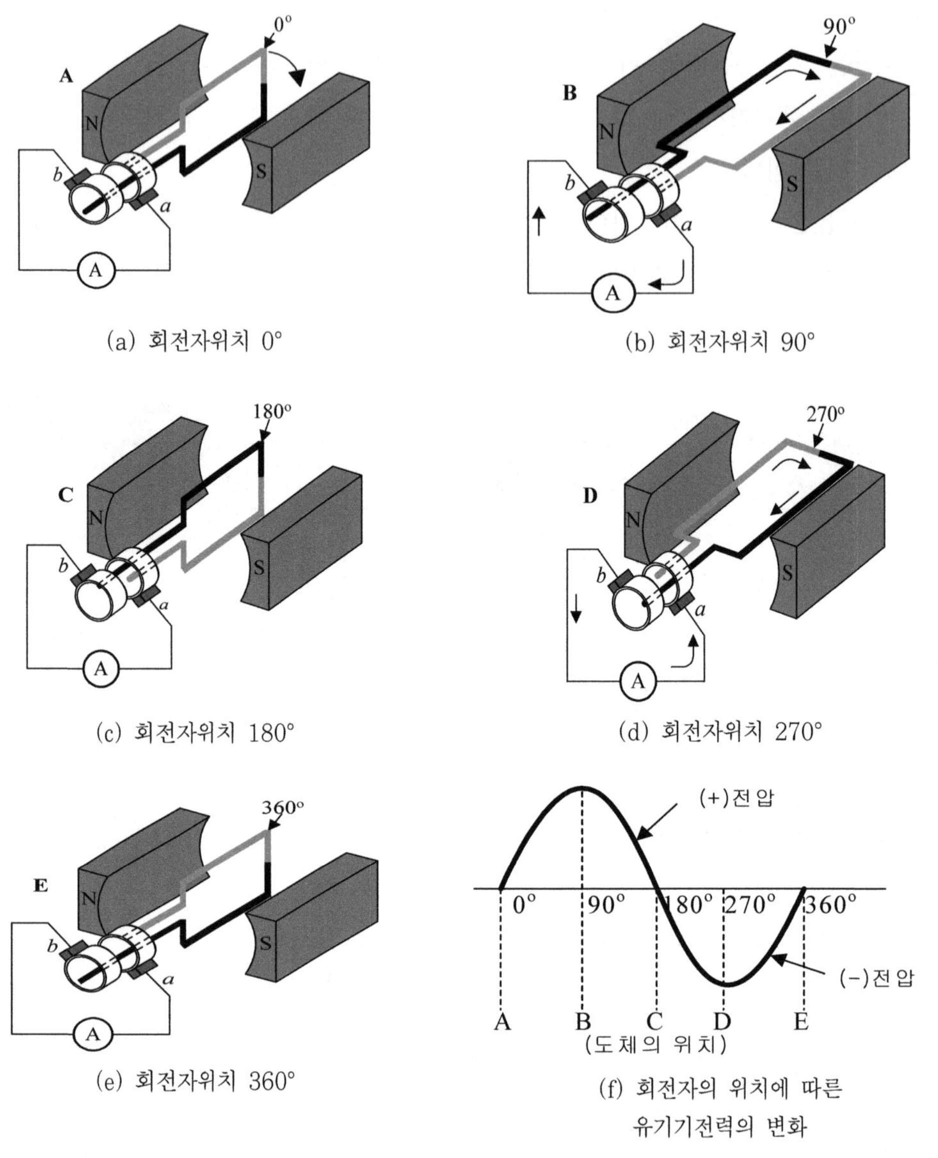

(a) 회전자위치 0° (b) 회전자위치 90°

(c) 회전자위치 180° (d) 회전자위치 270°

(e) 회전자위치 360° (f) 회전자의 위치에 따른 유기기전력의 변화

그림 5.3 회전자의 위치에 따른 교류발전기의 유기기전력

⑧ 그림 5.3(b), (d)와 같이 코일이 수평일 때 통과하는 자속은 0이지만, 이 부근에서 자속의 변화가 최대이기 때문에 유기기전력의 크기는 (+), (−)의 최대가 된다.

⑨ 그림 5.3(a), (c), (e)와 같이 코일이 수직일 때는 통과하는 자속이 최대이지만 자속의 변화율이 0이므로 유기기전력의 크기는 0〔V〕이다.

5.2 3상 교류의 발생

① 3상 교류발전기에서 3개의 기전력 E_a(a상), E_b(b상), E_c(c상)을 발생시켜 3개의 도선을 통해 전기부하에 전기를 공급하며, E_a, E_b, E_c 는 크기와 주파수는 같지만 시간에 따른 변화가 1/3주기(120°)씩 위상차를 갖는다. 이와 같은 교류를 "3상 교류"라고 하며, 이 3상 교류는 단상교류에 비해서 같은 양의 전력을 보내는데 필요한 도선의 무게가 작고, 선로에서 소비되는 줄(J)열이 적을 뿐만 아니라 전동기의 경우 단상에 비해 3상 교류가 우수하여 3상 교류를 이용한 전동기가 널리 이용되고 있다.

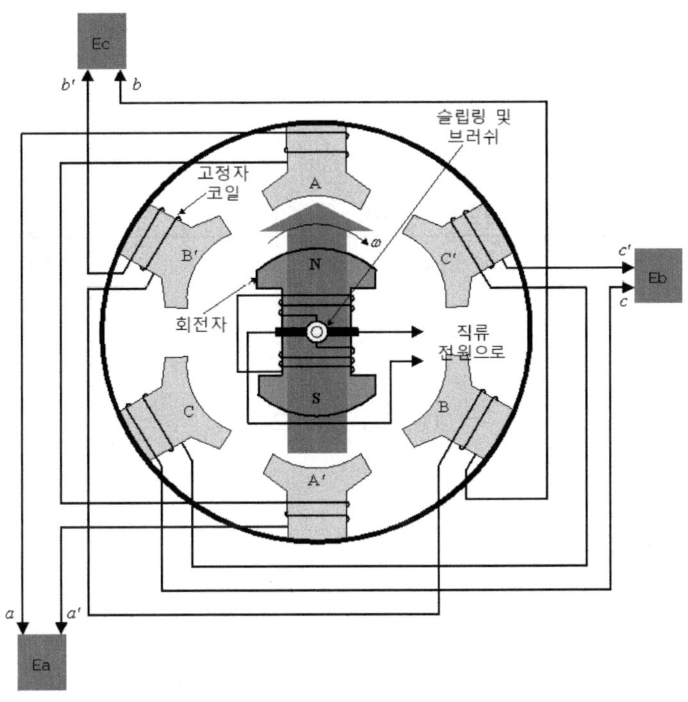

그림 5.4 3상 발전기의 구조

② 3상 교류발전기의 구조는 3개의 코일을 120° 간격으로 배치하고, 그 축의 중심에 막대자석을 놓고 돌리면 각 코일에서 a, b, c상 순서로 120° 간격으로 최대 전압이 발생한다. 자석의 회전방향에 따라 코일에 유기되는 전압의 순서를 "상회전"이라고 한다. 보통 회전방향에 따라 각 상을 "R 또는 a상", "S 또는 b상", "T 또는 c상"이라고 부른다.

③ 각 코일에서 발생한 전압의 실효값을 E〔V〕, 각속도를 ω(rad/s)라 하고, E_a 전원전압을 기준으로 하여 a, b, c 각 상의 전압 E_a, E_b, E_c를 식으로 나타내면 다음과 같다.

$$E_a = \sqrt{2}\sin\omega t$$

$$E_b = \sqrt{2}\sin(\omega t - \frac{2}{3}\pi)$$

$$E_c = \sqrt{2}\sin(\omega t - \frac{4}{3}\pi)$$

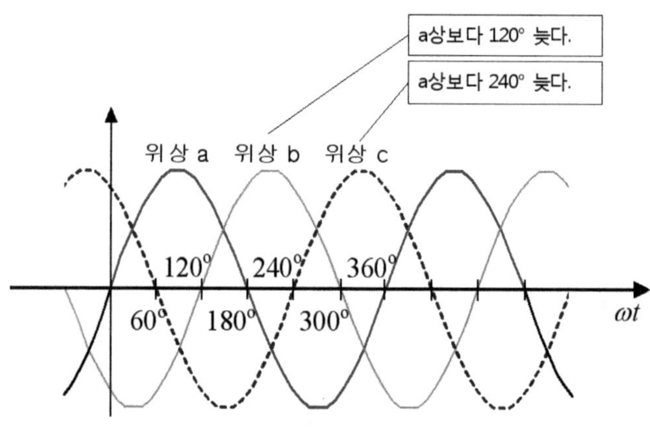

그림 5.5 3상 교류파형

5.3 Y-△결선

1) Y결선(성형결선)

① 3상 교류전압을 발생하고 있는 3개의 기전력 코일을 연결하는 방식은 무엇이 있을까? 가장 많이 사용하고 있는 방법은 Y(스타결선=성형결선)결선, △(델타결선) 두 가지 결선방법이 있다. 먼저 Y결선의 연결방법에 대하여 알아보자. 그림 5.6(a)와 같이 3개의 코일을 각각 120° 다른 방향 배치한다.

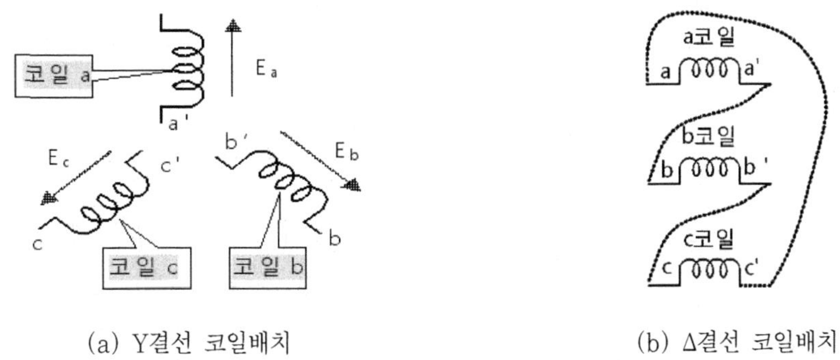

(a) Y결선 코일배치 (b) Δ결선 코일배치

그림 5.6 Y결선과 Δ결선의 코일배치

② 그리고 그림 5.7과 같이 각 코일의 한쪽 단자(a', b', c')를 한 군데에 집합시켜 연결하고 나머지 단자(a, b, c)에서 3개의 전원을 끌어내는 방법이 Y결선이다. 이 결선에서 코일의 단자를 한곳으로 연결한 점을 "중성점"이라고 한다.

③ Y결선으로 하면 중성선과 3개의 선사이의 전압은 3상 전압으로 되나, 전선과 전선사이의 전압은 코일에서 발생하는 전압과 크기와 위상이 같지 않다. 그래서 코일에 발생하는 전압을 "<u>상전압(E_P)</u>", 전선과 전선사이의 전압을 "<u>선간전압(E_ℓ)</u>"이라고 한다.

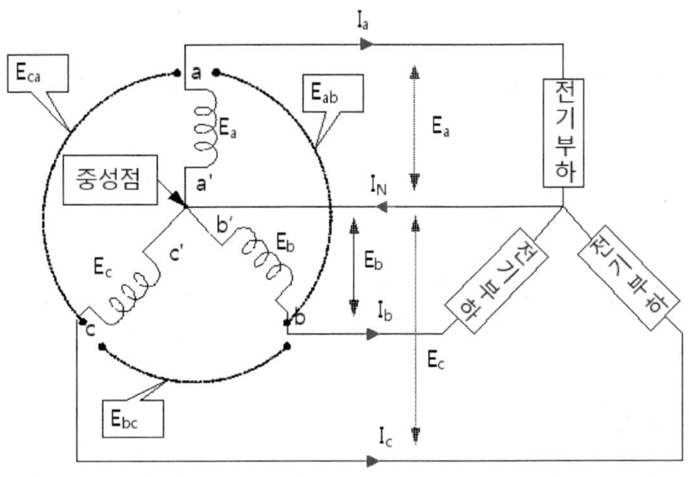

그림 5.7 성형결선

④ 상전압(E_a, E_b, E_c)의 크기를 E_P, 선간전압(E_{ab}, E_{bc}, E_{ca})의 크기를 E_ℓ이라고 하면 다음과 같은 관계식이 성립한다.

$$E_\ell = \sqrt{3}\,E_p \text{ (선간전압} = \sqrt{3} \times \text{상전압)}$$

이 된다. 즉 선간전압의 크기는 상전압의 크기의 $\sqrt{3}$ (약 1.73)배가 된다.

☞ 전기판넬의 구조

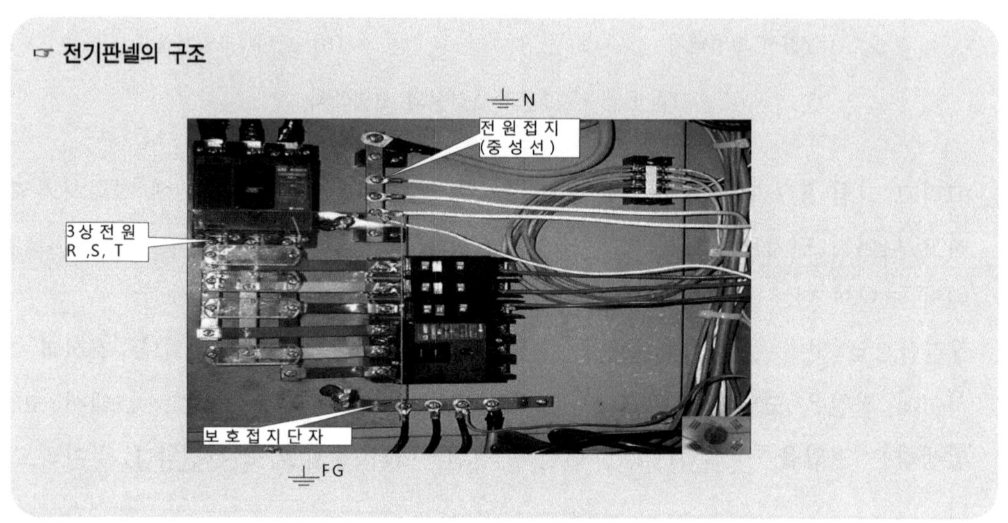

예제

380〔V〕 Y결선으로 접속된 3상 교류발전기가 있다. 그 상전압 크기는?

풀이

$E_\ell = \sqrt{3}\,E_P$에서

상전압 E_P는 $E_P = \dfrac{1}{\sqrt{3}} E_\ell = \dfrac{1}{\sqrt{3}} \times 380 = 220\,[\mathrm{V}]$

2) △결선(델타결선)

① △결선은 그림 5.6(b)와 같이 3상 교류가 발생하는 코일 a, b, c를 한쪽 편에서 다음 코일의 한쪽으로 연결하여 3각형 형태로 연결하고, 연결된 점에서 3개의 전원을 끌어내는 방법이다.

② △결선에서 전선간의 전압(선간전압)과 상전압(코일에서 발생전압)은 같으나, 전선에 흐르는 전류(선전류)는 코일에 흐르는 전류를(상전류)의 $\sqrt{3}$ (약 1.73)배가 된다.

③ 상전류(I_a, I_b, I_c)의 크기를 "I_P", 선전류(I_{ab}, I_{bc}, I_{ca})의 크기를 "I_ℓ"이라고 하면, 다음과 같은 관계식이 성립한다.

$E_\ell = E_P$ 즉, (상전압=선간전압)이고, $I_\ell = \sqrt{3} \times I_P$ 즉, 선전류= $\sqrt{3}$ ×상전류이고, 선전류의 크기는 상전류의 크기의 $\sqrt{3}$ (약 1.73)배가 된다.

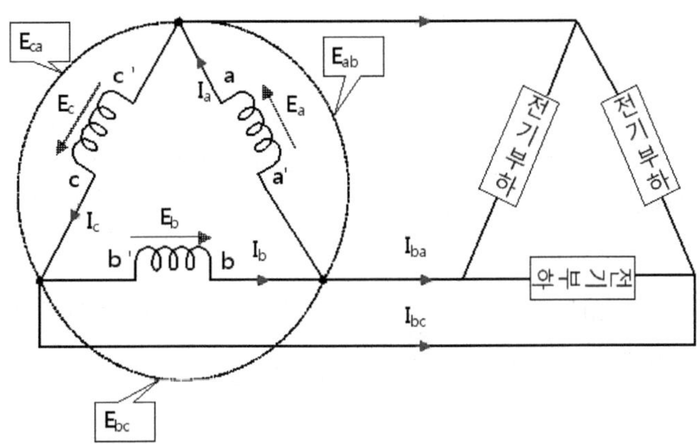

그림 5.8 △−△결선

예제

선간전압이 220〔V〕, 선전류가 10〔A〕 △−△결선 회로가 있다. 상전압, 상전류는?

풀이

① △−△결선에서는 상전압(E_P)=선간전압(E_ℓ)과 같기 때문에 상전압은 220〔V〕가 되며

② △−△결선에서는 $I_\ell = \sqrt{3}\, I_P$ 에서

상전류 I_P는 $I_P = \dfrac{I_\ell}{\sqrt{3}}$

$$I_p = \frac{10}{\sqrt{3}} = 5.77\,[\mathrm{A}]$$

실험실습

1. 실험기기 및 부품
   1) 브레드보드
   2) DMM
   3) 오실로스코프
   4) 저항
      ① 200〔Ω〕 1/4〔W〕 ② 300〔Ω〕 1/4〔W〕 ③ 1〔kΩ〕 1/4〔W〕
      ④ 1〔MΩ〕 1/4〔W〕
   5) 콘덴서
      ① 전해콘덴서 10〔μF〕 ② 전해콘덴서 22〔μF〕 ③ 전해콘덴서 100〔μF〕
      ④ 세라믹 콘덴서 0.1〔μF〕
   6) 코일
      ① 1〔mH〕 ② 10〔mH〕 ③ 100〔mH〕
   7) 변압기

2. 다음 회로를 중첩의 원리를 이용하여 저항 R_1에 흐르는 전류와 전압을 구하여라.

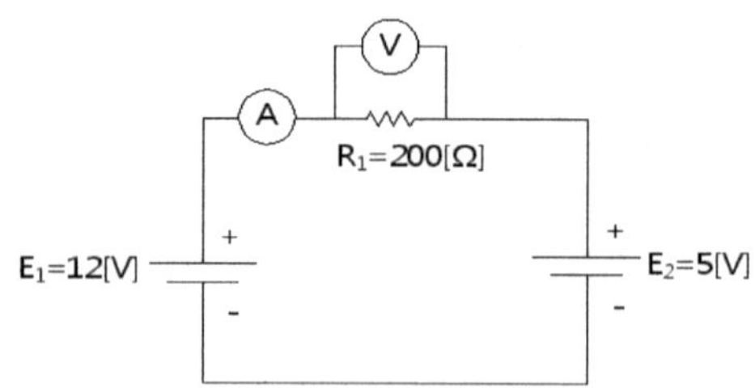

	이론값	측정값
R_1 전류		
R_1 전압		

3. 다음 회로를 테브닌의 정리를 이용하여 부하저항 R_L에 흐르는 전류와 전압을 구하여라.

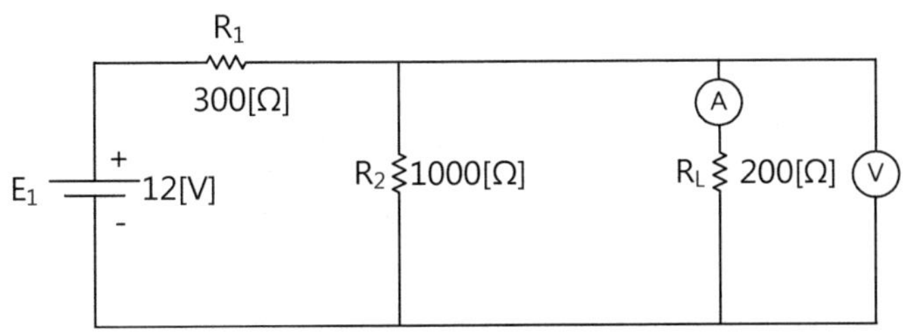

	이론값	측정값
R_L의 전류		
R_L의 전압		

4. 다음과 같이 RC 직렬회로를 구성하고 저항과 콘덴서 전압크기의 변화를 측정한다.

(1) 충전시 전압의 변화

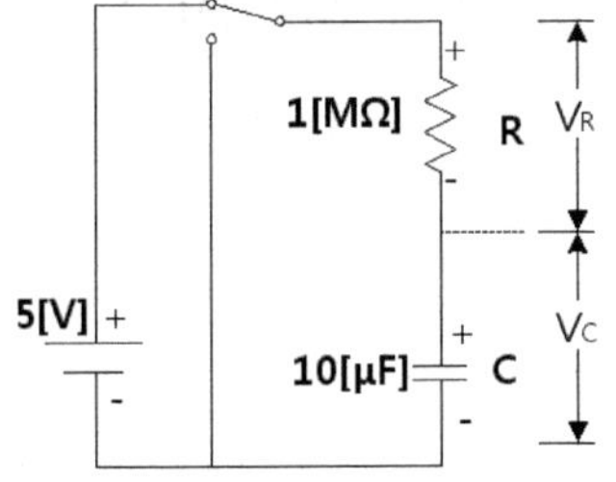

① R−C직렬회로에 5[V] 전원전압을 인가하고, 콘덴서 전압 Vc의 변화를 측정한다.

② 콘덴서가 충전을 완료하면 저항 R의 전압 V_R을 측정한다.

(2) 방전시 전압의 변화

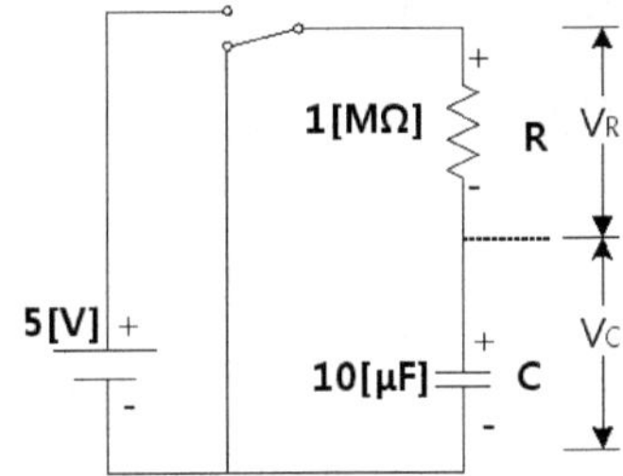

① R−C직렬회로에 0[V] 전원전압을 인가하고, 콘덴서의 전압 Vc 변화를 측정한다.

② 콘덴서가 방전이 완료하면 저항 R의 전압 V_R을 측정한다.

4. 코일의 크기를 1〔mH〕, 10〔mH〕, 100〔mH〕 변화시키면서 코일에서 발생하는 전압의 크기를 측정한다.

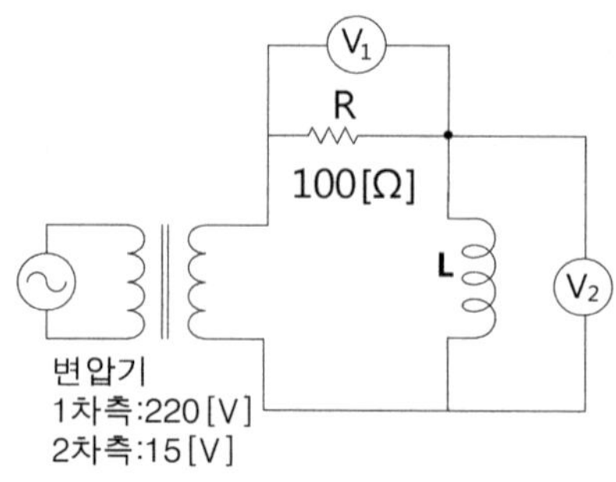

코일의 용량	R의 전압값		L의 전압값	
	이론값	측정값	이론값	측정값
① 1〔mH〕				
② 10〔mH〕				
③ 100〔mH〕				

5. 콘덴서 용량을 10〔μF〕, 22〔μF〕, 100〔μF〕 변화시키면서 콘덴서에서 발생하는 전압의 크기를 측정한다.

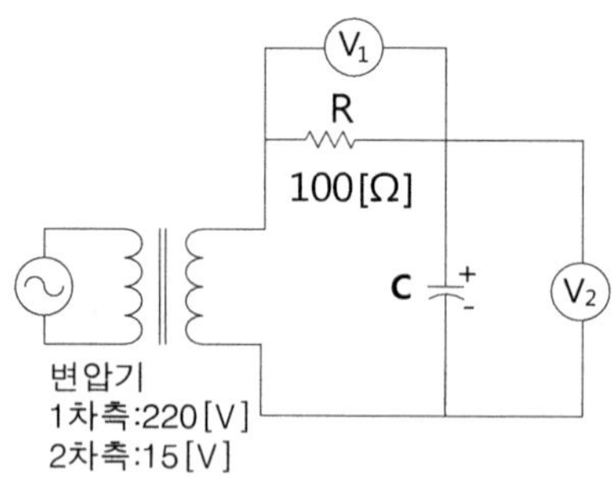

콘덴서 용량	R 전압		C 전압	
	이론값	측정값	이론값	측정값
① 10〔μF〕				
② 22〔μF〕				
③ 100〔μF〕				

6. R－L 및 R－C 직렬회로에 구형파 펄스를 인가하고, 오실로스코프를 사용하여 R과 L의 전압파형을 측정하고 도시하라.

① R－L직렬회로를 다음과 같이 구성하고 저항, 코일 양단의 전압파형을 측정하고 도시하라.

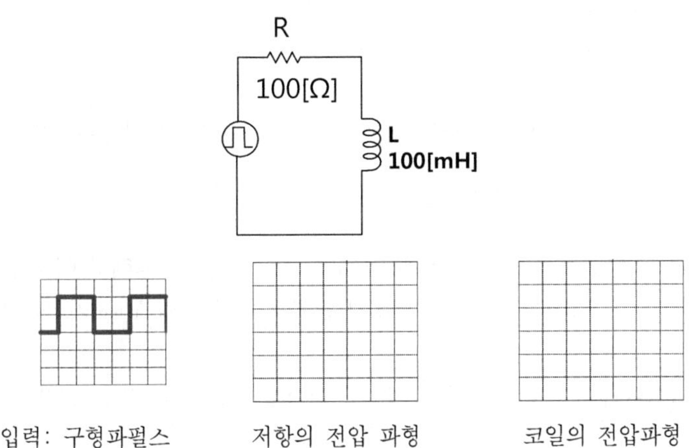

② R－C직렬회로를 다음과 같이 구성하고 저항, 콘덴서 양단의 전압파형을 측정하고 도시하라.

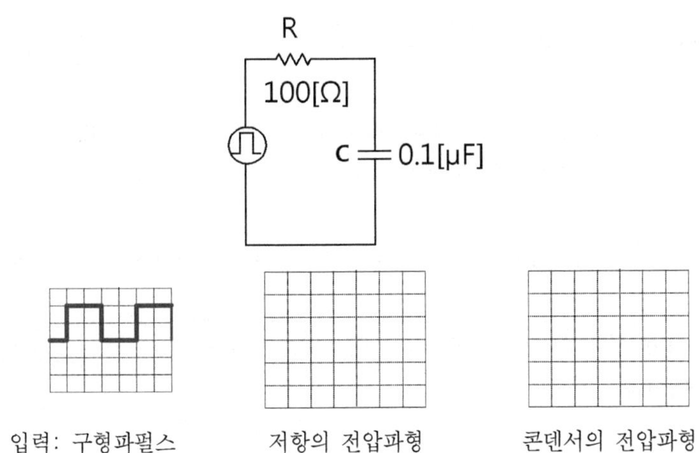

• 요점정리 •

1. "중첩의 원리"는 전압원과 전류원이 여러 개가 존재하는 전기회로에서 어떤 소자에 흐르는 전류는 각각의 전압원과 전류원을 단독으로 생각하고 계산한 전류의 총합과 같다.

2. 전원전압이 0〔V〕일 때의 전원전압 양단의 저항값은 거의 0〔Ω〕이며, 이것은 단락상태와 같다.

3. "데브닌의 정리"는 어떤 상자에 들어 있는 회로는 외부에서 내부를 바라본 E_{TH}와 R_{TH}의 한 개의 전압원과 저항이 직렬로 연결로 형태로 상자에 있는 모든 소자를 대치할 수 있다.

4. "전력"이란 얼마나 많은 일(전기에너지를 입력 받아서 다른 형태의 에너지(열, 빛, 회전력 등)로 변환 되었는가를 나타내는 지표로서 단위 시간당 전기에너지가 한 일을 의미한다.

5. R−C직렬회로의 시정수 $T_C = R \times C$, R−L 직렬회로에서 $T_C = L/R$ 이다.

6. "주파수(frequency)"는 단위시간(1초)동안 교류전원이 같은 모양을 반복하는 횟수를 나타내는 것이다.

7. 교류의 크기를 나타내는 값은 순시값, 최대값, 피크-피크값, 평균값, 실효값이 있다.

8. 교류파형은 ① 크기(최대값) ② 파형 ③ 변화의 속도 ④ 위상을 사용하여 나타낸다.

9. 교류를 저항회로에 인가하면 전류와 전압파형은 동상, 코일회로에서는 전압의 위상이 전류의 위상보다 90° 앞서며, 콘덴서회로에서는 전류위상의 전압위상보다 90° 앞선다.

10. "유도성 리액턴스(reactance)"는 $X_L = 2\pi fL$, 용량성 리액턴스 $X_c = 1/(2\pi fC)$이다.

11. "교류전력"은 V와 I의 위상차를 고려해야 하며, 종류는 피상전력, 유효전력, 무효전력으로 나누어진다.

12. "3상 교류"는 E_a(a상), E_b(b상), E_c(c상)이 120°의 위상차를 갖는 3개의 기전력이 전기부하에 전류를 공급한다.

연습문제

1. 중첩의 원리를 이용하여 저항 R_1에 흐르는 전류와 전압값을 구하여라.

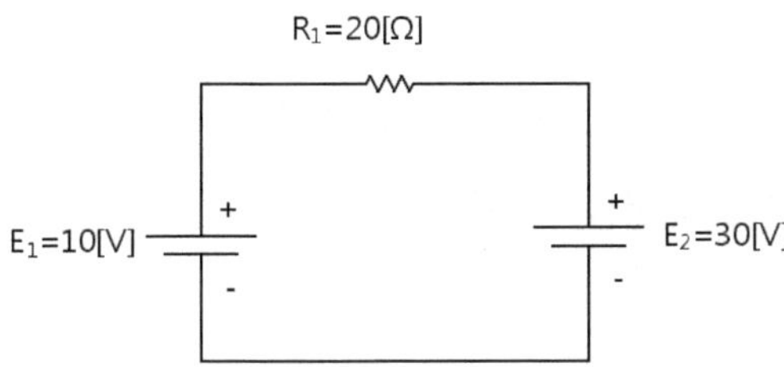

2. 테브닌의 정리를 이용하여 부하저항 R_L에 흐르는 전류와 전압값을 구하여라.

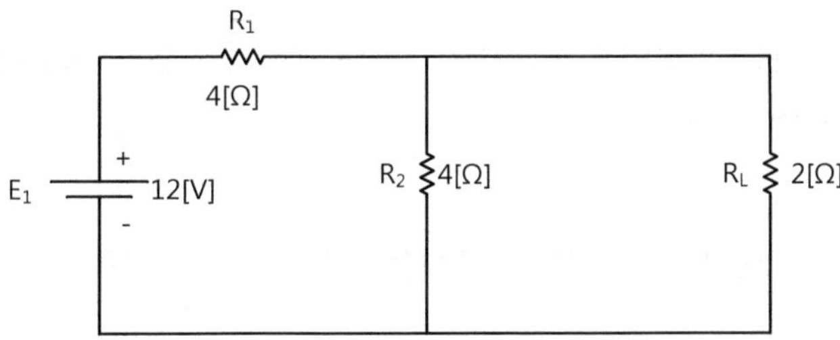

3. 다음 회로에서 저항 R에서 소비하는 전력은 몇 〔kW〕인가?

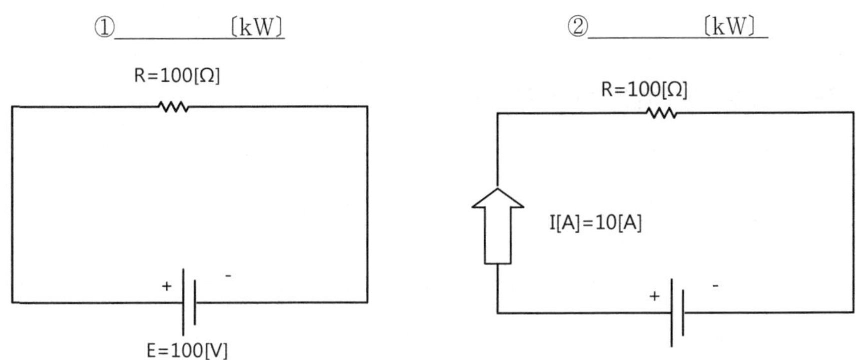

4. 60〔W〕인 저항에 20〔A〕 전류를 10초 동안 흐르는 때의 전력량은?

5. 전원전압 12〔V〕를 1/4〔W〕, 330〔Ω〕 저항에 인가할 경우 흘릴 수 있는 허용전류값은?

6. R=1〔kΩ〕, L=100〔mH〕 직렬회로에 직류 24〔V〕를 인가할 경우에 시정수 T_C는?

7. 50〔Hz〕 주파수를 가진 교류전원의 한주기는?

8. 실효값이 220〔V〕인 사인파(정현파)의 최대값은?

9. 인덕턴스 L이 0.2〔H〕인 코일에 110〔V〕, 60〔Hz〕 교류전압을 가했을 때 리액턴스 X_L값과 흐르는 전류는 몇 〔A〕인가?

10. 100〔μF〕 콘덴서에 60〔Hz〕, 220〔V〕 교류전압을 인가하면 전류는 몇 〔A〕인가?

11. 4〔Ω〕 저항과 3〔Ω〕 유도성 리액턴스를 직렬로 연결한 회로의 임피던스는 몇 〔Ω〕인가?

12. 전압원이 0〔V〕일 때 전압원의 저항값은?

제 4 장

다이오드와 정류회로

학습목표

1) 다이오드의 구조와 검사방법에 대하여 이해한다.
2) 정류회로와 정전압 IC의 구성에 대하여 이해한다.

제 4 장

다이오드와 정류회로

1 반도체의 기본원리

1.1 전기전도의 메커니즘

1) 원자구조

원자는 그림 1.1과 같이 전자와 원자핵으로 구성되며, 전자는 원자핵을 중심으로 정해진 궤도를 따라 회전한다.

원자핵 둘레의 전자궤도는 안쪽부터 각각 “K, L, M, …, Q(shell)”이라고 하며 각 각(shell)에 들어갈 수 있는 전자의 개수는 다음과 같다.

① K각 : $2n^2$ … $2\times1^2=2$개

② L각 : $2n^2$ … $2\times2^2=8$개

③ M각 : $2n^2$ … $2\times3^2=18$개

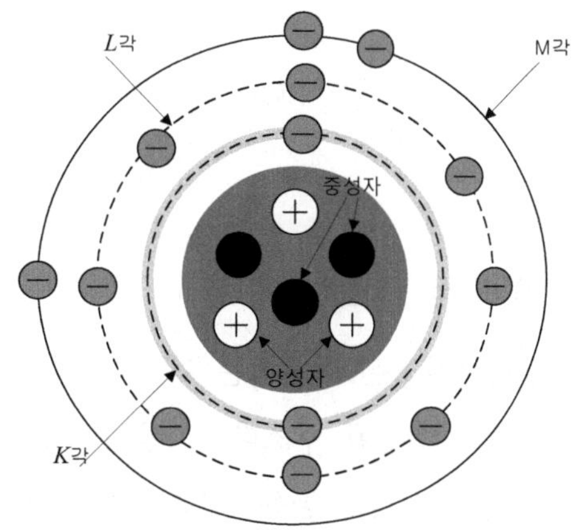

그림 1.1 원자구조

2) 가전자와 자유전자

그림 1.2(a)는 반도체 재료로 가장 많이 사용되고 있는 실리콘(Silicon : Si) 원자구조

를 평면적으로 나타내고 있으며, 원자번호와 같은 14개의 전자가 정해진 궤도상을 원자핵 주위로 돌고 있다. 실리콘 원자는 원자핵의 중심에서 가장 가까운 K각에는 2개, L각에는 8개, M각에는 4개가 충만되어 궤도를 회전하고 있으며, 최외각 궤도에 있는 전자를 "가전자"라 하고, 실리콘의 경우 가전자는 4개이다. 가전자는 원자핵에서 멀고 떨어져 있어서 외부의 열이나 빛 또는 전압 등과 같은 외부요인이 가해지면 그림 1.2(b)와 같이 쉽게 궤도로 벗어난다. 이와 같이 원자핵의 인력으로부터 벗어난 전자를 "자유전자"라고 한다.

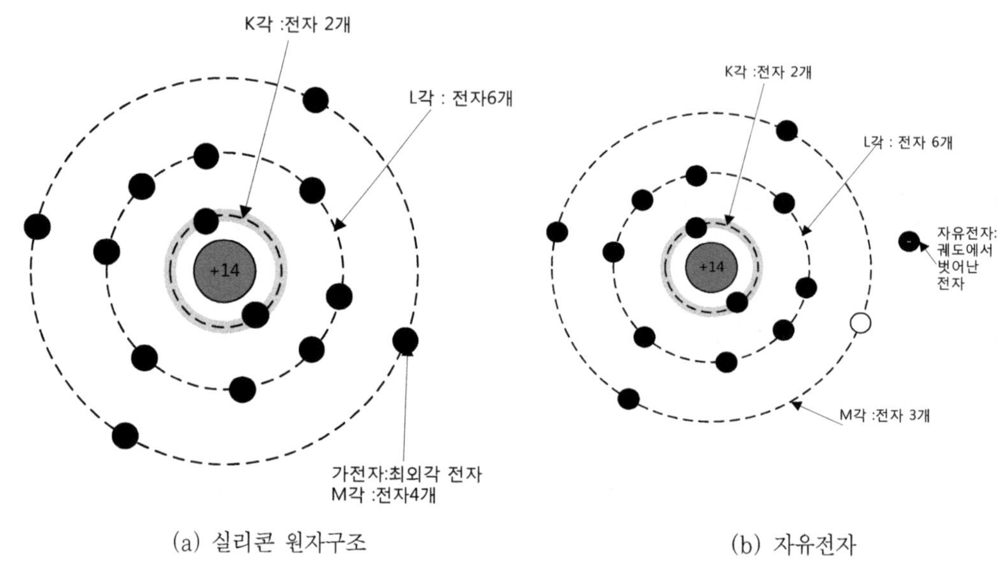

(a) 실리콘 원자구조 (b) 자유전자

그림 1.2 실리콘의 원자구조 및 자유전자

3) 자유전자와 정공

실리콘결정은 이웃하는 원자가 1개씩 가전자를 내면서 서로 가전자를 공유하는 것 같은 모양으로 결합된 구조다. 그림 1.3(a)에서 알 수 있듯이 각 원자는 인접한 4개의 원자가 서로 전자 8개를 공유결합하여 안전한 상태를 이루고 있다. 여기에서 그림 1.3(b)와 같이 이 결정에 열이나 빛을 가하면 가전자는 원자핵의 구속으로부터 벗어나 자유전자가 되어서 자유롭게 움직이다. 이 때문에 가전자가 자유전자로 되었을 때 그 부분을 전기적으로 중성인 상태에서 빈 구멍이 발생한다. 이 구멍은 전자와 같은 전기량이고 상대적으로 (+)극성이기 때문에 "정공(hole 또는 Positive hole)"이라고 한다. 정공이 발생하면 그림 1.3(b)와 같이 정공은 상대적으로 (+)전기량을 갖고 있으므로 근처의 (−)전기량을 가지고 있는

가전자를 끌어들이고, 끌어들인 가전자가 이동한 자리에는 다시 다른 정공이 발생한다. 이와 같은 과정이 시간의 변화에 따라 순차적으로 계속되면 정공은 (+)전기를 운반하는 효과를 갖기 때문에 이를 "캐리어(carrier)"라고 한다.

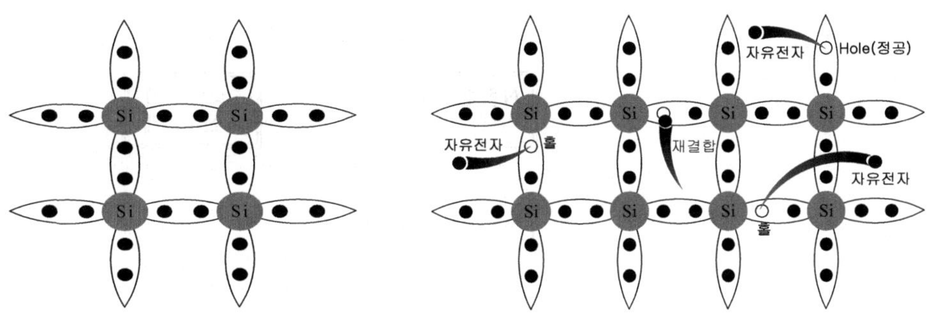

(a) 실리콘결정체 (b) 열에너지에 의한 자유전자 및 홀쌍의 생성 및 재결합

그림 1.3 실리콘 결정의 구조 및 자유전자-홀쌍의 생성 및 재결합

☞ **정공(Hole)**
정공은 반도체에만 존재하는 전하로 공유결합을 완전히 하지 못하므로 생기는 것이다.

☞ **캐리어**
자유전자와 정공으로 전기를 운반하는 것이라는 의미에서 "캐리어(carrier)"라고 하며 N형 반도체에서는 전자를 "다수 캐리어", 정공을 "소수 캐리어"라고 한다.
P형 반도체에서는 정공을 "다수 캐리어", 전자를 "소수 캐리어"라고 한다.

☞ **각(shells)**
원자핵에서 전자궤도의 에너지 레벨

1.2 N형, P형 반도체

1) 진성반도체

반도체는 결정구조에 따라서 분류하면 그림 1.4와 같이 분류할 수 있다.

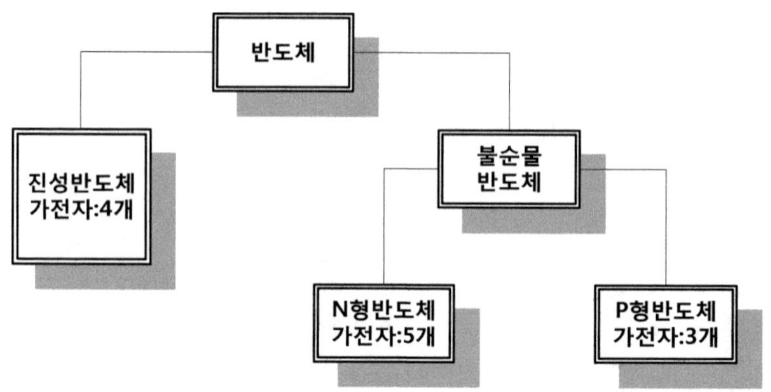

그림 1.4 반도체의 분류

진성반도체란 불순물을 첨가하지 않은 순수한 반도체로서 4가 원소(게르마늄, 실리콘)만으로 된 상태인데 최외각 전자가 4개인데 서로 공유결합을 하고 있기 때문에 전류를 흐르게 할 전자나 정공이 없는 상태이기 때문에 부도체의 특성을 갖고 있다.

2) N형 반도체

① 순수한 실리콘이나 게르마늄 결정에 5가의 불순물을 첨가한 반도체를 "N형 불순물 반도체"라 한다. 그림 1.5(a)와 같이 최외각 궤도에 5개의 전자를 가진 불순물(5가의 불순물)을 주입하면 불순물 주위를 그림과 같이 9개의 전자를 갖게 되며 자유로이 움직일 수 있는 자유전자가 하나 발생한다. 이러한 불순물을 전자를 발생시키는 불순물이라는 뜻으로 "도너(donor)"라고 한다.

② 여기에 불순물의 양을 증가시키면 자유전자의 수가 더욱 더 증가한다. 그림 1.6(b)와 같이 외부에서 전압을 인가하면 전자가 (+)극으로 끌려가서 전류가 흐르게 된다. 그리고 불순물의 양을 증가시킬수록 자유전자의 수가 많아져서 전류가 흐르기 쉬워져서 저항값이 감소하게 된다.

> ☞ **도너**
> 5가의 원자는 4가의 규소(Si)에 대해, 1개의 전가가 남아, 혼합한 원자의 수만큼 자유전자를 공급하기 때문에 기증자라는 뜻이 담겨있다.

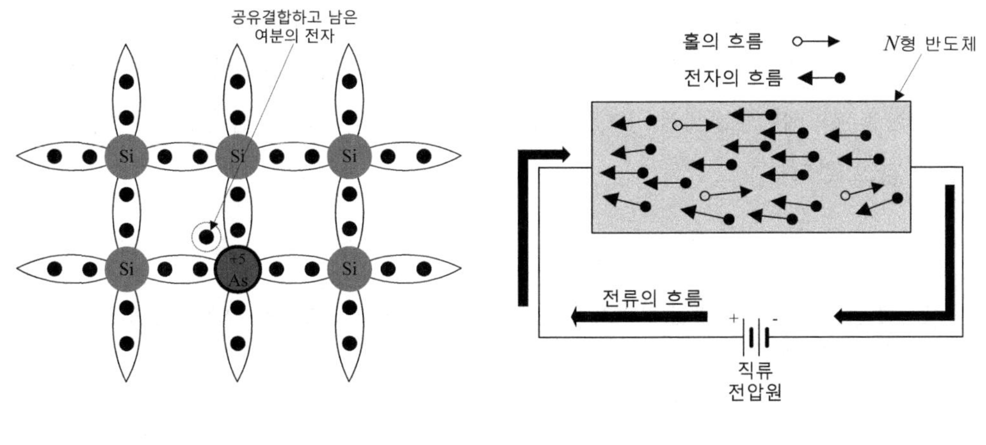

(a) N형 반도체의 구조　　(b) N형 반도체의 전류전도

그림 1.5 N형 반도체의 구조

3) P형 반도체

① 순수한 실리콘결정에 그림 1.6(a)와 같이 최외각 궤도에 3개의 전자를 가진 불순물(3가의 불순물)을 주입하면 최외각 궤도의 전자가 7개이므로 최외각 궤도의 전자를 8개로 해서 안정한 상태로 되려고 하는 성질 때문에 전자가 1개가 부족한 상태가 된다. 불순물 원자 부분에는 전자가 부족한 구멍, 즉 정공이 하나 생긴다.

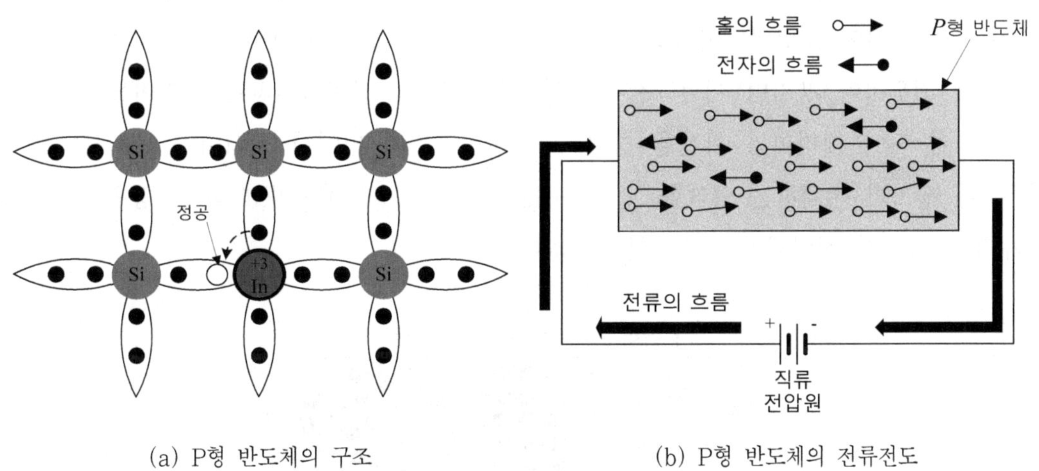

(a) P형 반도체의 구조　　(b) P형 반도체의 전류전도

그림 1.6 P형 반도체의 구조

② 이 정공의 수는 N형 불순물 반도체와 마찬가지로 첨가하는 불순물의 양에 따라서 정공의 수가 증가하여 전기저항이 감소한다. 실리콘이나 게르마늄에 이와 같이 3가의 불순물을 첨가한 반도체를 "P형 반도체"라고 하며 첨가하는 불순물을 "억셉터(acceptor)"라고 한다.

☞ **억셉터**

정공은 음전하의 결핍을 생긴 것으로 (+)전하의 성질을 가지고 있고, 자유 전자를 손쉽게 받아들이기 때문에 억셉터라고 부른다.

4) PN접합

P형 반도체와 N형 반도체가 그림 1.7과 같이 원자 구조적으로 결합된 것을 "PN접합(PN Junction)"이라고 한다. 접합면을 경계로 하여 우측의 N형은 자유전자의 밀도가 조밀하고 좌측에는 거의 없다. 좌측의 P형은 정공의 밀도가 조밀하고, 우측에서는 정공의 밀도가 매우 희박하다. 이와 같이 전자와 정공의 밀도의 급격한 단절이 접합면에 일어나므로 컵의 물속에 붉은 잉크를 한 방울 떨어뜨리면 금방 컵 전체에 확산하는 것처럼, 우측에서 전자가 확산하고, 좌측에서 정공이 확산한다. 접합부분의 P형 영역에서는 정공이 확산에 의해 N형 영역에서 넘어온 전자와 재결합하여 소멸되면서 그곳에 있는 원자는 (−)로 이온화되고, 반대로 접합 부분의 N형 영역에서는 전자가 확산에 의해 P형 영역에서 넘어온 정공과 재결합하여 소멸되면서 그곳에 있는 원자는 (+)로 이온화 된다. 결과적으로 접합부분에는 전위차가 생기며 이를 "전위장벽"이라고 한다. 장벽전위차는 캐리어들에 대하여 전위장벽이 되어 캐리어의 확산을 방해한다. 접합부분에 있어서 캐리어가 존재하지 않고 이온화된 원자가 존재하는 영역을 "공핍층(depletion Layer)"이라고 한다. 공핍층은 캐리어가 없기 때문에 절연체라고 생각할 수 있다.

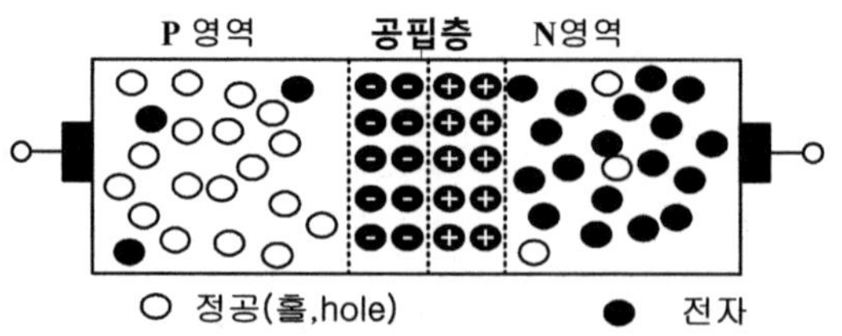

그림 1.7 PN접합 부분의 캐리어 상태

☞ **접합(Junction)**

접합(junction)은 단순한 접촉(contact)과는 다르며 원자구조적으로 결합되어 있는 상태를 의미한다.

2 다이오드의 구조와 사용법

2.1 다이오드의 형태와 회로 기호

1) 다이오드(Diode)란 무엇인가?

일반적으로 다이오드는 한쪽 방향으로만(애노드에서 캐소드로) 전류가 흐르며, 그 반대 방향으로는 전류가 흐르지 않는 성질을 가지고 있는 반도체부품이다.

2) 다이오드의 외관

① 다이오드는 애노드(anode)와 캐소드(cathode)라는 2개의 단자가 있으며 각각 A, K로 표시한다. 기호의 화살표 방향은 캐소드를 향한다.

② 다이오드기호의 화살표 방향은 전류가 흐르는 방향을 나타내고 있으며, 다이오드 본체에 기호가 표시되어 있지 않는 것은 흰색띠 또는 적색띠가 있으며, 이 띠가 있는 쪽이 캐소드이다. 그리고 화살표 쪽의 전극을 "캐소드(음극 : Cathode : K)", 다른 쪽의 전극을 "애노드(양극 : Anode : A)"라고 한다.

☞ **다이오드(Diode)**

① 애노드와 캐소드의 전압차에 의하여 애노드와 캐소드 사이의 저항값을 변화시켜서 전류를 제어하는 소자.

② 애노드와 캐소드이 전압차가 0.7[V] 이상이 되면 애노드와 캐소드 사이는 연결상태, 즉 양단간의 저항값은 매우 작기 때문에 전류를 잘 흐르게 한다.

③ 애노드와 캐소드이 전압차가 0.7[V] 이하가 되면 애노드와 캐소드 사이는 차단상태, 즉 양단간의 저항값은 매우 크기 때문에 전류를 차단하게 된다.

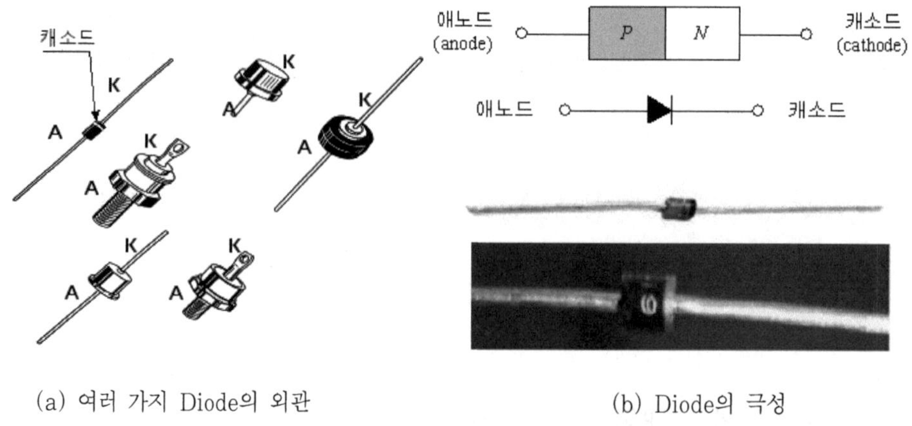

(a) 여러 가지 Diode의 외관 (b) Diode의 극성

그림 2.1 여러 가지 다이오드의 외관 및 극성

2.2 다이오드의 구조와 동작

1) 구조

① 다이오드는 실리콘 게르마늄의 진성반도체 결정 중에 그림 2.2와 같이 P형 반도체의 부분과 N형 반도체의 부분을 만들고 이것들이 서로 접할 수 있도록 한 것으로 "PN 접합"이라고 한다.

② P형 부분을 애노드, N형 부분을 캐소드라 한다. 여기에서 P형 부분과 N형 부분이 접하고 있는 면을 "접합면"이라고 한다.

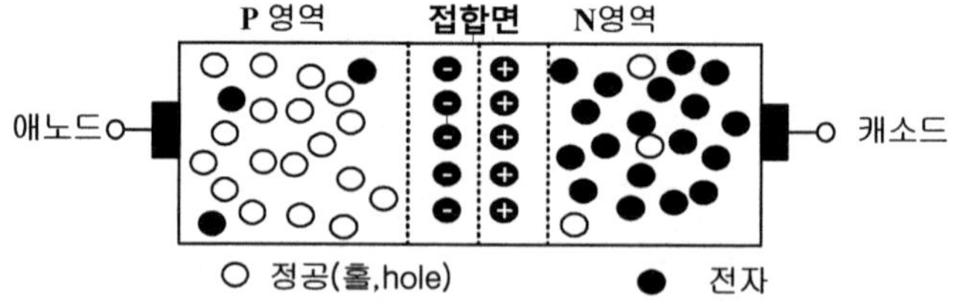

그림 2.2 PN접합 다이오드

2) 순방향 바이어스

① PN접합에 순방향전압을 가한 경우 즉, 그림 2.3(a)와 같이 P형 부분에 (+)전압, N형 부분에 (−)전압을 가하면 외부전계에 의하여 정공 및 전자가 접합을 향하여 이

동하고 공핍층이 좁아진다.

② 그 결과, P형 부분의 정공은 접합면을 넘어서 N형 부분에, N형 부분의 전자는 P형 부분으로 이동한다. 따라서, 캐리어의 이동이 생기므로 전류가 흐른다. 이와 같은 외부에서 전압을 인가하는 것을 "순방향 바이어스"라고 하고, 흐르는 전류를 "순방향전류"라고 한다. 그림 2.3(c)는 순방향 바이어스시에 회로 기호를 나타낸 것이다.

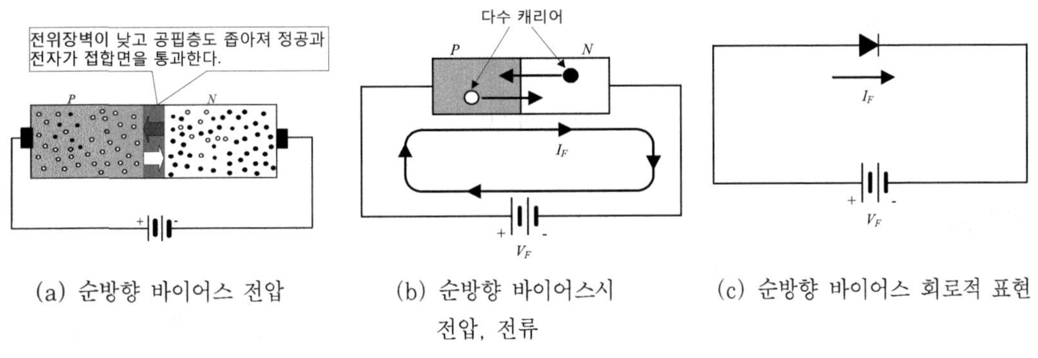

(a) 순방향 바이어스 전압

(b) 순방향 바이어스시 전압, 전류

(c) 순방향 바이어스 회로적 표현

그림 2.3 순방향 바이어스 다이오드동작

☞ **바이어스(Bias)**
다이오드나 기타 반도체가 원하는 모드로 동작할 수 있도록 직류전압을 가하는 것을 의미한다.

3) 역방향 바이어스

① PN접합에 역방향전압을 가한 경우 즉, 그림 2.4(a)와 같이 P형 부분에 (−)전압, N형 부분에 (+)전압을 인가하면, 외부전계에 의하여 정공과 전자는 각각 접합부분과 반대방향으로 이동한다. 즉 P형 부분의 정공은 (−)극으로, N형 부분의 전자는 (+)극으로 이동한다.

② 그 결과, 전위장벽(PN접합에서 공핍영역의 전압)은 높아지고 게다가 공핍층의 폭도 넓어진다. 따라서, 다수캐리어의 흐름을 저지되고 전류는 흐르지 않는다. 그런데 외부전압에 의해 소수캐리어는 접합을 넘어 이동하게 되어 역방향으로 전류가 흐르지만 그 크기는 매우 작아서 무시할 수 있을 정도이다. 이와 같이 전압을 가하는 것을 "역방향 바이어스"라고 한다.

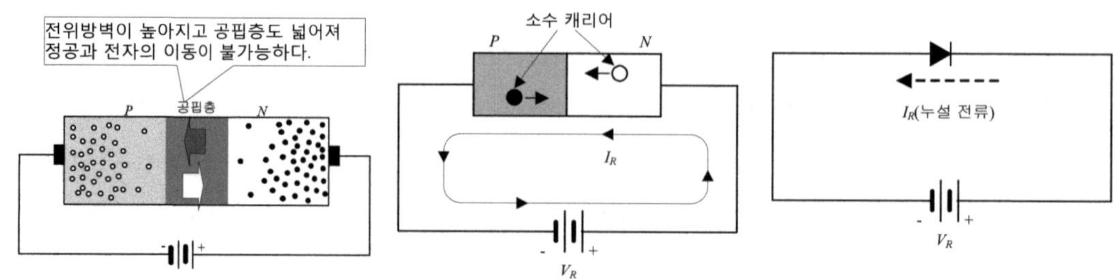

(a) 역방향 바이어스 전압 (b) 역방향 바이어스시 전압, 전류 (c) 역방향 바이어스 회로적 표현

그림 2.4 역방향 바이어스 다이오드동작

예제

다음의 다이오드회로에서 V_D, V_R 및 I_D값을 구하여라.

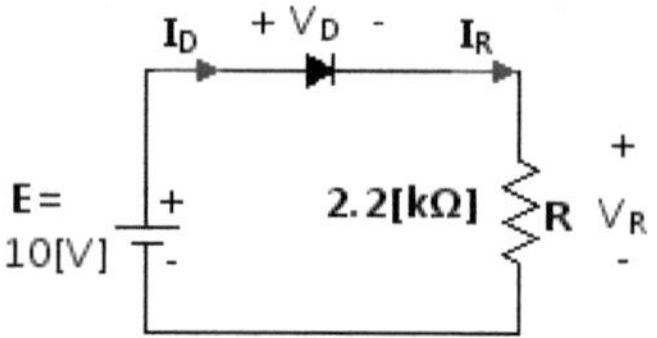

풀이

$V_D=0.7[V]$

$V_R=E-V_D=10-0.7=9.3[V]$

$$I_D = I_R = \frac{V_R}{R} = \frac{9.3}{2.2[k\Omega]} = 4.23[mA]$$

예제

다음의 다이오드회로에서 V_D, V_R 및 I_D값을 구하여라.

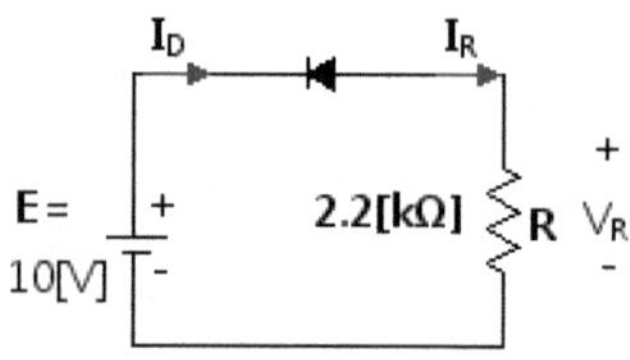

풀이

다이오드가 개방회로가 되기 때문에 $I_D=0[A]$가 되고, $V_R=I_R \times R=0[V]$이고 $V_D=10[V]$가 인가된다.

2.4 PN접합 다이오드의 특성

① 일반적으로(역회복시간을 고려하지 않음) 다이오드에 인가하는 전압의 극성에 따라서 전류가 흐르거나 흐르지 않는 것을 알았다. 즉, 다이오드는 한 방향으로만 전류가 흐르는 정류작용을 수행하고 있다.

② 그림 2.5는 다이오드의 순방향 및 역방향 전압-전류의 특성곡선을 나타내고 있다. 순방향전압(순방향 바이어스)인 경우 장벽전위 이하의 순방향전압(V_F)에서는 순방향 전류 I_F는 거의 0[A]가 된다. 그리고 순방향전압이 증가함에 따라서 순방향전류는 증가하기 시작하고, 순방향전압이 실리콘 다이오드의 경우 장벽전위전압인 0.7[V]이상 인가하면 전류는 급격히 흐르기 시작하기 때문에 다이오드와 직렬로 전류제한용 저항을 추가하여서 사용한다.

> ☞ **장벽전위**
> 다이오드에 전류를 흘릴 수 있도록 하는 최소 순방향 바이어스 전압

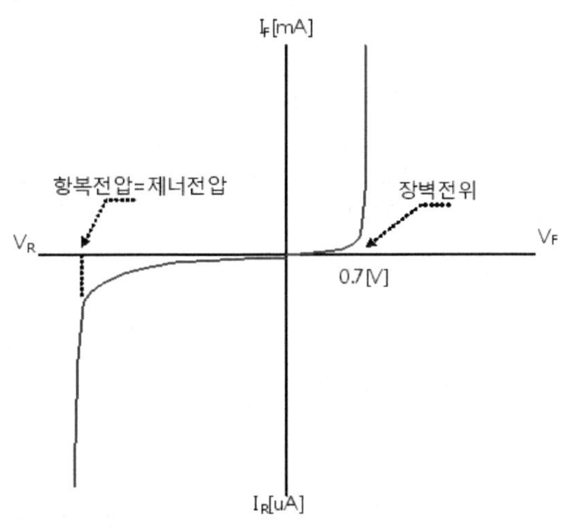

그림 2.5 다이오드 특성곡선

③ 이번에는 반대로 역방향전압(역방향 바이어스)를 인가한 경우를 살펴보면, 역방향전압이 증가함에 따라서 전류는 항복전압(제너전압)까지는 거의 0〔A〕가 된다. 그러나 역방향 전압을 크게 하면 급격히 전류가 흐르기 시작하여 현저하게 증가하는 현상이 생긴다. 이것은 공핍층이 높은 전계에 의해서 원자내의 전자가 방출되고 자유전자와 정공을 만든 것에 의한 "제너항복"이라는 현상과, 공핍층의 고전계에 의해서 가속된 전자나 정공이 원자를 전리(電離)하여서 새로 자유전자와 정공을 만드는 "애벌란시현상"이라는 현상이 발생한다. 또한, 전류가 급격히 증가하기 시작할 때의 전압을 "항복전압" 또는 "제너전압"이라고 한다.

☞ **전리(ionization)**
원자의 최외각 궤도에 있는 전자가 에너지를 얻어 궤도에서 이탈하는 것. 이때의 원자는 양이온이 된다.

2.5 역회복시간(Reverse Recovery Time)

1) 역회복시간

① 역회복시간은 PN 접합을 이용하는 다이오드에서, 순방향으로 전류를 흘려 두고 갑자기 전압을 역방향으로 전환하면 소수캐리어의 전하가 축적되기 때문에 전류는 즉시 0으로 되지 않고 역방향으로 전류가 흐른 다음 점차 0〔A〕에 접근하는 지연시간을 말한다.

② 스위칭손실의 대부분이 역회복시간에서 발생하므로 높은 주파수에서 스위칭하는 경우에는 역회복시간이 짧은 다이오드를 선택해야만 다이오드에 의한 전류써지를 방지할 수 있다.

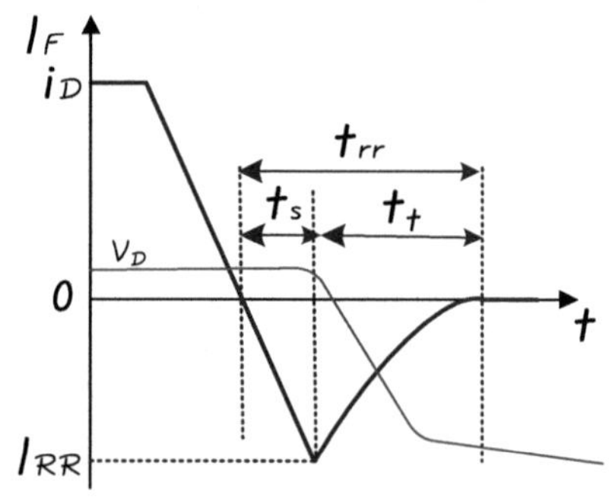

그림 2.6 다이오드의 역회복 특성

③ 시간 t_s를 축적시간, t_t를 천이시간, $t_{rr}=t_s+t_t$를 "역회복시간(Reverse Recovery time)"이라고 하며 고속 스위칭 다이오드의 경우 역회복시간에 의하여 스위칭 속도가 제한된다.

④ 다이오드의 역회복시간 때문에 정류용 다이오드는 정류용으로는 적합하지만 코일의 역기전력을 제거하는 용도로는 적합하지 못하다.

2) 역회복시간에 따른 다이오드 분류

Class	Symbol	General (정류용)	Fast Recovery Diode	Soft Fast Recovery Diode	Ultra Fast Recovery Diode	Schottky Diode
t_{rr}	[nsec]	> 1000	200~500	200~500	20~100	< 10
V_F	[V]	0.8~1.2	0.8~1.2	1.0~1.4	1.0~1.4	0.4~0.7
V_{RM}	[V]	< 5000	< 3000	< 2,000	< 2,000	< 100
Cost Ratio		1	× 2	× 5	× 5	× 10
Industrial Part Name		1N400x 1N540x	1N493x	SF	UF400x UF540x	1N582x SBxxx MBRxxxx

√ t_{rr} : Reverse Recovery time.
√ V_F : Forward Voltage Drop.
√ V_{RM} : Maximum Recovery Voltage

2.6 제너다이오드(Zener Diode)

1) 제너다이오드란?

① 다이오드에 역방향전압을 가했을 때 전류가 거의 흐르지 않다가 어느 이상의 고전압을 가하면 접합면에서 제너항복이 일어나 갑자기 전류가 흐르게 되는 지점이 발생하게 되는데, 이 지점 이상에서는 다이오드에 걸리는 전압은 증가하지 않고(정전압 유지) 전류만 증가하게 된다.

② 일반적인 다이오드는 항복영역(breakdown region)에서 파괴되기 때문에 이 영역에서는 사용할 수가 없다. 그래서 이 영역에서도 잘 사용할 수 있게 만든 다이오드가 제너다이오드이다. 그리고 제너다이오드는 선간전압과 부하저항이 크게 변하더라도 부하전압을 일정하게 유지하는 전압조정기(voltage regulator)의 역할을 하는 소자이다.

2) 제너다이오드 특성

제너다이오드 특성곡선에서 항복전압 Vz에 도달하기까지 역방향전류는 무시할 수 있다. Vz에서는 급경사적으로 나타나므로 전류는 거의 수직적으로 나타난다. 대부분의 항복영역 구간에 걸쳐 출력전압은 Vz와 같게 된다. 제너다이오드의 소비전력 Pz는 Pz =Vz×Iz로 표현되는데 이 값이 최대치(Data Sheet 상에 표시)이하인 경우는 제너다이오드가 파손되지 않고 원상복귀한다. 제너다이오드의 정격용량은 200〔mW〕~50〔W〕, 전압은 3~150〔V〕정도이다. 그림 2.7(a)는 제너다이오드의 기호이며, 그림 2.7(b)는 전압-전류 특성 곡선이다.

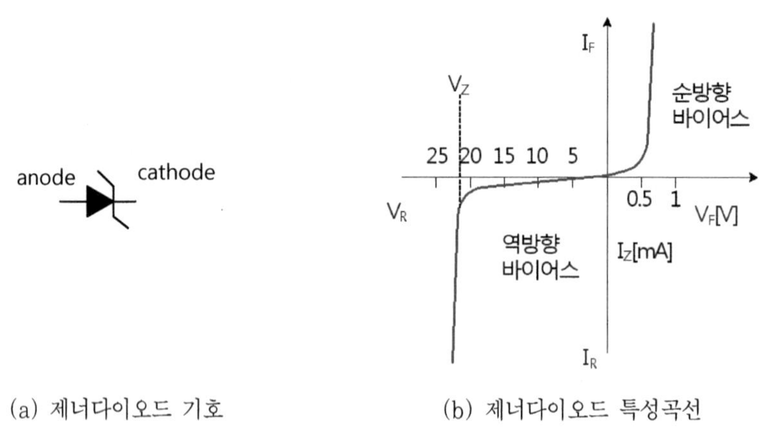

(a) 제너다이오드 기호　　(b) 제너다이오드 특성곡선

그림 2.7 제너다이오드 기호 및 특성곡선

3) 제너다이오드와 일반 다이오드의 비교

① 순방향 바이어스된 실리콘 제너다이오드의 다이오드전압은 일반용 다이오드와 마찬가지로 약 0.7〔V〕가 된다. 그러나 역방향 바이어스를 가하는 경우 제너다이오드는 기준전압에서 항복현상을 일으키지만 일반 다이오드는 그 항복영역이 상당히 높고 넓어서 그림 2.7(a)와 같은 특성 곡성을 나타내게 된다.

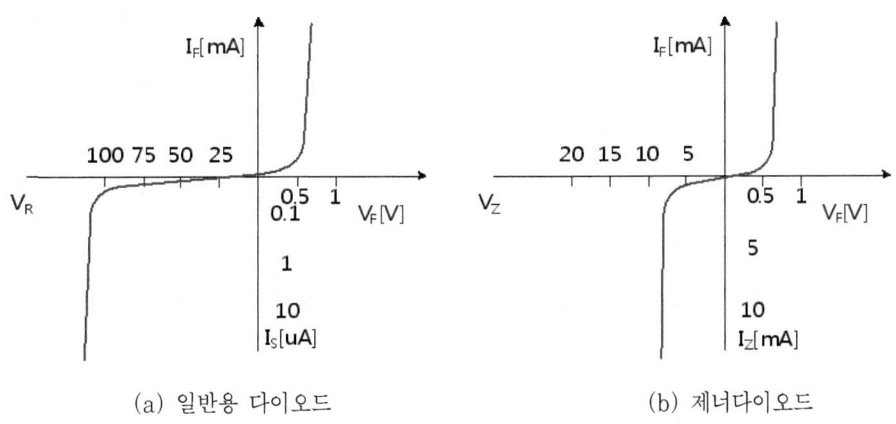

(a) 일반용 다이오드 (b) 제너다이오드

그림 2.8 일반용 다이오드와 제너다이오드 특성곡선 비교

② 그림 2.8(a)는 100〔V〕 정도의 PIV(첨두역전압)를 갖는 일반용 다이오드이며, 그림 2.8(b)는 10〔V〕의 기준전압을 갖는 제너다이오드의 특성곡선이다.

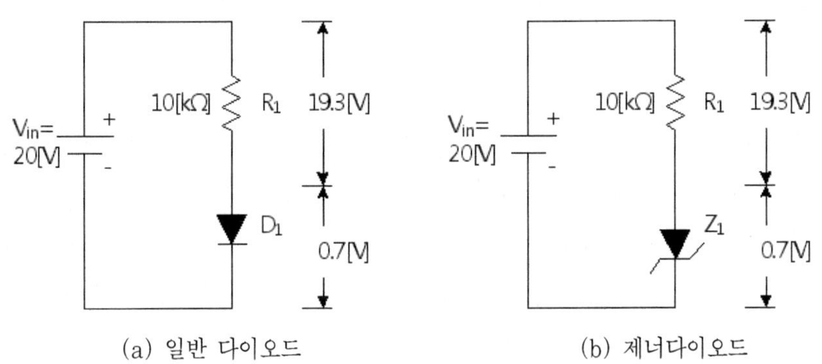

(a) 일반 다이오드 (b) 제너다이오드

그림 2.9 일반 다이오드와 제너다이오드 순방향 바이어스 비교

③ 그림 2.9(b)와 같이 순방향 바이어스를 가했을 경우 제너다이오드 양단전압은 0.7〔V〕이며, 저항 R_1 양단전압은 19.3〔V〕가 된다. 그러나 그림 2.10(b)와 같이 역방향 바이어스 전압을 가했을 경우 제너다이오드 양단전압은 기준전압 10〔V〕가 되며, 나머지 10〔V〕가 R_1 양단에 인가된다.

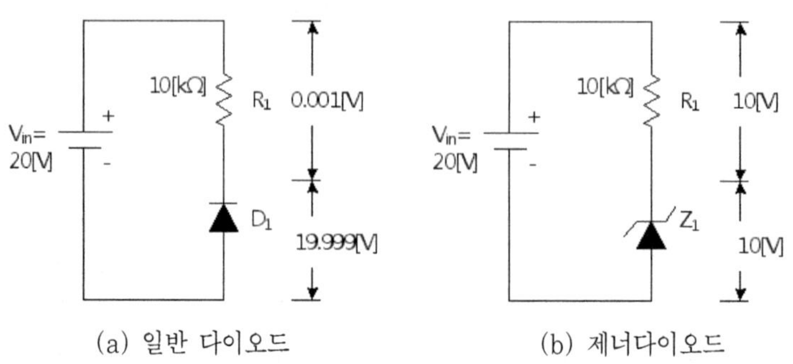

(a) 일반 다이오드 (b) 제너다이오드

그림 2.10 일반 다이오드와 제너다이오드 역방향 바이어스 비교

2.7 다이오드의 종류

① 일반정류용 다이오드

정류, 검파, 스위칭 등 많은 용도로 사용되고 있다.

② 정류용 다이오드

주로 상용 전원주파수에서의 정류에 사용된다. 취급하는 전압이나 전류용량에 따라 많은 종류가 만들어지고 있다.

③ 스위칭용 다이오드

스위칭 스피드가 개선되고 있다. 주로 상용 전원주파수보다 높은 주파수에서의 정류회로나 스위칭회로에 사용되고 있다.

④ 쇼트키 배리어 다이오드(SBD)

순방향전압이 작아 고속동작이 가능하다. 스위칭전원의 정류회로나 검파주파수 변환 등의 고주파 회로에 사용되고 있다.

⑤ 정전압 다이오드(제너다이오드)

캐소드 애노드 사이의 브레이크다운 현상을 이용한 다이오드로서, 기준전압원이나 정전압회로 리미터 등에 사용된다.

⑥ 정전류 다이오드(Current Regulator 다이오드 : CRD)

전압이나 부하저항의 크기에 관계없이 일정한 전류를 공급하는 다이오드이다. 주로 정전류회로에 사용한다.

⑦ 발광 다이오드(LED)

광전효과를 이용하고 있으므로 전류를 순방향으로 흘리면 빛이 난다. 점광원의 표시 램프나 세그먼트의 숫자표시기 등에 사용되고 있다.

⑧ 가변용량 다이오드

"버랙터 다이오드"라고도 한다. 역전압에 의해 애노드 캐소드 단자간 정전용량이 변화하는 다이오드의 기본적인 성질을 이용하는 가변용량 소자이다. 전압제어 발진기나 튜너 등의 동조회로에 사용되고 있다.

⑨ PIN다이오드

순방향전류에 의해 동작저항이 변화하는 다이오드의 기본적인 성질을 이용하는 부품이다. 고주파 감쇠기나 고주파 신호의 전환 스위치 등에 사용되고 있다.

3 다이오드 검사

3.1 다이오드 검사

① DMM(Digital Multi Meter)의 기능 스위치를 다이오드 검사 위치에 놓는다. (저항레인지 중 1[k]~20[kΩ] 범위)

② 테스트 리드선을 다이오드 리드선에 접속한다.

③ DMM 내장 전지의 전압은 적색 리드선에서 (+)의 전원이 나오기 때문에 적색 리드선을 애노드에 흑색 리드선을 캐소드에 접속하면, 표시창에 단자전압이 표시된다.

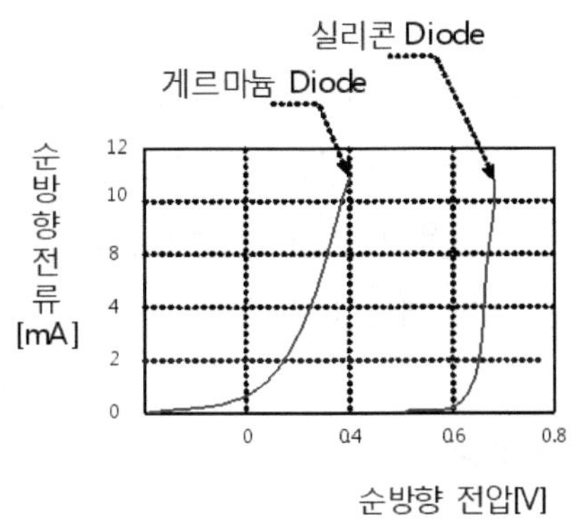

그림 3.1 다이오드 순방향특성

④ 순방향전압은 실리콘 다이오드에서 0.5~0.7[V], 게르마늄 다이오드에서는 0.15~0.4[V]가 표시된다.

⑤ 역방향 즉, DMM의 적색 리드선을 캐소드에, 흑색 리드선을 애노드에 접속하면 오버표시 또는 단자사이의 개방전압을 표시한다.

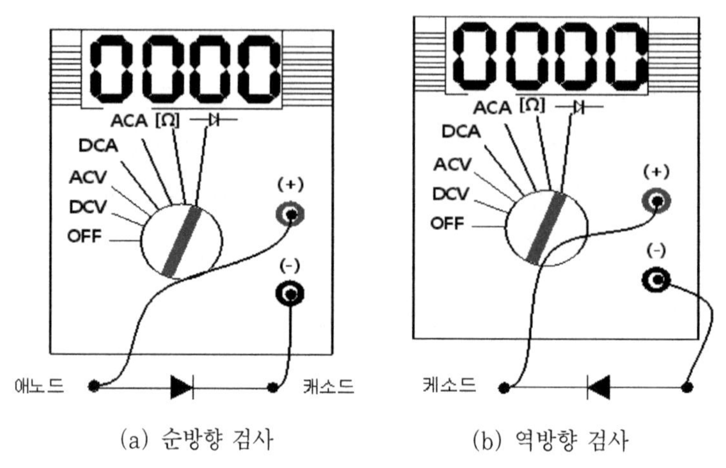

(a) 순방향 검사 (b) 역방향 검사

그림 3.2 DMM을 이용한 다이오드단자 Test

※ 주의 : 아날로그 테스터기는 적색 리드선이 캐소드에 흑색 리드선을 애노드에 접속하면 다이오드 저항값이 나온다.(DMM과 반대임)

3.2 발광다이오드 검사

발광다이오드는 LED(Light Emitting Diode)는 순방향으로 전류를 흐르면 발광하는 반도체소자이다. 발광원리는 전계발광(Electroluminescence)효과를 이용하고 있으며, 발광색은 사용되는 재료에 따라서 다르며 자외선 영역에서 가시광선, 적외선 영역까지 발광하는 것을 제조할 수 있다.

1) 원리

발광다이오드(LED)는 칼륨-인(GaP), 칼륨-비소(GaAs) 등을 소재로 하여 PN 접합을 형성하고 순방향으로 전압을 가하면 전류가 흘러서 접합면에서 발광한다. 적색발광은 P

형 반도체안에 주입된 전자가 정공과 결합할 때에 발생하고, 녹색발광은 N형 반도체 안에 주입된 정공이 전자와 결합할 때에 발생한다.

2) 전기적 특성

① 다른 일반적인 다이오드와 동일하게 극성을 가지고 있으며, 캐소드에서 애노드로 정전압을 가해서 사용한다. 전압이 낮은 동안은 전압을 올려도 거의 전류가 흐르지 않고, 발광도 하지 않는다.

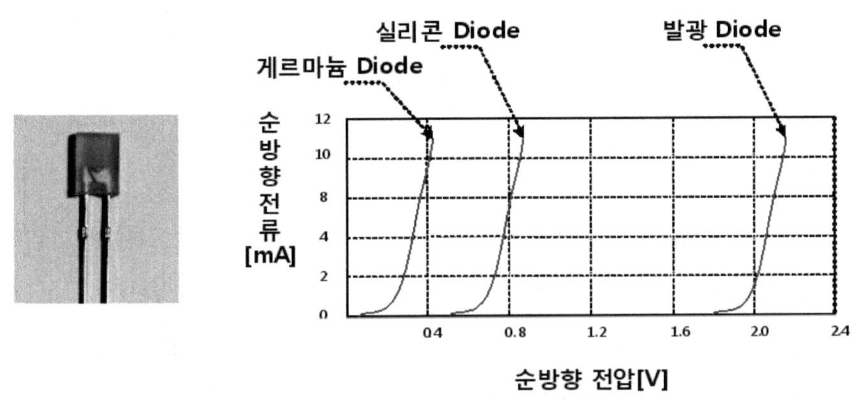

그림 3.3 발광 다이오드(LED) 순방향 특성

② 어느 전압 이상이 되면 전압상승에 대하여 전류가 빠르게 흘러서, 전류량에 비례해서 빛이 발생된다. 이 전압을 "순방향 전압강하"라고 하고, 일반적인 다이오드와 비교해서 발광다이오드는 순방향 강하전압이 높다.

③ 발광색에 따라 다르지만, 빨강색, 오렌지색, 노란색, 초록색에서는 2.1〔V〕 정도이다. 빨강 빛을 내지 않는 것은 1.4〔V〕 정도이다. 백색과 파란색은 3.5〔V〕 정도이다. 고출력 제품은 5〔V〕 전후인 것도 있다. 발광할 때 소비전류는 표시등 용도에서는 수〔mA〕~150〔mA〕 정도이지만, 조명용도에서는 소비전력이 수 〔W〕 단위의 대출력 발광다이오드도 판매되고 있어 구동전류가 1〔A〕를 넘는 제품도 있다.

3) 검사

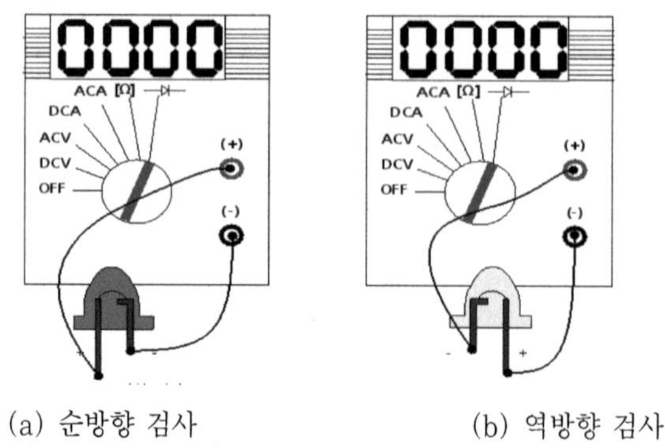

(a) 순방향 검사 (b) 역방향 검사

그림 3.4 DMM을 이용한 LED 검사

4) LED구동

LED를 구동하기 위해서는 LED에 정격이상의 전류가 흐르지 않도록 하기 위해서 "전류제한용 저항"을 삽입한다. 그림 3.5(a) 회로와 같이 전원전압은 5〔V〕에서 LED를 구동하는 회로에서 전류제한용 저항값을 산정하면, LED 정격전류는 5〔mA〕에서 20〔mA〕, 정격전압은 2〔V〕이다. 이 회로에서는 LED에 10〔mA〕정도의 전류가 흐르도록 구동하려면 옴의 법칙에 의하여 330〔Ω〕 정도의 전류제한용 직렬저항을 삽입한다.

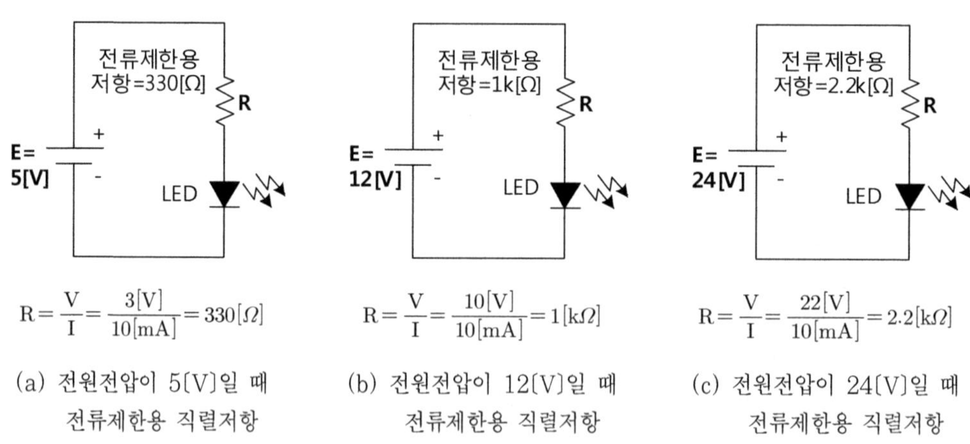

$$R = \frac{V}{I} = \frac{3[V]}{10[mA]} = 330[\Omega]$$

(a) 전원전압이 5〔V〕일 때 전류제한용 직렬저항

$$R = \frac{V}{I} = \frac{10[V]}{10[mA]} = 1[k\Omega]$$

(b) 전원전압이 12〔V〕일 때 전류제한용 직렬저항

$$R = \frac{V}{I} = \frac{22[V]}{10[mA]} = 2.2[k\Omega]$$

(c) 전원전압이 24〔V〕일 때 전류제한용 직렬저항

그림 3.5 전원전압의 변화에 따른 LED구동

4 정류회로

4.1 전원정류회로

대부분의 전기·전자기기는 직류전원으로서는 대개 220[V] 상용전원을 필요한 크기의 직류전압으로 변환해서 사용한다. 이것을 "전원정류회로"라고 한다. 전원정류회로 구성은 다음과 같다.

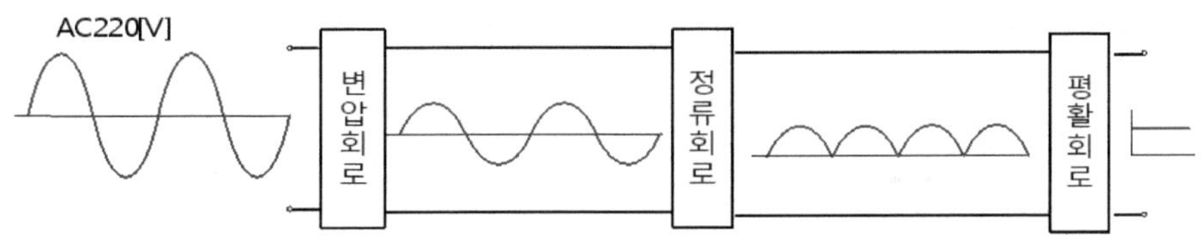

그림 4.1 정류회로의 구성

① 변압회로 : 사용전압의 크기에 알맞은 직류전압을 얻을 수 있도록 교류전압의 크기를 변압하는 회로이다.

② 정류회로 : 다이오드는 애노드에서 캐소드의 한 방향으로 전류를 흘리고 반대 방향으로는 전류를 차단하는 성질을 이용하여 교류전압을 직류전압으로 변환하는 회로를 "정류회로"라고 한다. 그 종류에는 반파정류회로와 전파정류회로가 있다.

③ 평활회로 : 정류회로에 의하여 얻어진 리플(ripple : 전압변동)이 심한 직류를 평활한 직류로 변화시키는 회로이며, 콘덴서의 충방전 원리를 이용하고 있다.

4.2 반파정류회로

1) 반파정류회로

반파정류회로는 교류의 전원은 X축상에 시간, Y축에 전압값을 그래프로 그리게 되면 시간의 흐름에 따라 (+) 최대전압과 (−) 최대전압 사이를 오가는 사인파형이 나타나는데 이 중에서 (+) 부분만을 정류해서 직류값으로 변환시키는 회로로서 부품의 구성은 간단한

편이지만 (+) 전압만을 취하기 때문에(반만 정류하는 것이므로) 발생하는 낮은 품질과 비경제성이 문제이다.

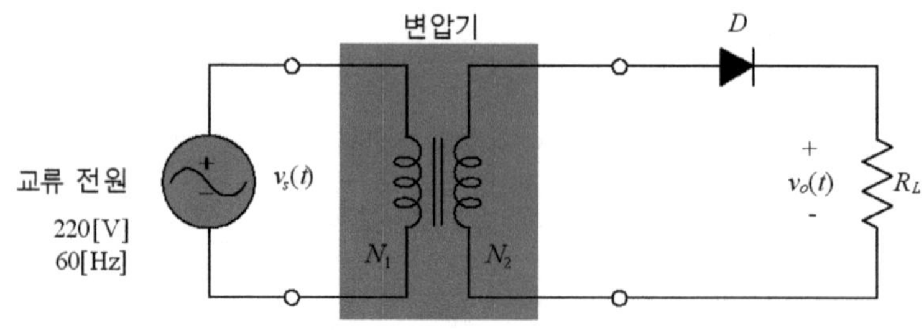

그림 4.2 반파정류회로

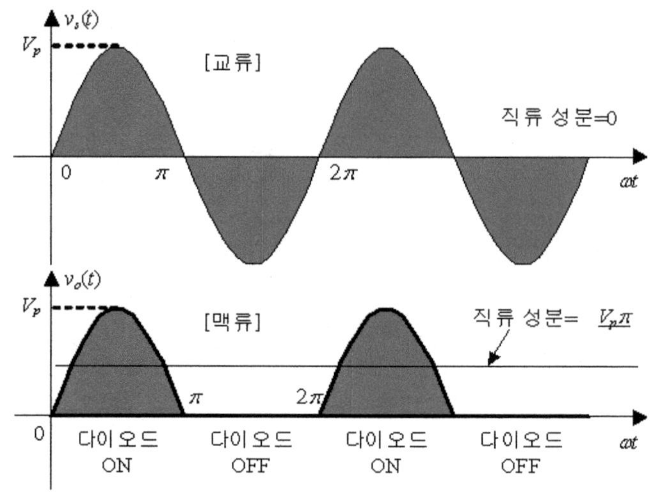

그림 4.3 반파정류회로의 입력파형과 출력파형

2) 동작모드

① (+) 반주기

입력전압의 한 주기 동안에 회로동작을 살펴보면 입력사인파가 (+) 반주기 동안에는 다이오드는 순방향바이어스로 되어 전류가 부하저항으로 흐른다. 전류는 부하양단에서 입력전압의 (+) 반주기와 같은 형태의 전압을 발생한다.

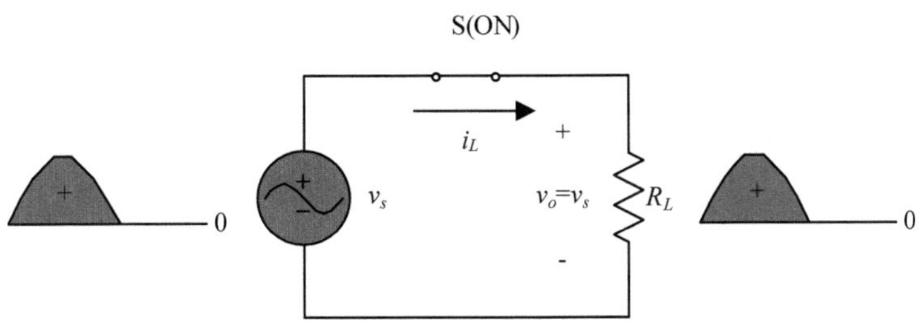

그림 4.4 반파정류회로 (+) 반주기에 대한 회로

② (−) 반주기

그림 4.5와 같이 입력전압이 (−) 반주기 동안에는 다이오드는 역방향 바이어스로 되어 전류가 흐르지 않기 때문에 부하저항 양단에서 전압은 0[V]이다.

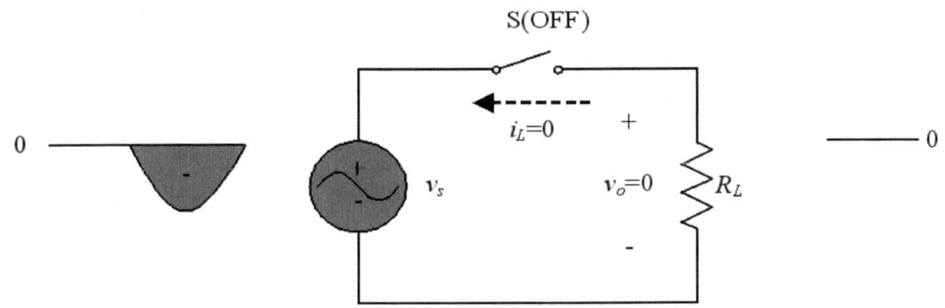

그림 4.5 반파정류회로 (−) 반주기에 대한 회로

☞ **정류다이오드 1N4001~7 내압**

1N4001 : 내압 DC 50[V] 1N4002 : 내압 DC 100[V] 1N4003 : 내압 DC 200[V]
1N4004 : 내압 DC 400[V] 1N4005 : 내압 DC 600[V] 1N4006 : 내압 DC 800[V]
1N4007 : 내압 DC 1000[V]

3) 출력 특성

① 반파정류 출력전압의 평균값

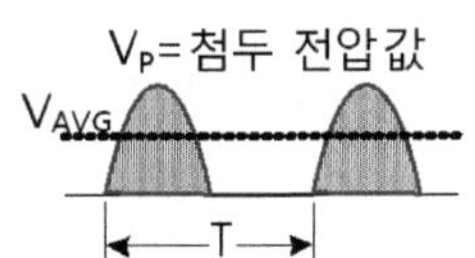

반파정류된 출력전압은 직류전압이므로 평균값 개념을 사용하여 한 주기 내의 곡선에 의해 둘러싸인 면적을 구하여 계산할 수 있다. 즉 반주기 내의 면적을

계산하고 주기로 나누면

$$V_{AVG} = \frac{V_P}{T}$$

가 된다. (V_P는 첨두 전압=교류최대값)

② 최대역전압(PIV)

"첨두역전압(PIV : Peak Inverse Voltage)"이라고도 불리는 최대역전압은 다이오드가 역방향 바이어스 되었을 때 입력 (−) 반주기 첨두에서 나타난다. PIV는 입력전압의 첨두값과 같으며 다이오드는 반복되는 최대역전압을 견뎌야 한다.

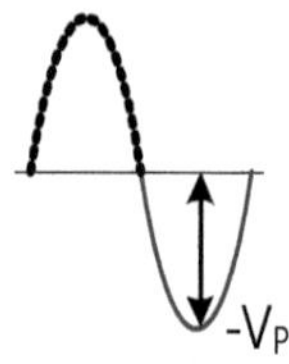

예제

반파정류한 직류파형의 평균값은 ?

풀이

$$V_{AVG} = \frac{V_P}{\pi} = \frac{220\,[V]}{\pi} = 70.7\,[V]$$

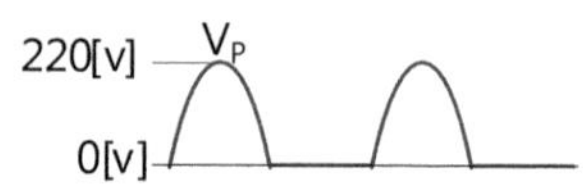

4.3 전파 및 브리지 정류회로

1) 전파정류회로

① 전파정류회로에서는 입력전압을 (+) 반주기 동안 정류하고 난 후에 (−) 반주기에서는 입력전압의 극성을 반대로 해서 정류하여 반파정류에 비해 고품질의 직류를 얻을 수 있다.

② 전파정류와 반파정류의 차이점은 전파정류기(full wave rectifier)는 입력의 (+), (−) 전주기 동안 부하에 한 방향으로 전류가 흐르게 하지만, 반파정류기(half wave rectifier)는 반주기 동안만 전류가 흐르게 한다는 것이다. 전파정류에 의한 출력전압은 그림 4.6과 같이 입력의 반주기마다 맥동하는 직류출력전압이 나타나며, 전파정류된 전압의 평균값은 반파정류된 전압의 평균값에 2배가 된다.

$$V_{AVG} = 2 \times \frac{V_P}{\pi}$$

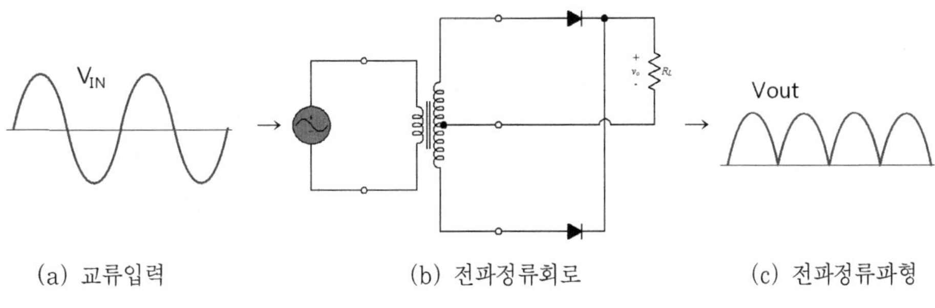

(a) 교류입력　　(b) 전파정류회로　　(c) 전파정류파형

그림 4.6　전파정류

예제

오른쪽 그림과 같은 전파정류한 직류파형의 평균값은?

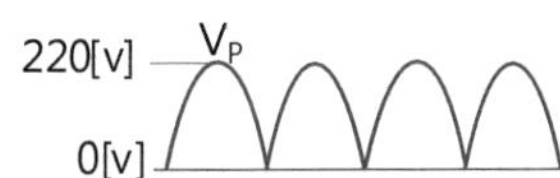

풀이

$$V_{AVG} = 2 \times \frac{V_P}{\pi} = 2 \times \frac{220\,[V]}{\pi} = 140.1\,[V]$$

2) 브리지 정류기

① 브리지 정류기(bridge rectifier)는 그림 4.7과 같이 4개의 다이오드를 사용한다.

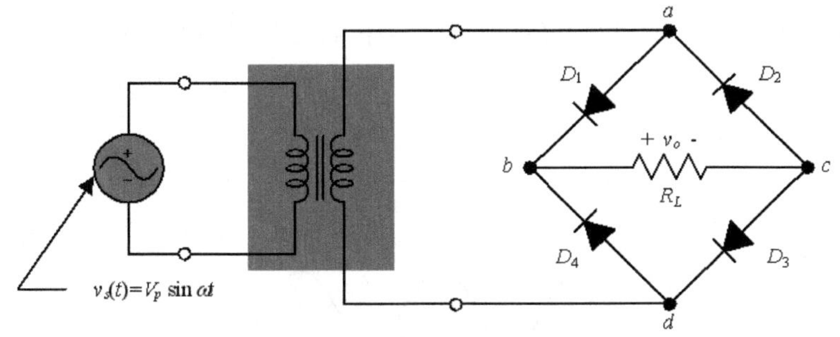

그림 4.7　브리지 정류기

② (+) 반주기 동안의 회로동작은 그림 4.8과 같이 다이오드 D_1과 D_3는 순방향 바이어스 전류가 R_L을 통해 흐른다. 이 시간 동안에 다이오드 D_2와 D_4는 역방향 바이어스된다.

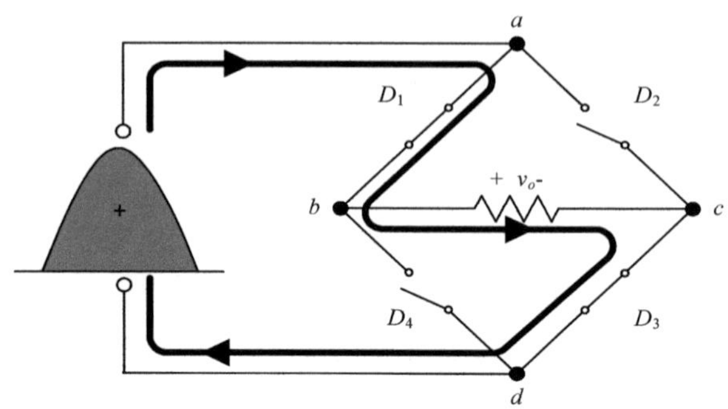

그림 4.8 (+) 반주기의 회로동작

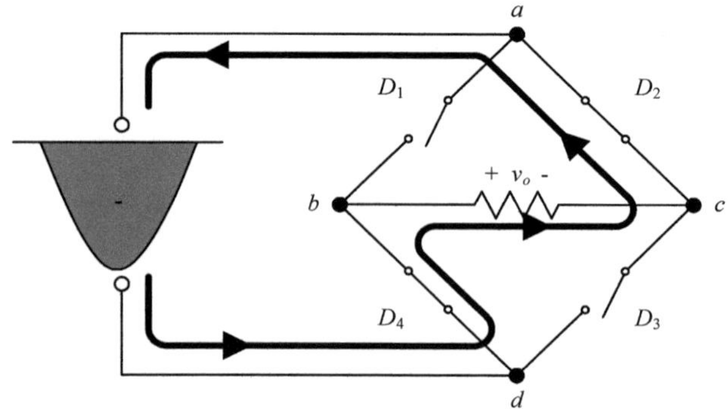

그림 4.9 (−) 반주기의 회로동작

③ (−) 반주기 동안에 회로동작은 그림 4.9와 같이 다이오드 D_2와 D_4는 순방향 바이어스되어서 전원전류가 R_L을 통해 전류가 흐른다. 이 시간 동안에 다이오드 D_1와 D_3는 역방향 바이어스가 된다.

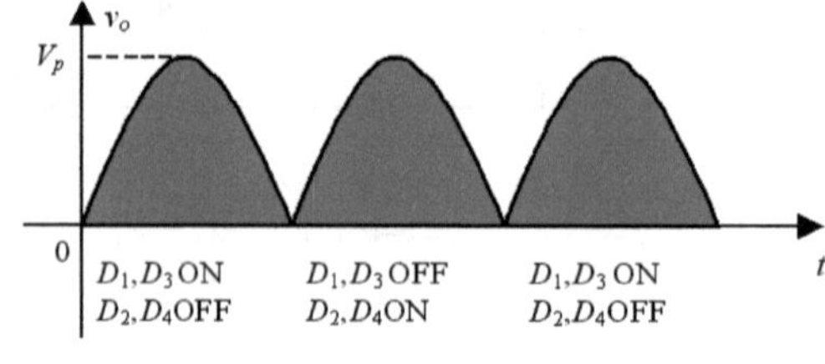

그림 4.10 출력파형

5 정전압 레귤레이터 IC

일반적으로 전자회로는 정전압의 직류전원에서 동작하기 때문에 대부분의 전원용 IC는 출력전압을 안정화(레귤레이션)하는 기능을 가지고 있다. 그 때문에 출력전압을 검출하여 출력전압이 일정하도록 내부에서 제어하고 있으며, 레귤레이터 IC는 자체에서 전력을 만들어 내는 것이 아니라, 입력측으로부터 전력을 입력받아서 부하측에 전달한다. 이 전달하는 전력의 크기를 제어함으로서 출력전압을 안정화한다.

정전압 IC는 입력전압, 출력부하전류 및 온도에 관계없이 일정한 직류 출력전압 및 전류를 제공한다.

5.1 78, 79XX시리즈

① 고정출력 레귤레이터 IC는 (+)전압을 출력하는 78XX, (−)전압을 출력하는 79XX 시리즈가 있으며, 고성출력전압은 ±5〔V〕, ±6〔V〕, ±7〔V〕, ±8〔V〕, ±9〔V〕, ±10〔V〕, ±12〔V〕, ±15〔V〕가 있다.

② 78L05의 형식을 살펴보면

㉮ 출력극성(78 : 플러스, 79 : 마이너스)

㉯ 출력전류(L : 100〔mA〕, M : 500〔mA〕, 공백 : 1〔A〕, H : 5〔A〕, P : 10〔A〕)

㉰ 출력전압(05 : 5〔V〕, 09 : 9〔V〕, 12 : 12〔V〕, 15 : 15〔V〕)을 나타낸다.

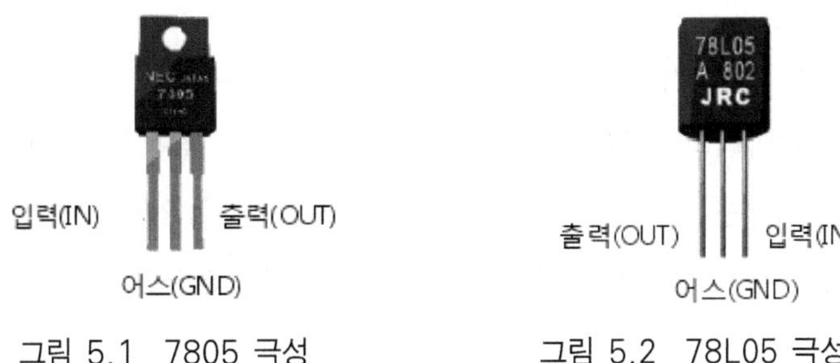

그림 5.1 7805 극성　　그림 5.2 78L05 극성

③ 3단자 레귤레이터의 핀 번호와 명칭을 보면 7805의 경우 품명이 인쇄되어 있는 평평한 면을 바로 보았을 때, 왼쪽 리드가 입력, 중앙의 리드가 어스(접지), 오른쪽의 리드가 출력이다. 78L05의 경우 품명이 인쇄되어 있는 면을 바라보았을 때, 왼쪽 리드가 출력, 중앙의 리드가 어스(접지), 오른쪽의 리드가 입력이며, 7805와는 반대이므로 주의할 필요가 있다.

2) 사용 예

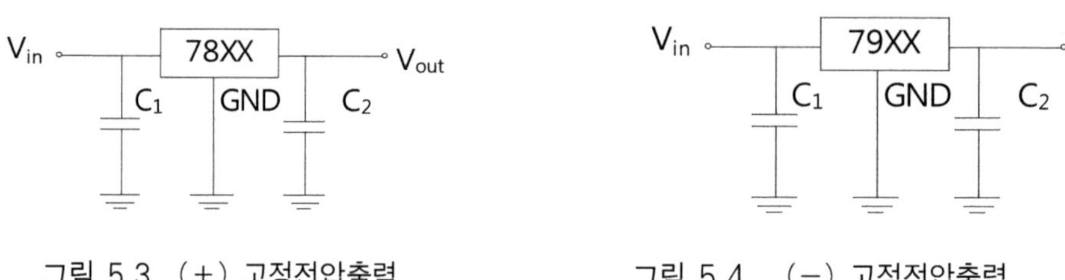

그림 5.3 (+) 고정전압출력　　　그림 5.4 (−) 고정전압출력

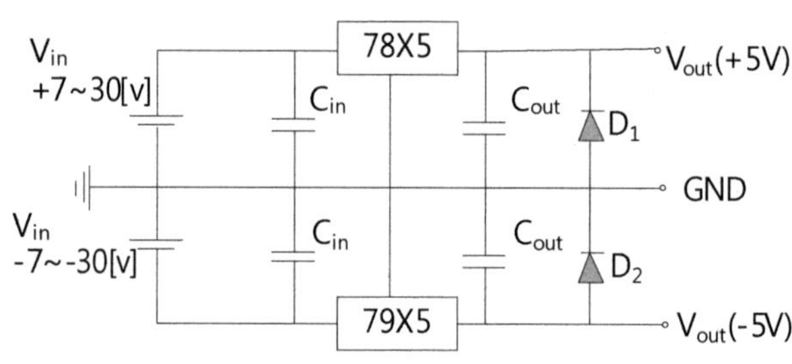

그림 5.5 +5〔V〕, −5〔V〕 전압출력의 회로

그림 5.5와 같이 일반적으로 전원장치에서는 입력측에 C_{in} 콘덴서를 접속하는 것은 일반적인 레귤레이터의 경우 $V_{in} > V_{out} + 2$〔V〕라는 조건을 만족해야 한다. 가령 +5〔V〕 레귤레이터를 사용하기 위해서는 7〔V〕 이상의 입력전압을 인가해야 하는데 여기서 7〔V〕란 의미는 리플전압에서 최소전압을 의미한다.

☞ **발진(Oscillation)**
외부로부터 신호가 가하지 않아도 연속해서 신호가 발생하는 현상

실험실습

1. 실험기기 및 부품

   1) 브레드보드

   2) DMM

   3) 오실로스코프

   4) 저항

      ① 330〔Ω〕 1/4〔W〕 ② 1k〔Ω〕 1/4〔W〕 ③ 1k〔Ω〕 1/2〔W〕 ④ 100〔Ω〕 2〔W〕

   5) 다이오드

      ① 1N4007 ② 1N4148 ③ UF4007 ④1N5822

   6) LED

   7) 변압기

2. 다음과 같이 회로를 구성하고 각각의 다이오드를 교체하면서 순방향전압을 측정한다.

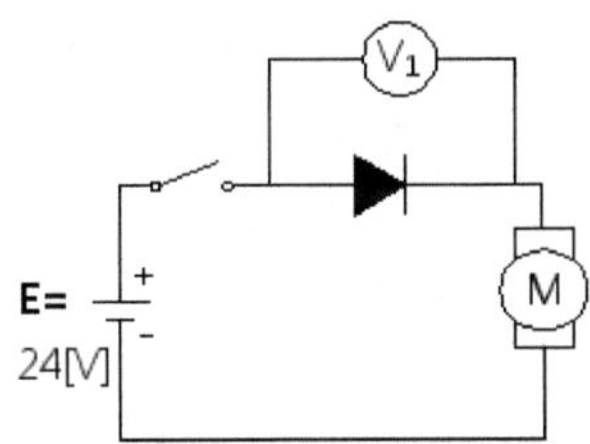

다이오드	다이오드 순방향전압(V_1)
① 1N4002	
② 1N4937	
③ UF4007	
④ 1N5822	

3. 다음 회로는 LED를 구동하는 회로이다.

① 5[V] 전원전압에서의 LED 구동하기

㉮ V_1 전압은 몇[V]인가?

㉯ V_2 전압은 몇[V]인가?

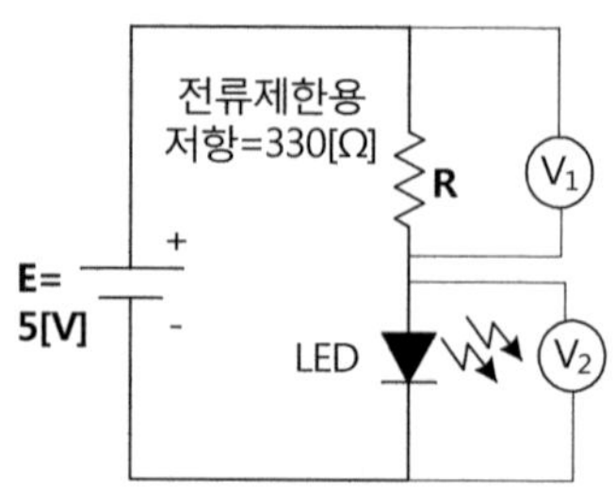

② 12[V] 전원전압에서의 LED 구동하기

㉮ V_1 전압은 몇[V]인가?

㉯ V_2 전압은 몇[V]인가?

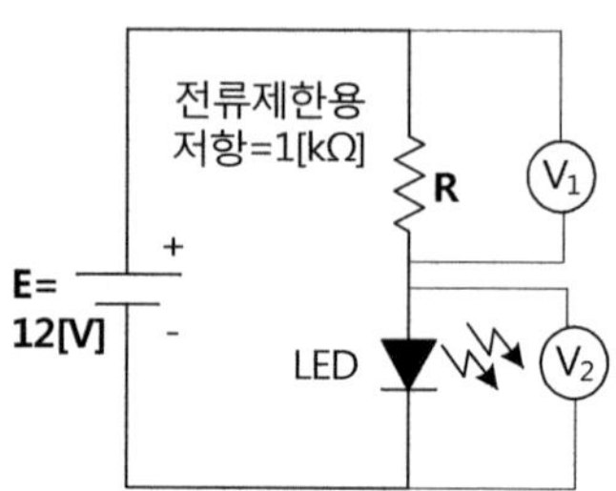

4. 반파정류회로를 구성하고 V_1, V_2 전압파형을 오실로스코프로 측정하여 파형을 도시하라.

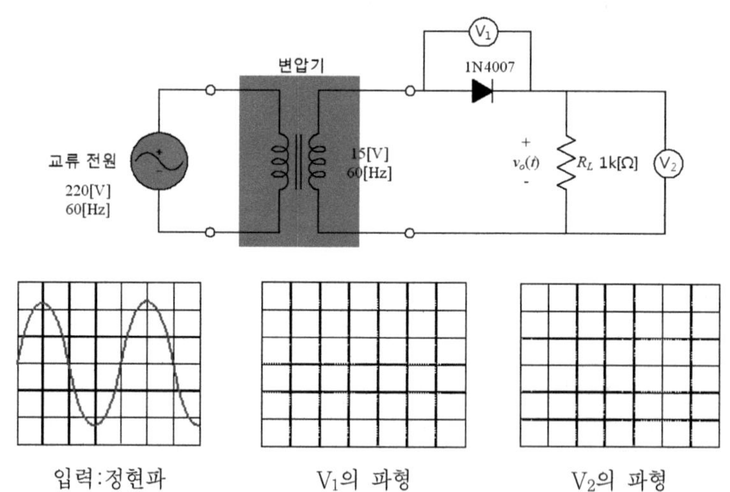

• 요점정리 •

1. "진성반도체"는 불순물을 첨가하지 않은 순수한 반도체, "N형 불순물 반도체"는 순수한 실리콘결정에 5가의 불순물을 첨가한 반도체, "P형 반도체"는 3가의 불순물을 첨가한 반도체이다.

2. "역회복시간(t_{rr})"에 따라서 다이오드를 분류하면 General, Fast Recovery Diode, Soft Fast Recovery Diode, Ultra Fast Recovery Diode, Schottky Diode로 분류한다.

3. 다이오드는 애노드(anode)와 캐소드(cathode)라는 2개의 단자가 있으며 각각 "A", "K"로 표시하며 애노드전압이 캐소드전압보다 0.7[V]가 높으며 애노드에서 캐소드로 전류가 흐르고, 애노드전압이 캐소드전압보다 0.7[V]가 낮으면 애노드에서 캐소드로 전류가 흐르지 못한다.

4. 교류정류회로는 상용전원으로부터 필요한 크기의 직류전압으로 변환하기 위하여 사용하는 회로이며, 변환회로, 정류회로, 평활회로로 구성한다.

5. 반파정류회로에서 출력전압의 평균값은 $V_{AVG} = \frac{V_p}{\pi}$

   전파정류회로에서 출력전압의 평균값은 $V_{AVG} = 2 \times \frac{V_p}{\pi}$ 이다.

6. 고정출력 레귤레이터 IC는 (+)전압을 출력하는 78XX, (−)전압을 출력하는 79XX시리즈가 있으며, ±5[V], ±6[V], ±7[V], ±8[V], ±9[V], ±10[V], ±12[V], ±15[V]의 정전압을 출력하는 IC소자가 있다.

연습문제

1. N형 반도체의 다수캐리어는 무엇인가?

2. 순수한 실리콘 결정에 실리콘이나 게르마늄에 5가의 불순물을 첨가한 반도체를 무엇이라 하는가?

3. P형 반도체의 불순물을 무엇이라고 하는가?

4. 바이어스는 무엇인가?

5. 실리콘 다이오드의 순방향전압은 몇 〔V〕인가?

6. 다음의 다이오드를 역회복시간에 의하여 분류하여라.
   ① 1N4001 (____________)다이오드
   ② 1N4148 (____________)다이오드
   ③ 1N4937 (____________)다이오드
   ④ 1N5822 (____________)다이오드

7. 입력전압의 실효값이 110〔V〕인 교류전원을 반파정류할 때의 출력전압의 평균값은?

8. 입력전압의 첨두값이 310〔V〕인 교류전원을 전파정류할 때의 출력전압의 평균값은?

9. 다음 78L05의 단자 순서는 어떻게 되는가?

① ______ ② ______ ③ ______

10. 다음 회로의 출력파형을 도시하여라.

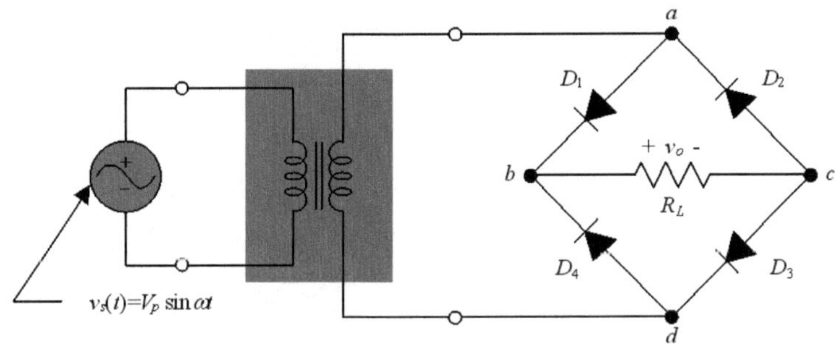

11. 다음 소자의 출력전류는?

① 78L05 (________)

② 79M05 (________)

③ 7812 (________)

제 5 장

트랜지스터

학습목표

1) 트랜지스터의 기본동작과 전압증폭에 대하여 이해한다.
2) 트랜지스터의 스위칭 동작에 대하여 이해한다.

제 5 장

트랜지스터

1 트랜지스터(TR : Transistor) 개요

1.1 구조에 따른 분류

트랜지스터는 동작구조상 차이에 따라 바이폴러(bipolar) 트랜지스터와 유니폴러(unipolar) 트랜지스터로 분류할 수 있다.

① 바이폴러 트랜지스터

Bi(2개) Polar(극성)의 의미로서 트랜지스터를 구성하는 반도체에 정공과 전자에 의해 전류가 흐르게 되어 있는 것을 "바이폴러 트랜지스터"라고 한다. 일반적인 트랜지스터는 실리콘으로 되어 있는 바이폴러 트랜지스터를 가르킨다.

② 유니폴러 트랜지스터

유니폴러는 "하나의 극을 갖는다"라는 의미이며, 일반적인 트랜지스터에서는 전류는 전자와 정공, 두 가지에 의하여 운반되며, 단극성 유니폴러 트랜지스터인 FET는 전자 또는 정공의 어느 한쪽만이 전류를 운반하는 역할을 하기 때문에 이와 같이 부른다.

> ☞ **트랜지스터(Transistor)**
> Trans + Resistor의 합성어로 베이스전류에 의하여 컬렉터와 이미터의 저항값을 변화시켜서 컬렉터와 이미터에 흐르는 전류를 제어하는 소자이다.

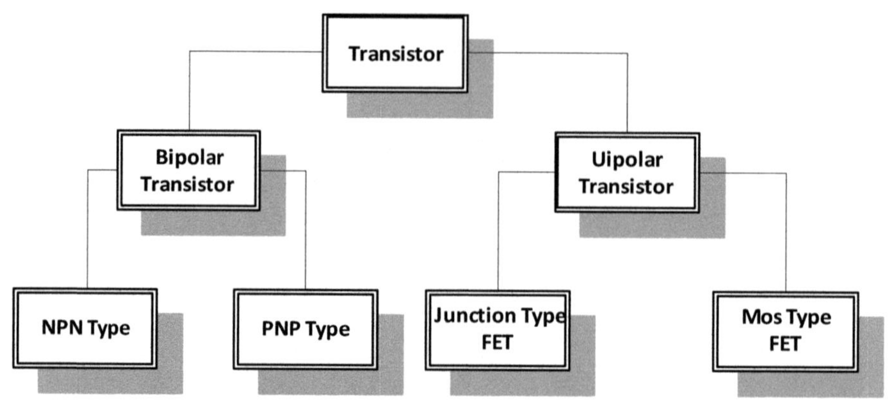

그림 1.1 트랜지스터의 분류

㉮ FET

FET는 Field Effect Transistor의 약어로 “전계효과 트랜지스터”라 하며 접합형 FET와 MOS형 FET가 있다.

☞ **전계효과**

어떤 반도체에 전계를 걸어주었을 때 반도체 내의 캐리어(자유전자 또는 정공)들이 인가된 전계에 따라 (+)극에는 (−) 캐리어 즉, 전자가 모이고, (−)극에는 (+) 캐리어 즉, 정공이 모여서 전류를 흘릴 수 있는 도전성 채널을 만들어 주는 현상이며, 이러한 전계효과를 이용한 트랜지스터를 FET (Field Effect Transistor=전계효과 트랜지스터)라고 한다.

㉯ MOSFET

MOS는 Metal Oxide Semiconductor의 약어로 그 구조가 금속(Metal), 실리콘 산화막(Oxide), 반도체(Semiconductor)로 구성되었다.

☞ **MOSFET(Metal Oxide Semiconductor Field Effect Transistor)**

게이트전압에 의하여 드레인과 소스 사이의 저항값을 변화시켜서 드레인과 소스에 흐르는 전류를 제어하는 소자이다.

1.2 바이폴러(bipolar) 트랜지스터의 종류와 전극

1) 바이폴러(bipolar) 트랜지스터의 개요

① 바이폴러(bipolar) 트랜지스터의 종류와 전극간 구조의 개요부터 알아보기로 한다. 트랜지스터에는 그림 1.2와 같이 여러 가지의 형상이 있다.

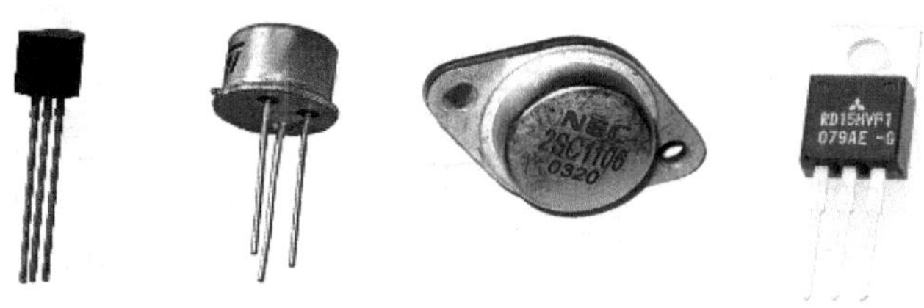

그림 1.2 바이폴러(bipolar) 트랜지스터의 형상

② 바이폴러(bipolar) 트랜지스터는 기본적으로 PNP형과 NPN형 2가지 종류가 있다. 이러한 것은 어느 것이나 외형은 동일하나, 기본동작과 내부구조가 다르며, 사용법도 차이를 보인다.

③ 그리고 어느 형의 트랜지스터에도 3개의 단자가 있으며 각각의 단자를 "이미터(Emitter), 베이스(Base), 컬렉터(Collector)"라고 한다. 이 이미터, 베이스, 컬렉터는 각각 E, B, C라는 기호로 표시한다.

☞ **이미터(Emitter) 전자의 유입, 베이시(Base) - 중간층, 컬렉터(Collector) - 전자의 출구**

④ 그러면 다음에 트랜지스터의 전극구성에 대하여 알아보기로 한다. 트랜지스터에는 그림 1.3과 같이 NPN형 트랜지스터와 PNP형 트랜지스터라는 2종류가 있고 내부는 기본적으로는 다이오드가 그림 1.3과 같이 접속되어 있는 회로로 구성할 수 있다.

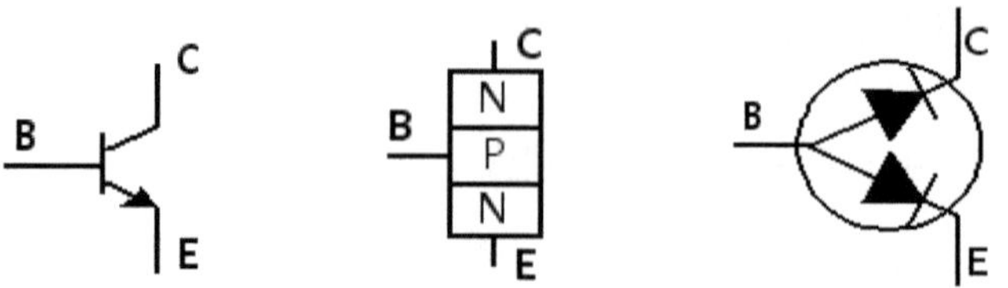

(a) NPN 트랜지스터의 기호, 구조, 다이오드 등가회로

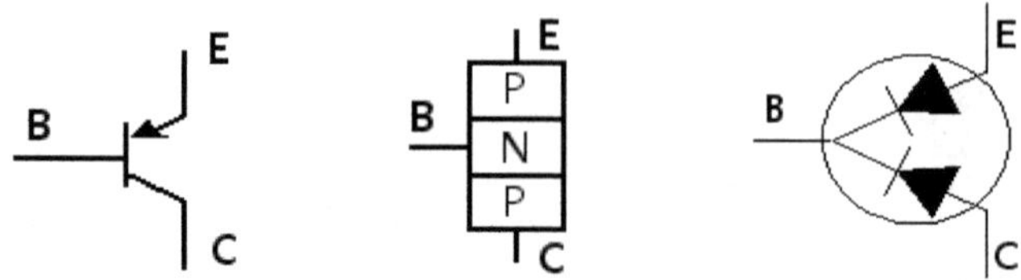

(b) PNP 트랜지스터의 기호, 구조, 다이오드 등가회로

그림 1.3 바이폴러 트랜지스터 종류

⑤ NPN 트랜지스터의 경우는 베이스에서 이미터, 베이스에서 컬렉터의 방향으로 각각 다이오드가 들어가 있는 등가회로로 생각할 수 있다. 또한 PNP트랜지스터의 경우는 이미터로부터 베이스, 컬렉터로부터 베이스의 방향으로 각각 다이오드가 들어가 있는 등가회로로 생각할 수 있다.

2) 바이폴러 트랜지스터의 명칭 표기법

바이폴러 트랜지스터 명칭 표기법은 나라별로 다소의 차이가 있다.

① 일본식 명칭 표기법

㉮ 2SA562 고주파용 PNP 트랜지스터 (싱글트랜지스터 계열)

㉯ 2SB178 저주파용 PNP 트랜지스터 (달링턴트랜지스터 계열)

㉰ 2SC1815 고주파용 NPN 트랜지스터 (싱글트랜지스터 계열)

㉱ 2SD560 저주파용 NPN 트랜지스터 (달링턴트랜지스터 계열)

② 미국식 명칭 표기법

㉮ 2N2222

("2N"의 의미는 접합면이 두 개인 반도체라는 것을 의미하며, "2222"는 반도체협회에 등록된 일련번호를 의미한다.)

㉯ 그밖의 미국업체의 표기법은 CS9012, CS9013, TIP41C, TIP42C 등이 있다.

③ 유럽식 명칭 표기법

예) BC107

B	C	107
반도체 종류	제품 종류	107
A : (Ge)게르마늄 B : (Si) 실리콘 C : 3,5족 반도체 (예 : GaAs)	A : Diode B : 가변용량 Diode C : 저주파 TR D : 저주파 출력 TR E : 터널 Diode	반도체협회에 등록한 일련번호

2 바이폴러 트랜지스터의 기본동작

2.1 바이폴러 트랜지스터의 기본동작

① 트랜지스터 동작을 NPN형 트랜지스터를 중심으로 생각해 보기로 한다. NPN 트랜지스터의 컬렉터·이미터간에 그림 2.1(a)와 같이 전압을 인가해 본다. 그림의 경우는 D_1에 대해서는 순방향전압이나, D_2에 대해서는 역방향이 되어 차단되기 때문에 점선과 같은 방향의 전류는 흐르지 않는다.

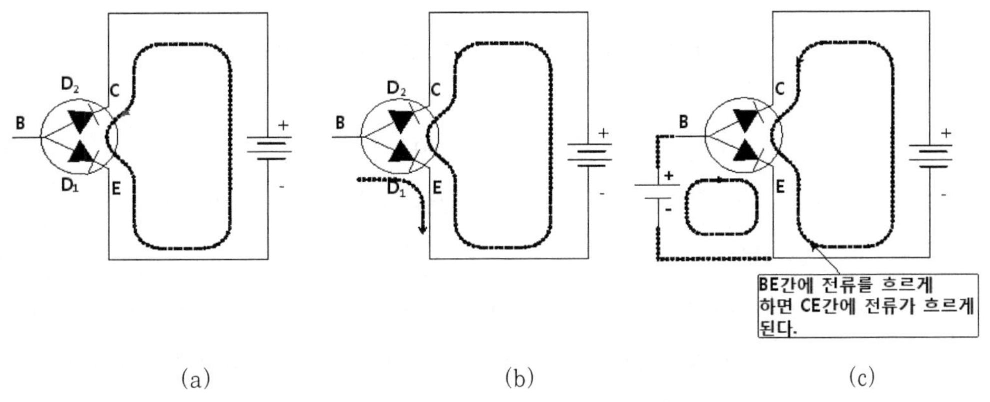

그림 2.1 바이폴러 트랜지스터의 기본 동작

② 그러면 이 상태에서 다시 베이스·이미터간에도 전압을 인가해본다. 그림 2.1(b)의 경우는 D_2의 다이오드가 역방향으로 되어 있으므로 이대로는 컬렉터·이미터간에 전류는 흐르지 않는다. 그러나 이 상태에서 베이스·이미터 간에 전류를 흐르게 하는 것에 의하여 실제로는 이 다이오드 D_2에 전류가 흐르게 된다. 이 현상이 단순히 다이오드를 2개 접속한 것만이 아닌, 트랜지스터의 특수한 동작인 것이다.

③ 즉, 그림 2.1(c)와 같이 컬렉터·이미터간에 전압을 인가하고, 다시 베이스·이미터간에 전압을 인가하여 베이스·이미터간에 전류를 흐르게 하면 컬렉터·이미터간에 그림과 같은 전류가 흐르게 된다. 그리고 베이스·이미터간에 흐르는 전류를 증가하면 컬렉터·이미터간에 흐르는 전류도 증가한다.

④ 2SC1684라고 하는 NPN 트랜지스터에 대해서 베이스·이미터간의 전류에 대하여 컬렉터·이미터간의 전류는 그림 2.2에서 볼수 있듯이 베이스·이미터간의 전류가 0일 때는 컬렉터·이미터간의 전류도 0이 되며, 또한 베이스·이미터간의 전류를 증가시키면 컬렉터·이미터간의 전류도 증가한다.

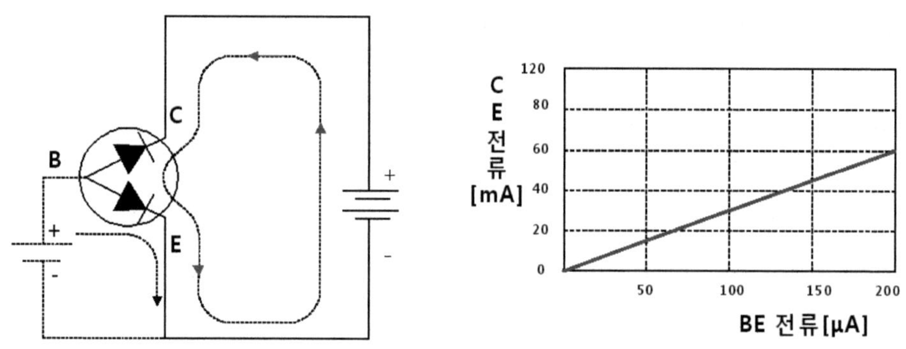

그림 2.2 트랜지스터(2SC1684) 전류 그래프

⑤ 그림 2.3과 같이 이러한 것은 NPN 트랜지스터에서만 말하는 것이 아니고 PNP 트랜지스터라도 동일한 동작을 한다. 여기서 트랜지스터의 베이스·이미터간에 흐르는 전류를 "베이스 전류(I_B)"라고 하며, 컬렉터·이미터간에 흐르는 전류를 컬렉터 단자를 흐르는 전류라는 것으로 "컬렉터 전류(I_C)"라고 한다. 그리고 이 I_B와 I_C는 다같이 이미터 단자에도 흐르게 되므로 이 전류를 "이미터 전류(I_E)"라고 한다. NPN, PNP 어느 트랜지스터인 경우에도 I_B, I_C, I_E 간에는 다음의 관계가 있다.

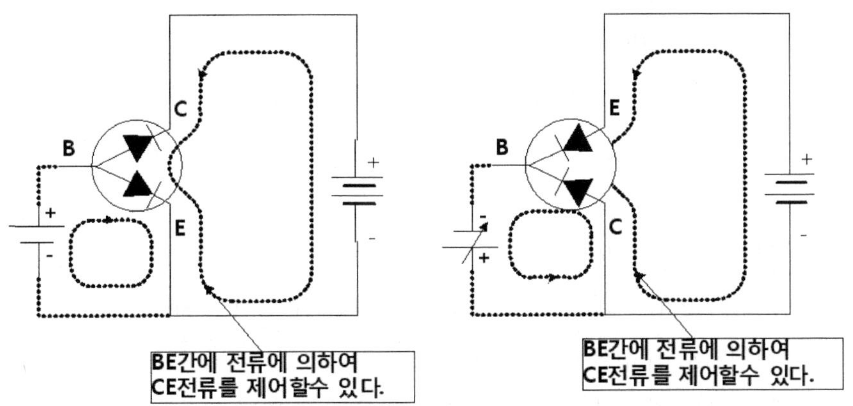

그림 2.3 NPN, PNP 트랜지스터 동작

⑦ 그러면 트랜지스터의 컬렉터・이미터간에 그림 2.4와 같이 램프와 전원의 회로를 접속해 두고, 베이스 전류를 다음과 같이 변화시키면 램프는 어떻게 될 것인가?

㉮ 베이스 전류가 0일 때→램프에 전류가 흐르지 점등하지 않는다.

㉯ 베이스 전류를 증가한다. →램프에 흐르는 전류가 증가하고 밝게 된다.

㉰ 베이스 전류를 감소한다. →램프에 흐르는 전류가 감소하고 어둡게 된다.

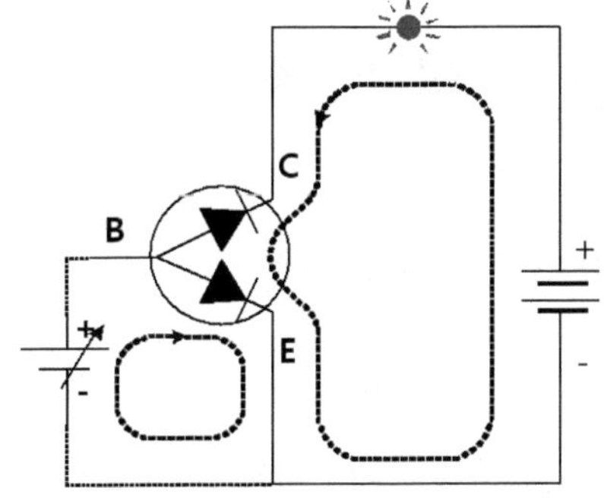

그림 2.4 DC램프제어

⑧ 지금까지의 공부에서 트랜지스터의 베이스 전류(I_B)에 의하여 컬렉터 전류(I_C)를 제어할 수 있다는 것을 알게 되었다. 앞에서의 2SC1684의 특성표에서 베이스 전류 I_B의 변화에 대하여 컬렉터 전류 I_C의 값은 어떻게 되어 있는가?

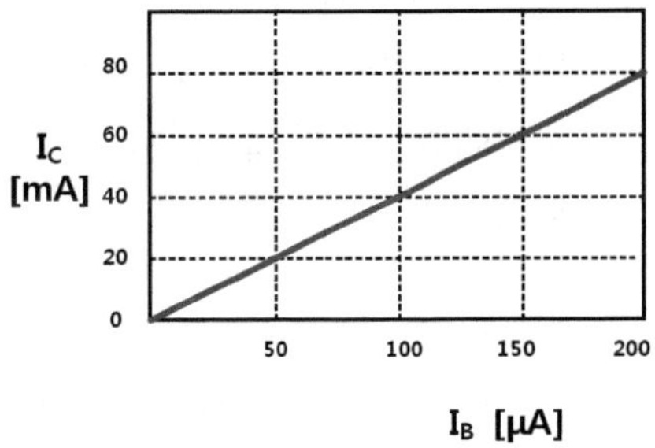

그림 2.5 트랜지스터의 전류 특성곡선

I_B가 0[μA]에서 50[μA]까지 변화하면 I_C는 0[mA]에서 20[mA]까지 변화하고 있어서 컬렉터 전류 I_C는 베이스 전류 I_B의 변화에 비해 400배(I_C/I_B=20[mA]/50[μA]) 정도로 크게 변화한다. 이러한 것에서 알 수 있는 바와 같이 트랜지스터는 베이스 전류 I_B에 의하여 컬렉터 전류 I_C의 흐름을 제어할 뿐만이 아니라 매우 적은 I_B의 값으로 I_C의 값을 크게 변화시킬 수가 있다.

⑨ 여기서 베이스 전류 I_B의 값에 대하여 몇 배의 컬렉터 전류 I_C가 흐르는가에 대한 비율을 "전류 증폭율 h_{FE}"라고 한다. 이 값은 반드시 Data Sheet에 반드시 명기되어 있으나 일반적으로 수십에서 수백의 값을 가지고 있다. 즉, 트랜지스터의 베이스 전류 I_B의 매우 적은 변화에 대해서 컬렉터 전류의 값을 수 10배에서 수 100배로 증폭시킬 수가 있다.

3 전압증폭

3.1 전압증폭

① 전압증폭을 시키기 위한 반도체소자로서는 트랜지스터나 OP 앰프가 있다. 또한 전력제어를 하기 위한 반도체소자로서는 트랜지스터, 약간 동작은 다르나 MOSFET, 싸이리스터, 트라이액 등이 있다. 이 장에서는 제1단계로 바이폴러 트랜지스터를 사용하는 전압증폭에 대하여 공부하고, 바이폴러 트랜지스터를 어떻게 활용하면 이와 같은 동작을 시킬 수 있는 것인가를 알아보기로 한다.

그림 3.1과 같은 특성이 있는 바이폴러 트랜지스터를 사용한 경우, 전압 V_B가 온도변화에 의하여 0.675[V]에서 0.725[V]로 변화하였을 때의 컬렉터 전압 V_C의 값을 구하여라. V_C의 값은 전원 전압 V_{CC}에서 저항 R_C에 의한 전압강하 I_C R_C를 뺀 것이 된다.

V_B=0.675[V] → I_B = | (가) 20[μA] | → I_C = | (나) 2[mA] | → V_C = | (다) 8[V] |

V_B=0.725[V] → I_B = | (라) 80[μA] | → I_C = | (마) 8[mA] | → V_C = | (바) 2[V] |

(여기서 $I_C = I_B h_{FE}$, $V_C = V_{CC} - I_C R_C$ 식을 이용하면 됨.)

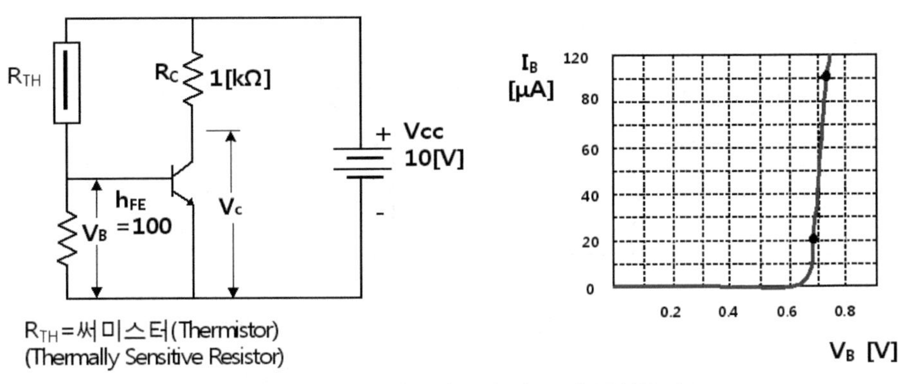

그림 3.1 트랜지스터 증폭회로 및 특성곡선

② V_C의 값은 어떻게 되었는가? 온도가 상승하여 V_{BE}의 값이 0.675[V]에서 0.725[V]로, 0.05[V] 정도만 변화하면 V_C의 값은 8[V]에서 2[V]로 6[V] 정도 변화하게 된다.(R_{TH} : 써미스터, 9장 온도센서 참조)

즉, 그림 3.2의 점 a단자를 입력단자로 하고 점 b단자를 출력단자로 하면 입력 전압의 0.05[V]의 전압변화에 대하여 그 120배(6[V]/0.05[V])인 6[V] 정도의 큰 출력전압의 변화를 얻게 되는 것이다. 이러한 것에서 그림 3.2 중의 점선으로 나타낸 회로를 "전압증폭회로"라고 하며, 이 변화의 배율을 "전압증폭도"라고 한다. 이 경우는 120배의 증폭도를 가진 전압증폭기라고 하는 것이다.

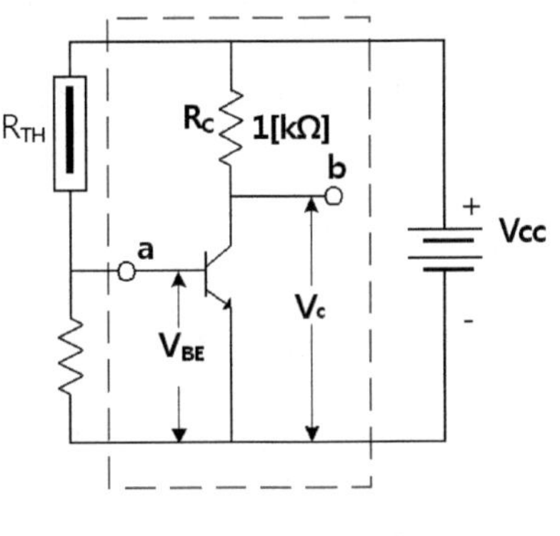

그림 3.2 전압증폭회로

③ 그러나 여기서 주의할 점은 입력전압(V_B)가 상승하거나, 하강하거나 할 경우에 출력 전압(V_C)이 그림 3.3과 같이 변화한다.

㉮ V_B가 상승한다. → I_B, I_C가 증가한다. → R_C의 전압강하가 크게 된다. → V_C가 감소한다.

㉯ V_B가 하강한다. → I_B, I_C가 감소한다. → R_C의 전압강하가 적게 된다. → V_C가 상승한다.

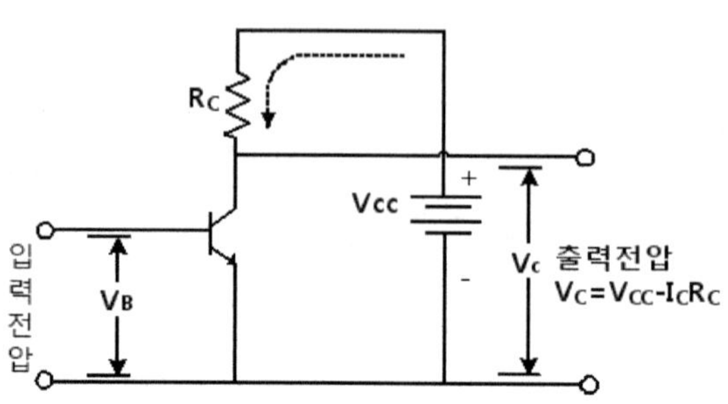

그림 3.3 입력전압에 대한 출력전압 변화

즉, 입력전압이 상승하면 출력전압이 감소하고, 입력전압이 하강하면 출력전압이 상승하게 된다. 트랜지스터를 사용한 전압증폭기에서는 이와 같이 입력전압과 출력전압과는 변화의 방향이 반대가 된다. 따라서 그림 3.4(a)와 같이 써미스터를 접속하고 그의 검출전압을 증폭하면 온도의 상승에 따라서 출력전압이 저하하게 된다.

이러한 변화를 하게 되면 곤란할 경우에는 그림 3.4(b)와 같이 써미스터를 베이스·이미터 사이에 넣거나 또는 그림 3.4(c)와 같이 트랜지스터 TR_1에서 증폭되어 온 출력(V_{C1})을 다시 한 번 트랜지스터 TR_2에서 증폭하는 등의 방법이 사용되고 있다.

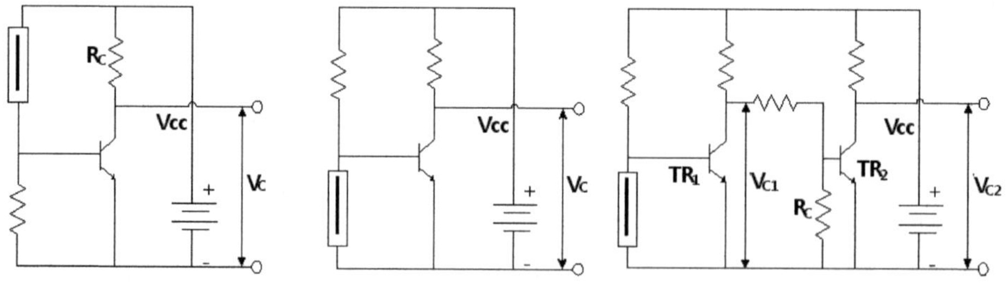

(a) 온도가 상승하면 V_C가 감소한다.

(b) 온도가 상승하면 V_C가 감소한다.

(c) 온도가 상승하면 V_{C1}이 감소하고 V_{C2}가 증가한다.

그림 3.4 온도 상승에 대한 출력전압의 변화

3.2 전압증폭기의 기본회로

① 지금까지 입력으로부터의 작은 전압변화를 큰 전압변화로 증폭하기 위한 트랜지스터 회로에 대해서 공부하였다.

그러나 그림 3.5와 같은 회로는 입력전압 V_B의 약간 변화로 매우 큰 컬렉터 전류나 출력전압의 변화가 얻어지는 것이나 이와 같은 회로는 실제로는 약간의 문제가 있다. (즉, TR에 따라 다르다.) 지금까지의 회로 동작을 생각할 경우는 트랜지스터의 h_{FE}를 일정한 것으로 하여 취급해 왔다.

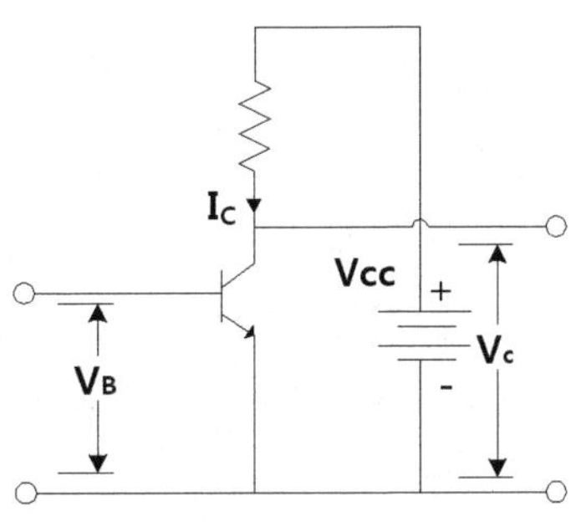

그림 3.5 전압증폭 기본회로

그러나 트랜지스터와 같은 반도체소자의 특성은 실제로는 매우 불균일(변동)이 심한 것이다. 다음에 표시하는 h_{FE}는 2N2222A라고 부르고 있는 트랜지스터의 값이나 최소의 값이 100인 것에 대해서 최대의 값은 얼마로 되어 있는가?

2N2222A 의 h_{FE}	최소값	표준값	최대값
	100		300

② 트랜지스터를 사용할 경우는 이와 같은 불균일을 전제로 하여 생각하여야 한다. 이것을 무시하여 사용하였을 때에는, 예를 들어 회로를 조립하여도 필요로 하는 컬렉터 전류(I_C)나 출력전압(V_C)을 얻을 수가 없다.

여기서 실제로는 이와 같은 불균일이 있어도 실질적으로는 영향을 최소화하여야 한다. 이 장에서는 이와 같은 방법에 대해서 학습하고, 그것을 기본으로 하여 실제적인

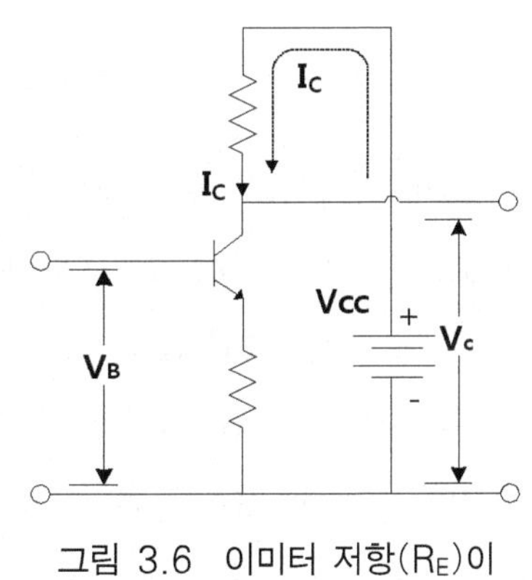

그림 3.6 이미터 저항(R_E)이 있는 회로

전압증폭기에 대해서 공부하기로 한다.

③ 트랜지스터를 사용한 전압증폭기에서는 그림 3.6과 같은 이미터쪽에 저항 R_E를 접속하는 것에 의하여 안정된 컬렉터 전류(I_C)나 출력전압(V_C)을 얻도록 하고 있다.이와 같이 이미터 쪽에 저항을 넣으면 h_{FE}가 어느 정도 이상의 값을 가진 트랜지스터라면, 예를 들어 h_{FE}가 90이거나 150이라도 I_C나 V_C는 대체적으로 안정된 값에서 동작시킬 수 있게 된다.

즉, 그림 3.7 (a)와 같이 R_E를 넣으면 I_C의 값은 대체적으로 다음과 같이 표시하게 되어서 h_{FE}의 값에는 관계없게 된다.

$$I_C = \frac{V_B - V_{BE}}{R_E}$$

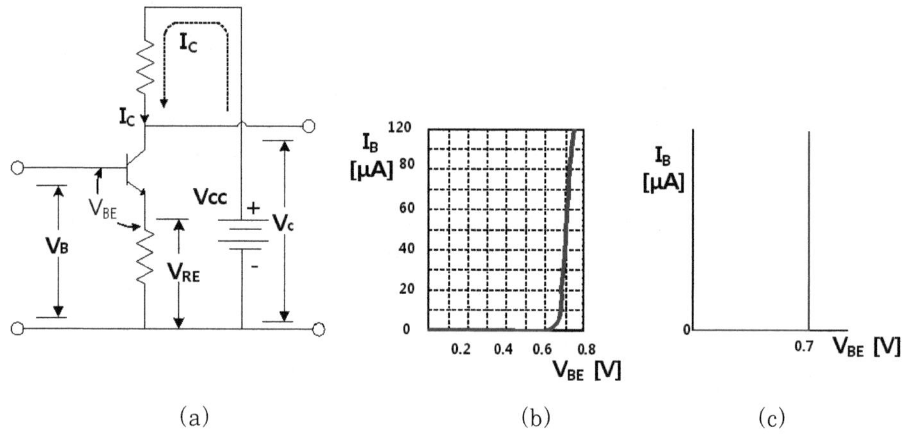

(a) (b) (c)

그림 3.7 R_E 저항이 있는 회로 및 특성곡선

④ 그러면 이미터 쪽에 저항 R_E를 접속하면, 왜 이와 같은 동작을 하는 것인가를 살펴보기로 한다. 그림 3.7(a)와 같이 이미터에 저항 R_E를 접속하고 전압 V_B의 값을 크게 해 가면 그림 3.7(b)의 $V_{BE}-I_B$ 특성곡선에서 알 수 있는 바와 같이 V_B의 값이 대체적으로 0.6〔V〕까지의 경우는 베이스 전류가 흐르지 않으므로 I_C도 흐르지 않고 I_E도 흐르지 않는다. 따라서 R_E에 의한 전압강하도 0〔V〕가 된다.

다음에 V_B의 값이 0.6〔V〕를 초과하면 I_B가 약간씩 흐르기 시작한다. I_B가 흐르면 그 h_{FE}배인 I_C가 흐르게 되나 이미터에는 이 I_B와 I_C의 양측이 흐르게 되므로 R_E의 양단에는 다음과 같은 전압강하 V_{RE}가 발생한다.

$$V_{RE} = I_E \times R_E = (I_B + I_C)R_E$$

이와 같이 근사하게 할 수 있으면 V_{BE}의 값은 베이스 전류 I_B의 값에는 대체적으로 관계없이 그림 3.7(c)와 같이 항상 0.7〔V〕라는 값이 되므로 그림의 회로 저항 R_E에서의 전압강하 V_{RE}는 입력전압 V_B에서 0.7〔V〕를 뺀 값이 된다는 생각을 할 수 있다. 즉, 트랜지스터의 이미터 회로에 저항 R_E를 접속할 경우, R_E에는 입력전압 V_B의 값보다 0.7〔V〕 정도 낮은 값의 전압강하 V_{RE}를 항상 발생하게 된다.

$$V_{RE} = V_B - 0.7$$

한편 이 전압강하 V_{RE}는 이미터 전류 I_E에 의한 R_E에서의 전압강하에 의하여 생기는 것이다.

$$V_{RE} = I_E \times R_E$$

즉, 그림 3.8과 같은 회로의 저항 R_E에는 입력전압에서 0.7〔V〕 정도 낮은 값의 전압강하 V_{RE}가 생기게 되며 또한 이와 같은 크기의 전압강하($V_{RE}=I_E R_E$)가 생기는 이미터 전류(I_E)가 흐르게 되는 것이다. 따라서 이러한 관계에서 이미터 전류 I_E는 다음과 같이 된다.

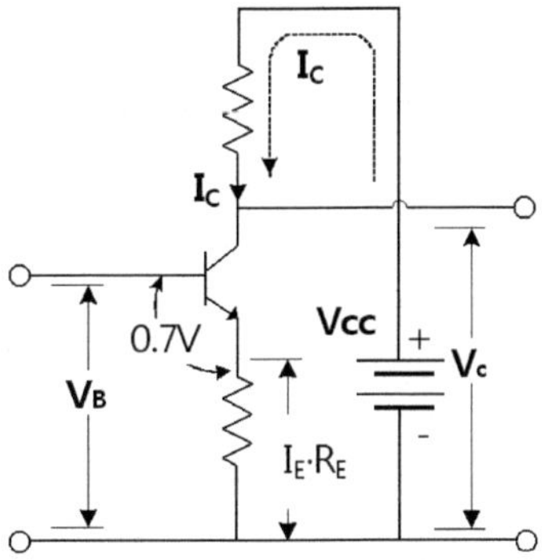

그림 3.8 R_E저항의한 전압강하

$$\left.\begin{aligned} V_{RE} &= V_B - 0.7 \\ V_{RE} &= I_E R_E \end{aligned}\right] \quad V_{RE} = V_B - 0.7 \qquad I_E = \frac{V_{RE}(=V_B - 0.7)}{R_E}$$

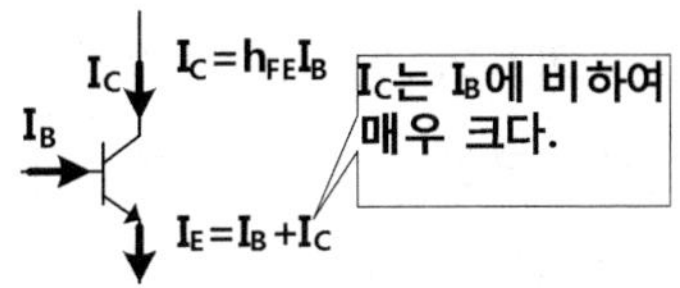

그림 3.9 I_E, I_C, I_B와의 관계

⑤ 그러면 다음에 I_C의 값이 어떻게 되는가를 생각해 보기로 한다. 이미 공부한 바와 같이 이미터 전류 I_E, 컬렉터 전류 I_C, 베이스 전류 I_B 사이에는 그림 3.9와 같은 관계가 있다. 여기서 h_{FE}가 100이나 200이라는 큰 값을 가지고 있게 되면 어떻게 될 것인가?

$$I_E = I_B + I_C = I_B + h_{FE}I_B = (1 + h_{FE})I_B \fallingdotseq h_{FE}I_B = I_C$$

즉, h_{FE}가 클 때에는 I_C의 값은 I_B에 대해서 매우 크게 되므로 I_E의 값은 거의 I_C와 동일하다고 생각하여도 무방하다.

또한 h_{FE}의 값이 충분하게 크다면 $I_E \fallingdotseq I_C$가 되며, I_C값은 다음과 같이 될 것이다.

$$I_C \fallingdotseq I_E = \frac{V_B - 0.7}{R_E}$$

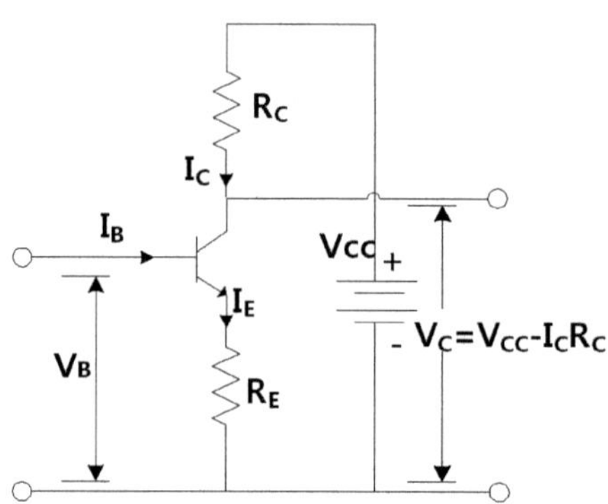

그림 3.10 R_E 저항이 있는 I_E, I_C와의 관계

⑥ h_{FE}의 값이 매우 크면 I_C의 값도 I_E와 같이

$$\frac{V_B - 0.7}{R_E}$$

로 된다. 따라서 그림 3.10 회로의 동작을 생각하는 경우에는, 비록 h_{FE}의 값이 어떻게 되어 있어도 h_{FE}의 값만 크면 컬렉터 전류는 h_{FE}에 관계없이 입력 V_B와 R_E의 값에 의해서 정해지기 때문에 안정한 값을 유지한다고 생각해도 된다. 이와 같이하여 컬렉터 전류 I_C가 안정된 값이 되면 출력전압 V_C는 전압 V_{CC}에서 저항 R_C에 의한

전압강하를 뺀 것이므로 이 출력전압 V_C나 h_{FE}의 불균일에 의한 영향을 받지 않게 된다. 이러한 것은 트랜지스터 회로를 취급하는 데에 매우 중요한 것이므로 확실하게 기억해 두기 바란다.

⑦ 그러면 다음에 이와 같이 이미터 회로에 저항 R_E가 접속되어 있는 회로의 전압증폭도를 구해보기로 한다.

그림 3.11의 회로에서 V_B의 값이 1〔V〕에서 1.5〔V〕까지 0.5〔V〕 정도만 변화하였을 때의 증폭도에 대해서 생각해 보기로 한다. 먼저 V_B가 각각 1〔V〕, 1.5〔V〕일 때의 출력전압 V_C의 값을 구하여라.

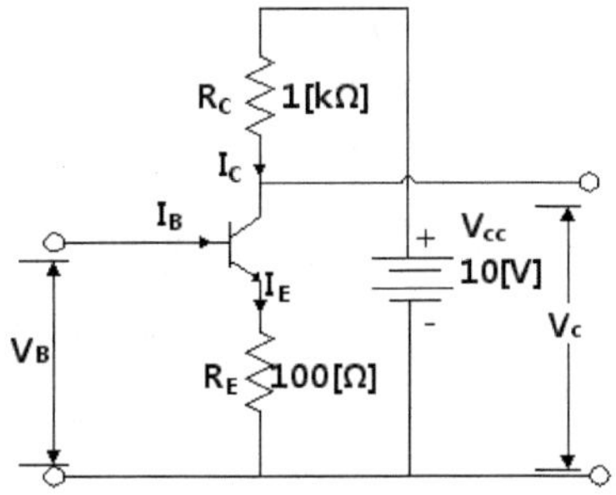

그림 3.11 R_E가 접속된 회로의 전압증폭도

㉮ V_B = 1〔V〕일 때 → V_C = 7〔V〕

㉯ V_B = 1.5〔V〕일 때 → V_C = 2〔V〕

이와 같이 입력전압 V_B가 1〔V〕에서 1.5 〔V〕까지 0.5〔V〕 변화하면 출력전압 V_C는 7〔V〕에서 2〔V〕까지 5〔V〕 변화하게 되었다. 따라서 이 회로의 전압증폭도는

$$A = \frac{\Delta V_C}{\Delta V_B} = \frac{2-7}{1.5-1} = \frac{-5}{0.5} = -10$$

$$\therefore \ V_C = V_{CC} - I_C R_C \quad \text{여기서 } I_C = \frac{V_B - 0.7}{R_E}$$

된다.

⑧ 그런데 그림 3.12(a)와 같은 회로의 경우에는 전압증폭도가 120배라는 매우 큰 값으로 하였으나 동일 트랜지스터를 사용하여도 그림 3.12(b)와 같이 이미터에 저항을 접속하면 증폭도는 매우 적게 된다. 그러나 트랜지스터의 h_{FE} 불균일 영향을 억제하기 위해서는 이것을 감수해야 한다. 여기서는 설명을 생략하나 그림 3.12(b)와 같이 이미터 회로에 저항 R_E가 들어가면 회로의 전압증폭도는 트랜지스터의 h_{FE}에 무관하게 R_C/R_E로 된다.

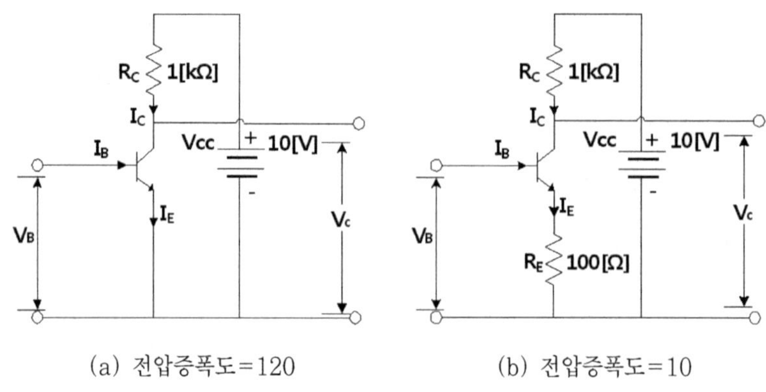

(a) 전압증폭도=120　　(b) 전압증폭도=10

그림 3.12 R_E 저항 유무에 따른 전압증폭도 비교

⑨ 지금까지 취급한 그림 3.13(a) 회로의 경우에는 I_B가 변화하지 않으므로 문제는 없다. 그림 3.13(b)의 경우, I_B가 흐른다는 것은 R_A에 흐르고 있는 전류 I_A의 일부가 트랜지스터측으로도 흐르게 된다는 것이므로, 그 결과 R_A에 흐르는 전류 I_A가 감소하기 때문에 R_A에서의 전압강하가 감소하여 V_B의 값이 감소한다. 즉, V_B의 값이 I_B의 값에 좌우되므로 만일 I_B의 값이 h_{FE}의 영향으로 불균일하게 되면 V_B가 어떠한 값으로 되는가를 알 수 없게 된다. 이러한 것은 입력전압 V_B 자체가 트랜지스터의 h_{FE}에 의하여 불균일하게 되는 것이다.

⑩ 여기서 I_B가 흐르면 입력전압 V_B가 변화하는 그림 3.13(b)와 같은 회로에서는, 예를 들어 I_B가 불균일하게 되어도 입력전압 V_B가 영향을 받지 않게 할 필요가 있다.
이와 같이 I_A가 I_B에 대해서 충분히 크면, 예를 들어 I_B가 불균일하게 되어도 I_A로의 영향이 매우 적고, V_B에는 거의 영향을 줄 수 없게 된다. 또한 $I_A \gg I_B$의 관계가 성립되어 있으면 입력전압 V_B의 값은 I_B의 값을 무시하여 다음과 같이 저항 분할비만으로 간단하게 구할 수 있게 된다.

$$V_B = R_A \frac{V_{CC}}{(R_A + R_B)}$$ (여기에서 $R_B = R_{TH}$로 생각하면 된다.)

$I_A \gg I_B$의 관계는 회로정수의 관계를 말하자면 R_A와 R_B의 병렬 합성 저항에 대하여 $R_E(1 + h_{FE}\,\min)$의 값이 매우 크다는 조건을 만족시키는 것으로 얻을 수가 있다.
일반적으로 이 비율은 1 : 10 정도 이상으로 정하게 되어 있다.

$$\frac{R_A \cdot R_B}{R_A + R_B} \ll R_E(1 + h_{FE}\min)$$

이러한 관계는 전압증폭이거나, 전력 증폭에 관계없이 트랜지스터를 증폭기로서 사용할 경우, 항상 주의하지 않으면 안 될 점이다.

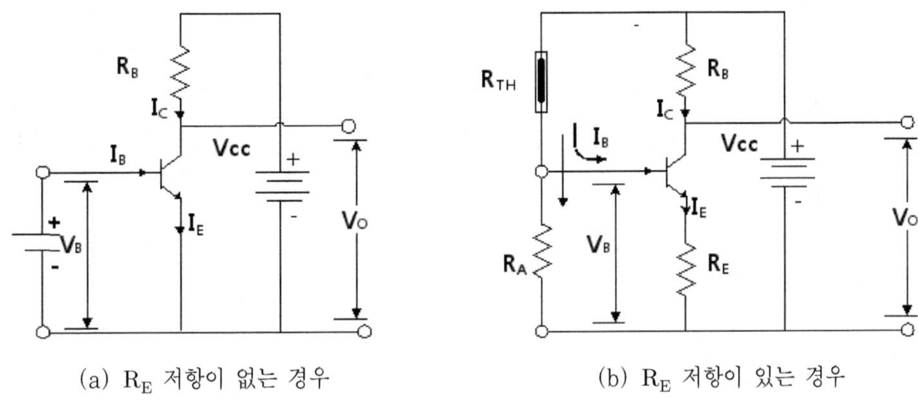

(a) R_E 저항이 없는 경우　　(b) R_E 저항이 있는 경우

그림 3.13 R_E 저항의 유무 비교

예제

써미스터를 사용한 그림과 같은 회로에서 써미스터의 저항값이 온도변화에 의하여 10〔kΩ〕에서 15〔kΩ〕까지 변화할 경우, 출력전압 V_0가 2〔V〕에서 10〔V〕까지 변화하는 회로를 만들어 보려고 생각한다. 그림의 저항 R_A, R_E의 값을 구하여라.

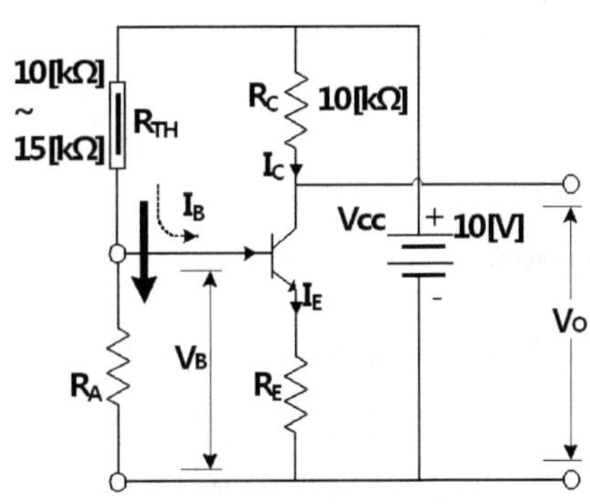

풀이

① 써미스터의 저항값이 15〔kΩ〕일 때에는 출력전압 V_0가 10〔V〕이므로 이 상태에서는 R_C에서의 전압강하를 0으로 할 필요가 있다.
즉, 이 상태에서 V_B의 값을 0.7〔V〕로 하면 R_E에서의 전압강하를 0으로 하고 I_E를 0으로 하면 되는 것이다.

② 써미스터의 저항값이 10〔kΩ〕일 때에는 출력전압 V_0가 2〔V〕이므로 R_C에서 8〔V〕의 전압강하를 발생하는 I_C를 흐르게 하면 되는 것이다.

예제

써미스터의 저항값이 15〔kΩ〕일 때에 컬렉터 전류를 0으로 하는 것이므로 V_B의 값을 0.7〔V〕로 하면 되게 된다.

그러면 $R_{TH}=R_B=15$〔kΩ〕일 때에 $V_B=0.7$〔V〕로 하는 데는 R_A의 값을 얼마로 하면 되는가를 구하여라.

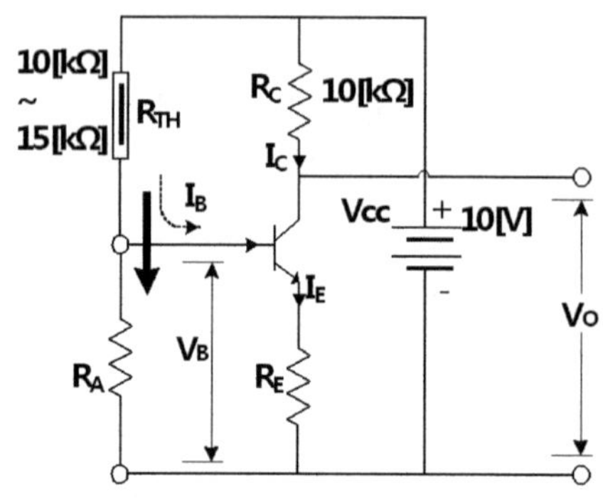

풀이

식 $V_B = R_A \dfrac{V_{CC}}{(R_A + R_{TH})}$ 이용하여 알고 있는 값을 대입하면

$$0.7 = R_A \frac{10V}{(R_A + 15k)}$$

따라서 R_A를 구하면

$R_A=1.1$〔kΩ〕

예제

온도가 상승하여 써미스터의 저항값이 10〔kΩ〕으로 변화하였을 때, 출력전압 V_0를 2〔V〕로 하는 것이므로 이 상태에서는 I_C의 값을 얼마로 하면 되는가를 구하여라.

또한 이 상태에서는 써미스터의 저항값이 10〔kΩ〕으로 되어 있으므로 V_B의 값은 얼마가 되는가를 구하여라.

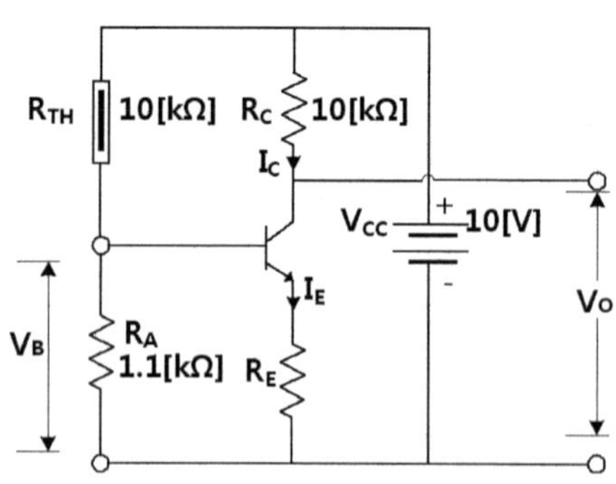

풀이

식 $V_O = V_{CC} - I_c \cdot R_C$를 이용하여 알고 있는 값을 대입하면

$$2[V] = 10[V] - I_C \cdot 10[k\Omega]$$

따라서 I_C를 구하면

$$I_C = 0.8[mA]$$

예제

이번에는 $V_B = 0.99[V]$의 상태에서는 R_E의 값이 얼마이면 되는가를 구하여라.

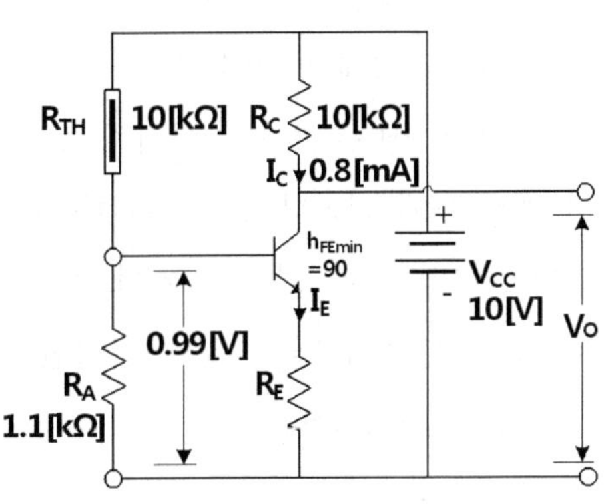

풀이

$I_C \fallingdotseq I_E = \dfrac{V_B - 0.7}{R_E}$ 식을 이용하여 알고 있는 값을 대입하면

$$I_C = 0.8mA = (0.99 - 0.7)/R_E$$

따라서 R_E를 구하면

$$R_E = 360[\Omega]$$

예제

다음의 관계식이 성립되고 있는가의 여부를 확인하여라.

$$\frac{R_A \cdot R_{TH}}{R_A + R_{TH}} \ll R_E(1 + h_{FE}min)$$

풀이

위의 식에 구한 값들을 삽입하면

$$1.1[k\Omega] \times 15[k\Omega]/(1.1[k\Omega] + 15[k\Omega]) \ll 360(1+100)$$

∴ $1 \ll 36$ 따라서 $1 \ll 10$ 이상이므로 위의 관계가 성립함.

4 TR의 스위칭 동작

4.1 스위칭 동작

트랜지스터를 사용하여 스위치와 동일한 동작을 시킬 수 있다. 그러면 어떻게 하면 트랜지스터에 스위치와 같은 동작을 시킬 수가 있는가를 생각해 보기로 한다.

그림 4.1의 회로는 이미터에 저항이 들어가 있지 않으므로 h_{FE}의 값에 의하여 컬렉터로 흐르는 전류가 불균형이 되어 왔다. 그러나 이러한 상태에서 입력의 전압을 매우 낮게 하거나 높게 하거나 하면 트랜지스터의 컬렉터·이미터 사이가 스위치와 동일한 동작을 하게 된다. 먼저 그림 4.1의 회로에 입력전압을 가하였을 때의 동작을 보기로 한다.

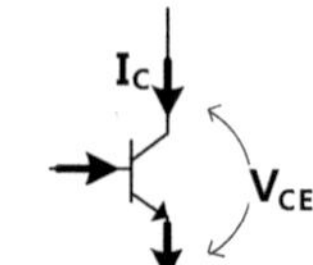

그림 4.1 스위칭 기본회로

① 입력전압을 0〔V〕에서 점차로 상승해 가면 0.6〔V〕 정도까지는 I_B도 I_C도 흐르지 않는다.

② 잠시 후 0.7〔V〕 부근이 되면 이 회로에는 이미터 저항이 들어가 있지 않으므로 I_B가 급격하게 증대하고 동시에 I_B의 h_{FE}배인 컬렉터 전류 I_C가 흐른다.

③ 그리고 다시 입력전압을 상승시키면 I_B는 증가하나 I_C의 값은 V_{CC}/R_L 이상으로 되지 않는다.

④ 지금 생각한 3가지의 상태 중, 입력전압을 낮게 하여 트랜지스터를 차단상태로 하였을 때와 입력전압을 높게 하여 트랜지스터를 포화상태로 하였을 때의 2가지 상태에만 착안하면 결국 트랜지스터는 이 2가지 상태로 스위치의 OFF와 ON의 상태를 실현하고 있는 것이 된다.

㉮ 베이스 입력전압이 0.7〔V〕 이하인 상태

$I_C = 0$ → 스위치 OFF

㉯ 베이스 입력전압이 크고, 트랜지스터가 포화하여 가는 상태

$I_C \fallingdotseq V_{CC}/R_L$ → 스위치 ON

즉, 지금까지와 같이 베이스에 연속적인 입력을 가하는 것이 아니고 I_C를 흐르지 않게 하는 전압이나 또는 트랜지스터를 포화시키는 전압의 어느 한쪽만을 가하게 하면 트랜지스터는 스위치와 동일한 동작을 하게 되는 것이다. 트랜지스터에 이러한 동작을 시키는 것을 스위칭 동작을 시킨다고 한다.

트랜지스터의 스위칭 동작은 그림 4.2와 같이 부하를 제어할 경우만이 아니고 여러 가지의 사용법이 있으므로 여기서 스위칭 동작을 시키는 방법을 확실하게 이해해 두기 바란다.

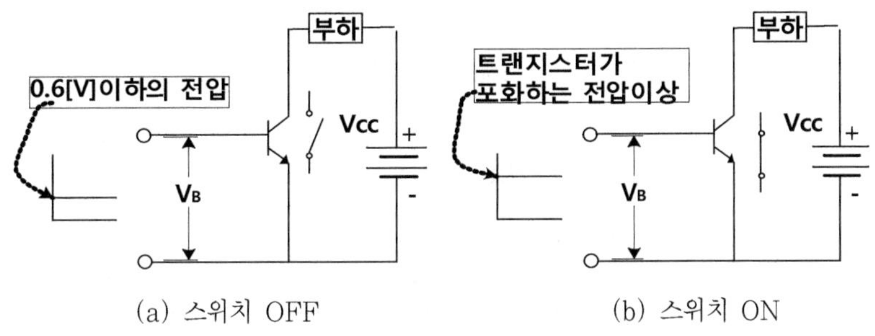

(a) 스위치 OFF (b) 스위치 ON

그림 4.2 스위칭 회로

4.2 베이스 저항값 산정

1) 트랜지스터로 전기부하 구동

① 지금까지 살펴본 트랜지스터의 기본적 동작원리를 바탕으로 2SC1815 트랜지스터를 연결하여 소형모터(전류용량 50〔mA〕, 구동전압 12〔V〕)를 구동하기 위한 베이스 저항을 구해보자.

트랜지스터 2SC815의 전기적인 규격은 다음과 같다.

최대컬렉터전류는 150〔mA〕, 최대전력은 400〔mW〕, 전류증폭률은 25(최소값)에서 100(최대값), 출력포화전압은 $V_{(SAT)}$ 0.1〔V〕

② I_C 전류(구동하고 싶은 전기부하의 전류)가 80〔mA〕일 때 I_B는

$$I_B = \frac{I_C}{h_{FE}} = \frac{\text{전기부하의 전류}}{h_{FE}\text{의 최소값}} = \frac{0.08}{25} = 3.2 \times 10^{-3}[A] = 3.2[mA]$$

③ 베이스 전압 V_{BB}는 5〔V〕, 베이스-이미터 사이의 전압 V_{BE}는 일반 실리콘 트랜지스터에서 약 0.7〔V〕이지만 달링턴 트랜지스터에서는 V_{BE}=1.4〔V〕)

$$R_B = \frac{V_{BB} - V_{BE}}{I_B} = \frac{5 - 0.7}{3.2 \times 10^{-3}} = 1343[\Omega]$$

④ 일반적으로 베이스 전류 I_B를 2~3배 정도 여유 있게 설정하므로 R_B=680〔Ω〕으로 선택한다.

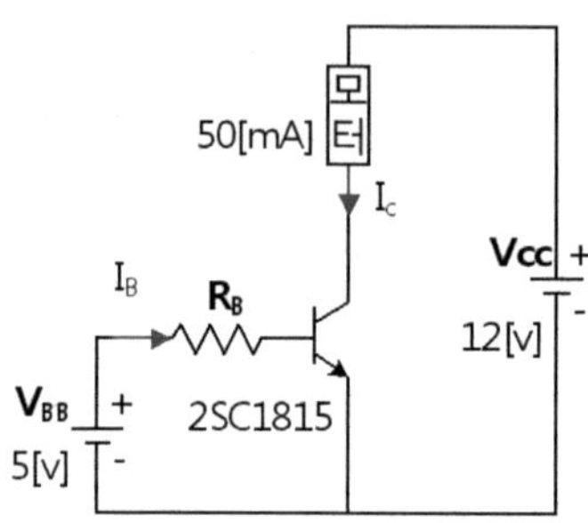

그림 4.3 트랜지스터로 전기부하 구동

예제

2SD560 달링턴트랜지스터를 연결하여 소형 모터(전류용량 1000〔mA〕, 구동전압 24〔V〕)를 구동하기 위한 베이스 저항값을 구하여라.
트랜지스터 2SD560의 전기적인 규격은 다음과 같다. 최대컬렉터전류는 5〔A〕, 최대전력은 30〔W〕, 전류증폭률은 2000(최소값)에서 15,000(최대값), 출력포화전압은 $V_{(SAT)}$ 1.5〔V〕)

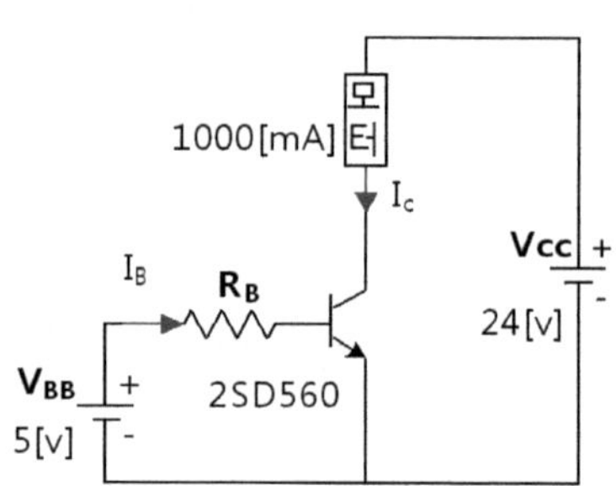

☞ **달링턴트랜지스터(Darlington-Transistor)**

① 매우 큰 전류증폭률을 얻기 위하여 2개의 트랜지스터를 2단 접속하여 하나의 패키지로 만든 트랜지스터를 말한다.

② 달링턴 접속이란 2개의 트랜지스터를 2단 접속하여 전압 증폭도가 매우 높은 하나의 트랜지스터로서 동작시키는 접속이다. 트랜지스터 1개를 사용해서는 원하는 증폭률을 얻을 수 없는 경우에도 사용한다.

달링턴 접속을 이용하면 실질적으로 매우 큰 전압증폭도의 값을 가진 트랜지스터가 얻어지게 되어서, 예를 들면 컬렉터에 큰 부하전류가 흐르는 부하를 제어하는 경우 매우 적은 베이스 전류로 문제없이 전력제어회로를 구성할 수 있다.

③ 원리는 첫 번째 트랜지스터의 출력측에 두 번째 트랜지스터의 입력단에 연결시키는 것이다. 그러면 두 단계에 걸쳐 증폭이 되므로 큰 증폭률을 얻을 수 있다. 첫 번째 트랜지스터가 증폭률이 h_{FE1}, 두 번째 트랜지스터가 h_{FE2}이면 이 트랜지스터의 증폭율은 $h_{FE}=h_{FE1}\times h_{FE2}$가 된다.

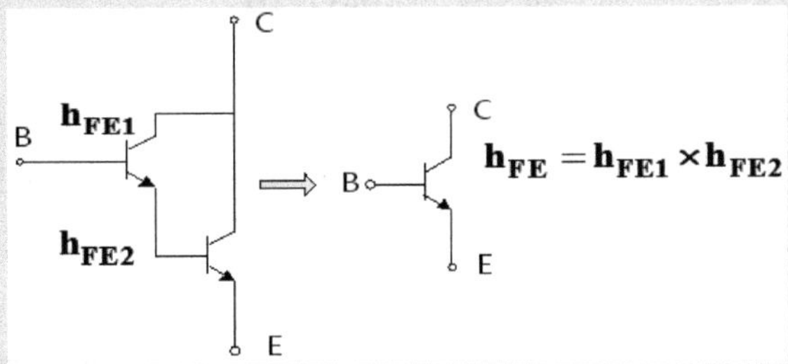

④ 두 개의 트랜지스터를 하나의 패키지에 넣어서 전류 증폭도를 매우 높인 것이 달링턴 트랜지스터이다. 이 트랜지스터의 직류전류 증폭률 h_{FE}는 전력용의 경우 2,000정도이며, 소신호용은 10,000인 것도 있다.

풀이

① I_C 전류는 구동하고 싶은 전기부하의 전류이므로

$$I_B = \frac{I_C}{h_{FE}} = \frac{1000[mA]}{2000} = 0.5\times 10^{-3}[A] = 0.5[mA]$$

② 베이스 전압 V_{BB}는 5〔V〕, 베이스-이미터 사이의 전압 V_{BE}는 일반 실리콘 트랜지스터에서 약 0.7〔V〕이지만 달링턴 트랜지스터에서는 V_{BE}=1.4〔V〕)

$$R_B = \frac{V_{BB}-V_{BE}}{I_B} = \frac{5-1.4}{0.5\times 10^{-3}} = 7200[\Omega]$$

③ 일반적으로 베이스 전류 I_B를 2~3배 정도 여유 있게 설정하므로 R_B=3.3〔kΩ〕 또는 3.6〔kΩ〕을 선택한다.

2) 디지털 IC를 이용한 트랜지스터 구동

그림 4.4와 같이 디지털 IC를 이용한 트랜지스터의 베이스 저항값을 산정하는 과정은 다음과 같다.

① $I_B = \frac{I_C}{h_{FE}} = \frac{1000[mA]}{2000} = 0.5 \times 10^{-3}[A] = 0.5[mA]$

② 디지털 IC의 출력전압을 V_{OH}=2.7〔V〕가 최소이다.

$$R_B = \frac{V_{OH} - V_{BE}}{I_B} = \frac{2.7 - 1.4}{0.5 \times 10^{-3}} = 2,600[\Omega]$$

이 된다.

③ 일반적으로 베이스 전류 I_B를 2~3배 정도 여유 있게 설정하므로 R_B=1.2k〔Ω〕으로 선택한다.

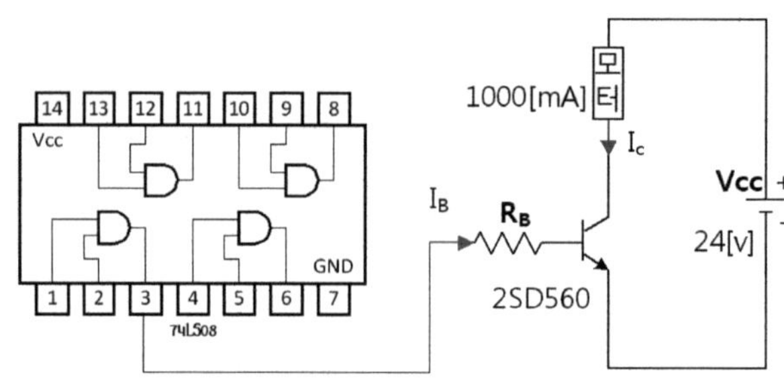

그림 4.4 디지털 IC를 이용한 트랜지스터 구동

☞ V_{OH}

디지털 IC의 논리값이 H가 출력되었을 때 전기적 특성을 보증하는 출력전압(H의 최소 출력전압)으로 TTL IC에서는 일반적으로 2.7〔V〕이다.

5 트랜지스터(Transistor) 단자 판별법

5.1 베이스 단자 찾기

① 회로 시험기의 측정 레인지를 저항 레인지에 놓는다.

② 하나의 테스트 리드선을 트랜지스터의 임의의 리드 단자에 대고 다른 하나의 테스트

리드선을 남은 두 리드 단자에 교대로 대어 본다. 이때, 어느 단자하고도 도통되는 공통 리드 단자가 베이스이며, 베이스 단자에 적색 테스트 리드선이 접속되어 있으면 NPN형 TR이 되고, 흑색 테스트 리드선을 접속되어 있으면 PNP형 TR이 된다.
(단 여기서 사용되는 회로 시험기는 DMM(Digital Muti Meter)를 기준으로 한 것이다.)

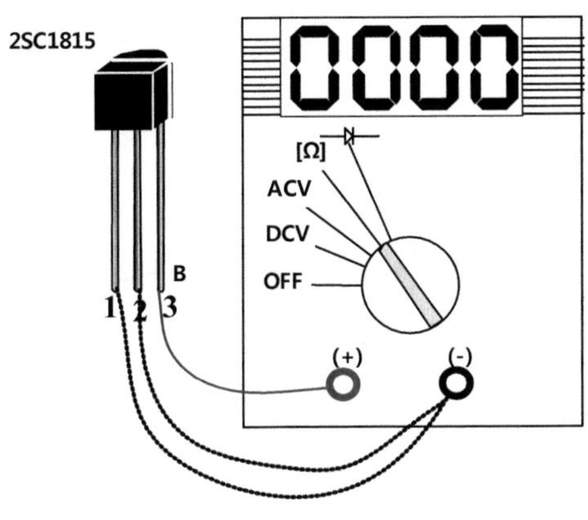

그림 5.1 DMM을 이용한 NPN 트랜지스터의 베이스 극성 찾기

③ 트랜지스터 전극사이의 저항값의 변화

㉮ NPN 트랜지스터의 경우 베이스(적색리드선)와 이미터(흑색리드선) 간의 저항값이 베이스(적색리드선)와 컬렉터(흑색리드선) 간의 저항값보다 약간 크다.

㉯ PNP 트랜지스터의 경우 베이스(흑색리드선)와 이미터(적색리드선) 저항값이 베이스(흑색리드선)와 컬렉터(적색리드선)의 저항값보다 약간 크다.

☞ **달링턴트랜지스터의 전극간 저항값**

달링턴트랜지스터의 경우 베이스와 이미터 사이의 저항값이 베이스와 컬렉터 사이의 저항값보다 매우 작다.

실험실습

1. 실험기기 및 부품
   1) 브레드보드
   2) DMM
   3) 저항
      ① 100〔Ω〕 1〔W〕 ② 390〔Ω〕 1/4〔W〕
      ③ 1〔kΩ〕 1/4〔W〕 ④ 2〔kΩ〕 1/4〔W〕 ⑤ 10〔kΩ〕 1/4〔W〕
   4) 써미스터
   5) 트랜지스터
      ① 2N2222A ② 2N2907 ③ 2SD560 ④ TIP125

2. 다음 트랜지스터의 전극간 저항값을 측정한다.

트랜지스터	B-E 저항값	B-C 저항값
① 2N2222A		
② 2N2907		
③ 2SD560		
④ TIP125		

3. 다음과 같이 트랜지스터 회로를 구성하고, I_B 전류의 크기에 따라서 변화하는 I_C 전류 크기를 측정한다.

V_{BB}	I_B	I_C	V_{BB}	I_B	I_C	V_{BB}	I_B	I_C
0.2			1.2			2.2		
0.4			1.4			2.4		
0.8			1.6			2.6		
1.0			2.0			3.0		

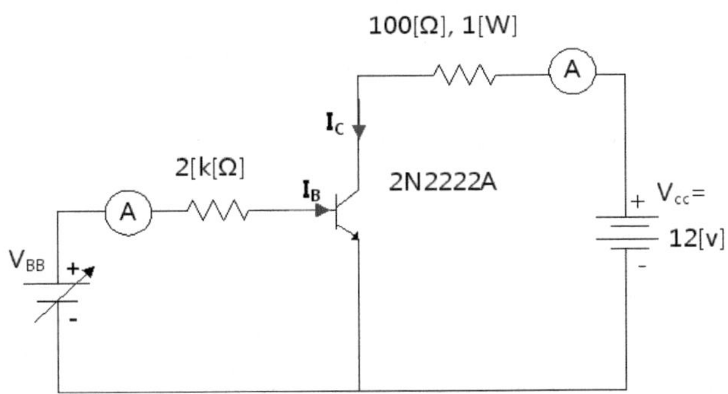

4. 다음과 같이 트랜지스터 회로를 구성하고, 써미스터 저항값의 변화에 따른 V_B, V_{RE}, V_{RC} 전압의 변화를 측정한다.(트랜지스터는 2N2222A, R_E 저항값은 390〔Ω〕)

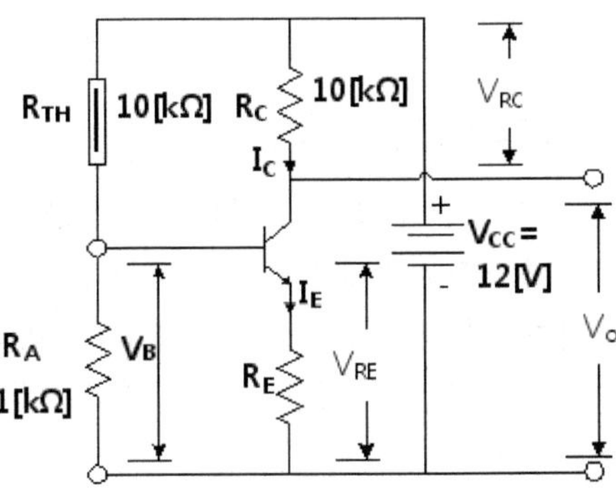

V_B 전압	V_{RE} 전압	V_{RC} 전압

• 요점정리 •

1. 바이폴러 트랜지스터에는 3개의 전극이 있으며 각각의 전극의 명칭을 "이미터(Emitter), 베이스(Base), 컬렉터(Collector)"라고 한다. 이 이미터, 베이스, 컬렉터는 각각 E, B, C라는 기호로 표시된다.

2. 트랜지스터의 베이스·이미터간에 흐르는 전류를 "베이스 전류(I_B)"라고 하며, 컬렉터·이미터간에 흐르는 전류를 "컬렉터 전류(I_C)"라고 한다.

3. $I_E = I_B + I_C$ 이다.

4. 트랜지스터는 베이스전류에 의하여 컬렉터와 이미터 사이의 저항값을 가변시켜서 증폭 또는 스위치로 사용하는 소자이다.

5. NPN 트랜지스터의 베이스 입력전압을 낮게 하여 트랜지스터를 차단상태로 하였을 때와 베이스 입력전압을 높게 하여 트랜지스터를 포화상태로 하였을 때의 2가지 상태를 이용하여 컬렉터와 이미터를 스위칭소자로서 사용한다.
   ① 입력전압이 0.7〔V〕 이하인 상태 → $I_C=0$ → 컬렉터와 이미터 단자가 차단상태
   ② 입력전압이 0.7〔V〕 이상인 경우 → 트랜지스터가 포화상태 → $I_C \fallingdotseq V_{CC}/R_L$ → 컬렉터와 이미터 단자가 통전상태

6. DMM을 이용하여 트랜지스터의 극성을 찾을 경우
   ① 일반 트랜지스터의 경우 베이스와 이미터 사이의 저항값이 베이스와 컬렉터 사이의 저항값보다 약간 크다.
   ② 달링턴트랜지스터의 경우 베이스와 이미터 사이의 저항값이 베이스와 컬렉터 사이의 저항값보다 매우 작다.

연습문제

1. 다음 문장에 적당한 단어를 넣어서 문장을 완성하여라.

① 트랜지스터의 그림 기호를 종류별로 도시하고, 3개의 단자 명칭를 각각 그림(기호)안에 기입하시오.

② 트랜지스터의 품번이 2SC이라고 되어 있는 것은 ____형 트랜지스터인 것을 의미한다.

③ 트랜지스터에서 h_{FE}를 _____이라고 하며, 또한 h_{FE}를 식으로 나타내면 어떻게 표현할 수 있는가?

④ 트랜지스터의 베이스·이미터간에 입력 전원 $V_{BE}(V_{in})$를 접속하고 그 전압을 0〔V〕에서 점점 상승시켜 갈 때, 베이스 전류가 급격하게 증가하기 시작하는 것은 ___〔V〕 정도부터이다.

2. h_{FE}가 100인 트랜지스터를 사용하여 오른쪽 그림과 같은 회로를 만들고, 베이스 전류 I_B의 값을 다음과 같이 변화시키면 램프에 흐르는 전류 I_C는 어떻게 될 것인가?

① $I_B = 50〔\mu A〕 \rightarrow I_C =$ ㈎ __________

② $I_B = 100〔\mu A〕 \rightarrow I_C =$ ㈏ __________

③ $I_B = 150〔\mu A〕 \rightarrow I_C =$ ㈐ __________

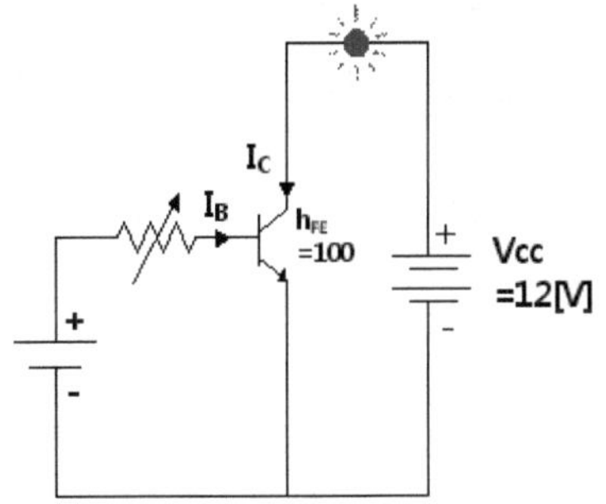

3. 다음 회로는 써미스터를 사용하여 릴레이를 동작시키려고 하는 회로이다. 다음의 질문에 답하여라.

① 온도가 상승하면 V_B는 어떻게 되는가?

② I_B가 흐르기 시작하는 것은 V_B의 값이 대략 몇 〔V〕부터인가?

③ 온도가 상승하면 I_C는 어떻게 되는가?

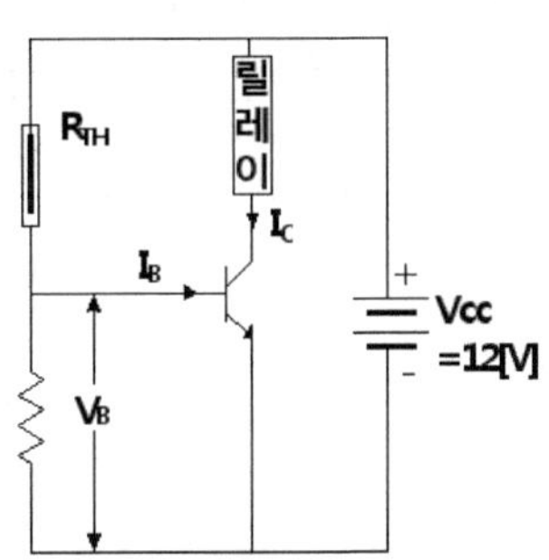

4. 다음 회로는 써미스터로 온도를 검출하고 그 검출 전압을 증폭하려고 하는 회로이다.

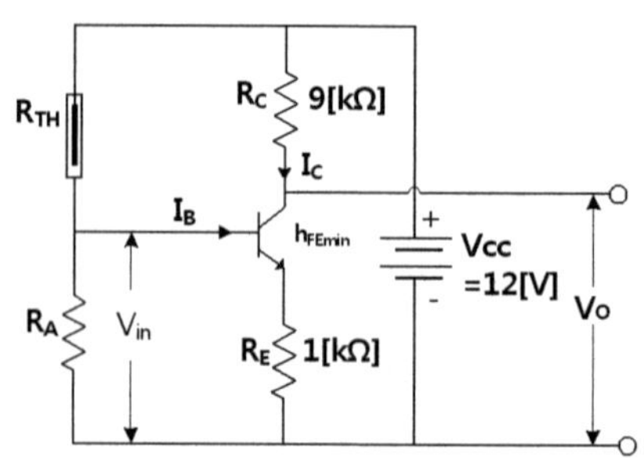

① 트랜지스터의 불균일에 의한 영향을 억제하는 동작을 하고 있는 것은 어느 부품인가?

② R_E에서의 전압강하 V_{RE}는 V_{in}와 어떠한 관계가 있는가?

③ 이 회로의 전압증폭도는 얼마가 되는가?

④ 베이스 전류 I_B와 R_A를 흐르는 전류와의 사이에는 어떠한 관계가 필요한가?

⑤ R_E와 R_{Th}, R_A, h_{FE}min과의 사이에는 어떠한 관계가 필요한가?

⑥ R_4 = 1kΩ으로 정했을 때 실온에서 V_{in} 및 V_O를 계산하라.

5. 다음 회로에서 2.7〔V〕의 베이스 전압을 가하였을 때, V_{RE}, I_E의 값은 얼마인가?

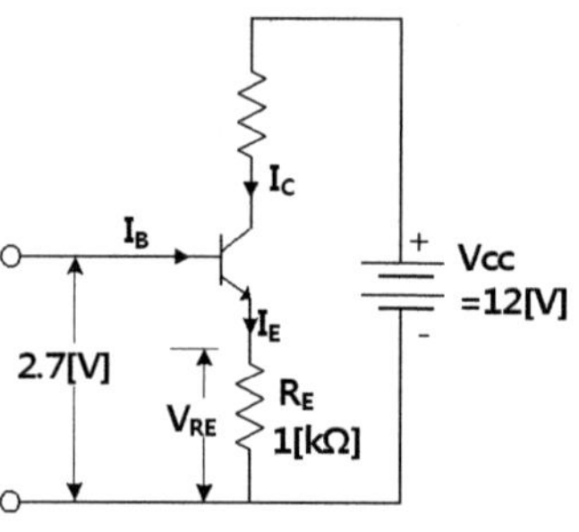

6. 다음 회로에서 베이스 전압이 3.7〔V〕일 때 I_E = 5〔mA〕로 하려면 R_E의 값을 얼마로 할 필요가 있는가?

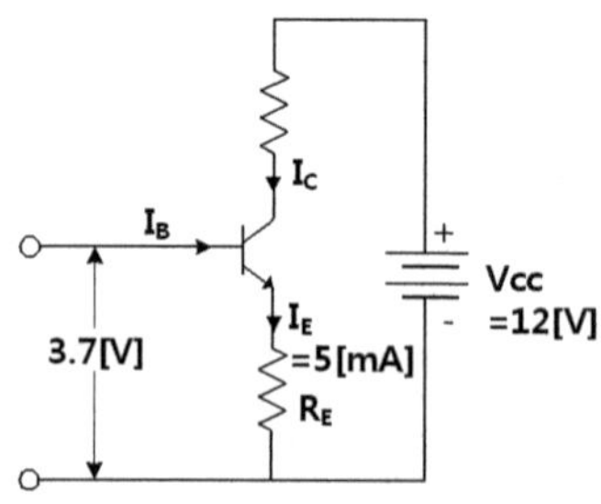

7. 다음 회로에 대해서 질문에 답하여라.

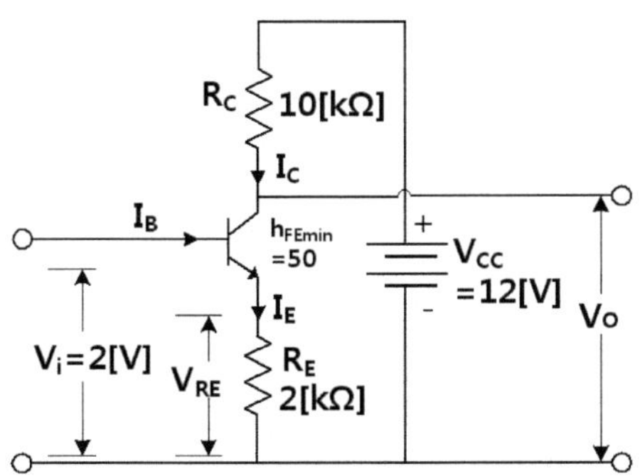

① V_i=2〔V〕일 때 V_{RE}, I_E, I_C는 얼마가 되는가?

② V_i가 1.7〔V〕에서 2.2〔V〕로 변화하였을 때, 출력전압 V_O의 값은 얼마가 되는가?

③ 이 회로의 전압증폭도 A는 얼마가 되는가?

8. 다음 회로에서 릴레이를 동작시키기 위해서는 몇 〔V〕의 베이스 입력전압이 필요한가?

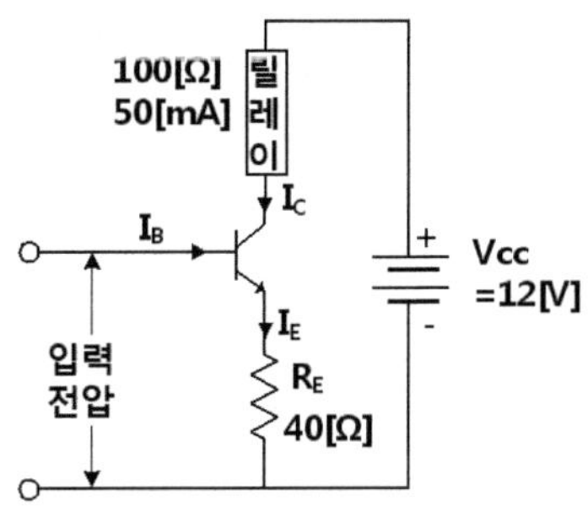

9. 다음 회로는 CdS를 사용하여 빛의 세기를 검출하고, 그것에 따라서 전류계를 지시시키게 한 회로이다. CdS의 저항값이 15〔kΩ〕일 때에는 전류계의 지시가 거의 0이 되고, 저항값이 감소하여 10〔kΩ〕이 되었을 때에 5〔mA〕를 표시하게 하려면 저항 R_A, R_E를 얼마로 하면 좋은가를 구하여라.

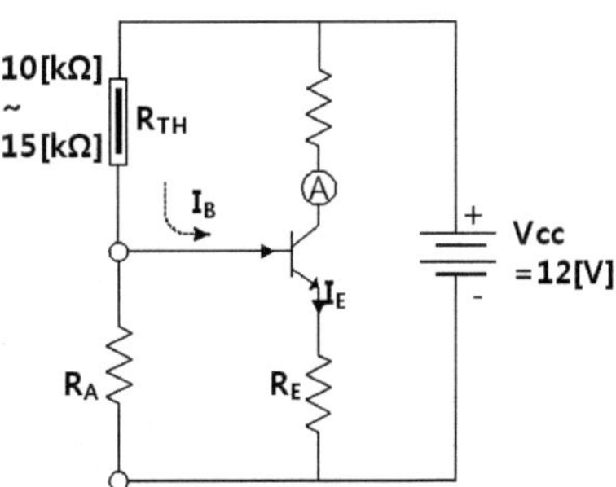

제 6 장

증폭회로 및 펄스회로

학습목표

1) 증폭의 원리에 대하여 이해한다.
2) 펄스회로에 대하여 이해한다.

제 6 장

증폭회로 및 펄스회로

1 증폭의 원리

1.1 트랜지스터 증폭

① 입력신호의 진폭을 크게 만들어 큰 출력신호로 변환시키는 동작을 "증폭(amplification)"이라 하며, 이 변환을 하기 위한 회로를 증폭회로, 증폭회로를 가진 장치를 "증폭기(amplifier)"라고 한다.

② "입력신호를 큰 출력신호로 만든다."는 것은 신호 그 자체가 커지는 것이 아니라 실제 증폭회로에서는 전원으로부터 공급받은 에너지를 작은 입력신호에 의해 제어하고, 출력회로에서 큰 출력신호를 인출하기 위해서 트랜지스터를 이용한 증폭기를 사용한다.

③ 증폭회로는 취급하는 입출력신호의 크기에 따라 2가지로 나눌 수 있는데 하나는 스피커를 울리거나, 안테나로부터 입력된 전파로 큰 출력의 전파를 내거나, 릴레이를 작동시킬 때와 같이 출력이 큰 전력을 필요로 하는 증폭이다. 다른 하나는 진폭이 작은 전압, 전류를 취급하는 회로이다. 전자를 "대신호 증폭회로" 또는 "전력증폭회로"라고 하며, 후자를 "소신호 증폭회로"라고 한다.

1.2 트랜지스터의 전류 증폭작용

① 트랜지스터는 작은 베이스 전류로 큰 컬렉터 전류를 제어한다. 이 전류 증폭작용을 하기 위해서는 베이스 접지회로, 이미터 접지회로 등이 이용된다.

② 그림 1.1의 베이스 접지회로에서, 이미터・베이스간의 전압 V_{BE}를 약간 변화시켜서 이미터 전류 I_E를 $\triangle I_E$만큼 변화시키면, 그 영향으로 컬렉터 전류 I_C도 $\triangle I_C$만큼 변화된다.
이 경우, $\triangle I_E$와 $\triangle I_C$ 의 비를 나타내면

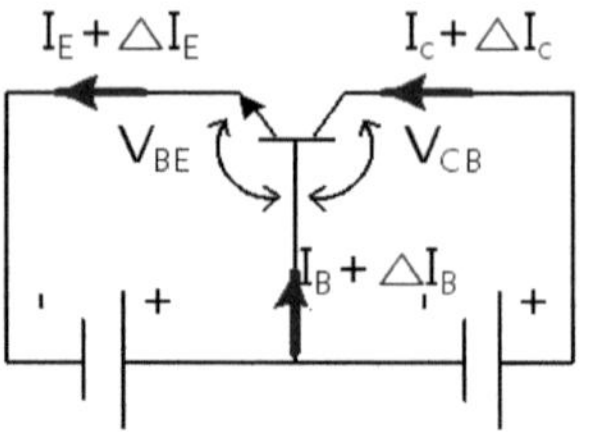

그림 1.1 베이스 접지회로

$$\frac{\text{출력증가}}{\text{입력증가}} = \frac{\Delta I_C}{\Delta I_E} = \alpha = h_{fb}$$

라 하고, 이 "α"를 "베이스 접지의 전류 증폭률" 또는 "소신호 전류 증폭률"이라 하고 기호는 h_{fb}를 사용한다. 또한 직류전류의 비를 "직류전류 증폭률"이라 하고 기호로는 h_{FB}로 표시하여 구별한다.

$$\frac{I_C}{I_E} = h_{FB}$$

③ 일반적으로 접합형 트랜지스터의 α, h_{fb}는 0.95~0.995로 항상 1보다 작은 값을 갖는다.

1.3 전류 증폭률(이미터 접지회로)

① 베이스・이미터간의 전압 V_{BE}가 약간 변화하면 이에 따라 베이스전류 I_B가 $\triangle I_B$만큼 변화한다. 또한 이미터 전류, 컬렉터 전류도 각각 $\triangle I_E$, $\triangle I_C$만큼 변화하는데 $\triangle I_B$와 $\triangle I_C$의 비를 취하면 "β"로 표시하고 이것을 이미터 접지회로의 "전류 증폭률", "소신호 증폭률"이라고

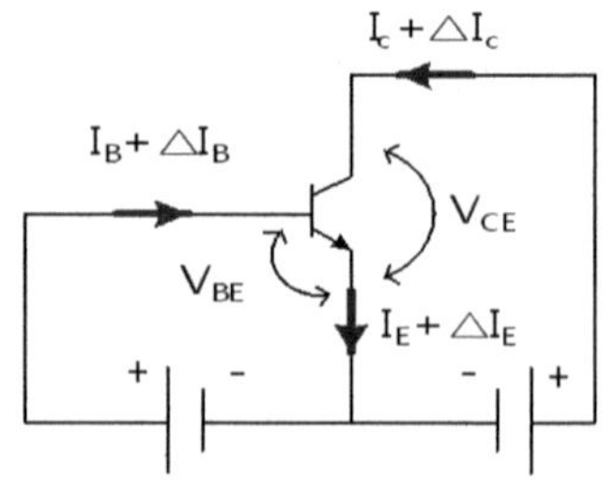

그림 1.2 이미터 접지회로

하며 기호는 h_{fe}를 사용한다.

$$\frac{출력증가}{입력증가}=\frac{\Delta I_C}{\Delta I_B}=\beta= h_{fe}$$

② 직류전류의 비를 "직류전류 증폭률"이라 하고, 기호는 h_{FE}로 표시한다.

$$\frac{I_C}{I_B}= h_{FE}$$

또한 $\beta= h_{fe}$ 를 "α"로 표시하면 다음과 같은 관계 식이 성립한다.

$$h_{fe}=\beta=\frac{\Delta I_C}{\Delta I_B}=\frac{\Delta I_C}{\Delta I_E-\Delta I_C}=\frac{\frac{\Delta I_C}{\Delta I_E}}{1-\frac{\Delta I_C}{\Delta I_E}}=\frac{\alpha}{1-\alpha}$$

③ 만일 $\alpha=0.995$로 한다면 $\beta=199$가 된다. 이것은 베이스 전류에 어떤 변화가 생기면, 199배의 변화가 컬렉터 전류(출력측)에 나타나는 것을 의미하고, 작은 베이스전류의 변화가 큰 컬렉터전 류를 제어할 수 있으므로 이것을 "트랜지스터의 전류 증폭 작용"이라고 한다.

1.4 직류와 교류의 분리

① 트랜지스터의 베이스에 직류전류와 교류전류 신호가 겹쳐진 전류를 흘리면, 컬렉터 전류는 직류전류와 교류신호전류가 겹쳐진 전류가 된다. 따라서, 직류전류 증폭률 h_{FE}와 소신호 전류증폭률 h_{fe}는 그 값이 다르기 때문에, 직류분과 교류분을 나누어 생각해야 한다.

② 여기서 전압과 전류 등 의 기호를 원칙적으로 다음과 같이 정한다.

㉮ V_{BE}, V_{CE}, I_B, I_C → 직류분의 전압·전류

㉯ v_i, v_o, i_b, i_c → 교류분의 전압·전류의 순시치

㉰ v_{BE}, v_{CE}, i_B, i_C → 직류분과 교류분을 포함하는 전압·전류의 순시치

㉣ V_i, V_V, I_i, I_o → 교류분의 전압 · 전류의 실효치

㉤ V_{im}, V_{om}, I_{im}, I_{om} → 교류분의 전압 · 전류의 최대치

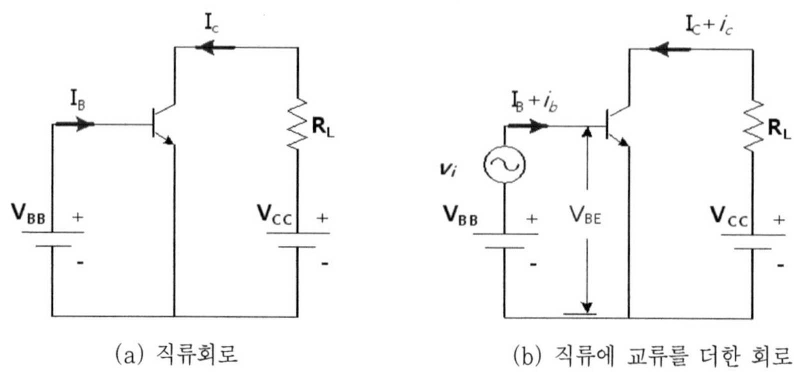

그림 1.3 직류 회로와 직류에 교류를 더한 회로

③ 그림 1.3(a)의 직류회로에서는, 베이스에 직류전류 I_B를 흐르면 컬렉터에 직류전류인 I_C가 흐른다. 이 직류회로에 그림 1.3(b)와 같이 교류신호전압 v_i를 가해면, 베이스 전류 i_B는 베이스 · 이미터간에 가해지는 직류전압 V_{BB}에 의해 흐르는 직류전류 I_B와 입력신호 전압(교류) v_i에 의해 흐르는 교류전류 i_b와의 합 I_B+i_b가 된다. 이 모양을 파형으로 보면 그림 1.4가 된다. 이 파형에서 직류와 교류를 포함한 회로는 그림 1.5와 같이 직류만의 회로와 교류만의 회로로 나누어 생각할 수 있다.

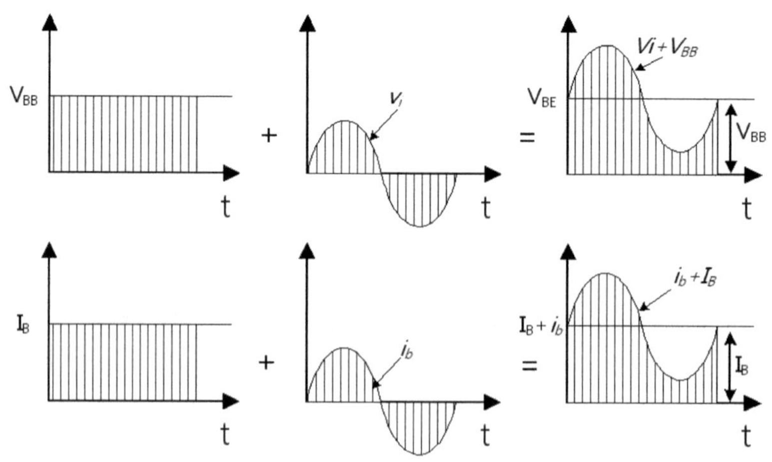

그림 1.4 베이스 전압 · 전류 파형

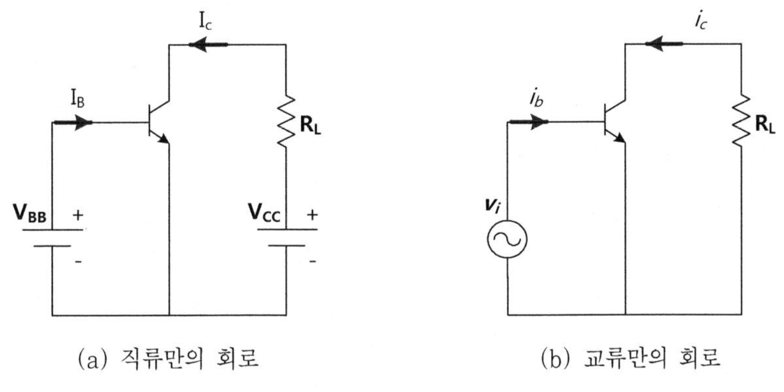

그림 1.5 증폭회로의 분리

1.5 기본 증폭회로

1) 동작 원리

① 트랜지스터의 베이스에 입력신호전압을 가하면 입력신호전류가 흐르고, 이 전류가 트랜지스터에 의해 증폭되어 출력신호전류가 나온다. 여기에서 이 출력신호전류를 전압의 변화로서 변환하여 전압증폭을 할 수 있다. 그러기 위해서는 그림 1.6과 같이 컬렉터에 저항 R_C를 접속하고 R_C 양단에서 교류의 출력전압을 인출한다. 이 회로를 "기본 증폭회로"이다. 이렇게 해서 컬렉터에 저항을 접속하고 저항 R_C의 값을 크게 함으로써, 베이스에 가해진 교류의 입력전압 v_i의 크기를 보다 크게 할 수 있다. 이것이 증폭의 원리이고, 이 저항 R_C를 "부하저항"이라고 한다.

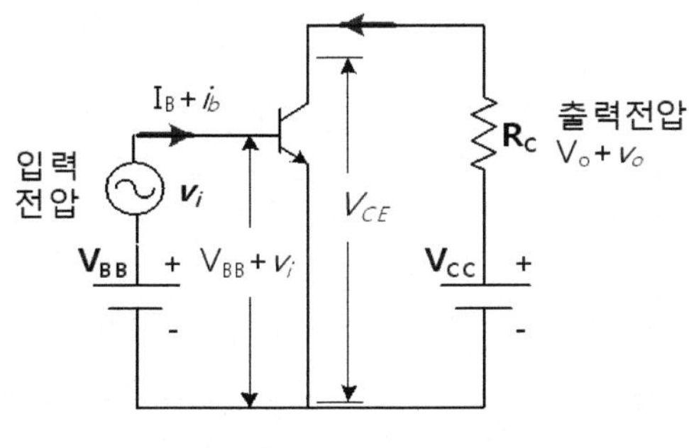

그림 1.6 기본 증폭회로

② 그림 1.7의 직류회로에 부하저항 R_C를 접속했을 때 출력전압은 $V_O = -I_C \cdot R_C$의 직류출력전압이 발생하고, 또한 교류신호 전압을 가한 그림 1.6의 회로에서는 $V_O + v_o = (i_c + I_C)R_C$라는 직류와 교류의 출력전압이 합쳐진다. 따라서, 교류의 출력전압 v_o만을 고려하면 $V_o = -i_c \cdot R_C$가 되고, 식의 마이너스(−) 부호는 v_o와 i_c의 위상이 180° 다르다는 것을 의미한다.

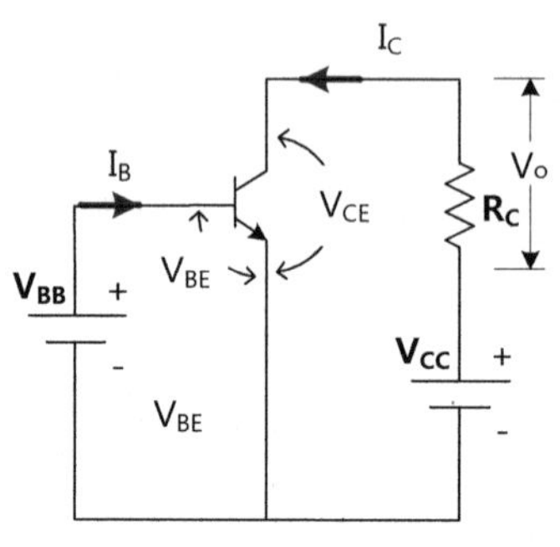

그림 1.7 직류 증폭회로

2) 각부의 파형

트랜지스터 각부의 전압, 전류는 직류와 교류의 합이다. 그림 1.8(a)의 직류회로에 입력신호전압 v_i를 그림 1.8(b)와 같이 가했을 때 각부의 파형은 그림 1.9가 된다.

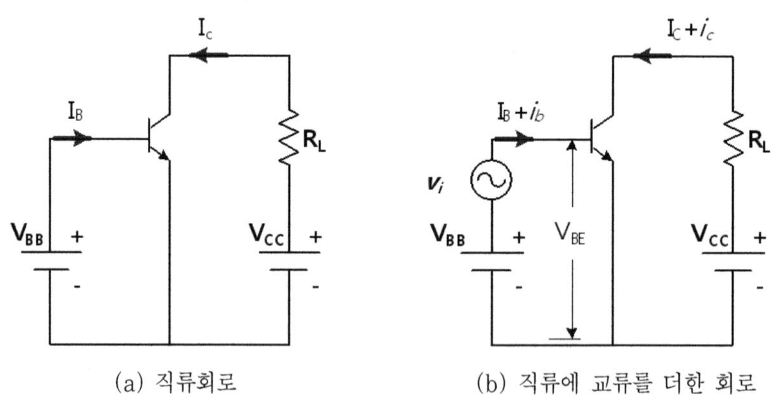

(a) 직류회로 (b) 직류에 교류를 더한 회로

그림 1.8 직류회로와 직류에 교류를 가한 회로

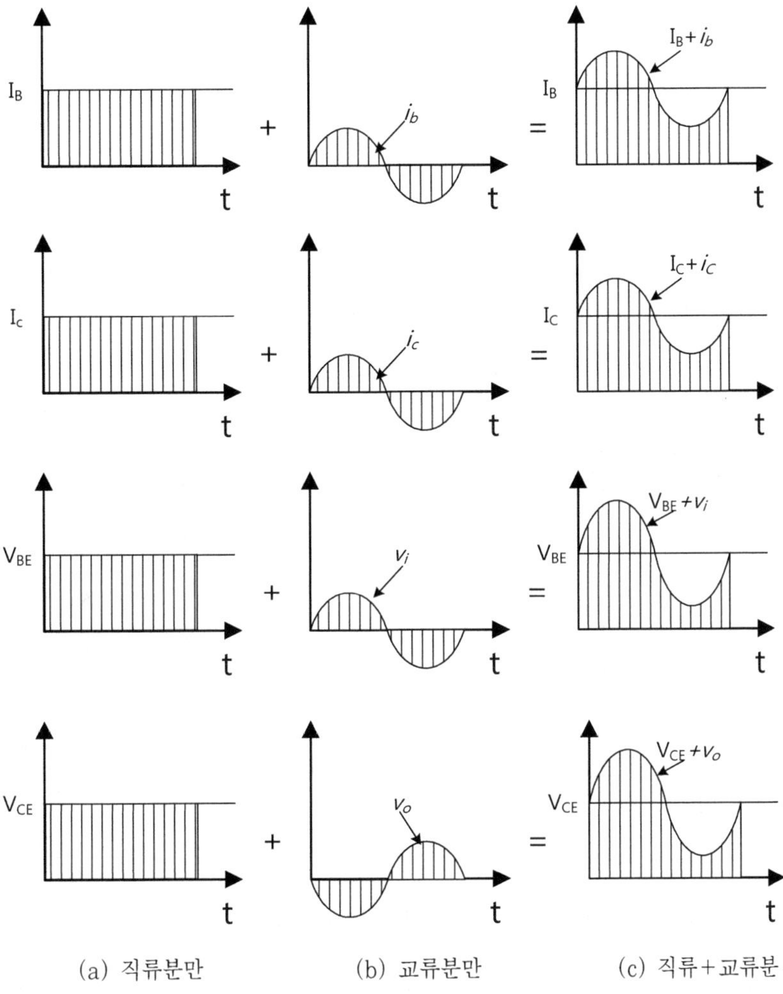

그림 1.9 각부의 전압, 전류의 파형

3) 바이어스

① 트랜지스터를 동작시키기 위해서는 직류전원이 필요하다. 그 역할을 하는 것이 그림 1.10의 V_{BB}, V_{CC}이다. 이 직류전원 V_{BB}를 "베이스 바이어스전원", V_{CC}를 "컬렉터 바이어스전압"이라고 하며, 바이어스 전압에 의해 흐르는 직류 전류 I_B, I_C를 "베이스 바이어스전류", "컬렉터 바이어스전류"라고 한다. 트랜지스터에 증폭작용을 시키기 위해서는 적정한 바이어스가 필요하다.

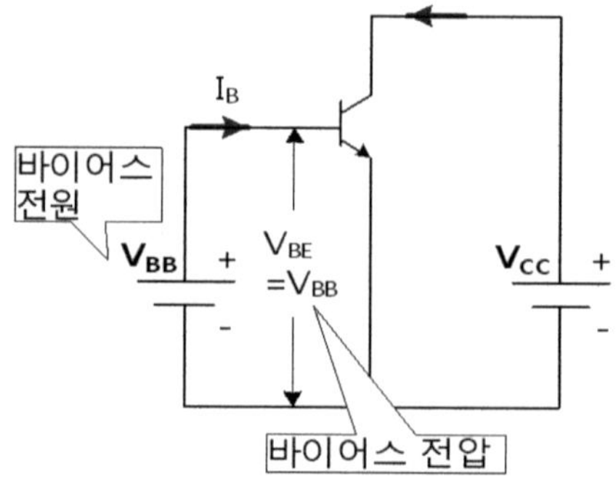

그림 1.10 바이어스 전압

② 그림 1.11과 같이 적정한 바이어스 I_{B1}, I_{C1}이 주어진 경우에는 파형의 변형이 없다.

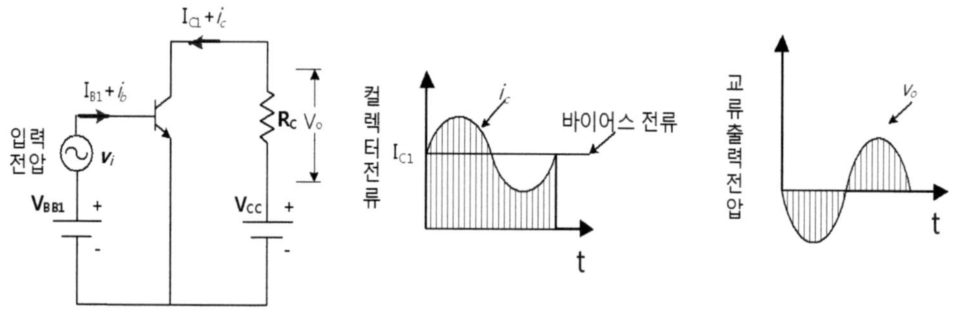

그림 1.11 적정한 바이어스를 인가한 경우

③ 그림 1.12의 경우는 베이스 바이어스전압 V_{BB}를 V_{BB2}보다 작게 하였기 때문에 바이어스 전류 I_{B2}, I_{C2}가 적어지고 변형이 나타나게 된다.

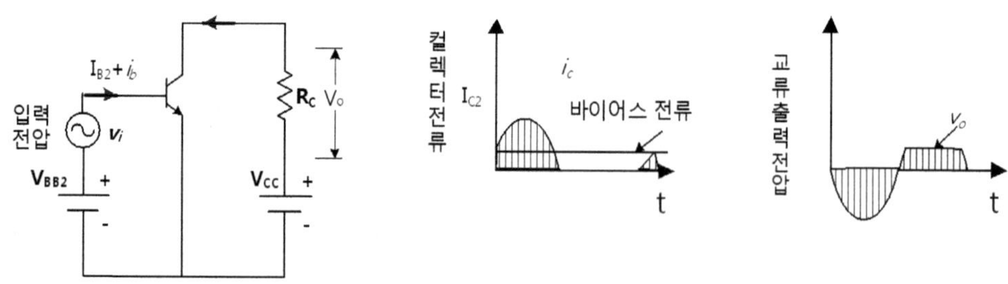

그림 1.12 부적정한 바이어스를 인가한 경우

2 펄스회로

2.1 펄스란?

1) 펄스(pulse)

회로에서 다루는 전기전자 신호는 비사인적인 파형이 많이 있다. 그 가운데 시간이 지남에 따라서 그 값이 불연속적으로 변화하는 신호도 있다. 짧은 시간 동안만 어느 크기를 가지며, 그 후에는 값이 "0"이 되는 소위 충격적으로 생긴 신호파형을 "임펄스" 또는 단순히 "펄스"라고 한다.

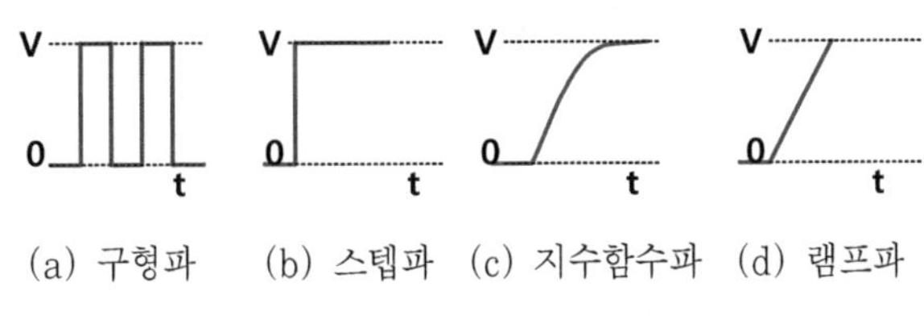

그림 2.1 펄스회로에서 취급하는 각 파형

이와 같이 펄스가 주기적으로 되풀이되는 신호를 "펄스열"이라고 부른다. 통상, 펄스라고 하면 구형파를 가리키는 경우가 많지만 구형파뿐만 아니라 스텝파, 지수함수파 및 램프파 등도 있고, 펄스회로에서는 이들의 파형도 많이 사용되고 있다.

2) 펄스파의 기본

일정한 시간폭 T[s] 사이에, 일정한 크기의 직류전압이 T[s]마다 반복하여 나타나는 펄스 파형을 "구형펄스=구형파"라고 한다. 이에 반하여, 한번만 나타나는 펄스파를 "단일 펄스"라고 하며 그림 2.2는 구형펄스를 파형을 나타내고 있는데 구형펄스 각 부의 명칭은 다음과 같이 정의할 수 있다.

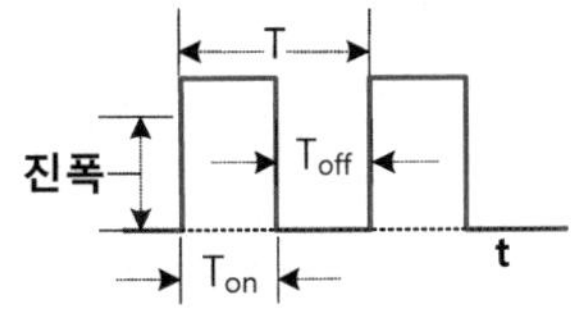

그림 2.2 구형펄스

① 진폭

사인파와 같이 크기를 실효값으로 표현하지 않고 최대값(피크값)을 사용하고, 전압 펄스는 볼트[V], 전류 펄스는 암페어[A]가 된다.

② 반복주기

동일 파형이 나타나기까지의 시간 T[s]

③ 반복주파수

반복 주기의 역수 $f = \frac{1}{T}$ [Hz]

④ 펄스폭

펄스파의 지속하는 시간 T_{on}[s]

⑤ 듀티비 : 주기에 대한 펄스폭의 비율 $D = \frac{T_{on}}{T}$ (단, $T = T_{on} + T_{off}$)

3) 실제의 구형펄스

이상적인 구형펄스가 어떤 회로를 걸치면 파형이 변형되어서 그림 2.3과 같은 응답이 된다. 이 경우에 펄스의 성질을 표현하는 용어는 다음과 같다.

① 펄스폭

펄스의 앞 가장자리와 뒤 가장자리의 50[%] 진폭간의 시간 T_{on}[s]

② 상승시간

펄스폭의 진폭이 10 → 90[%]가 되기까지의 시간 t_r[s]

③ 하강시간

펄스폭의 진폭이 10 → 90[%]가 되기까지의 시간 t_f[s]

④ 지연시간

펄스의 진폭이 10 → 50[%]에 달하기까지의 시간 t_d[s]

그 외 펄스파형에서 사용되는 용어는 다음과 같다. 펄스의 뒤 가장자리에서 S만큼 오른쪽 위가 떨어지는 경우가 있는데, 이 S를 "<u>새그(감소율)</u>"라고 하고, 동시에 동동한 H만큼 되튀어옴(백스윙)이 발생한다. 펄스의 앞 가장자리와 뒤 가장자리에 진동이 생기는데 이 진동을 "<u>링깅</u>"이라고 한다. 앞 가장자리의 100%를 넘은 부분을 "<u>오버슈트</u>", 뒤 가장자리의 마이너스(−) 영역에 들어간 부분을 "언더슈트"라고 한다. 이것들은 정상값으로부터 초과한 것을 나타내며, 초과량은 각각 최대값과 정상값(진폭)의 비를 취하여 퍼센트로 표현한다.

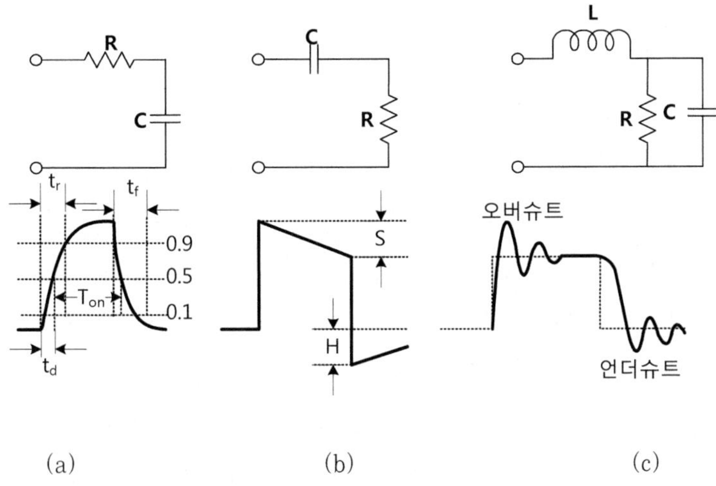

그림 2.3 이상적인 구형파 펄스 입력에 대한 회로 응답

4) 트리거 펄스와 리셋 펄스

① 일정한 동작을 하는 어떤 회로가 정지하고 있을 때, 이 회로를 동작시키기 위하여 더하는 펄스를 "트리거 펄스"라고 한다. 트리거라는 것은 권총의 방아쇠를 의미하는데, 자력으로 어떤 상태로 전이시키는 계기를 주는 것에 상당하는 일종의 자극이다.

② "리셋 펄스"라는 것은 트리거에 의해서 별도의 상태로 전이한 회로를, 다시 트리거가 인가되기 이전의 상태로 되돌리거나, 또는 트리거에 의해서 일련의 동작을 계속하고 있는 회로를 정지시키기 위해 가해지는 펄스를 말한다.

2.2 클리퍼와 클램퍼

클리퍼(Clipper)와 클램퍼(Clamper)는 파형을 만드는 다이오드 회로로서 클리퍼의 출력은 입력의 한 부분이 잘려진 것처럼 나타나고, 후자는 파형을 다른 직류레벨로 억제한다.

1) Diode 클리퍼

① 다이오드회로는 신호전압의 특정한 레벨의 위 또는 아래를 자르기 위해 사용하는 회로를 "클리퍼" 또는 "리미터"라고 한다.

② 클리퍼는 정현파를 구형파로 바꾸기도 하고, 또한 교류신호를 (+), (−)의 일부 또는 전부를 잘라내는 정류작용을 한다.

③ 그림 2.4는 일반적으로 사용되고 있는 클리퍼회로를 나타내고 있다. 그림 2.4(b) 회로에서 보면 V_{in}의 (+) 반주기 동안 Diode는 역방향으로 바이어스가 된 상태이므로, 전류는 흐르지 않고 출력전압 V_{out}는 0[V] 상태이다. V_{in}의 (−) 반주기 동안 Diode는 순방향으로 바이어스가 된 상태이므로 V_{out}는 입력과 같은 파형이 된다. 즉 이 회로는 (+) 반주기 동안의 파형이 제거되는 "정클리퍼(Positive Series Clipper)"이다. 그림 2.4(d)와 같이 Diode를 반대로 연결하여 입력전압 파형의 (+) 반주기 동안의 파형만이 나타나게 된다. 이를 "부클리퍼(negative Series Clipper)"라고 한다.

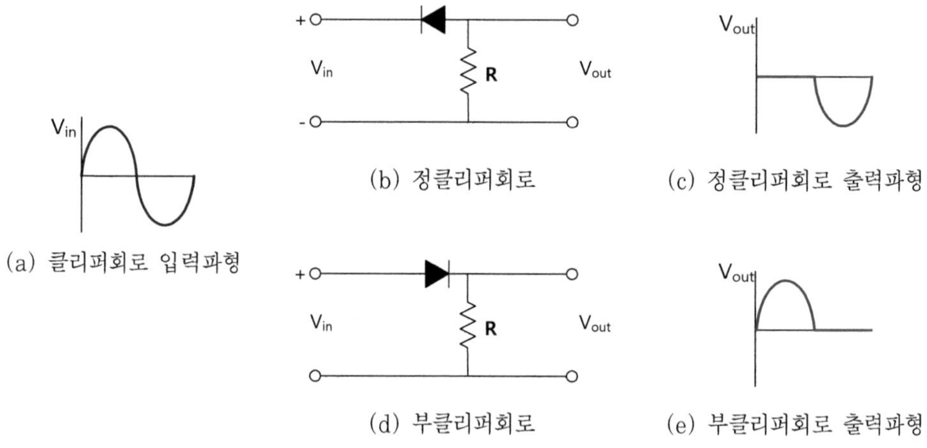

그림 2.4 직렬클리퍼 회로 및 입출력파형

④ 그림 2.5는 Diode가 신호전송회로와 병렬로 연결되어 있는 병렬클리퍼(Parallel Clipper)를 나타낸 것이다. 그림 2.5(b)의 경우 (+) 반주기 동안 Diode는 순방향으로 바이어스된 상태이므로 V_{out}는 +0.7[V]가 되며, (−) 반주기 Didoe가 역방향 바이어스된 상태이므로 입력전압과 같은 파형이 나타난다. 그러나 그림 2.5(d)와 같

이 Diode를 반대로 연결을 한 경우 (+) 반주기 동안은 Diode가 역방향 바이어스가 되어서 입력파형과 같은 파형이 출력에 나타나며, (−) 반주기 동안은 Diode는 순방향 바이어스된 상태이므로 V_{out}는 −0.7[V]가 출력된다.

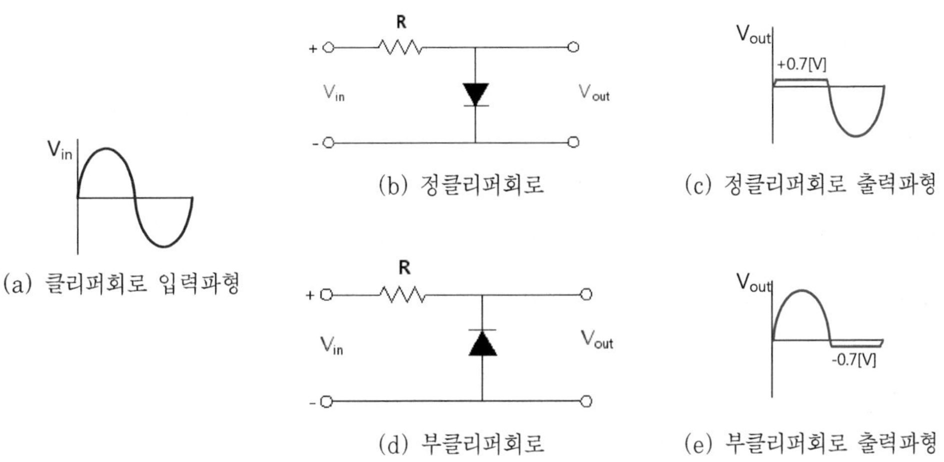

(a) 클리퍼회로 입력파형 (b) 정클리퍼회로 (c) 정클리퍼회로 출력파형 (d) 부클리퍼회로 (e) 부클리퍼회로 출력파형

그림 2.5 병렬 클리퍼회로 및 입출력 파형

예제

다음과 같은 회로의 출력전압 첨두값과 파형을 도시하라.

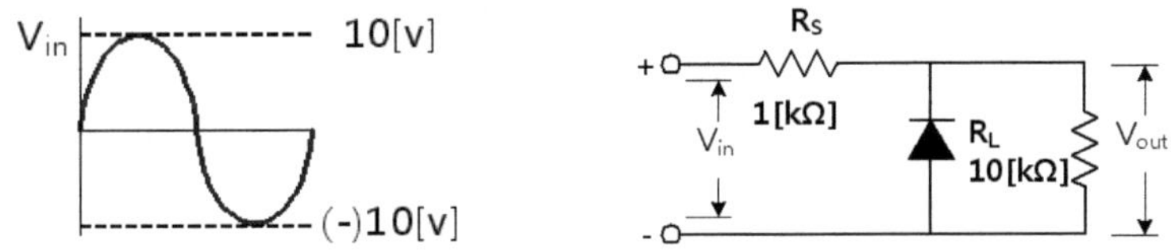

풀이

① 입력의 (−) 반주기 동안에는 Diode가 순방향 바이어스될 때 출력전압은 Diode의 전압강하에 의하여 −0.7[V]가 유지되며, 입력의 (+) 반주기 동안에는 Diode는 역방향 바이어스 상태가 되어서 입력에 비례하는 출력전압이 나타나며 출력전압의 첨두값은

$$V_p = (\frac{R_L}{R_S + R_L})V_{P(in)} = (\frac{1[k\Omega]}{10.1[k\Omega] + 1[k\Omega]}) \times 10[V] = 9.09[V]$$

② 출력전압의 파형은 다음과 같이 나타낼 수 있다.

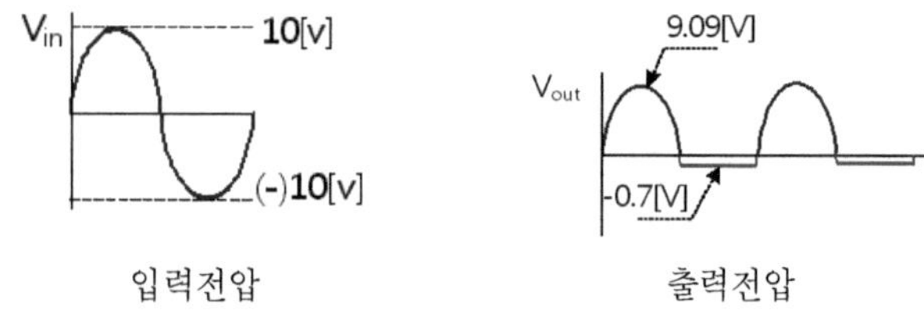

⑤ 그림 2.6은 기준전압이 첨가된 병렬클리퍼 회로이다. 입력전압 V_{in}이 기준전압 V_r보다 작을 때 Diode는 차단상태가 된다.

한편 V_{in}이 V_r보다 큰 경우 다이오드는 도통상태가 되고, 따라서 출력 Vo은 다음과 같이 된다.

㉮ $V_{in} < V_r$ 이면 $V_o = V_{in}$

㉯ $V_{in} > V$ 이면 $V_o = V_{rr}$

⑥ 그림 2.6(b)의 정클리퍼 회로에서는 입력전압의 (+) 반주기 동안 입력전압이 $V_r + 0.7$〔V〕이 되면 Diode가 도통하고 출력전압은 $V_r + 0.7$〔V〕가 출력된다. 즉 이 레벨 이상의 모든 입력전압은 잘려나가게 된다. 입력전압의 (−) 반주기 동안은 Diode가 차단상태가 되어서 입력전압과 같은 파형이 출력된다.

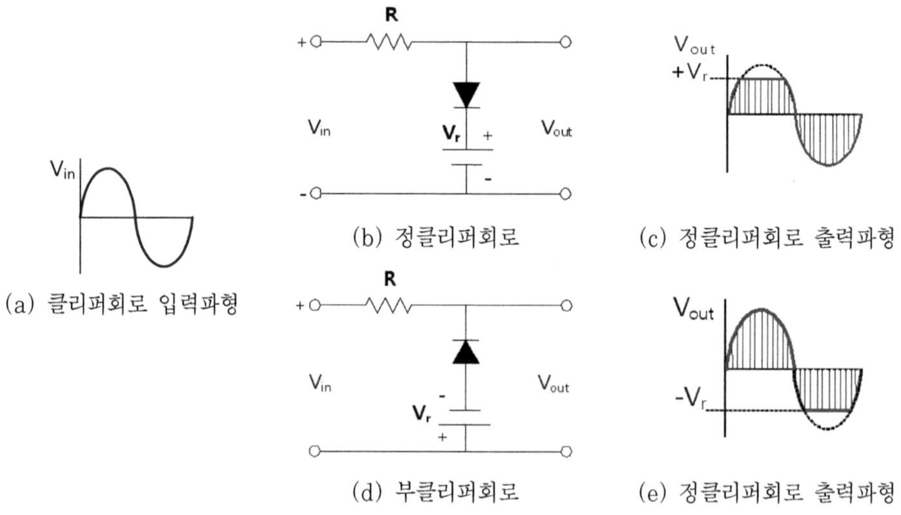

그림 2.6 바이어스된 병렬 클리퍼회로 및 입출력파형

⑦ 그림 2.6(d)의 부클리퍼 회로에서는 입력전압의 (+) 반주기 동안 입력전압이 Diode가 차단상태가 되어서 입력전압과 같은 파형이 출력된다. (−) 반주기 동안에는 입력전압의 파형이 $-V_r -0.7$〔V〕 이하가 되면 이 레벨 이상에서는 모든 입력전압이 잘려나가는 파형이 출력된다.

⑧ 그림 2.7은 바이어스전압 2개를 병렬로 연결한 경우로 "슬라이서회로"라고 한다. Diode D_1은 입력전압 V_{in}이 기준전압 V_1보다 더 큰 전압파형이 제거하며, D_2는 기준전압 V_2보다 더 작은 전압파형을 제거한다.

> ☞ **슬라이서회로(Slicer Circuit)**
> 특정한 레벨로 파형의 상부와 하부를 잘라내는 회로로서 입력신호의 일부분을 추출하는 회로

출력파형에서 알 수 있듯이 슬라이서는 두 개의 기준전압 사이의 파형만을 출력한다. 슬라이서는 정현파신호로부터 구형파신호를 얻기 위해서 사용하며, 만일 대칭인 구형파를 얻기 위해서는 V_1과 V_2는 절대값이 같고, 부호는 반대가 되어야 한다. 이러한 조건 아래에서 출력파형은 원점을 지나고 입력파형은 윗부분과 아랫부분이 대칭으로 잘린다. 입력신호의 진폭이 기준전압 V_1과 V_2의 차이보다 더 커지면 출력신호는 완전한 구형파에 가까워진다.

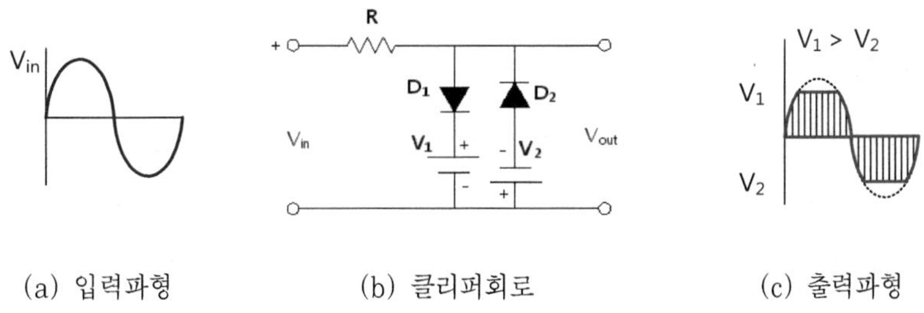

(a) 입력파형　　(b) 클리퍼회로　　(c) 출력파형

그림 2.7 바이어스된 이중 Diode 클리퍼회로 및 입출력파형

예제

바이어스된 이중 Diode 클리퍼회로의 출력파형을 도시하여라.

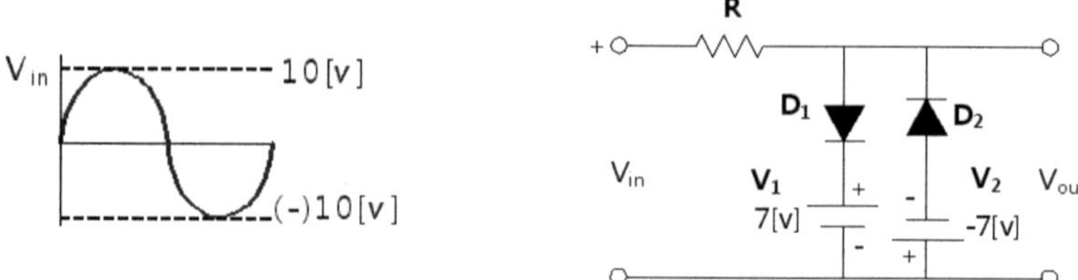

풀이

① (+) 입력의 반주기 입력동안에는 Diode D_1이 도통 상태가 되어서 7.7[V] 이상의 파형은 제한되고 (−) 입력의 반주기 입력동안에는 Diode D_2가 −7.7[V] 이하가 되면 차단상태에서 도통상태가 되어서 −7.7[V] 이하의 (−)전압을 제거한다.

② 출력파형은 다음과 같이 도시할 수 있다.

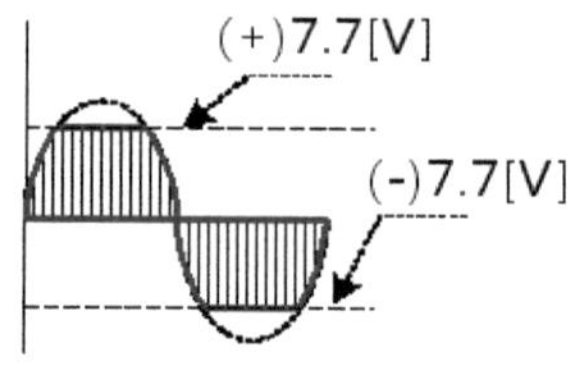

2) Diode 클램퍼

① 주기적인 파형이 다를 때 자주 사용되는 회로의 기능은 (+) 또는 (−) 최대값이 일정한 기준전압을 넘지 않도록 제한하는 회로를 "클램퍼회로(Clamper Circuit)"라고 한다. 이 회로는 입력파형의 형태를 변화시키지 않고, 입력파형을 어떤 다른 직류레벨에 고정시키는 회로이다. 입력신호에 의해서 정해지는 한 주기 동안에 콘덴서 양단 전압의 최대값으로 일정하게 유지될 수 있도록 회로의 시정수 R−C는 신호의 주기에 비하여 상당히 크게 한다. 이 회로의 동작을 살펴보면 다음과 같다.

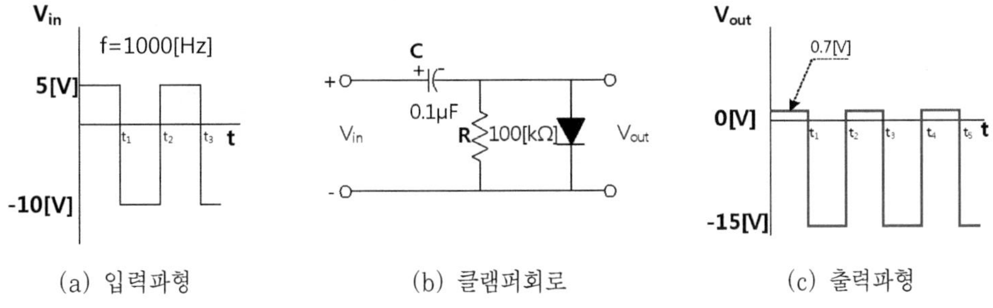

(a) 입력파형 (b) 클램퍼회로 (c) 출력파형

그림 2.8 클램퍼회로 및 입출력파형

② 입력신호는 0~t_1 시간 동안에는 +5〔V〕가 , t_1~t_2 시간 동안에는 −10〔V〕가 입력된다.

V_{in}의 주기는 $T = \frac{1}{f} = \frac{1}{1000} = 1[ms]$이며,

+5〔V〕 상태를 유지하는 시간은 $\frac{T}{2} = 0.5[ms]$이다.

③ 그림 2.9와 같이 +5〔V〕가 회로에 입력이 되면 Diode는 순방향바이어스가 되어서, 0.7〔V〕가 출력된다. 한편 시정수 $\tau = R \times C \cong 0 \times C = 0$이므로, 콘덴서는 매우 빠르게 5〔V〕로 충전된다.

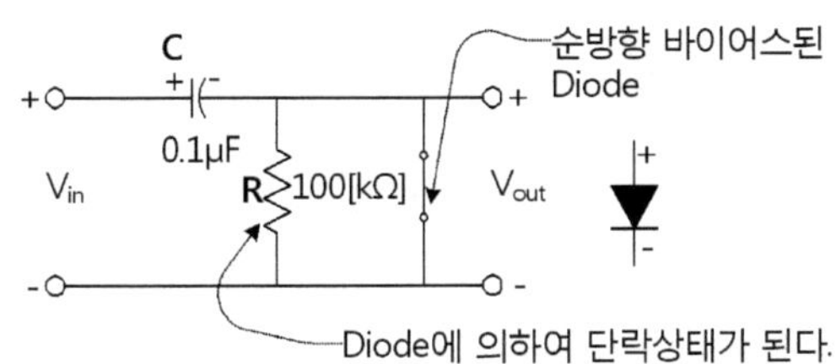

그림 2.9 V_{in}=5V (0→t_1)일 때의 클램퍼회로의 동작

④ 입력이 −10〔V〕가 되면 그림 2.10과 같이 Diode는 차단상태가 되어서 C−R직렬회로가 상태가 된다. 이 회로의 시정수는 다음과 같다.

$$\tau = RC = (100 \times 10^3)(0.1 \times 10^{-6}) = 10[ms]$$

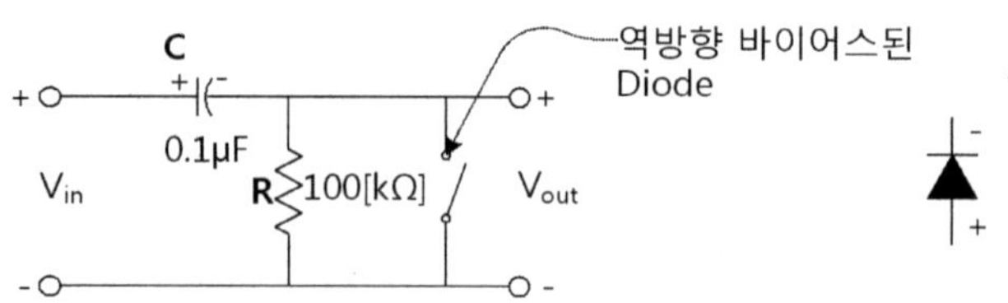

그림 2.10 V_{in}=5V(t_1→t_2)일 때의 클램퍼회로의 동작

③ 콘덴서가 방전하는데 시정수 τ의 5배, 즉 약 50〔ms〕 정도의 시간이 소요되며, 이 상태(t_1~t_2)에서 콘덴서 양단전압은 별로 감소하지 않는다. 그러기 때문에 출력전압은 $V_{out}=-10〔V〕-5〔V〕=-15〔V〕$가 되고, 출력파형은 그림 2.8의 (c)와 같이 출력은 0.7〔V〕에 클램프되고, 입력신호와 같은 주파수를 반복한다.
만일 100〔kΩ〕 저항을 1〔kΩ〕으로 변화시키면 시정수는 $\tau = R \times C = (1\times10^3)(0.1\times10^{-6})=0.1〔mS〕\rightarrow 5\tau=0.5〔ms〕$가 되며, 이 경우 콘덴서의 방전시간은 입력신호의 반주기와 같아지기 때문에 그림 2.11과 같이 찌그러진 파형이 출력된다.

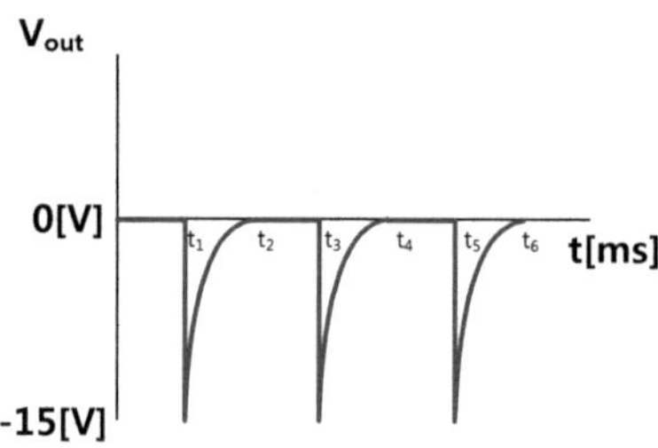

그림 2.11 저항값을 100〔kΩ〕에서 1〔kΩ〕 변화시킬 때의 출력전압

2.3 톱니파의 발생

① 펄스파의 하나인 톱니파는 주기가 정해진 펄스를 적분함으로써 발생시킬 수 있다. 톱니파의 발생원리는 그림 2.12와 같이 적분회로를 이용한다. 스위치 S가 차단상태이면 콘덴서는 충전전압 Vc의 변화는 시정수에 따라 정해지며, 서서히 전압이 올라간다.
② 스위치 S를 연결 상태에 놓으면 콘덴서 C는 전하를 방전한다. 이와 같이 콘덴서의 충방전의 반복에 의해서 톱니파가 발생한다.

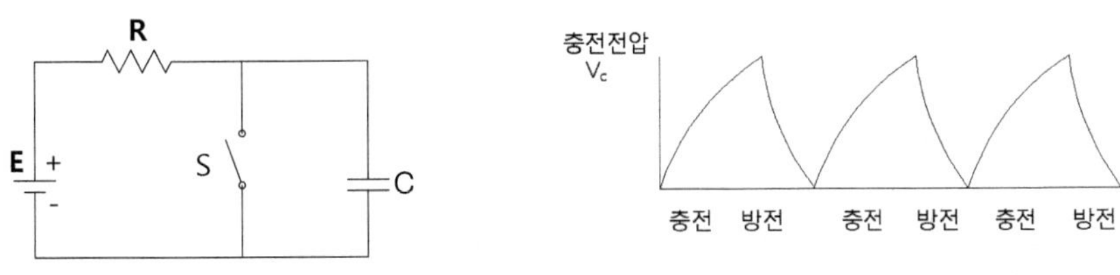

그림 2.12 톱니파의 발생원리

③ 그림 2.13(a)는 스위치를 트랜지스터로 교체한 것으로 이 회로는 트랜지스터 베이스에 0[V]가 입력이 되면 트랜지스터 C-E가 OFF 상태가 되어서 그림 2.13(c)와 같이 R-C회로에 충전이 되고, 베이스에 (+)전압이 인가되면 그림 2.13(d)와 같이 트랜지스터 C-E가 ON상태가 되므로 방전을 하게 된다. 이와 같은 원리에 의하여 주기가 구형파 펄스를 입력받아서 톱니파를 발생시킬 수 있다.

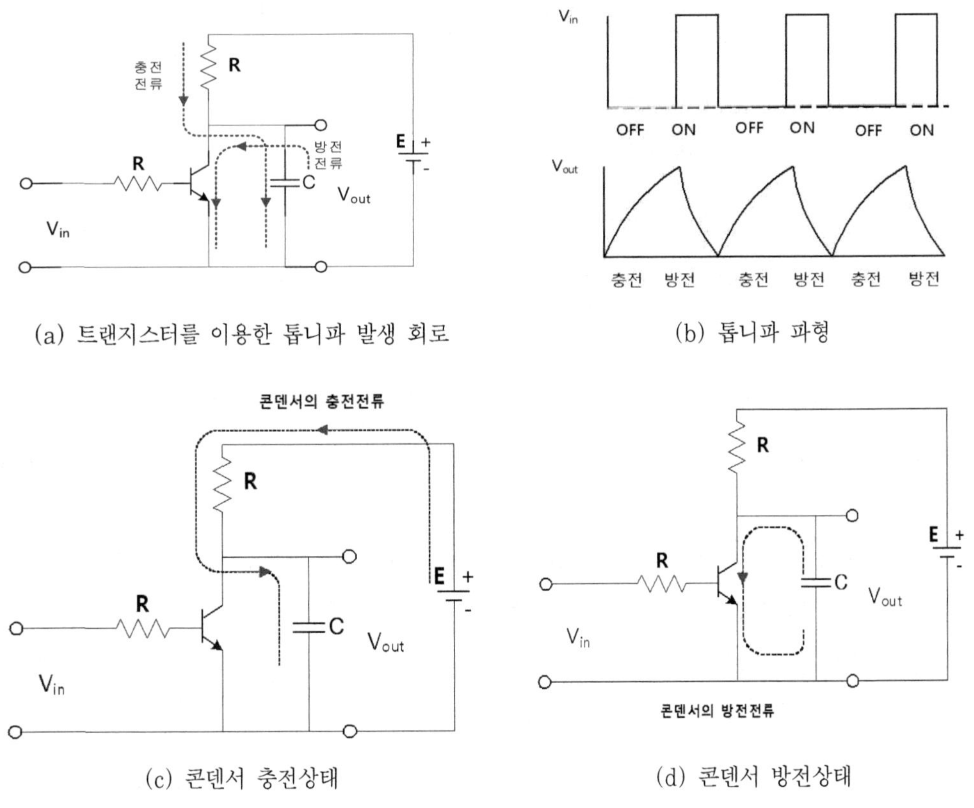

(a) 트랜지스터를 이용한 톱니파 발생 회로

(b) 톱니파 파형

(c) 콘덴서 충전상태

(d) 콘덴서 방전상태

그림 2.13 톱니파 발생회로

2.4 NE555

1) NE555의 블록

① NE555 타이머는 그림 2.14와 같이 두 개의 OP-Amp 비교기, 하나의 플립플롭, 방전 트랜지스터, 전압분배기(5[kΩ] 저항 3개)로 구성된다. 전압분배기는 전압비교기레벨을 설정하며 3개의 저항이 5[kΩ] 저항값을 가지고 있기 때문에 위의 비교기는 (2Vcc)/3의 기준전압을, 아래 비교기는 Vcc/3의 기준전압을 갖는다.

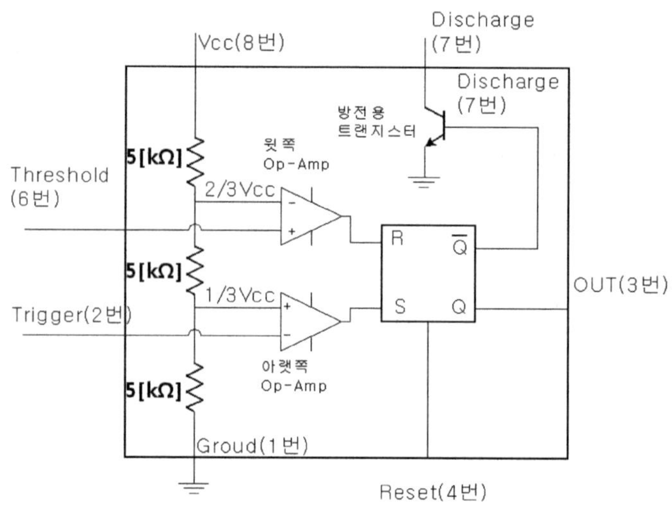

그림 2.14 NE555 블록선도

② 트리거 전압(2번 단자)이 Vcc/3로 떨어지면 플립플롭은 아래쪽 OP-Amp가 High 출력을 내고 플립플롭이 Q가 SET가 되어 NE555 출력단자(3번단자)에 Vcc의 전압이 출력된다.

③ 문턱전압(6번 단자)은 외부의 RC타이밍회로에 연결해서, 외부 콘덴서의 전압이 (2·Vcc)/3를 넘으면 위쪽 비교기가 플립플롭의 Reset 입력단자에 High가 입력되어서 출력단자의 전압을 0[V]로 떨어뜨리고, 방전용 트랜지스터 C-E를 ON시켜 외부 타이밍콘덴서 전하의 방전통로 역할을 한다.

☞ **플립플롭(Flip - Flop)**

① Set 입력에 High, Reset 입력에 Low를 입력하면, Q 출력은 High, 그리고 $\overline{Q}$출력은 Low가 된다. Set 입력에 High를 인가한 후에 Low가 입력되더라도 Q출력은 High상태를 유지한다.

② Set 입력에 Low, Reset 입력에 High를 입력하면, Q 출력은 Low, 그리고 $\overline{Q}$출력은 High가 된다. Reset 입력에 High를 인가한 후에 Low가 입력되더라도 $\overline{Q}$출력은 High상태를 유지한다.

(단, High는 +5[V], Low는 0[V]를 의미한다.)

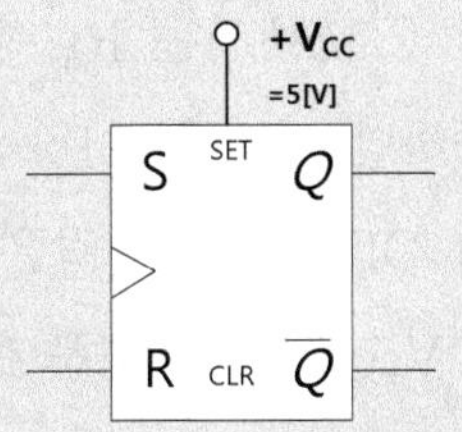

☞ **OP - Amp 전압비교기**

① (+)입력단자 전압 > (−)입력단자 전압일 때는 +Vcc 전압이 출력되고

② (+)입력단자 전압 < (−)입력단자 전압일 때는 0[V] 전압이 출력된다.

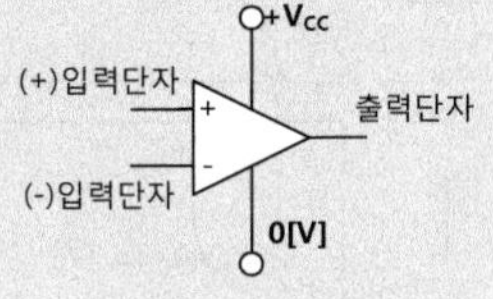

2) 비안정동작

① 동작모드 1

NE555 타이머 IC에 전원을 공급하면 그림 2.15와 같이 콘덴서 C는 충전되지 않은 상태이며, 트리거 전압(2번)은 0[V]가 되며, 아래쪽 OP−Amp는 ⓐ점의 전압 < ⓑ점의 전압(Vcc/3)이기 때문에 플립플롭의 SET단자에 High가 입력되고 Q가 High를 출력하여 타이머 출력단자(3번)가 High상태가 된다.

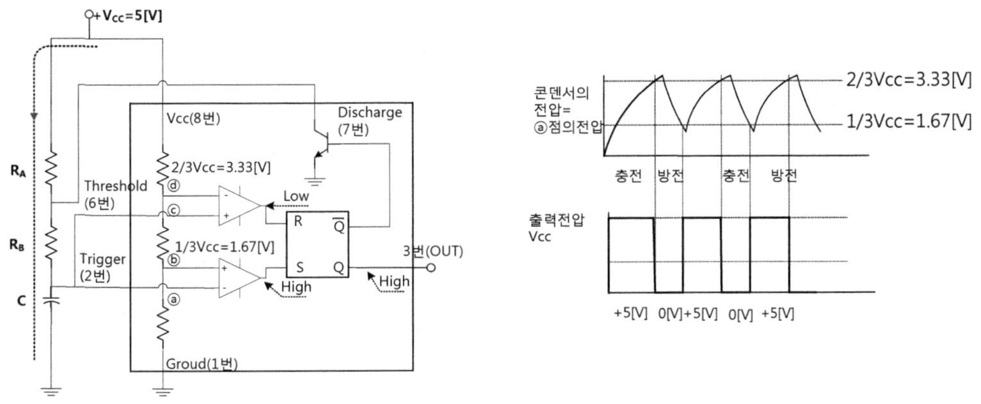

그림 2.15 동작모드 1

② 동작모드 2

그림 2.16에서는 R_A, R_B단자를 통하여 콘덴서에 전하가 축적되어서 콘덴서 전압은 상승하면 아래쪽 OP−Amp는 ⓐ점의 전압 > ⓑ점의 전압(Vcc/3)이기 때문에 아래쪽의 OP−Amp 출력은 Low가 되고, 위쪽 OP−Amp는 ⓒ점의 전압 < ⓓ점의 전압(2·Vcc/3)이기 때문에 출력이 Low가 되기 때문에 플립플롭의 Q출력은 High상태를 유지한다.

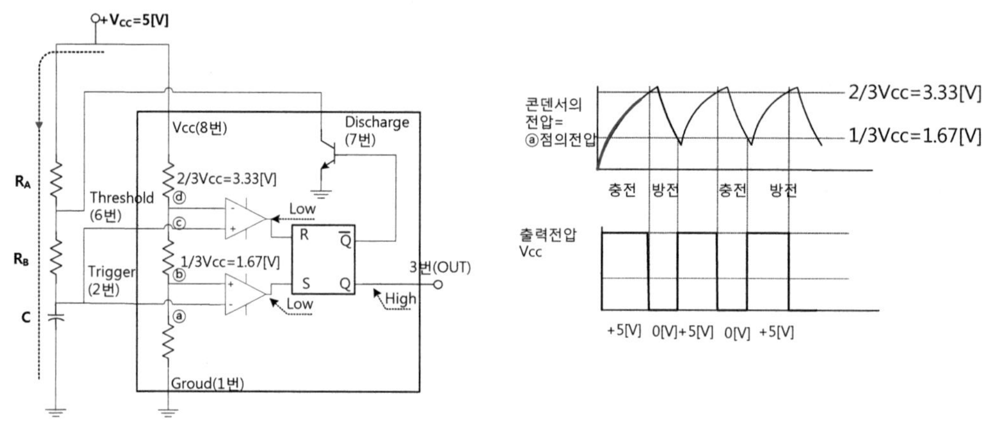

그림 2.16 동작모드 2

③ 동작모드 3

㉮ 콘덴서 전류에 의하여 전압이 상승하여 (2·Vcc)/3을 넘어가면 위쪽 OP−Amp는 ⓒ점의 전압 > ⓓ점의 전압이기 때문에 위쪽의 OP-Amp 출력이 High가 된다.

㉯ 플립플롭의 Q 출력을 Low가 되어서 NE555의 출력단자는 0[V], $\overline{Q}$ 출력은 High가 되어서 방전용 트랜지스터 C−E가 ON상태가 되어서 콘덴서에 축적된 전하는 R_B, 방전용 트랜지스터 C−E, Groud로 통하여 방전하게 된다.

㉰ 방전이 되면 위쪽 비교기의 출력은 Low상태를 유지한다.

㉱ 방전이 계속되다가 콘덴서의 전압이 Vcc/3까지 방전되면 아래쪽 비교기의 출력이 High상태가 되고 플립플롭을 Set시켜 NE555 출력단자는 다시 High상태가 된다.

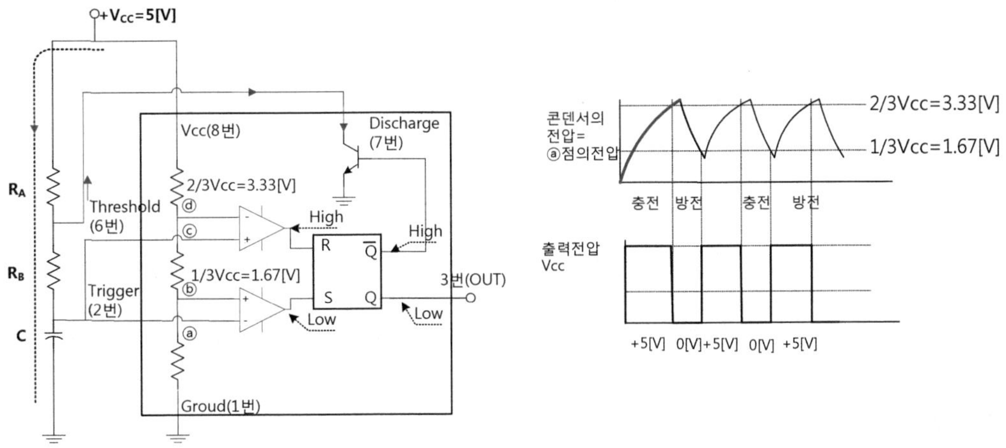

그림 2.17 동작모드 3

④ 출력주파수

㉮ 결과적으로 R_1, R_2의 저항값 의해 듀티 싸이클이 결정되는 구형파가 발생되며, 출력주파수는 다음과 같은 공식에서 구할 수 있다.

$$f = \frac{1.44}{(R_A + 2R_B)C}$$

R_A와 R_B 저항값에 따라서 출력의 듀티 싸이클을 조정이 가능하며, 콘덴서 C의 전하는 $R_A + R_B$를 통하여 충전하고, R_B를 통해서만 방전하게 된다.

㉯ 출력에 High가 출력되는 구간은 콘덴서 C의 전압이 Vcc/3에서 (2·Vcc)/3까지 충전하는데 걸리는 시간이다.

$t_H = 0.693(R_1 + R_2)C$ (t_H : 출력단자에 High(Vcc)를 유지하는 시간)

㉰ 출력에 Low가 출력되는 구간은 C의 전압이 (2·Vcc)/3에서 Vcc/3까지 방전하는데 걸리는 시간이다.

$t_L = 0.693R_2C$ (t_H : 출력단자에 Low(0)를 유지하는 시간)

㉱ 출력주기는 $t = t_H + t_L = 0.693(R_1 + 2R_2)C$가 된다.

㉮ 듀티 싸이클 다음과 같이 정의된다.

$$\text{Duty Cycle} = \frac{t_H}{T} = \frac{t_H}{t_H + t_L} = \frac{R_A + R_B}{R_A + 2R_B} \times 100[\%]$$

☞ **듀티 싸이클**

한 주기(=전류가 흐른 시간+전류가 흐르지 않은 시간)에 대한 전류가 흐른 시간의 비를 "듀티 싸이클"이라고 한다.

예제

다음 회로는 NE555를 이용한 Timer회로이다. 출력주파수와 듀티 싸이클을 구하여라.

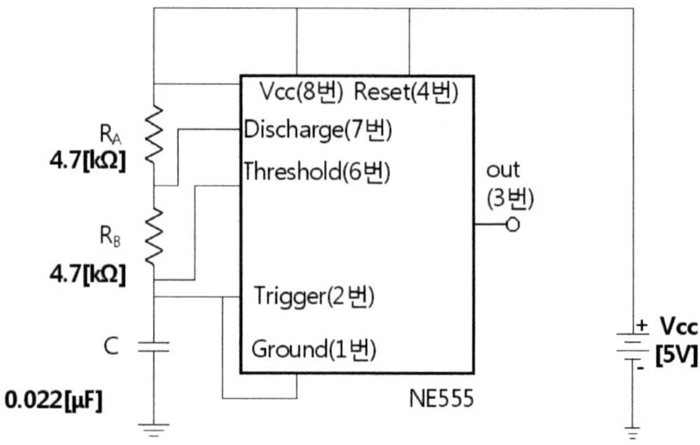

풀이

$$f = \frac{1.44}{(R_A + 2R_B)C} = \frac{1.44}{(2.2k\Omega + 9.4k\Omega)0.022\mu F} = 5.64[kHz]$$

$$\text{Duty Cycle} = \frac{R_A + R_B}{R_A + 2R_B} \times 100[\%]$$

$$= \frac{2.2 + 4.7}{2.2 + 9.4} \times 100[\%] = 59.5[\%]$$

실험실습

1. 실험기기 및 부품
   1) 브레드보드
   2) DMM
   3) 오실로스코프
   4) 저항
      ① 330〔Ω〕 1/4〔W〕 ② 1〔kΩ〕 1/4〔W〕 ③ 10〔kΩ〕 1/4〔W〕
      ④ 100〔kΩ〕 1/4〔W〕
   5) 콘덴서
      ① 탄탈콘덴서 4.7〔μF〕 ② 세라믹콘덴서 0.1〔μF〕
   6) 다이오드 및 LED
      ① 1N4148 ② LED
   7) 트랜지스터
      ① 2SC1815
   8) NE555

2. 다음 회로는 병렬클리퍼회로이다.

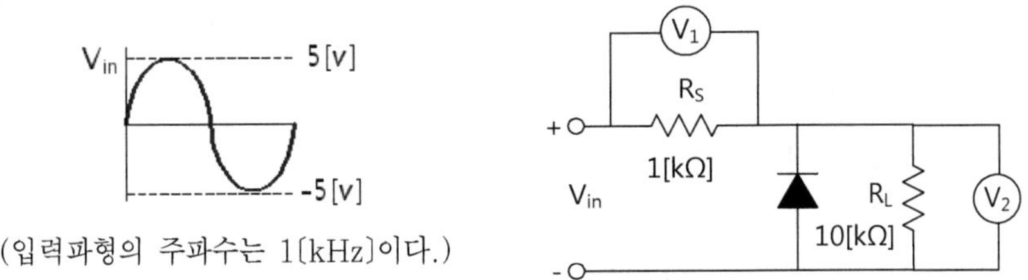

(입력파형의 주파수는 1〔kHz〕이다.)

① 오실로스코를 이용하여 V_1, V_2파형을 측정하고 도시하여라.

V_1파형	V_2파형

② 오실로스코를 이용하여 출력파형의 첨두값을 측정한다.

이론값	측정값

3. 다음 회로는 Diode 클램퍼회로이다.

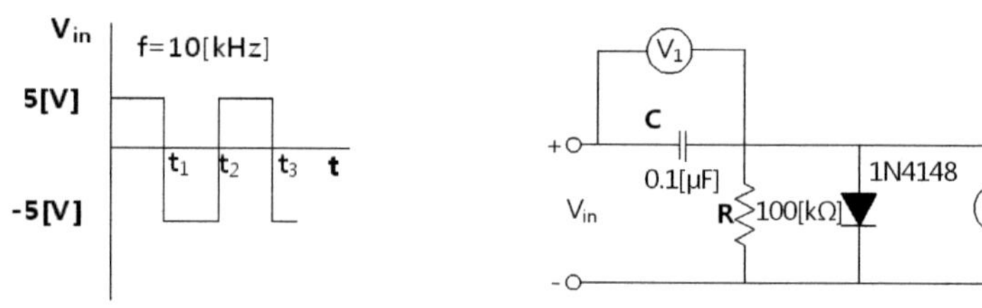

① 오실로스코를 이용하여 V_1, V_2파형을 측정하고 도시하여라.

V_1파형	V_2파형

② 다이오드의 극성을 바뀌어서 V_1, V_2파형을 측정하고 도시하여라.

V_1파형	V_2파형

4. 다음 회로는 NE555를 이용한 Timer회로이다.

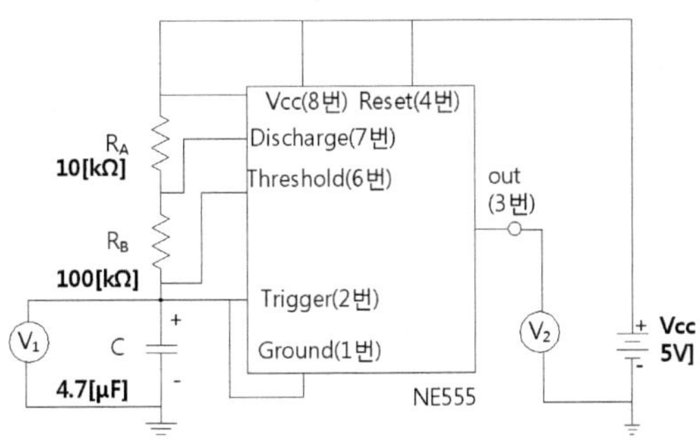

① 오실로스코를 이용하여 V_1, V_2파형을 측정하고 도시하여라.

V_1파형	V_2파형

② 출력주파수와 듀티 싸이클을 측정한다.

출력주파수		듀티 싸이클	
이론값	측정값	이론값	측정값

③ 출력단자에 트랜지스터와 LED를 연결하고 반복적인 LED 점멸과 소등을 확인한다.

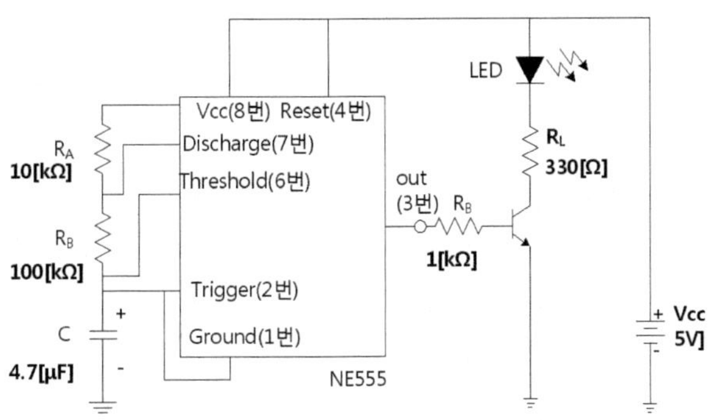

• 요점정리 •

1. "증폭"이란 가해진 입력의 진폭을 크게 만들어 출력으로 꺼내는 것이며, 이 때 사용하는 회로를 증폭회로, 증폭회로를 가진 장치를 "증폭기(amplifier)"라고 한다.

2. 트랜지스터의 베이스에 직류전류와 교류전류신호가 중첩된 전류를 흘리면, 컬렉터 전류는 직류전류와 교류신호전류가 중첩된 전류가 흐른다.

3. $V_o = -i_c \cdot R_C$에서 마이너스(−) 부호는 v_o와 i_c의 위상이 180° 다르다는 것을 의미한다.

4. "펄스"는 짧은 기간 동안만 어느 크기를 가지며, 그 후에는 값이 "0"이 되는, 소위 충격적으로 생긴 신호파형을 말한다.

5. "클리퍼(리미터)"는 신호전압의 특정한 레벨의 위 또는 아래를 자르기 위해 사용하는 회로이다.

6. "클램퍼회로"는 주기적인 파형이 다를 때 사용하는 회로이며, (+) 또는 (−)의 최대값이 일정한 기준전압을 넘지 않도록 제한한다.

7. NE555 타이머는 두 개의 OP−Amp 비교기, 하나의 플립플롭, 방전 트랜지스터, 전압 분배기(5[kΩ] 저항 3개)로 구성되었다.

연습문제

1. 신호전압의 특정한 레벨의 위 또는 아래를 자르기 위해 사용하는 회로를 무엇이라고 하는가?

2. 특정한 레벨로 파형의 상부와 하부를 잘라내는 회로로서 입력신호의 일부분을 추출하는 회로를 무엇이라고 하는가?

3. 다음 회로의 출력파형을 도시하라.

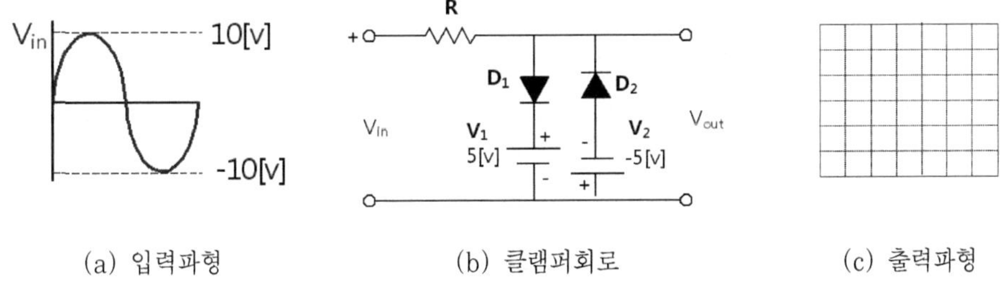

(a) 입력파형 (b) 클램퍼회로 (c) 출력파형

4. 다음 회로는 NE555를 이용한 Timer회로이다. 출력주파수와 듀티 싸이클을 구하여라.

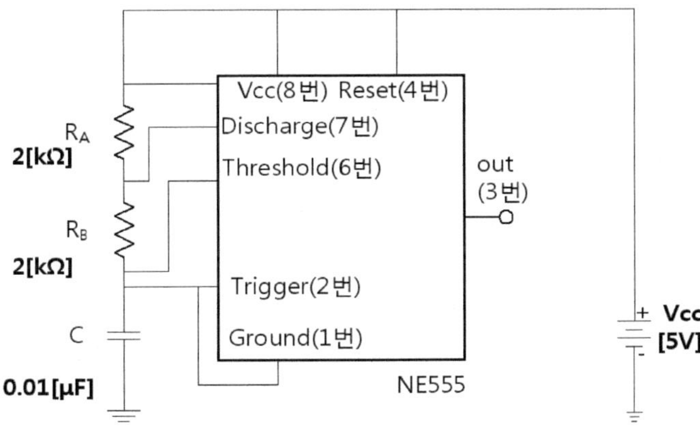

제 7 장

AC 전력용 반도체 소자

학습목표

1) SCR에 대하여 이해한다.
2) TRIAC에 대하여 이해한다.

1. SCR
2. TRIAC
◆ 연습문제

제 7 장

AC 전력용 반도체 소자

1 SCR

1.1 SCR이란?

SCR이란 실리콘 제어정류기(Silicon Controlled Rectifier)의 약어로 다음과 같은 여러 가지 형의 것이 있다. 그리고 이러한 것은 각각 "애노드(A)", "캐소드(K)", "게이트(G)"라고 불리는 3개의 단자를 가지고 있으며 그림 1.1과 같은 기호로 표시하고 있다.

그림 1.1 SCR의 여러 가지 형태 및 기호

1.2 SCR의 스위칭 동작

1) SCR의 ON-OFF 동작

① SCR의 스위칭 동작은 애노드(A)와 캐소드(K) 사이가 스위치의 접점 동작을 하고 게이트(G) 단자가 그 접점을 제어하는 동작을 한다. 따라서 그림 1.2와 같이 SCR의 애노드(A)와 캐소드(K) 사이를 부하와 전원에 접속해 두고 G단자를 조작하면 SCR의 스위칭 동작에 의하여 부하를 ON-OFF 제어할 수 있게 된다.

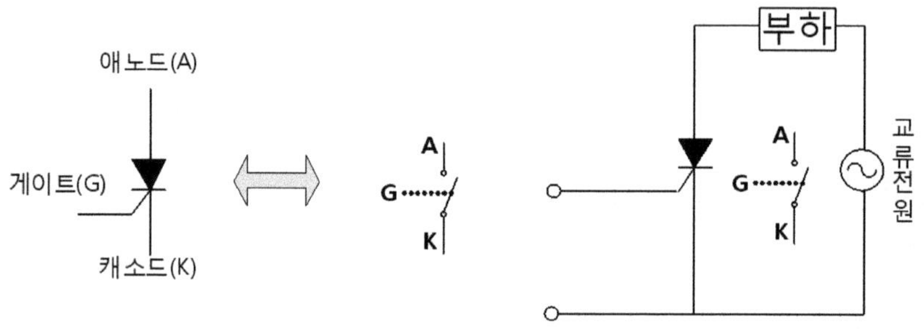

그림 1.2 SCR의 ON-OFF 제어

② 즉, SCR은 그림 1.3(a)와 같이 Diode에 전압을 가하였을 경우에는 스위치의 접점을 ON한 것과 동일한 동작을 하며 부하를 구동할 수 있다. 그림 1.3(b)와 같이 전압을 가하였을 때는 접점을 OFF한 것과 동일한 동작을 하며 이때는 부하를 구동할 수 없다. SCR도 다이오드와 동일하게 그림 1.3(c)와 같이 역방향으로 전압을 가하고 있을 때에는 전류가 흐르지 않고, 항상 스위치가 OFF의 상태가 된다. 이러한 방향으로 전압을 가하는 것을 역방향 전압을 가한다고 한다

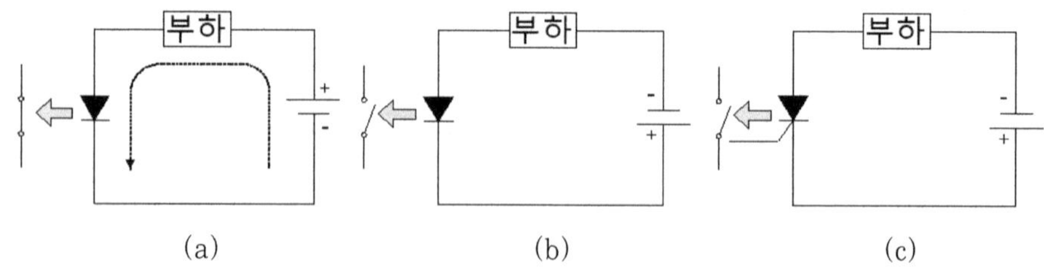

그림 1.3 다이오드의 부하구동

③ 그러나 다이오드의 경우에는 그림 1.4(a)와 같이 전압을 가하면 스위치가 ON이 된 상태와 동일하게 되나 SCR의 경우는 그림 1.4(b)와 같이 전압을 가하여도 그것만으로는 전류는 흐르지 않는다. 이러한 방향의 전압을 가하는 것을 순방향전압을 가한다고 하나 SCR의 경우는 이와 같이 순방향전압을 가하여도 즉시 ON으로는 되지 않는다. SCR은 이와 같은 상태를 순방향전압이 가해져 있는 데에도 전류를 흐르지 않게 한다는 의미에서 "순방향 저지상태"라고 한다.

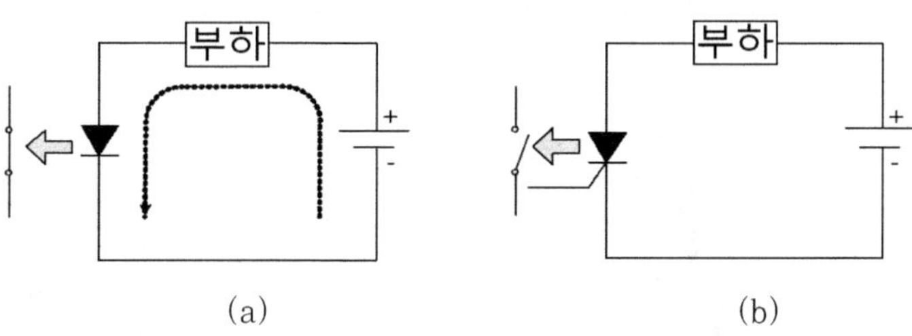

그림 1.4 다이오드와 SCR의 스위치 동작

④ 그러면 어떻게 하면 SCR를 ON으로 하여 전류를 흐르게 할 수 있는가? 실제로는 SCR의 경우는 그림 1.5와 같이 순방향전압을 가해 두고서 게이트-캐소드 사이에 화살표의 방향으로 전류를 흐르게 하여 ON 상태로 할 수가 있다.
SCR는 그림 1.4와 같이 A-K간에 순방향전압을 가하는 것만으로는 A-K간이 ON 상태로는 되지 않는다. G-K간에 그림 1.5와 같은 방향으로 게이트 전류 I_G를 흐르게 하면 최초로 A-K간이 ON이 되어서 부하 R_L로 전류가 흐르게 되는 것이다.

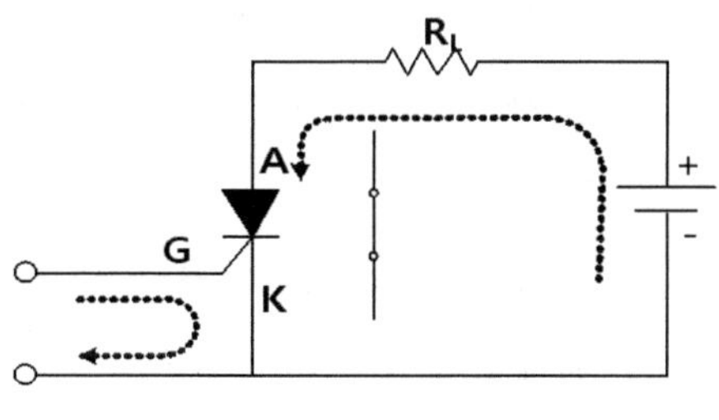

그림 1.5 SCR의 동작

2) SCR를 ON시키는 방법

① SCR에는 트랜지스터와는 전혀 다른 독특한 성질이 있다. SCR를 ON을 하기 위해서는 G-K간에 그림 1.5와 같은 방향에 전류를 흐르게 하여야 한다는 것은 이미 설명을 하였으나, 이 전류 I_G는 SCR를 ON으로 하려고 하는 기간 중에 계속 흐르게 해 둘 필요가 없는 것이다. 그림 1.6처럼 A-K간이 ON이 되기 시작하는 그 순간에만 전류 I_G를 흐르게 하면 그 뒤에 I_G가 0이 되어도 ON 상태를 계속 유지한다. 즉, SCR은 한번 ON으로 하면 그것을 유지하는 기능이 있는 것이다.

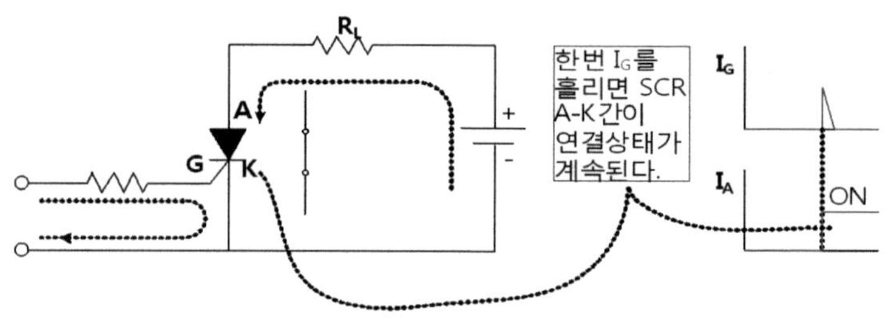

그림 1.6 SCR의 ON 유지

② 즉, SCR은 A-K 사이에 순방향 전압을 가해 두고서 게이트에서 캐소드 방향에 순간적으로 게이트 전류 I_G를 흐르게 하면 A-K간이 ON으로 되어 그대로 ON의 상태를 계속한다. 물론 I_G를 계속 흐르게 하여도 동일하다. 이러한 것에서 I_G를 흐르게 하여 SCR를 ON으로 하는 조작을 불을 점화한다는 의미에 "점화한다"라고 말하고 있다. 또한 이 조작을 "트리거(trigger)"시킨다고 말하고 있다.

그리고 SCR을 ON으로 하기 위하여 필요한 게이트 전류 I_G를 "게이트-트리거전류"라고 하며 또한 이 전류를 흐르게 하기 위하여 필요한 게이트·캐소드간 전압 V_{GK}을 "게이트-트리거전압"이라고 한다.

③ 이상에서 SCR의 기본 동작에 대해서는 이해하였다고 생각한다. SCR을 ON으로 하기 위한 조건은 확실하게 기억해두기 바란다.

㉮ 그림 1.7(a)와 같이 A-K간에 역방향 전압을 가하였을 경우는 ON으로 되지 않는다(전류 I_A는 흐르지 않는다).

㉯ 또한 그림 1.7(b)와 같이 순방향 전압을 가하는 것만으로도 ON으로 되지 않는다(I_A는 흐르지 않는다).

㉰ 그림 1.7(c)와 같이 A-K간의 순방향 전압을 가해 두고서 G에서 K의 방향으로 게이트-트리거전류 I_G를 흐르게 하면 ON이 된다(전류 I_A가 흐른다). 그리고 ON 상태가 유지된다.

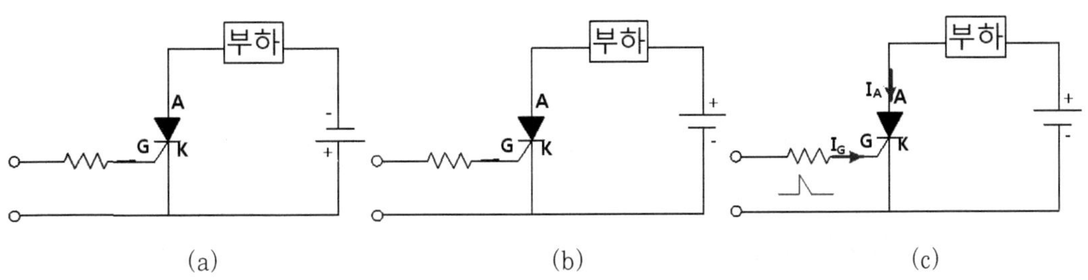

그림 1.7 SCR을 ON으로 하기 위한 조건

④ 또한 SCR을 ON으로 하기 위하여 필요한 게이트-트리거전류 I_G의 값이나 게이트-트리거전압 V_{GE}의 값 등은 카탈로그에 명기되어 있다. 다음의 표는 M23C라고 불리는 SCR의 특성 값이다.

M23C	min.	typ.	max.
게이트-트리거전류(㎃)	—	0.6	1
게이트-트리거전압(V)	0.2	0.6	0.8

M23C의 경우는 게이트-트리거 전류를 1〔㎃〕 이상 흘리면 반듯이 ON으로 할 수 있고, 또 이 전류를 흘리는데 필요한 전압 V_{GK}가 최대인 경우에도 0.8〔V〕라는 것을 의미한다. 또 게이트-트리거 전압의 최소치가 0.2〔V〕로 되어 있는 것은 이 값 이하일 때에는 절대로 ON으로 되지 않는다는 것을 의미한다.

따라서 그림 1.8의 회로에서 I_G=1〔㎃〕 이상으로 하여 SCR을 ON으로 하기 위해서 R_G에서의 전압 강하 V_{RG} 및 V_{GK}의 값이 다음과 같이 되므로 입력 전압 V_G의 값이 4.8〔V〕 이상 필요하게 되는 것이다.

$$V_{RG}=I_GR_G=1〔mA〕\times 4〔k\Omega〕=4〔V〕)$$

$$V_{GK}=0.8〔V〕$$

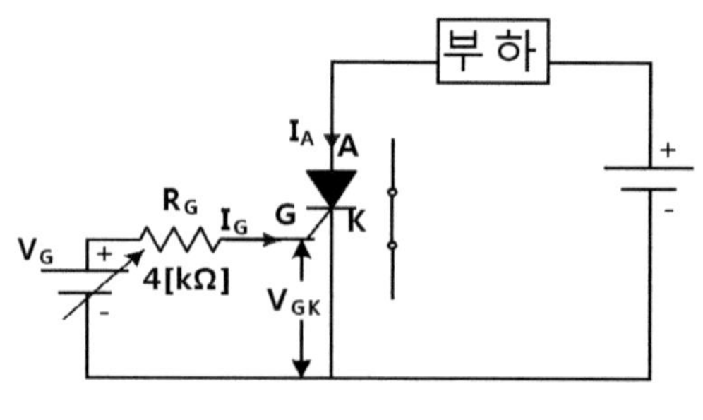

그림 1.8 SCR 회로

3) SCR OFF시키는 방법

① 이번에는 SCR을 OFF로 하는 방법을 생각해 보기로 한다. 바로 생각이 나는 방법은 게이트 전류 I_G를 0으로 하는 것이다. 그러나 I_G를 0으로 하여도 일단 ON이 된 SCR은 다시는 OFF로 되지 않는다. SCR은 정해진 값 이상의 게이트 전류 I_G를 흐르게 하거나 게이트 전압 V_G를 가하면 ON이 되는 것이나 다음에 원래의 OFF로 하려고 할 경우는 이번에는 이 게이트 단자를 조작하여도 A-K 사이가 ON이 된 상태에서 아무 변화도 일어나지 않는다.

SCR을 OFF로 하기 위해서는 실제로는 A-K간에 흐르고 있는 전류 I_A를 어떤 값 이하까지 감소시킬 필요가 있다. 예를 들면 그림 1.9의 회로에서 전원전압을 내려가게 하여 I_A의 값을 감소시켜서, I_A의 값을 어떠한 값 이하로 할 필요가 있다.

여기서 SCR의 A-K간에 흐르고 있는 전류를 감소시켜 가고, 원래의 OFF 상태로 되돌아가는 한계의 전류값을, SCR을 ON으로 유지하기 위하여 필요한 최저의 전류라는 의미에서 "유지전류 I_H"라고 한다.

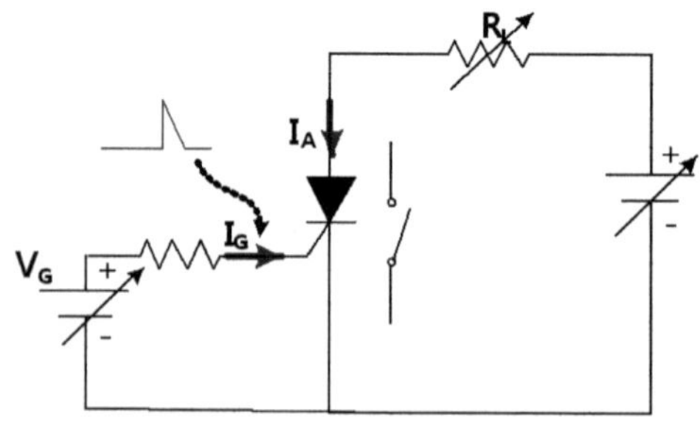

그림 1.9 SCR의 OFF 동작

② 예를 들면 SCR의 유지전류 I_H가 2〔mA〕라는 것은 SCR의 A-K간을 흐르는 전류가 2〔mA〕 이하가 되면 원래의 상태(불통)로 되돌아 간다는 것이다.

③ SCR를 OFF로 하기 위한 구체적인 수단으로서 저항을 크게 하거나 전원전압을 내려서 I_A를 유지전류값 이하로 방법을 열거하였으나 그 이외에도 다음과 같이 하여 OFF로 하는 방법도 있다.

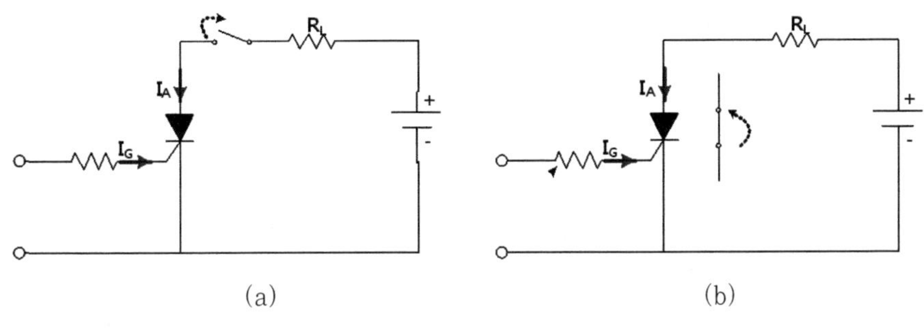

그림 1.10 SCR를 OFF하는 방법

㉮ 그림 1.10(a)는 V_{CC}에서의 회로를 차단하여 SCR에 흐르는 전류(I_A)를 0으로 한다.

㉯ 또한 그림 1.10(b)는 SCR의 A-K간을 도선으로 단락하여 회로 전류를 도선측에 흐르게 하고 SCR에 흐르는 전류(I_A)를 0으로 한다. SCR는 예를 들어 ON이 되어 있어도 내부에 약간의 저항이 있으므로 도선으로 단락시키면 전류는 도선측을 흐르게 된다.

1.3 SCR에 교류전원 인가

지금까지는 전원이 직류전원이었으므로 이와 같은 방법을 취한 것이나, 예를 들면 정현파 교류전원 V_{AC}을 사용하면 어떻게 될 것인가?

① 그림 1.11처럼 교류 전압의 경우에는 전압이 주기적으로 +, −로 변화하므로 반드시 전압값이 0이 되는 곳이 있으며 또한 그곳을 통과하면 반대로 역전압이 가해져서 전류가 흐르지 않게 된다. 그러면 그 과정에서 반드시 유지전류값 이하가 되는 곳이 있으며 SCR를 OFF로 할 수 있다. 트랜지스터의 경우는 교류전압을 가할 수 없으나

이 SCR는 전혀 문제가 없다.

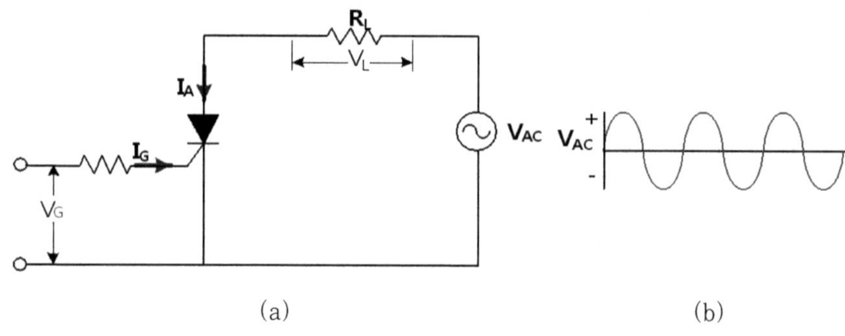

(a) (b)

그림 1.11 교류전원 이용한 SCR회로

② 그러면 그림 1.12처럼 SCR의 애노드·캐소드 간에 교류전원과 부하 R_L을 접속하고 그림과 같이 게이트-트리거전압 V_G를 가하면 어떻게 되는가를 생각하기로 한다. 그림 1.12(a)처럼 게이트-트리거전압 V_G를 가하였을 경우는 점 a, 점 b, 점 c에서 각각 다음과 같은 동작을 하여 ON, OFF를 반복하게 된다.

㉮ 점 a → A-K간에 순방향 전압이 가해져 있으므로 게이트-트리거전압이 가해지면 SCR은 ON이 된다.

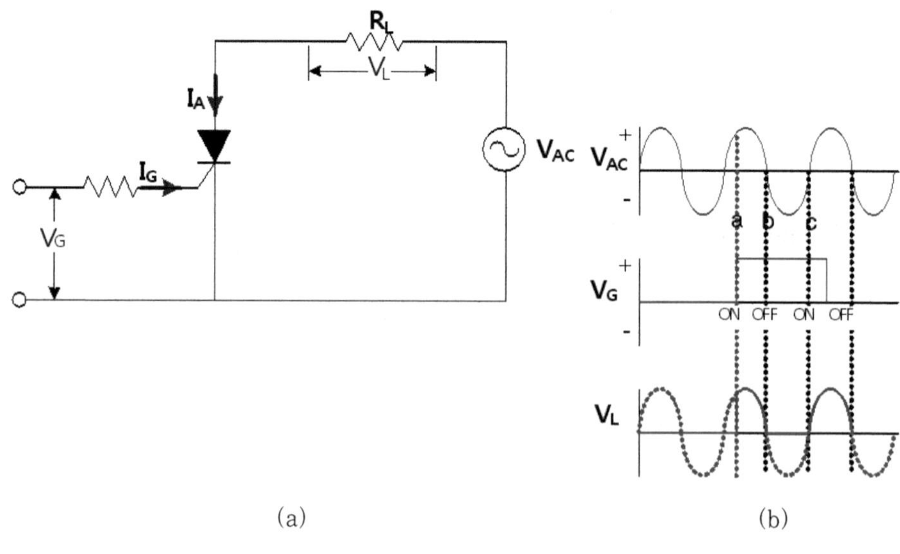

(a) (b)

그림 1.12 VG와 VL의 파형

㉯ 점 b → V_{AC}가 약 0(V)가 되어 I_A가 유지 전류값 이하가 되어서 SCR은 OFF가 된다.

㉰ 점 c → 게이트-트리거전압은 가해져 있으므로 A-K간에 순방향전압이 가해지면 SCR은 ON이 된다. 그리고 부하에 가하는 전압 V_L은 그림 1.12(b)와 같이 된다.

2 TRIAC

2.1 TRIAC이란?

① 트라이액(TRIAC)이란 Triode AC Switch의 약어로 SCR과 동일하게 그림 2.1와 같이 3개의 단자를 가진 스위치 소자인데, 교류의 (+)·(−) 전압 어느 경우에도 ON 상태로 된다.

그림 2.1 트라이액 모양

② 그러면 그림 2.2와 같이 SCR를 병렬접속을 하면 어떠하겠는가?
그림 2.2(a)와 같이 전압이 가해져 있을 때에는 SCR_1에 순방향 전압이 가해지고, 그림 2.2(b)와 같이 전압이 가해져 있을 때에도 SCR_2에 순방향 전압이 가해지게 된다. 트라이액은 개략적으로 SCR를 2개를 사용하여 양방향(쌍방향)성을 갖게 한 것이다. 따라서 그림 2.2(a)와 같이 2개의 SCR를 쌍으로 한 것으로 나타내고 각각의 전극을 "T_1, T_2, G" 단자라고 부르고 있다.

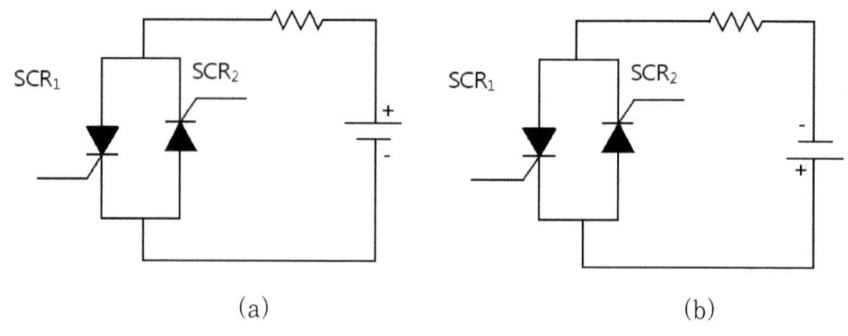

그림 2.2 SCR 병렬 접속

2.2 TRIAC의 스위칭 동작

① 그림 2.3(b)와 같이 트라이액이 OFF가 되는 것은 SCR와 동일하게 T_1-T_2 사이를 흐르고 있는 전류가 유지전류값 이하로 되었을 때이다.
즉, 트라이액은 T_1-T_2 사이에 임의의 방향으로 전압을 가해 두고서 G−T간에 게이트-트리거전압을 가하면 ON으로 할 수가 있으며, T_1-T_2간에 흐르고 있는 전류를 유지 전류값 이하로 하면 OFF가 되는 것이다.

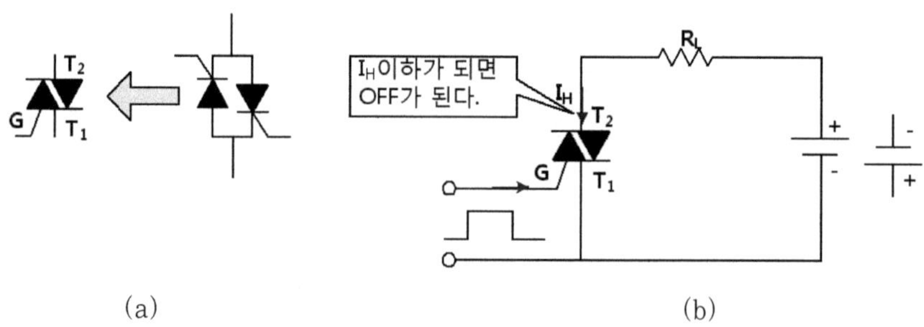

그림 2.3 트라이액 기호 및 OFF 동작

② 트라이액을 ON으로 하기 위한 게이트-트리거전압의 값이나 게이트-트리거전류의 값 및 유지전류의 값은 각각 SCR일 때와 동일하게 카달로그에 명기되어 있다. 예를 들면, 2SM151이라는 트라이액의 특성은 다음과 같고 이 경우는 $G-T_1$간에 2〔V〕 이상의 전압이 가해지면서 30〔㎃〕 이상의 전류가 흐르면 T_1-T_2 사이가 ON이 되고, T_1-T_2 간에 흐르는 전류가 7〔㎃〕 이하가 되면 OFF로 되는 것이다.

2SM151

게이트-트리거전압	2[V]
게이트-트리거전류	30[mA]
유지 전류	7[mA]

1.3 TRIAC의 교류동작

① 그러면 그림 2.4(a)와 같이 T_1-T_2 간에 교류전원과 부하를 접속하고 그림 2.4 (b)와 같은 게이트-트리거전압을 가하였을 때의 동작을 생각해 보기로 한다.
트라이액은 T_1-T_2 간에 전압이 가해져서 V_G가 가해지면 T_1-T_2 사이가 ON이 되어서 정부(+,−) 어느 것의 전압도 부하에 가해지게 된다. 그리고 유지전류값 이하가 되면 OFF가 되므로 다음과 같은 동작을 하게 된다.

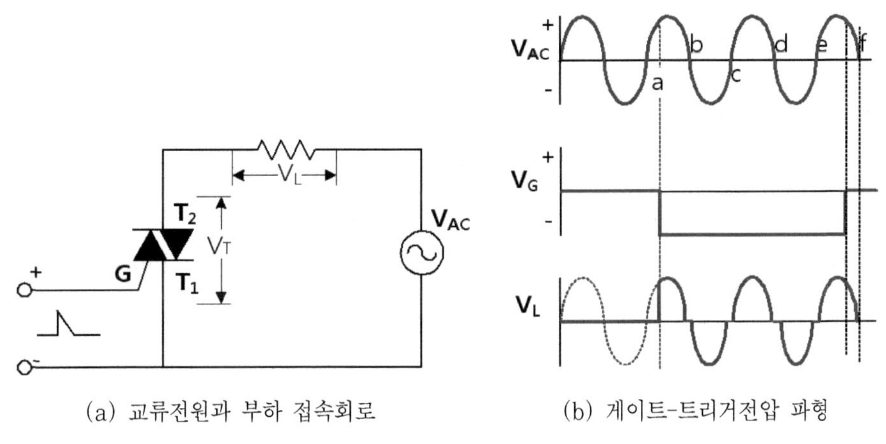

(a) 교류전원과 부하 접속회로　　(b) 게이트-트리거전압 파형

그림 2.4 교류전원과 부하 접속회로 및 파형

㉮ 점 a → V_{AC}가 가해져 있고 V_G가 가해지므로 트라이액은 ON이 된다.

㉯ 점 b → V_{AC}가 0이 되어 유지 전류 이하로 되어서 OFF가 되나 V_G가 가해져 있기 때문에 V_{AC}가 가해지기 시작하면 즉시 다시 ON이 된다.

㉰ 점 c → 점 b와 동일하다.

㉱ 점 d → 유지 전류값 이하가 되어 OFF가 된다.

이와 같이 트라이액은 SCR과 달리 게이트-트리거전압을 가하면 부하에는 거의 교류전압 그 자체가 가해지게 된다. 따라서 트라이액을 사용하면 교류로 동작하는 부하를 자유롭게 구동할 수가 있는 것이다.

② 그림 2.5의 회로는 써미스터로부터의 검출전압을 트랜지스터에서 증폭하고 그 출력으로 트라이액을 구동하여 히터를 제어하려고 하는 온도제어회로이다.

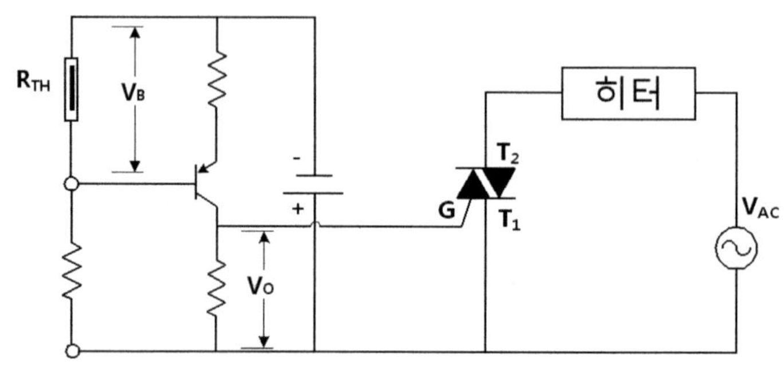

그림 2.5 히터 온도제어회로

그림 2.5의 회로에서 NPN트랜지스터를 (−)의 전원으로 동작시키는 것은 게이트-트리거전압이 트라이액의 T_1 단자에 대해서 (−)의 전압으로 가해지게 하기 위한 것이다. 이 회로는 온도변화에 따라서 다음의 동작을 한다.

㉮ 온도 상승 → V_B 감소 → I_B 감소 → V_O 감소 → 트라이액 OFF

㉯ 온도 저하 → V_B 증가 → I_B 증가 → V_O 증가 → 트라이액 ON

실험실습

1. 실험기기 및 부품

   1) 브레드보드, DMM

   2) 저항

      ① 1k〔Ω〕 1/4〔W〕 ② 1k〔Ω〕 가변저항 ③ 10〔Ω〕

   3) SCR

      ① SCR(LCR5014 또는 F2R5G)

   4) 램프(12〔V〕 4〔W〕)

2. SCR의 ON-OFF 특성 실험

   ① 아래 그림과 같이 SCR을 이용하여 램프를 ON-OFF제어하는 회로를 구성하고 VR_1를 0〔V〕 V_{CC}를 12〔V〕로 맞춘 다음에 VR_1를 서서히 증가시켜 램프가 켜지는 순간 게이트·트리거 전류 $I_G(V_{RG}/R_G)$와 게이트·트리거 전압 V_{GK}를 측정하여라.

   I_G=______(㎃)　　V_{GK} =______(V)

   ② 램프가 켜진 후에 VR_1을 V_{CC}에서 분리하여 게이트 전류 I_G를 0으로 했을 때 램프가 계속 켜 있는지를 확인하고, V_{CC}를 천천히 감소시켜 SCR의 A-K간의 유지전류 $I_H(V_{RL}/R_L)$를 측정하여라.

   I_H=______(㎃)

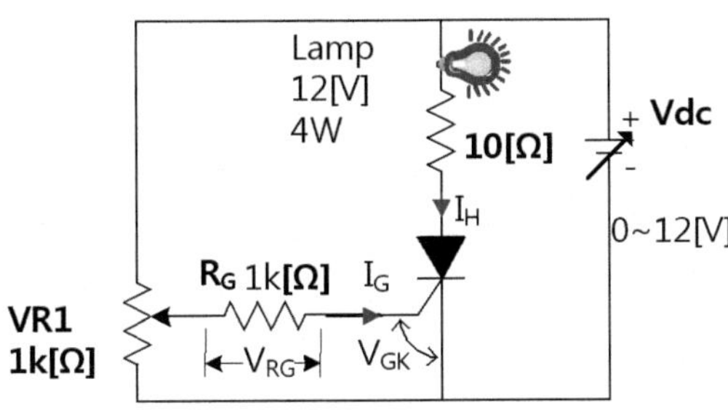

• 요점정리 •

1. "SCR"은 "애노드(A)", "캐소드(K)", "게이트(G)" 의 3개 단자를 가지고 있으며, 교류전원을 단방향으로 스위칭 동작을 하는 소자이다.

2. SCR은 A-K간에 순방향전압을 가하고, G-K간에 게이트 전류 I_G를 흐르게 하면 A-K간이 ON이 되어서 부하 R_L로 전류가 흐른다. SCR을 ON으로 하기 위하여 필요한 게이트 전류 I_G를 "게이트-트리거전류", 이 전류를 흐르게 하기 위하여 필요한 게이트 · 캐소드간 전압 V_{GK}을 "게이트-트리거전압"라고 한다.

3. "유지전류"란 SCR을 ON으로 유지하기 위하여 필요한 최저전류이다.

4. "트라이액(TRIAC)"은 Triode AC Switch의 약어로 SCR와 동일하게 3개 단자를 가지고 있으며, 교류전원을 양방향으로 스위칭 동작을 하는 소자이다.

연습문제

1. 다음 문장의 (　　　)안에 적당한 말을 넣어서 문장을 완성하여라.

   ① SCR을 A, K, G라고 표시하는 3개의 단자를 가진 반도체 스위칭 소자로 A의 전극을 애노드, K의 전극을 (____), G의 전극을 (____)라고 한다.

   ② SCR을 ON으로 하기 위하여 필요한 게이트 전압의 값을 (______)전압이라고 하며, ON이 된 후에 애노드를 흐르는 전류가 감소되어 원래의 OFF 상태로 되어 돌아갈 때의 전류의 한계값을 (________)전류라고 한다.

2. 다음과 같은 특성을 가진 SCR을 사용하여 그림과 같은 회로를 만들었을 때에 SCR을 확실하게 ON으로 하기 위한 입력 전압(V_I)의 최저값은 얼마가 되는가?

	min.	typ.	max.
게이트-트리거전류〔mA〕	—	0.6	1
게이트-트리거전압〔V〕	0.2	0.6	0.8

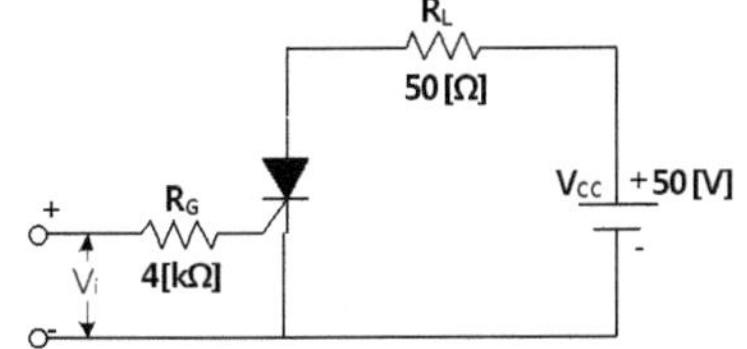

3. 그림 (a)나 그림 (b)의 회로에 대하여 게이트·트리거 전압 V_G를 가하였을 때, 부하에 가하는 전압 V_{L1}, V_{L2}는 각각 어떻게 되는가?

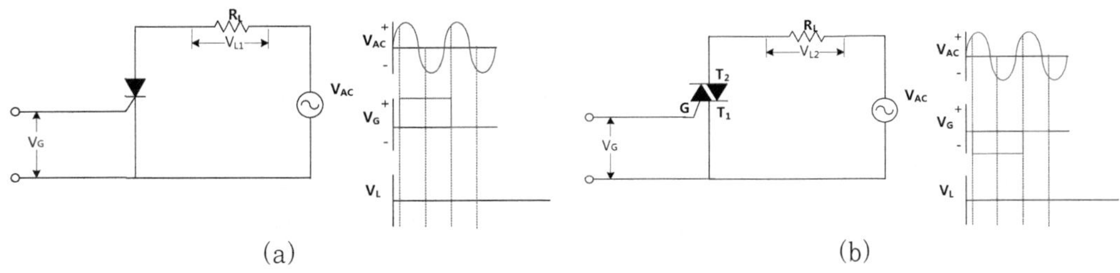

(a)　　　　　　　　　　(b)

제 8 장

OP-Amp

학습목표

1) OP-Amp 특성에 대하여 이해한다.

2) OP-Amp 궤환동작에 대하여 이해한다.

제 8 장

OP-Amp

1 OP-Amp(Operational Amplifier) 개요

전자제어 분야에서 일반적으로 사용하고 있는 집적회로에는 몇 가지의 종류가 있으나, 이 장에서는 이러한 것 중에서 특히 응용범위가 넓은 OP-Amp라고 불리고 있는 소자의 기본동작과 활용법에 대하여 알아보자.

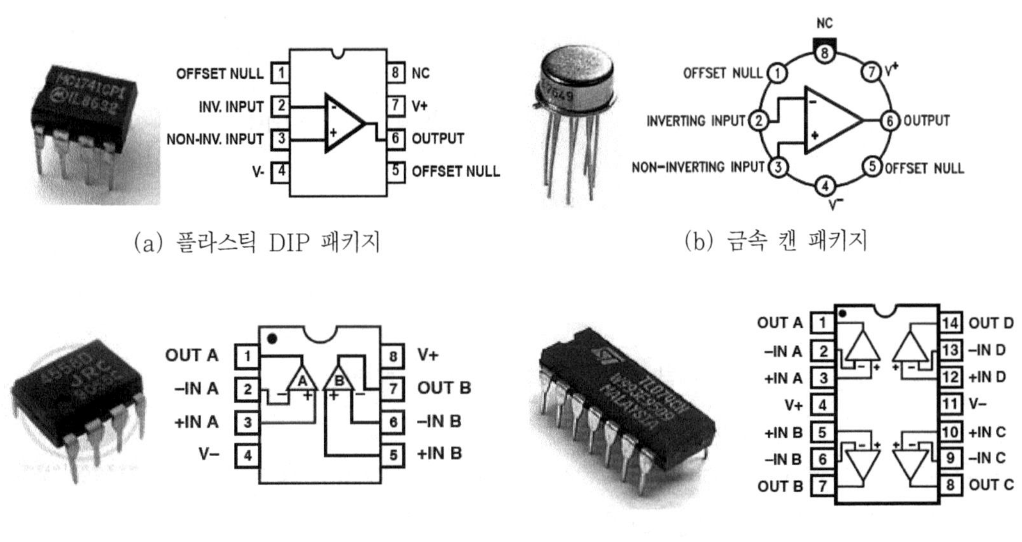

(a) 플라스틱 DIP 패키지

(b) 금속 캔 패키지

(c) 듀얼 증폭기 DIP 패키지

(d) 쿼드 증폭기 DIP 패키지

그림 1.1 OP-Amp 패키지

① 증폭회로, 비교회로 등, 아날로그 전자회로에서 널리 쓰이고 있는 OP-Amp는 Operational Amplifier의 약자로 연산 증폭기라고 한다.

② 연산증폭기라는 명칭은 당초 개발된 목적이 아날로그 컴퓨터의 연산회로에 사용하기 위한 것이었으므로 이러한 명칭이 부가된 것이다.

③ 전형적인 OP-Amp 패키지를 그림 1.1에 나타나 있다. 그림 1.2(a)에 보이는 플라스틱 DIP(dual-in-line) 패키지는 8개의 단자를 가지며, 기본적인 OP-Amp에 대해서 일반적으로 5개의 단자만을 사용한다. 그림 1.2(b)에 보인 금속 캔형 패키지 또한 8개의 단자 중에서 5개만 사용한다. 다른 반도체 소자에서처럼 금속 캔 패키지는 일반적으로 플라스틱 용기보다 더 많은 열을 소비할 수 있다. 그러나 DIP 패키지는 대개 가장 저렴하고 금속 캔 용기보다 더 소형으로 될 수 있다. 이러한 관점은 하나의 패키지에 4개의 증폭기를 포함하고 있는 쿼드(quad) DIP 패키지로 도시되며, 그림 1.1(d)에 나타내었다.

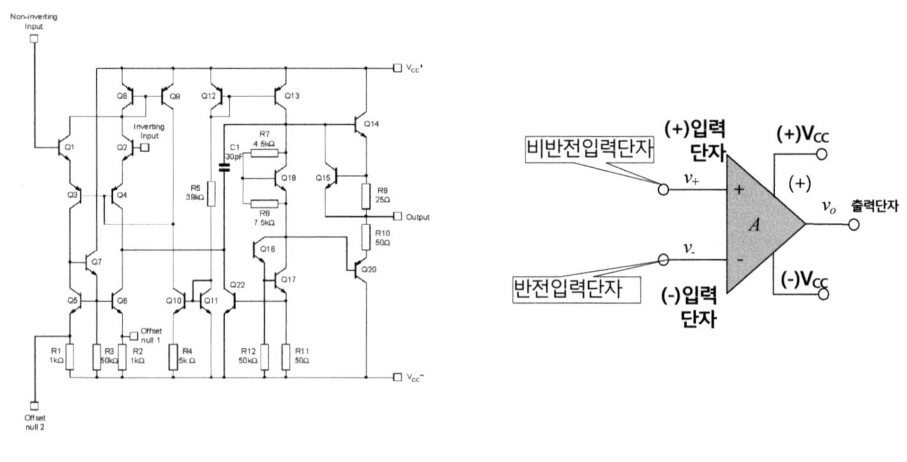

(a) OP-Amp의 내부구조　　　　(b) OP-Amp의 입출력단자

그림 1.2 OP 앰프의 내부 등가회로

③ 그림 1.2(a)는 OP-Amp 내부 등가회로이다. OP-Amp 내부는 매우 복잡한 회로로 되어 있으나 기본적으로는 그림(b)와 같이 (+), (−) 입력단자라고 표시된 2개의 입력단자와 1개의 출력단자, (+)Vcc, (−)Vcc의 전원단자로 구성된다.

☞ **(+) 입력단자**

비반전 입력단자라고하며 이 단자에 신호를 인가하면, 출력단자의 위상이 비반전 입력단자와 같고,
(−)전압을 비반전 입력단자에 인가하면 출력단자에 (−)전압이 출력되고
(+) ㅓㄴ압을 비반전 입력단자에 인가하면 출력단자에 (+)전압이 출력된다.

☞ **(-) 입력단자**

반전 입력단자라고 하며 이 단자에 신호를 인가하면, 출력단자의 위상이 180° 반전되어서 출력단자에 나타나고,
(+)전압을 반전 입력단자에 인가하면 출력단자에 (−)전압이 출력되고
(−)전압을 반전 입력단자에 인가하면 출력단자에 (+)전압이 출력된다.

2 OP-Amp 특성

2.1 OP-Amp 입·출력 특성

1) 출력특성

OP-Amp의 2개 입력단자에 전압을 인가하면 어떤 출력이 나오는가에 대하여 알아보자.

① OP-Amp에는 그림 2.1 또는 그림 2.2와 같이(+), (−)라고 표시된 2개의 입력단자가 있으며, 2개의 입력단자에 신호인가 방법에 따라서 여러 가지 출력이 얻어진다. OP-Amp의 증폭도를 "<u>A</u>"라 하면 입력단자의 사용방법에 따라서 다음과 같은 출력이 나타난다.

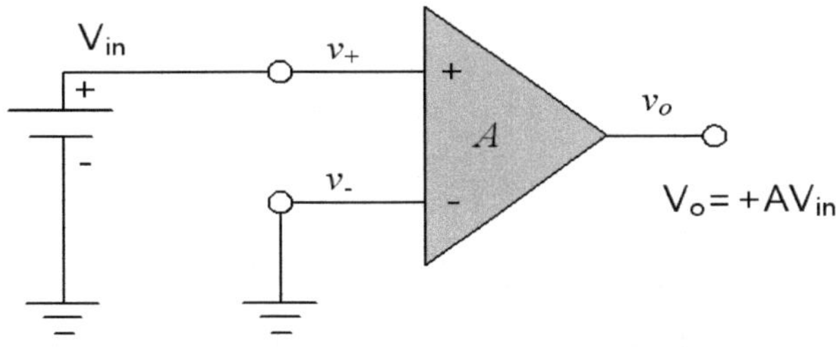

그림 2.1 (−) 입력단자(반전 입력단자) 접지시의 OP-Amp 출력

② 그림 2.1과 같이(+)입력단자(비반전 입력단자)에 전압을 가하고, (−)입력단자(반전 입력단자)가 접지되었을 경우는 그 출력단자에는 $V_o = A \times V_{in}$의 전압이 출력된다.

③ 그림 2.2와 같이 (−)입력단자(반전입력단자)라고 표시된 입력단자에 전압을 인가하고, (+)입력단자(비반전 입력단자)가 접지되었을 경우는 그 출력단자에는 $V_o = -A \times V_{in}$의 전압이 출력된다.

여기에서 (−)의 의미는 입력단자의 전압극성, 위상이 반전되었음을 의미한다.

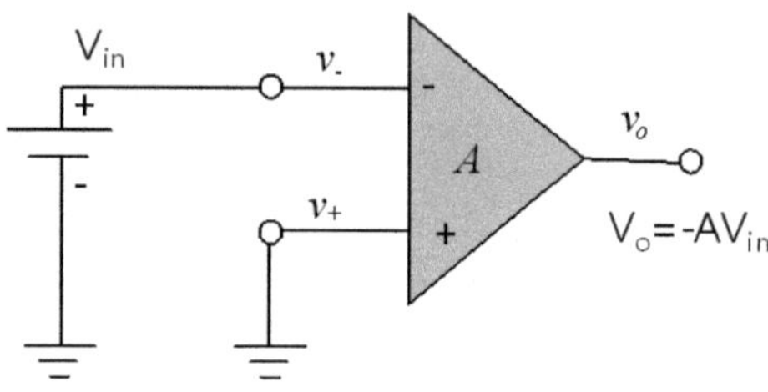

그림 2.2 (+) 입력단자(비반전 입력단자) 접지시의 OP-Amp 출력

④ OP-Amp의 2개 입력단자에 각각 전압을 가하였을 경우에는 그 출력단자에는 입력단자의 차의 전압이 증폭되어 나타나게 된다. 이와같은 2개 입력단자 사이의 차를 증폭하는 증폭기를 "차동 증폭기(Differential Amplifier)"라고 하며, OP-Amp는 기본적으로는 이러한 차동 증폭기로 구성되어 있는 것이다.

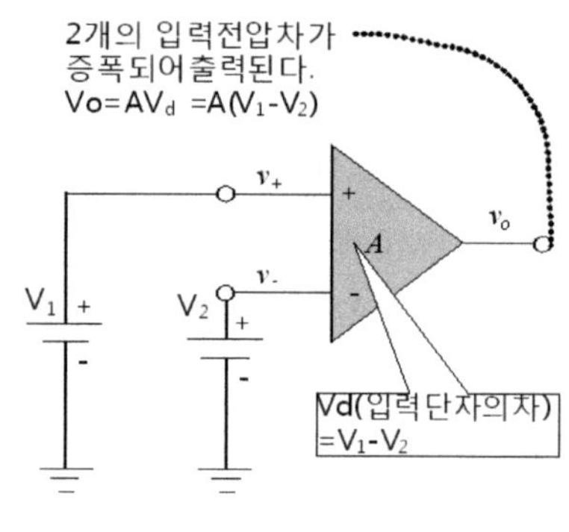

그림 2.3 차동 증폭기

2.2 OP-Amp 전원

① Op-Amp 전원은 OP-Amp를 구동시키는데 필요한 전압이며 일반적으로 +15[V]와 −15[V]의 양전원을 사용한다. 최근에는 단전원을 사용하는 OP-Amp도 많지만(양전원을 사용하는 OP-Amp는 효율면에서 좋고, 단전원을 사용하는 OP-Amp 회로는 간단하다는 장점이 있다.) 여기에서는 양전원의 OP-Amp 위주로 학습을 진행한다.

② OP-Amp 전원을 접속하는 단자는 OP-Amp의 카탈로그에 반드시 명기되어 있다. 즉, OP-Amp를 동작시키기 위해서는 이러한 단자에 그림 2.4와 같이 동일한 크기로 되어 있는 (+)Vcc와 (−)Vcc 전압을 인가한다. 이와 같이 전원전압을 가하면 IC 내부회로는 동작상태가 되어 증폭동작을 시작하게 된다.

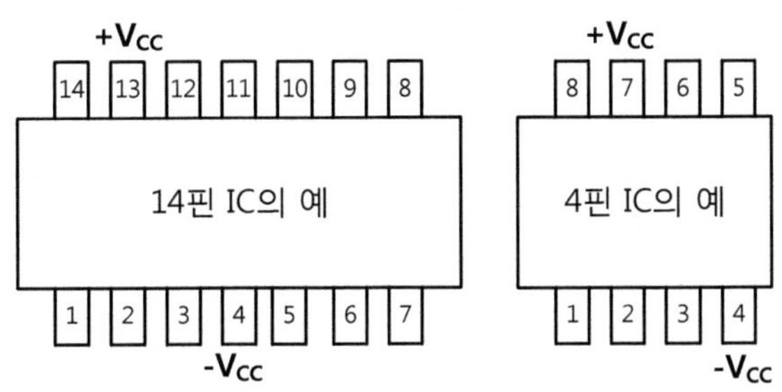

그림 2.4 OP-Amp 전원단자

③ 일반적으로 OP-Amp는 이 전원전압을 ±15〔V〕로 하여 동작시키게 하고 있다. 이 상한 값에는 제한이 있으므로 사용하는 OP-Amp의 카탈로그를 참조하여 틀리는 일이 없게 하기 바란다.

④ 오른쪽의 표는 일반적으로 사용하고 있는 μA741이라는 OP-Amp의 전원전압 최대 정격값이다. 이 최대 정격값은 OP-Amp의 2개 전원단자 사이에 가하는 전압 〔(+)V_{CC}−(−)V_{CC}〕로서 나타내고 있으므로 실질적으로는 ±18〔V〕 이상 가해서는 안 된다.

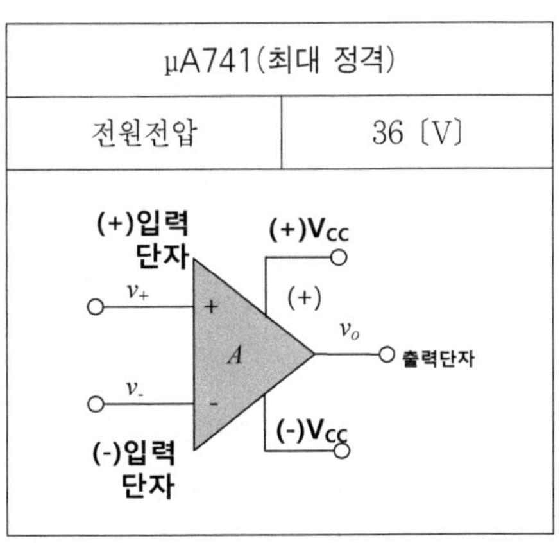

μA741(최대 정격)	
전원전압	36 〔V〕

⑤ OP-Amp는 기본적으로는 차동 증폭기로 구성되어 있으며, 그림 2.5처럼 동일한 크기의 전원전압 (+)V_{CC}와 (−)V_{CC}를 인가하고 2개의 입력단자에 전압을 가하면 그 차가 증폭되어 출력에 나타나게 된다.

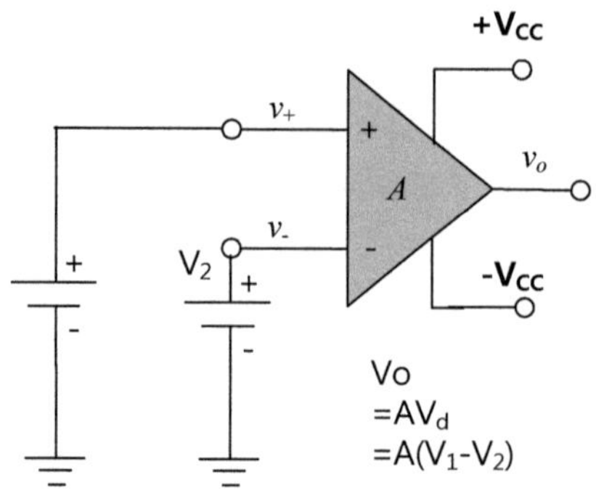

그림 2.5 차동 증폭기

2.3 OP-Amp의 증폭도

① 먼저 OP-Amp의 첫 번째 특성은 증폭도(A)가 매우 크다는 것이다. 이상적으로는 무한대의 증폭도를 갖으며, 여기서는 μA741을 예로 들면, 대표적인 증폭율이 200,000이다.

μA741의 증폭도	min.	typ.	max.
	25,000	200,000	——

② 차동 증폭기가 이와 같이 매우 큰 증폭도를 가지고 있다고 하면 그 동작은 어떻게 될 것인가?

그림 2.6처럼 반전 입력단자에는 V_2=1〔V〕의 일정 전압을 가해 두고서 비반전 입력단자의 전압 V_1을 가변시킨 경우, OP-Amp의 증폭도를 100,000으로 하였을 때에 출력전압 V_O는 다음과 같다.

㉮ V_1 = 0.99〔V〕일 때 → V_O =100,000×(0.99−1)=−1,000〔V〕가 출력되지 않고 (−)Vcc 전원전압, −15〔V〕가 출력된다.

㉯ V_1 = 1.00〔V〕일 때 → V_O =100,000×(1−1)=0〔V〕가 출력된다.

㉰ $V_1 = 1.01$〔V〕일 때 → $V_O = 100,000 \times (1.01 - 1) = 1,000$〔V〕가 출력되지 않고 (+)Vcc의 전원전압, +15〔V〕가 출력된다.

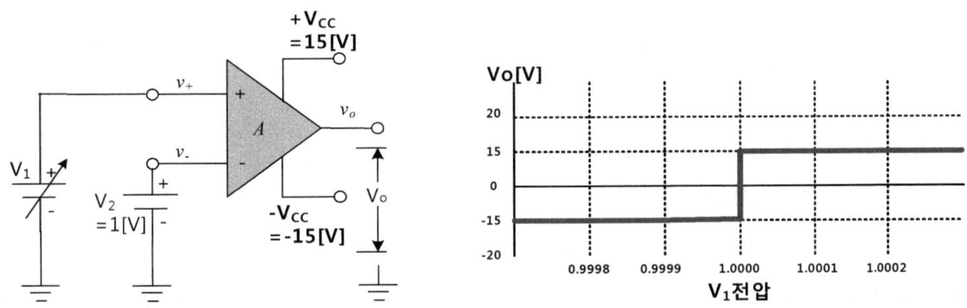

그림 2.6 OP-Amp 입력전압에 따른 출력값

③ 그림 2.7과 같이 OP-Amp 입력의 한편에 기준전압 V_r를 주고, 다른 입력전압 V_{in}을 가하면 어떻게 될까?

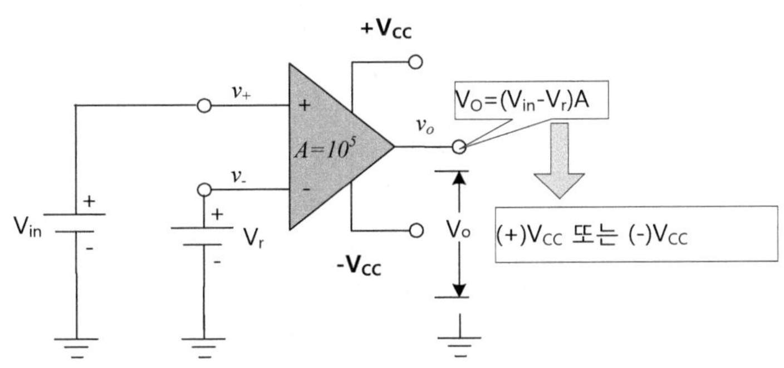

그림 2.7 OP-Amp의 전압 비교기

OP-Amp 입력단자의 한편에 기준전압 V_r을 인가하고 입력전압 V_{in}이 기준전압 V_r에 대해서 약간이라도 크게 되면 (+)Vcc를 출력하게 되고, 약간이라도 작게 되면 (−)Vcc를 출력하게 되는 것이다.

즉, 이와 같은 회로의 동작은 기준전압에 대해서 입력전압이 크거나 작은가를 판정하고 있다는 것으로 생각할 수도 있고 이 회로에서 OP-Amp는 비교기로서의 사용을 하고 있다.

㉮ $V_{in}>V_r$일 때는 $V_O \rightarrow (+)V_{CC}$

㉯ $V_{in}<V_r$일 때는 $V_O \rightarrow (-)V_{CC}$

2.4 OP-Amp 입력특성

OP-Amp의 입력특성을 알아보기로 한다.

① OP-Amp는 입력저항이 매우 높아 그림 2.8과 같이 입력전압을 가하여도 OP-Amp 입력단자에는 거의 전류가 흐르지 않는다는 것이다. 이 전류를 "입력바이어스 전류"라고 하며 입력단자 μA741의 경우를 보아도 다음과 같이 매우 작은 값으로 되어 있다.(25〔℃〕 기준)

μA741 입력 바이어스 전류	min.	typ.	max.
	——	80(nA)	500(nA)

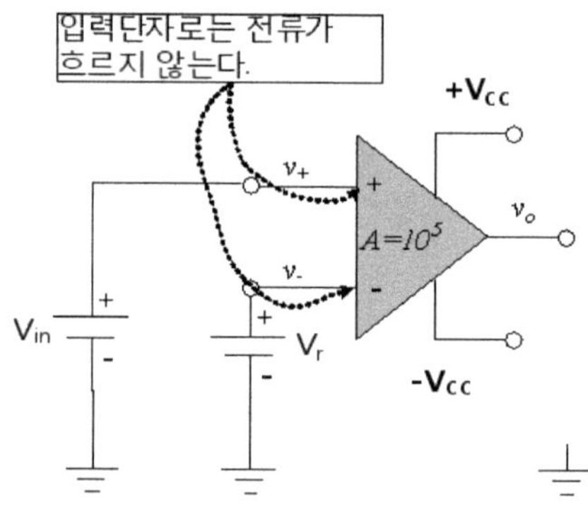

그림 2.8 OP-Amp 입력단자 전류 특성

② OP-Amp는 입력저항이 매우 높고 OP-Amp의 입력단자로 흘러가는 전류가 거의 0〔A〕라는 적은 값이다. 따라서 입력바이어스 전류에 의한 문제점을 별로 고려할 필요가 없는 것이다.

3 비교회로

3.1 축전지의 전압 체크

① OP-Amp를 비교회로로 사용할 경우에 그림 3.1과 같이 기준전압 V_r를 저항분할로 얻을수 있기 때문에 저항비만을 생각하면 되므로 매우 간단하게 된다.

OP-Amp의 비교기능이 어떠한 곳에 응용되고 있는가를 알아보기로 한다.

② 그림 3.1의 회로는 축전지 전압을 체크하여 V_r 이하의 전압이 되면 램프를 점등하여 표시시키기 위한 회로이다. 이 회로에서는 V_r이 5[V]이므로 축전지 전압에 의하여 다음과 같이 램프가 점등, 소등하게 된다.

㉮ $V_C<5$[V]일 때 → $V_O \fallingdotseq +15$[V] → TR「ON」→ L(램프) 점등

㉯ $V_C>5$[V]일 때 → $V_O \fallingdotseq \underline{-15}$[V] → TR <u>OFF</u> → L(램프) 소등

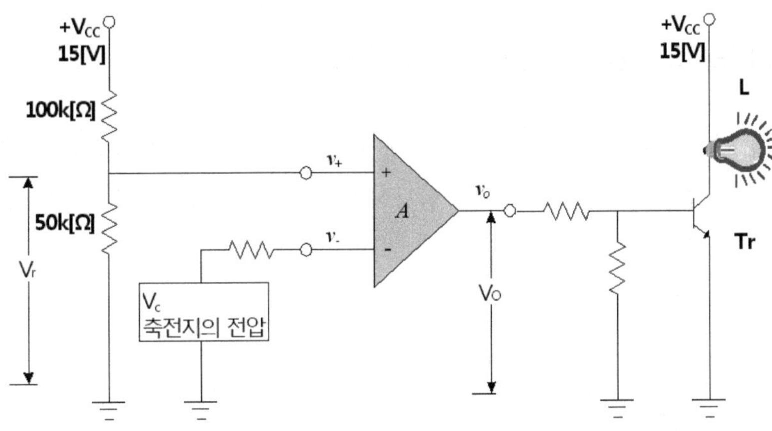

그림 3.1 축전지의 전압을 체크하는 회로

③ 그림 3.2의 회로는 OP-Amp를 2개 사용하여 입력전압이 어떤 전압 이상이나 이하가 되었을 때에 그것을 표시시키는 회로이다.

㉮ 입력전압 V_{in}가 V_{r1} 이하가 되면 V_{O1}이 <u>(+)Vcc</u>가 되어서 L_1이 점등한다.

㉯ 입력전압 V_{in}가 V_{r2} 이상이 되면 V_{O2}가 <u>−Vcc</u>가 되어서 L_2가 <u>점등</u>한다.

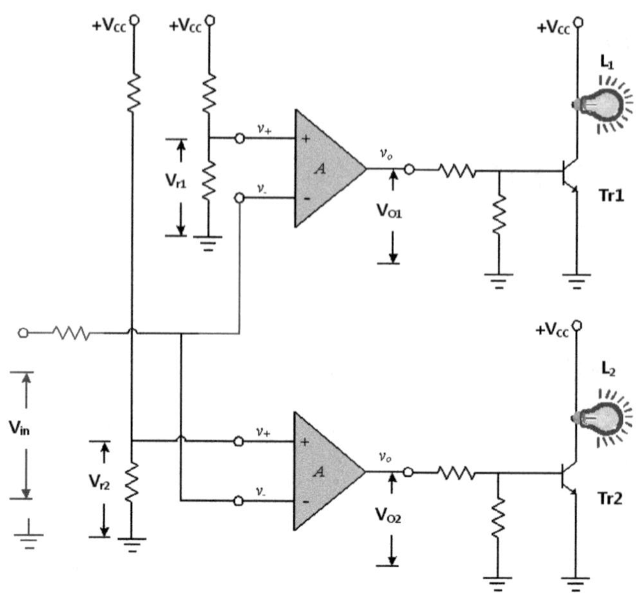

그림 3.2 어떤 범위의 전압 이상(이하)이 되었을 때 출력표시 회로

3.2 CdS를 사용하여 빛의 세기를 검출

그림 3.3 회로는 CdS를 사용하여 빛의 세기를 검출하고 그 검출전압 V_{in}이 기준전압, V_r이하가 되면 SCR를 구동하여 램프를 점등시키려고 하는 회로이다. 이 회로에서는 어둡게 되어서 검출전압 V_{in}이 V_r보다도 낮게 되면 출력전압 V_{O1}이 (+)Vcc[V]가 되어서 SCR이 구동되게 된다.

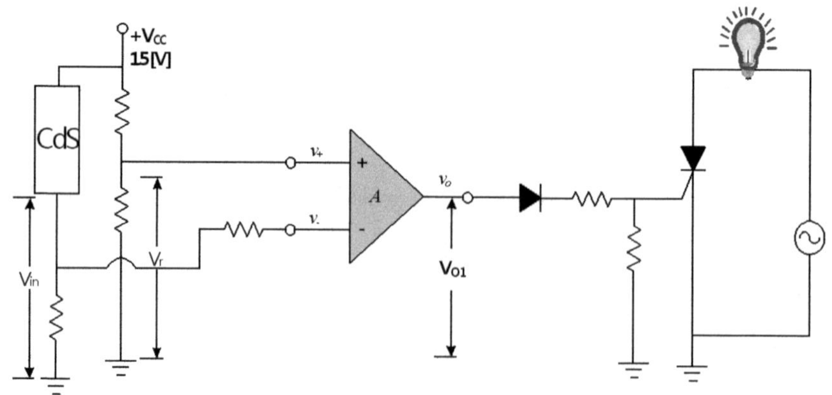

그림 3.3 CdS를 사용하여 램프를 점등시키는 회로

4 OP-Amp의 궤환동작(1) 정궤환회로

4.1 궤환(Feed back : 되먹임)

① 그림 4.1(a)는 출력전압의 일부(V_f)를 비반전입력단자에 되돌리고 있다. 또한 그림 (b)는 출력전압의 일부(V_f)를 반전입력단자에 되돌리고 있다.

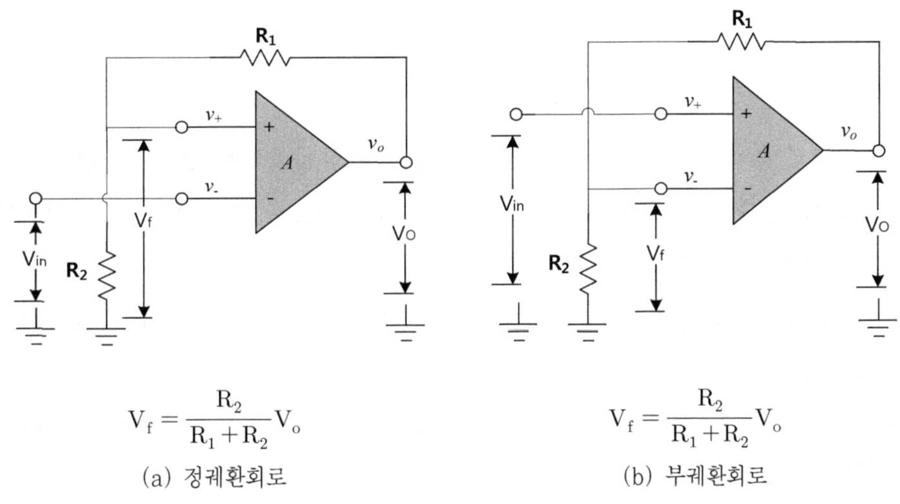

$$V_f = \frac{R_2}{R_1 + R_2} V_o$$

(a) 정궤환회로

$$V_f = \frac{R_2}{R_1 + R_2} V_o$$

(b) 부궤환회로

그림 4.1 OP-Amp의 궤환 동작

② 이와 같이 출력전압의 일부를 입력측에 되돌리는 것을 궤환(Feed back)을 건다고 하고 궤환을 걸면 그림 4.2와 같이 특성이 변화하게 되어서 이것을 응용하여 여러 가지 동작을 시킬 수가 있게 된다. 여기서 R_1, R_2의 저항을 궤환을 걸기 위한 저항이라는 의미에서 "궤환저항"이라고 한다.

④ 그림 4.2의 회로에서 입력전압이 0〔V〕이고, 출력전압도 0〔V〕, 따라서 R_1, R_2에 의하여 궤환한 전압 V_f도 0〔V〕인 것으로 한다. 이 상태에서 그림 (a), (b) 회로의 입력전압을 0〔V〕에서 약간 변화시키면 출력전압이 어떻게 되는가를 생각하기로 한다.

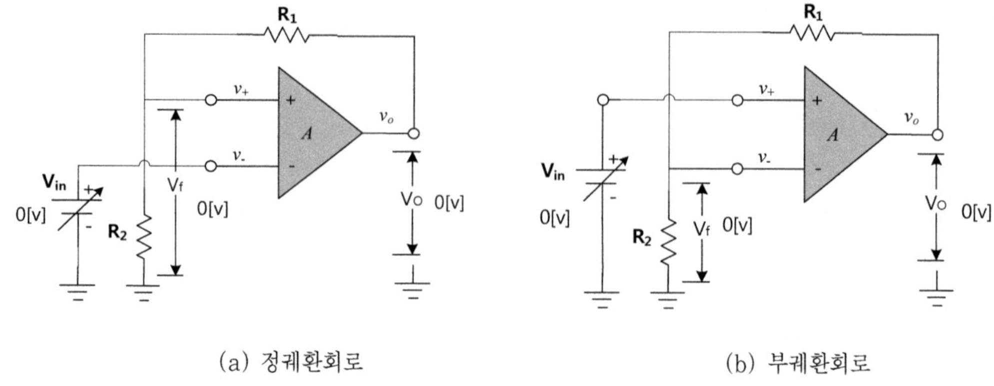

(a) 정궤환회로 (b) 부궤환회로

그림 4.2 궤환회로

③ 그림 4.3과 같이 출력측에서 반전입력단자에 궤환을 건 회로에서는 다음과 같은 동작을 하게 된다. 입력전압 V_{in}를 0〔V〕에서 정방향으로 증가해 가면 출력전압 V_O도 다음과 같이 정방향으로 증가해 간다.

㉮ $V_O = (V_{in} - V_f)A$ → V_{in}이 0〔V〕에서 정방향으로 증가하면 V_O도 0〔V〕에서 정방향으로 증가한다.

㉯ 출력전압 V_O가 0〔V〕에서 부방향으로 증가하면 궤환회로를 통하여 궤환되어 오는 전압 V_f도 0〔V〕에서 부방향으로 증가해 간다.

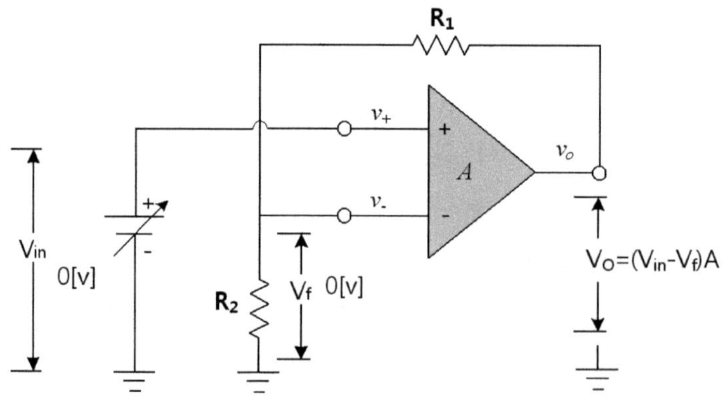

그림 4.3 부궤환회로

즉, 그림 4.4(b)와 같이 궤환을 걸고 있으면 입력전압 V_{in}를 가하여도 실질적으로 OP-Amp에는 $(V_{in}-V_f)$의 전압만 가해지게 되는 것이다. 따라서 궤환을 걸지 않는 경우에 비하면 출력전압은 작아져서 전체의 증폭도 V_O/V_{in}도 저하하게 된다.

④ 그러면 그림 4.4(a)와 같이 출력측에서 비반전 입력단자에 궤환을 건 경우는 어떻게 될 것인가?

입력전압 V_{in}이 0[V]에서 정방향으로 증가하면 출력전압 V_O는 다음과 같이 되어서 부방향으로 증가해 간다.

$V_O=(V_f-V_{in})A$ → V_{in}이 0[V]에서 정방향으로 증가하면 V_O는 0[V]에서 부방향으로 증가한다. 따라서 궤환 회로를 통하여 궤한되는 전압 V_f도 0[V]에서 부방향으로 증가해 가게 된다. 즉, 그림 4.4(a)처럼 궤환을 걸면 궤환을 걸지 않는 경우에 비하여 OP-Amp의 실질적인 입력전압(차동입력전압 V_d)는 회로에 가한 입력전압 V_{in} 보다도 크게 되어 전체의 증폭도 V_O/V_{in}도 크게 된다.

⑤ OP-Amp에 궤환을 건 경우, 궤환을 거는 방법에 따라서 그의 동작이 다음과 같이 된다. 그림 4.4(a)처럼 비반전입력단자에 궤환을 건 경우는 실질적으로 OP-Amp의 입력전압이 증가하는 방향으로 동작하고 증폭도는 증가한다. 또한 그림(b)와 같이 반전 입력단자에 궤환을 건 경우는 실질적으로 OP-Amp의 입력전압이 감소하는 방향으로 동작하여 증폭도는 감소한다.

여기서 그림 4.4(a)처럼 실질적인 두 입력전압의 차를 크게 하도록 궤환을 거는 방법을 "정궤환"이라고 하며, 또한 그림 (b)와 같이 실질적인 두 입력전압의 차를 감소하게 궤환을 거는 방법을 "부궤환"이라고 한다.

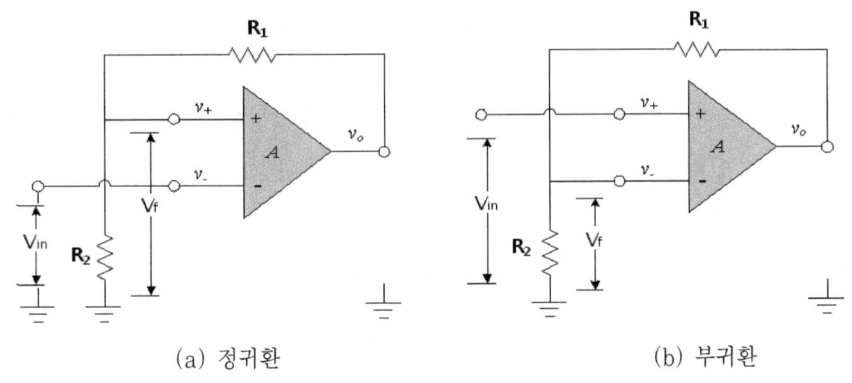

(a) 정귀환

(b) 부귀환

그림 4.4 정·부궤환회로

4.2 정궤환회로

1) 정궤환회로

① 그림 4.5와 같이 OP-Amp에 정궤환을 걸면 실질적인 OP-Amp의 두 입력전압의 차를 크게 되는 방향으로 동작하여서 증폭도는 커진다. 정궤환을 걸어서 증폭도를 크게 하면 중간의 값이 출력되지 않은 슈미트 트리거 동작을 시킬 수가 있게 된다.

② 그러면 다음에 이와 같은 회로가 중간의 출력을 내는 일이 없다는 전제로, 예를 들면 그림 4.5(a)와 같이 출력전압이 $(+)V_{CC}$가 되어 있는 상태에 있어서 입력전압을 0〔V〕에서 상승시켜 가면 어떻게 되는가를 생각해 보기로 한다.〔단, $(+)V_{CC}$, $(-)V_{CC}$의 값은 각각 +15〔V〕, −15〔V〕, A는 OP-Amp의 증폭도이다.〕

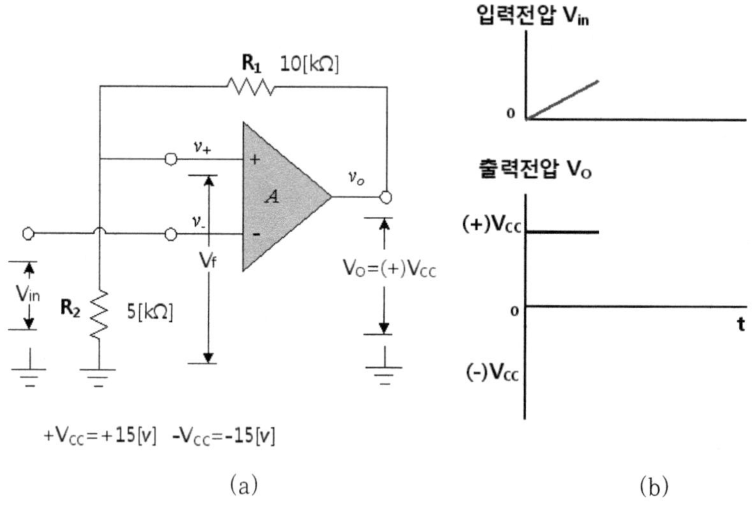

(a) (b)

그림 4.5 정궤환회로 및 입출력 파형(1)

③ 그림 4.6과 같이 출력전압 V_O가 $(+)V_{CC}$의 상태에서는 V_f는 다음과 같이 5〔V〕가 된다. 따라서 입력전압 V_{in}이 다음과 같은 값을 취할 때의 출력전압 V_O는 각각 다음과 같이 된다.(A는 OP-Amp의 증폭도)

㉮ V_{in} =0〔V〕일 때 → V_O =(5-0)A → (+)15〔V〕

㉯ V_{in} =2〔V〕일 때 → V_O =(5-2)A → (+)15〔V〕

㉰ V_{in} =4〔V〕일 때 → V_O =(5-4)A → (+)15〔V〕

즉, 입력전압 V_{in}가 $V_{in}=V_f(=5[V])$가 될 때까지는 출력전압은 (+)Vcc(=+15[V])인 그대로이다.

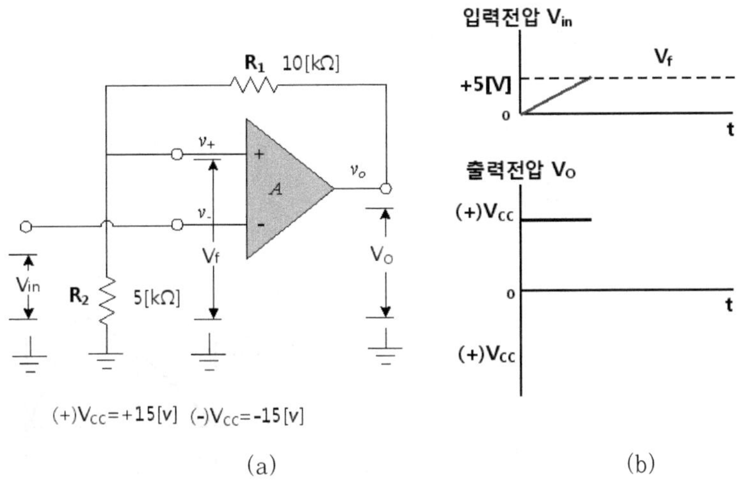

(a) (b)

그림 4.6 정궤환회로 및 입출력 파형(2)

④ 그러면 그림 4.6 회로에서 입력전압이 5[V] 이상이 되면 어떠한가?
이 경우는 궤환전압 V_f보다도 입력전압의 측이 높게 되어서 OP-Amp의 차동입력전압 V_d가 (−)가 되어 출력전압 V_O는 $-V_{CC}(=-15[V])$가 된다.

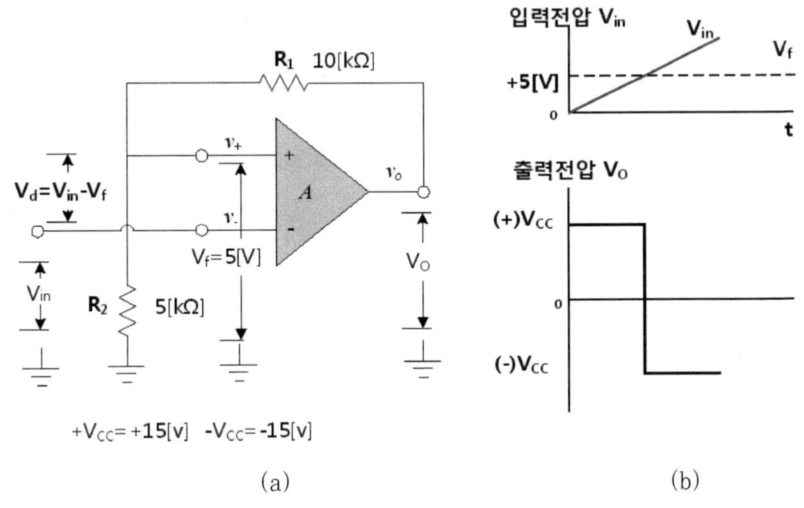

(a) (b)

그림 4.7 정궤환 회로 및 입출력 파형(3)

즉, 그림 4.7 회로에서 출력전압에 (+)V_{cc}(+15〔V〕)가 나오고 있는 상태에서 입력전압 V_{in}이 +5〔V〕 이상이 되면 출력은 $\underline{-V_{cc}}$로 변화하게 된다.

⑤ 그러면 다음에 출력전압 V_O에 $-V_{CC}$가 나와 있는 상태에서 출력전압이 $-V_{CC}$에서 (+)Vcc로 변화하는 것은 입력전압 V_{in}은 어떻게 되어 있을 때인가?

출력전압 V_O가 $-V_{CC}$(-15〔V〕)로 되어 있으면 V_f는 −5〔V〕가 된다. 따라서 입력전압 V_{in}가 -5〔V〕 이하가 되면 OP-Amp의 차동입력전압 V_d가 (+)이 되어 V_O는 원래의 (+)V_{CC}로 되돌아간다.

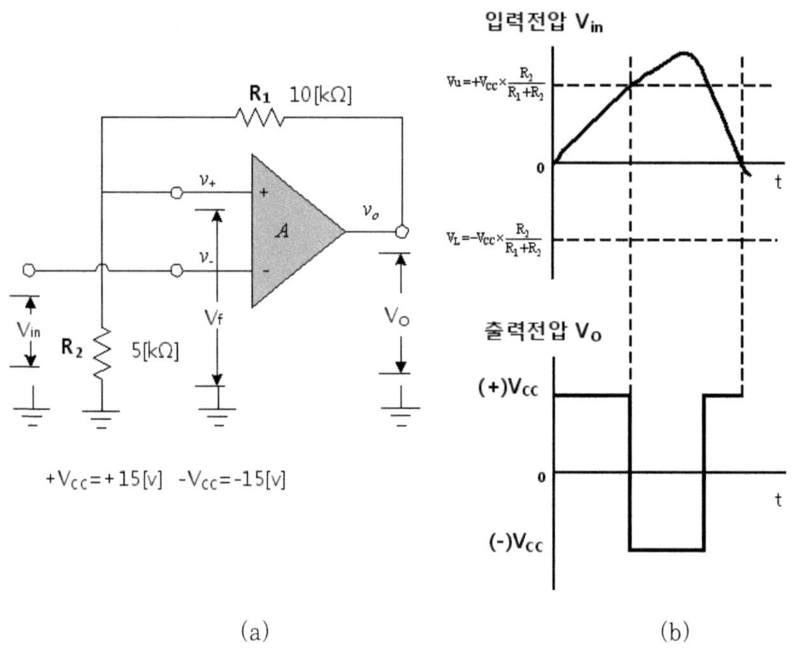

그림 4.8 정궤환회로 및 입출력 파형(4)

⑥ 결국 그림 4.9의 회로는 OP-Amp의 비교판정 기능을 응용하고 있는 것에는 변함이 없으나 입력전압과 비교 판정하는 전압값 V_f이 출력전압에 의하여 변화하는 동작을 하는 것이다.

㉮ 출력에 (+)V_{CC}가 나와 있을 때에는 V_f=(+)V_{CC} · R_2/(R_1+R_2)가 되어 있어 입력전압 V_{in}은 이 값 이상이 되면 출력전압은 -<u>Vcc</u>가 된다.

㉯ 출력에 (−)V_{CC}가 나와 있을 때에는 V_f=-V_{CC} · R_2/(R_1+R_2)가 되어 있어 입력전압 V_{in}은 이 값 이하가 되면 출력전압은 <u>(+)Vcc</u>가 된다.

따라서 R_1이나 R_2의 값을 변경하여 궤환전압 V_f를 변화시키는 것에 의해 V_U와 V_L의 폭을 조정할 수가 있게 된다.

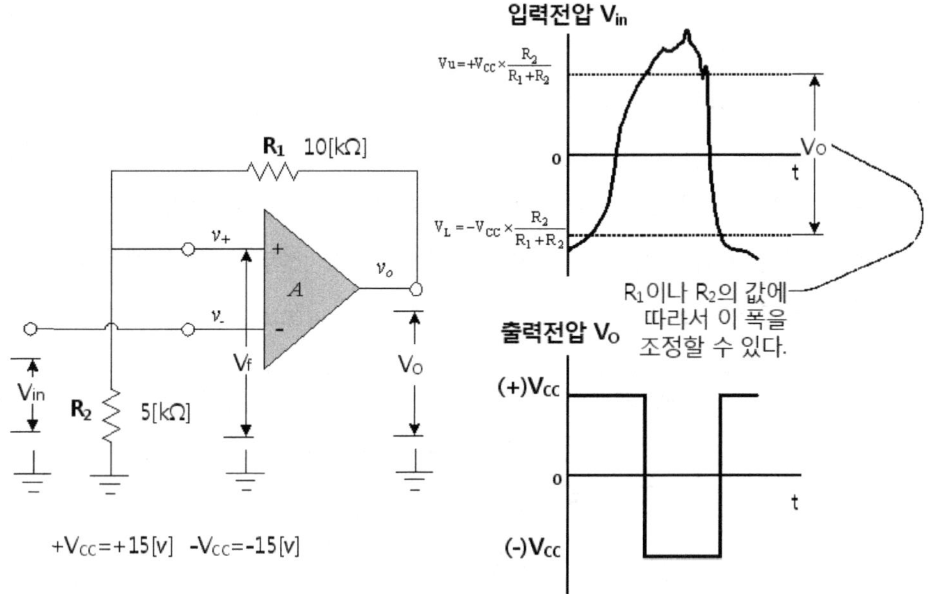

그림 4.9 정궤환회로 및 입출력 파형(5)

5 OP-Amp의 궤환동작(2) 부궤환회로

5.1 부궤환회로

1) 반전 증폭회로

① 그림 5.1은 반전 증폭회로를 나타내는데, 여기서 보듯이 반전 증폭회로는 비반전 입력단자 접지시키고, 입력신호 V_{in}을 저항 R_1을 통해 반전입력단자에 인가하고 출력전압 V_o는 피드백저항 R_f를 통해 입력으로 피드백(궤환)된다. 이상적 OP-Amp는 증폭도 A가 무한대이므로 증폭도를 감소할 목적으로 (－)피드백을 건다.

② 그림 5.1에서 입력전류 i_1은 $i_1 = i_f + i_{b1}$이고, OP-Amp의 바이어스전류 i_{b1}은 무시하 수 있을 정도로 작기 때문에 입력전류는 $i_1 = i_f$가 된다. OP-Amp의 (−)입력단자로 출력전압이 피드백되면(부궤환을 하게 되면) OP-Amp의 두 입력단자의 전위차 없기 때문에 회로에서는 ⓐ와 ⓑ점이 단락되어 있는 것과 같은 상태가 되므로 이것을 "가상단락(Imgainary Short)"이라 한다.

③ ⓐ점과 ⓑ점의 전위차는 0[V] 즉, $V_A - V_B = V_{AB} = 0$[V]가 된다.

④ $V_B = 0$[V]이므로 V_A전압과 전압차가 없기 때문에 V_A도 0[V]가 된다. 실질적인 회로에서는 ⓐ점은 실제적으로 어스되어 있지 않으나, $V_B = 0$[V]이기 때문에 가상단락에 의하여 0[V]가 된다. 즉, ⓐ점은 어스된 것과 같은 전압을 갖기 때문에 반전증폭기를 사용하는 경우에는 ⓐ점의 전압은 "가상접지(Imaginary earth)" 상태가 된다.

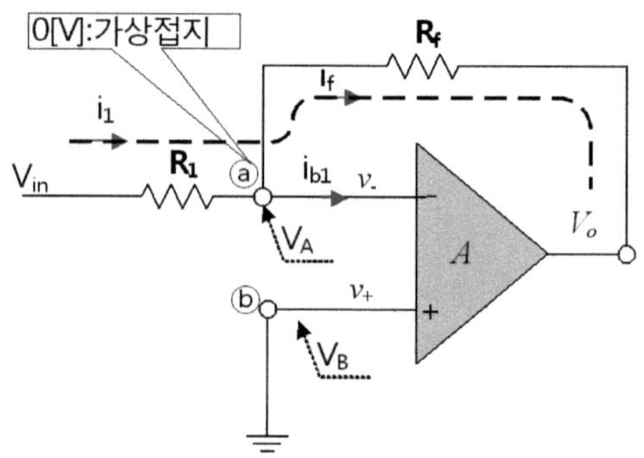

그림 5.1 반전 증폭회로

③ 그림 5.1의 ⓐ점은 가상접지 개념이 성립하므로 $V_A = 0$[V]가 된다. 따라서 반전 증폭회로의 출력전압은 V_o는 $V_A = 0$[V]를 이용하면

$$i_1 = i_f$$

$$\frac{V_{in} - V_A}{R_1} = \frac{V_A - V_o}{R_f}$$

출력전압 $V_o = -AV_{in} = -\frac{R_f}{R_1}V_{in}$이 되고, 증폭도 $A = \frac{R_f}{R_1}$이다.

여기에서 (−)의 의미는 출력위상이 입력위상과 대해서 반전됨을 의미한다.

2) 출력전압

① 교류신호를 인가시

회로의 증폭도를 A를 “2”라고 하고, 입력전압 V_{in}(주파수 1〔kHz〕의 사인파 2Vpp)을 인가하면 출력전압 Vo는 입력전압과 반전되어 4Vpp가 출력된다. 입·출력전압의 파형관계는 그림 5.2에서 출력위상은 입력위상을 180° 반전하여 출력된다.

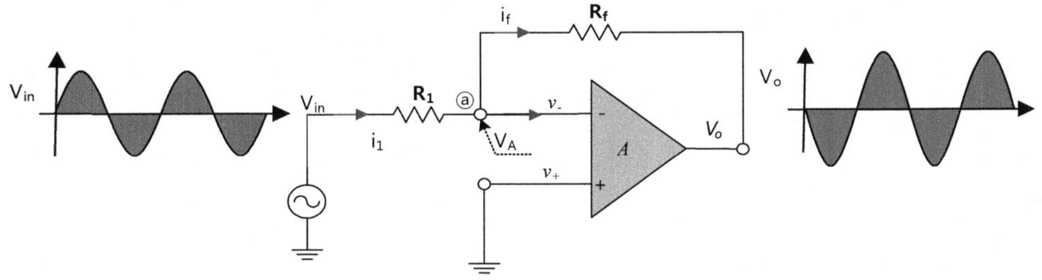

그림 5.2 반전 증폭회로의 입출력 파형

② 직류신호를 인가시

회로의 증폭도를 A를 “2”라고 하면, 입력전압 V_{in}=1〔V〕이면 출력전압은

$$V_o = -\frac{R_f}{R_1}V_{in} = -AV_{in} = -2\times 1 = -2[V]$$

가 된다.

회로의 증폭도를 A를 “2”라고 하면, 입력전압 V_{in}=−1〔V〕이면 출력전압은

$$V_o = -\frac{R_f}{R_1}V_{in} = -AV_{in} = -2\times -1 = 2[V]$$

가 된다.

예제

다음 OP-Amp 회로의 V_A, Vo 전압은 몇 〔V〕인가?

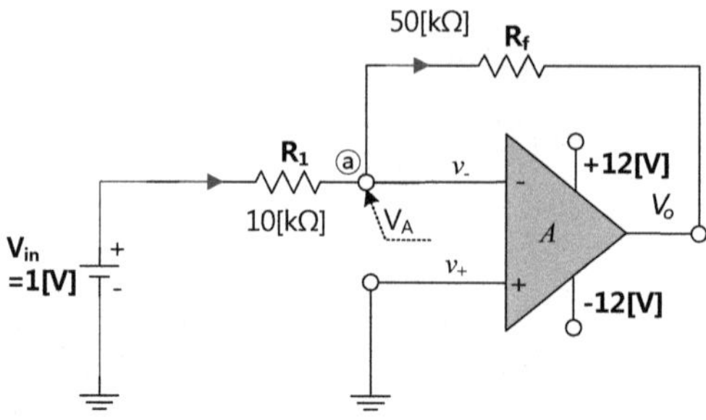

풀이

① V_A 전압은 가상접지이므로 0〔V〕이다.

② 출력전압

$$V_o = -AV_{in} = -\frac{R_f}{R_1}V_{in} = -\frac{50[k\Omega]}{10[k\Omega]} \times 1[V] = -5[V]$$

5.2 비반전 증폭회로

1) 비반전 증폭회로

① 비반전 증폭회로는 그림 5.3에서 보는 바와 같이 입력신호 V_{in}을 저항 R_1을 통해 비반전입력단자에 인가하고 출력전압 V_o는 피드백 저항 R_f를 통해 반전입력단자로 피드백된다. OP-Amp의 출력전압이 반전입력단자로 피드백되면 두 입력점 ⓐ, ⓑ의 전위차가 0 즉 $V_A - V_B = V_{AB} = 0$이므로 "가상단락(Imgainary Short)" 상태가 된다.

② 그림 5.3에서 ⓐ와 ⓑ점은 가상단락이 성립되므로 $V_A = V_B = V_{in}$이 성립되며,

$$i_1 = i_f$$

$$\frac{V_A}{R_1} = \frac{V_o - V_A}{R_f}$$

$$V_o = (1 + \frac{R_f}{R_1})V_A \text{ 또는 } (1 + \frac{R_f}{R_1})V_{in}$$

따라서 출력전압 Vo는 $V_o = (1+\frac{R_f}{R_1})V_{in}$, 증폭도 A는 $1+\frac{R_f}{R_1}$가 된다.

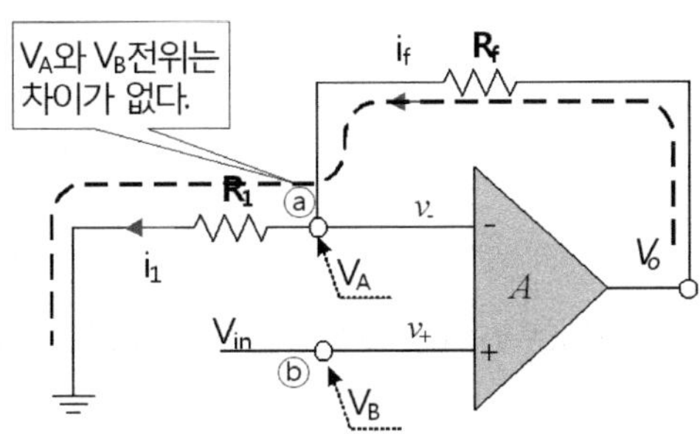

그림 5.3 비반전 증폭회로

2) 출력전압

① 교류신호를 인가시

회로의 증폭도를 A를 2라고 하고, 입력전압 V_{in}(주파수 1〔kHz〕의 사인파 2Vpp)를 인가하면 출력전압은 V_o는 입력전압은 (+)6Vpp가 출력된다. 입·출력전압의 파형 관계는 그림 5.4에서 출력위상과 입력위상이 위상반전 없다.

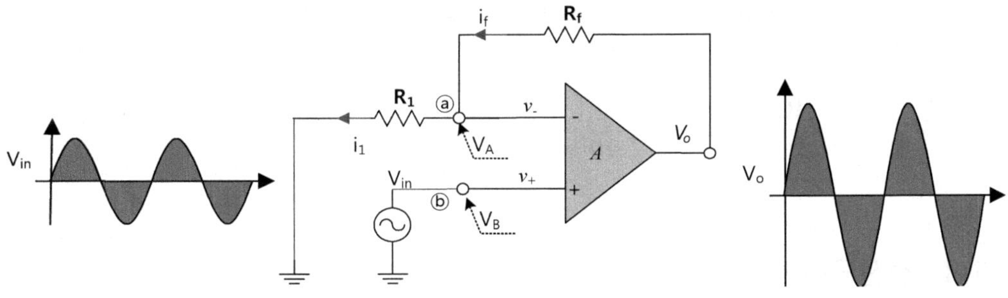

그림 5.4 비반전 증폭회로의 입출력 파형

② 직류신호를 인가시

회로의 증폭도를 A를 2라고 하면, 입력전압 V_{in}=1〔V〕이면 출력전압은

$$V_o = (1+\frac{R_f}{R_1})V_{in} = AV_{in} = 3\times 1 = 3[V]$$ 가 된다.

회로의 증폭도를 A를 2라고 하면, 입력전압 $V_{in}=-1$〔V〕이면 출력전압은

$$V_o=(1+\frac{R_f}{R_1})V_{in}=AV_{in}=3\times-1=-3[V]$$

가 된다.

예제

다음 OP-Amp 회로의 V_A, $V_{AB}=V_A-V_B$, Vo 전압은 몇 〔V〕인가?

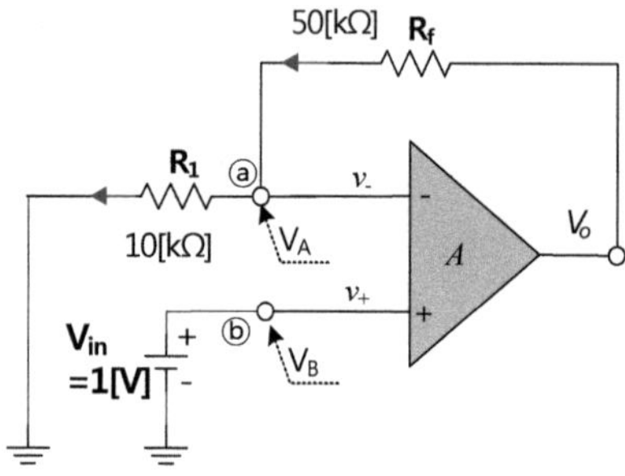

풀이

① V_A 전압은 가상단락이므로 1〔V〕이다.

② $V_{AB}=V_A-V_B$는 두 입력단자의 전위차가 없기 때문에 0〔V〕이다.

③ 출력전압

$$V_o=(1+\frac{R_f}{R_1})V_{in}=(1+\frac{50[k\Omega]}{10[k\Omega]})\times 1[V]=6[V]$$

5.3 정전류원

1) OP-Amp를 이용한 정전류회로

DC모터 등의 부하를 제어하는 경우 구동전류로 정전류가 필요한 경우가 있다. 이것은 모터의 발생 토크는 구동전류를 제어함에 따라서 자유롭게 컨트롤할 수 있다. 예를 들어서 모터에 걸리는 부하가 빈번하게 변하는 경우가 있더라도, 일정한 전류를 흐르게 하여 발생 토크를 일정하게 유지하는 것이다.

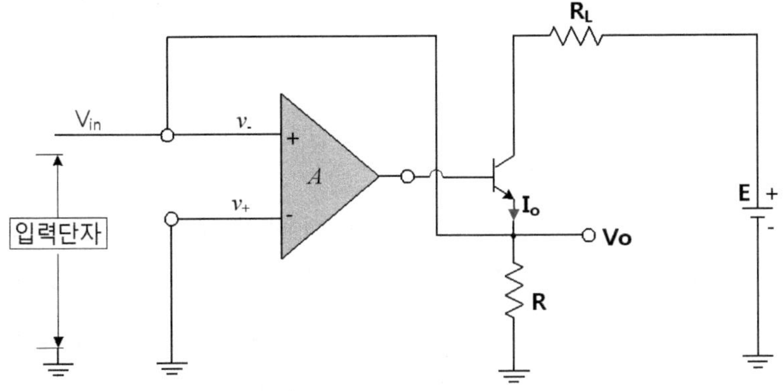

그림 5.5 OP-Amp를 이용한 정전류회로

OP-Amp를 이용한 정전류회로의 출력전압 Vo는 $V_O = I_O \times R = (V_{in} - I_O R)A$가 된다.

$$V_o = I_o R = A(V_{in} - I_o R)$$

$$I_o R + A I_o R = A V_{in}$$

$$I_o R(1 + A) = A V_{in}$$

$$\therefore I_o = \frac{A \times V_{in}}{R(1 + A)}$$

여기서 A=∞이라고 하면 $I_o = \dfrac{V_{in}}{R}$로 나타낼 수 있다.

즉, 이 회로에서는 OP-Amp 입력전압 V_{in}을 저항 R로 나눈 것이 부하전류 I_o가 된다. 따라서 이 회로에서는 V_{in}을 고정하면, 부하 R_L에 흐르는 전류를 항상 일정하게 유지할 수 있다.

5.4 전류-전압 변환회로

① OP-Amp를 이용한 전류-전압변환의 기본회로는 그림 5.6(a)와 같이 입력저항은 없지만 본질적으로 반전증폭기로 구성된다. 여기서 입력전류 i_1는 OP-Amp 반전입력에

직접적으로 인가되며, 이 입력전류가 피드백 저항 R_f를 통해 흐른다. 즉 $i_1 = i_f$이므로 출력전압 V_o는 다음과 같다.

$$V_o = -i_1 \times R_f$$

② 그림 5.6 (b)회로는 포토다이오드를 이용한 전류-전압변환 회로를 나타내는데, 여기에서는 빛을 조사하면 포토다이오드에 흐르는 전류 i_1은 100〔μA〕이고, 빛이 완전히 차단되면 전류 i_1은 10〔μA〕이면 출력전압 Vo의 변화량은 입력전류의 변화량 90〔μA〕에 의존한다. 따라서 출력전압의 변화는 다음과 같다.

㉮ i_1이 100〔μA〕일 때, 출력전압 $V_o = i_1 \times R_f = 100$〔μA〕×10〔kΩ〕= −1〔V〕

㉯ i_1이 10〔μA〕일 때, 출력전압 $V_o = i_1 \times R_f = 10$〔μA〕×10〔kΩ〕= −0.1〔V〕

㉰ 출력전압의 변화량은 $\Delta Vo = \Delta i_1 \times R_f = 90$〔μA〕×10〔kΩ〕= 0.9〔V〕

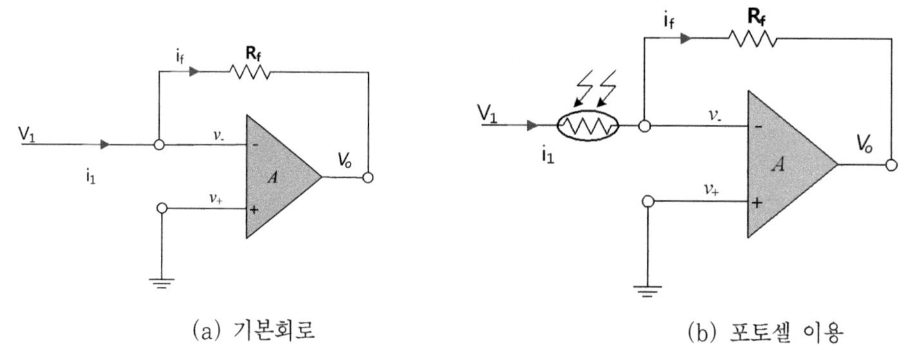

(a) 기본회로 (b) 포토셀 이용

그림 5.6 전류-전압 변환회로

5.5 가산회로와 감산회로

1) 가산회로

① 그림 5.7은 반전 증폭기를 이용하여 구성한 2입력 가산회로이다. 이 회로는 가상접지에 의해 반전입력단자의 전위가 0〔V〕이므로 입력회로의 전류는

$$I_1 = \frac{V_1}{R_1} \text{ 및 } I_2 = \frac{V_2}{R_2}$$

가 된다.

② 한편, 입력전류 I_1과 I_2는 연산증폭기의 입력저항이 매우 크므로 연산증폭기의 입력단자로는 거의 흐르지 못하고 피드백 저항 R_f로 통하여 흐른다.

③ 출력전압 V_O는 R_f 양단전압이기 때문에 다음과 같이 정의할 수 있다.

$$V_O = -I_f R_f = -(I_1 + I_2)R_f = -(\frac{V_1}{R_1} + \frac{V_2}{R_2})R_f$$

④ 만일, 모든 입력저항의 값이 $R_1 = R_2 = R_i$로 동일하면 출력전압 V_O은 다음과 같다.

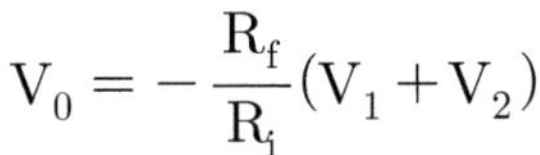

$$V_0 = -\frac{R_f}{R_i}(V_1 + V_2)$$

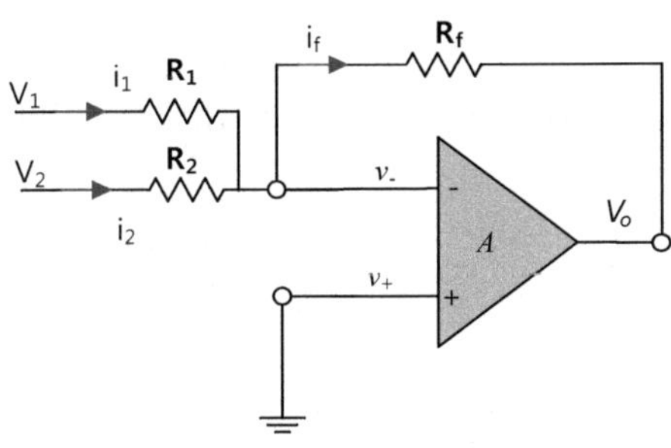

그림 5.7 가산회로

2) 감산회로

① 연산증폭기에 의한 감산회로는 그림 5.8과 같이 감산하고자 하는 두 신호를 반전 입력단자와 비반전 입력단자에 각각 동시에 공급하는 차동증폭기의 형태로 간단히 구현할 수 있다.

② 감산 증폭기를 해석할 때 중첩의 원리를 이용하면 된다. 첫째, $V_2 = 0$[V]이고 반전 입력전압 V_1만 존재할 때의 출력전압을 V_{O1}이라고 하자. V_{O1}은 반전 증폭기의 원리에 의해 다음과 같다.

$$V_{O1} = -(\frac{R_f}{R_1})V_1$$

③ 둘째로, $V_1=0[V]$이고 비반전 입력전압 V_2만 존재할 때의 출력전압을 V_{O2}라고 하자. 이 경우 비반전 입력단자의 전압은 $V_+ = \dfrac{R_3V_2}{R_2+R_3}$이므로, 출력전압 V_{O2}는 비반전 증폭기의 원리에 의해 다음과 같다.

$$A_{O2} = (1+\frac{R_f}{R_1})V_+ = (1+\frac{R_f}{R_1})(\frac{R_3}{R_2+R_3})V_2$$

④ 끝으로, 두 입력 전압 V_1과 V_2가 모두 존재할 때 출력 전압 V_0는 중첩의 원리에 의해 출력전압 V_{O1}과 V_{O2}의 합으로 표현되며, 만일 $\dfrac{R_f}{R_1}=\dfrac{R_3}{R_2}$이면 다음과 같은 출력전압을 얻는다.

$$V_O = V_{O1} + V_{O2} = \frac{R_f}{R_1}(V_2 - V_1)$$

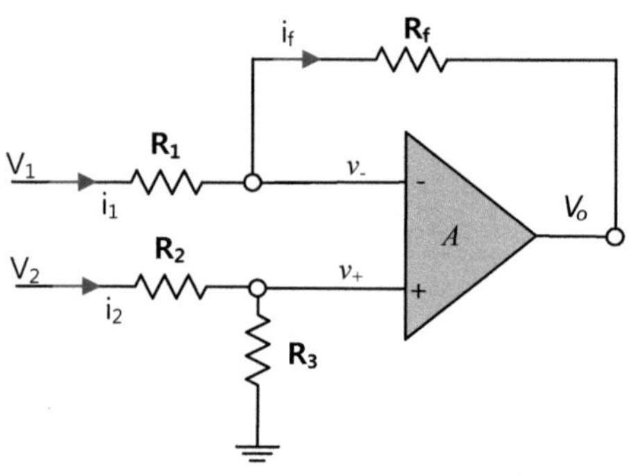

그림 5.8 감산회로

5.6 적분회로와 미분회로

1) 미분회로

① 일반적으로 미분이란 어떤 물리량의 미소 변화에 의하여 그 종속관계에 있는 물리량이 어느 정도 크기로 변화하는가를 나타내는 것으로, 미분기(differentiator)는 입력전압의 변화율에 비례하는 출력전압을 얻으며, 미분기를 이용하는 예는 구형파의 전

압변화가 일어나는 시점인 에지(edge)를 검출하거나 트리거용 펄스를 만들어내는 데 사용하며, 간단한 미분회로는 R과 C를 이용하여 구성된다.

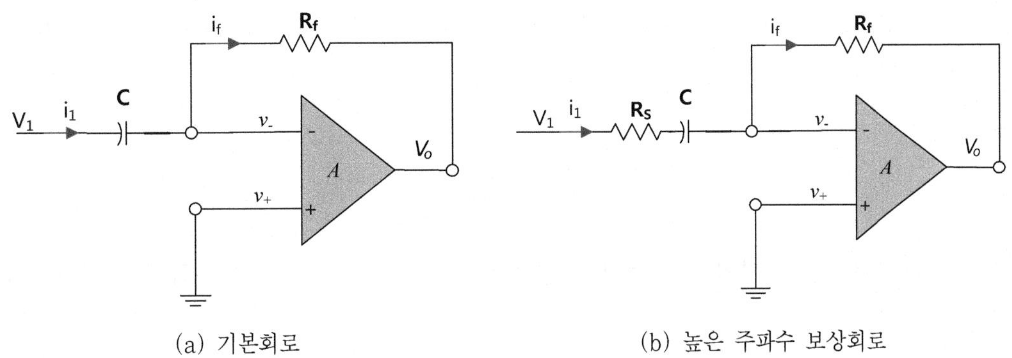

(a) 기본회로 (b) 높은 주파수 보상회로

그림 5.9 미분회로

② 그림 5.9(a)의 미분회로는 입력회로에 콘덴서, 피드백 회로에 저항을 배치하여 구성한다.

③ 이 회로에서 반전입력 단자는 가상접지되어 있으므로 입력전압 V_1에 대해 입력전류는 $i_1 = C(\frac{dv_1}{dt})$이다. 따라서, 출력전압 V_O은 입력전압 V_1의 시간에 대한 미분값에 비례하기 때문에 다음과 같이 된다.

$$V_O = -R_f i_1 = -R_f C \frac{dv_1}{dt}$$

④ 미분회로의 출력전압 V_O는 콘덴서 C와 관계가 있으며, 이 C는 용량성 리액턴스 $X_c = \frac{1}{\omega C} = \frac{1}{2\pi f C}[\Omega]$이므로, 주파수에 영향을 받음을 알 수 있다. 따라서 미분회로는 입력주파수를 f_i라고 하면 이 주파수 범위를 고려해야 하는데, 이의 기준이 되는 주파수를 미분동작 한계주파수 f_C라 한다.

⑤ C와 f는 반비례하므로 주파수가 높을 경우에는 잡음(noise)에 영향을 받기 쉽다. 즉, 입력주파수 f_i가 매우 높으면 X_C 값은 거의 0[Ω]이 되어 콘덴서의 역할을 수행하지 못한다.

⑥ 따라서 이를 보상하기 위해 그림 5.9(b)와 같이 C에 직렬저항 Rs를 삽입하여 높은 주파수에 대한 증폭도를 R_f/R_S로 제한해야 한다.

⑥ 이와 같이 입력주파수 f_i가 미분동작한계주파수 f_C이상이면 미분회로가 아닌 증폭도 $A=R_f/R_S$를 가진 반전증폭기로서 동작하는데, 여기서 미분동작 한계주파수 f_C는 다음과 같이 정의한다.

$$f_c = \frac{1}{2\pi R_s C}$$

⑥ 여기서 다시 미분기의 미분동작 가능여부를 f_i와 f_C의 관계를 이용하여 정리하면 다음과 같다.

㉮ $f_i > f_C$이면, 증폭도 $A=R_S/R_f$를 가진 반전증폭기 동작

㉯ $f_i < f_C$이면, 미분회로동작

2) 적분회로

① 적분기(integrator)는 수학적 적분연산을 수행하는 회로로서 입력전압의 시간에 따른 누적 합에 비례하는 출력전압을 얻으며, 이 회로는 톱니파 또는 삼각파를 만드는 경우와 타이머에 응용할 경우 및 미분형 센서의 출력을 실제의 변위 값으로 변환하는 회로 등에서 활용되고 있다.

② 그림 5.10(a)는 입력회로에 저항, 피드백 회로에 콘덴서를 배치하여 구성한 적분회로로서 반전 증폭기를 이용하므로 입력신호와 출력신호의 위상이 반전되어 있다.

③ 그림 5.10(a) 회로의 동작을 살펴보자. 먼저, 반전입력 단자가 가상접지상태이므로 입력전압에 비례한 입력전류 $i_1 = \dfrac{V_1}{R_f}$가 되며, 이 전류는 모두 콘덴서로 흐른다.

④ 따라서 콘덴서 양단의 전압은 콘덴서 전류의 적분에 비례한다는 것과 적분기의 출력전압 V_O가 콘덴서 전압 V_C와 크기는 같고 극성은 반대라는 것을 이용하면 적분기의 출력전압은 다음과 같이 입력신호의 적분에 비례하게 된다.

$$V_O = -V_C = -\frac{1}{C}\int i_1 dt = -\frac{1}{R_f C_f}\int v_1 dt$$

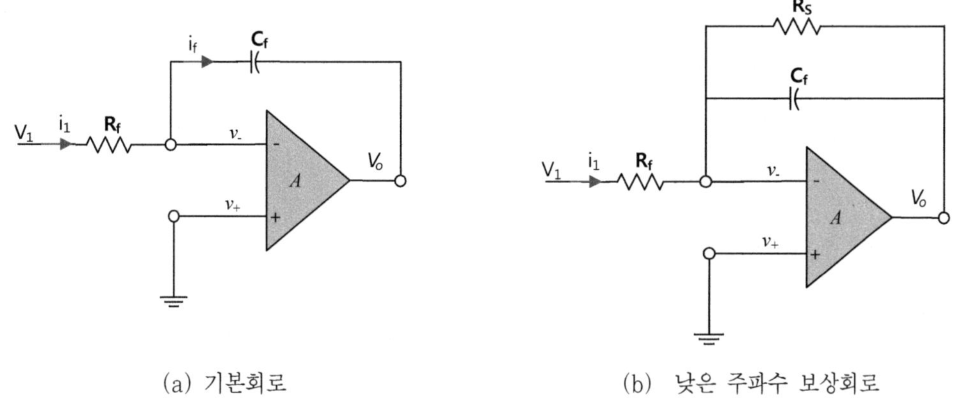

(a) 기본회로 (b) 낮은 주파수 보상회로

그림 5.10 적분회로

⑤ 적분회로의 출력전압 V_O는 콘덴서 C_f에 관계가 있으며, 이 C_f는 용량성 리액턴스이기 때문에 주파수에 영향을 받음을 알 수 있다. 따라서 적분회로 또한 미분회로와 마찬가지로 입력 주파수 f_i의 범위를 고려해야 하는데, 이의 기준이 되는 주파수를 적분동작 한계주파수 f_C라 한다.

⑥ C_f의 용량성 리액턴스 X_C를 이용하여 증폭도를 구하면 다음과 같다.

$$A = \frac{X_c}{R_f} = \frac{1}{\omega C_f} R_f = \frac{R_f}{2\pi f C_f}$$

⑦ 위의 식에서 증폭도 A는 f는 반비례하므로 주파수가 매우 낮으면 증폭도 A는 매우 커지므로 완전한 동작을 기대하기는 어렵다. 따라서 이를 보상하기 위해 그림 5.10 (b)와 같이 C_f와 병렬로 저항 R_S를 부가하여 낮은 주파수에 대한 증폭도를 제한하지 않으면 안 된다.

⑧ 이와 같이 입력주파수가 적분동작 한계주파수 f_C이상이면 적분회로로 동작하지만, 이와는 반대로 f_i가 f_C보다 작으면 적분회로는 반전증폭기로서 동작한다. 여기서 적분동작 한계주파수 f_C는 다음과 같이 정의된다.

$$f_C = \frac{1}{2\pi R_s C}$$

⑨ 여기서 다시 적분기의 적분동작 가능여부를 f_i와 f_C의 관계를 이용하여 정리하면 다음과 같다.

㉮ $f_i < f_C$이면, 증폭도 $A = Rs/R_f$를 가진 반전증폭기로 동작

㉯ $f_i > f_C$이면, 적분회로동작

실험실습

1. 실험기기 및 부품
   1) 브레드보드
   2) DVM
   3) 저항
      ① 가변저항 10〔kΩ〕 ② 1〔kΩ〕 1/4〔W〕 ③ 10〔kΩ〕 1/4〔W〕
      ④ 20〔kΩ〕 1/4〔W〕
   4) OP-Amp
      ① μA741

2. 다음은 OP-Amp를 비교기로 사용한 회로이다. 가변저항의 전압을 조절하면서 출력전압 Vo 변화를 확인한다.
   ① OP-Amp μA741 단자의 구성은 다음과 같다.

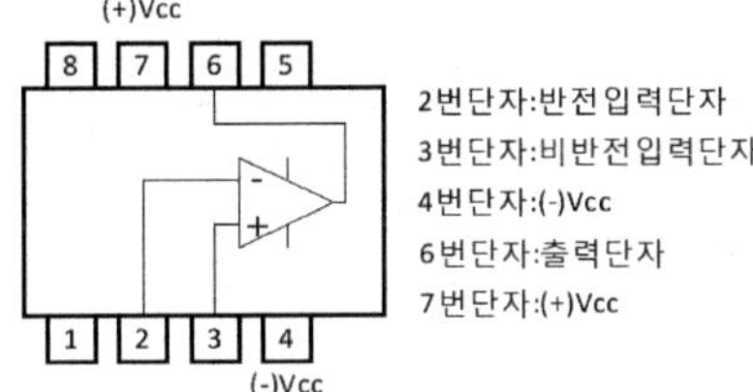

   ② 다음과 같이 OP-Amp회로를 구성한다.

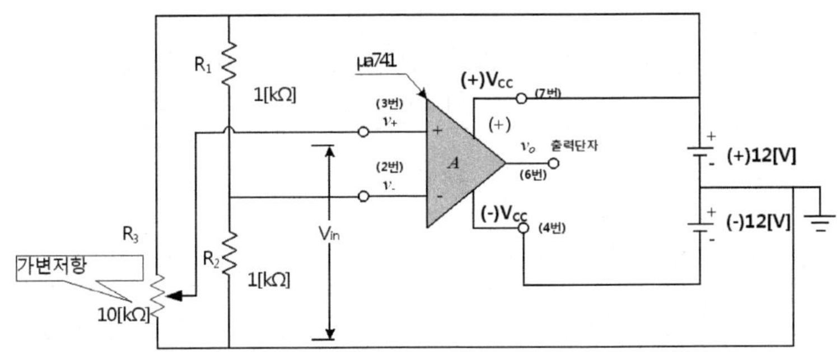

㉮ OP-Amp 2번 단자의 전압은?

㉯ 가변저항의 전압값을 조정하면서 출력전압 Vo을 측정한다.

V_{in}<6(V) 일 때 V_O=_____〔V〕

V_{in}>6(V) 일 때 V_O=_____〔V〕

3. 다음은 OP-Amp를 이용한 비반전증폭기 회로이다.

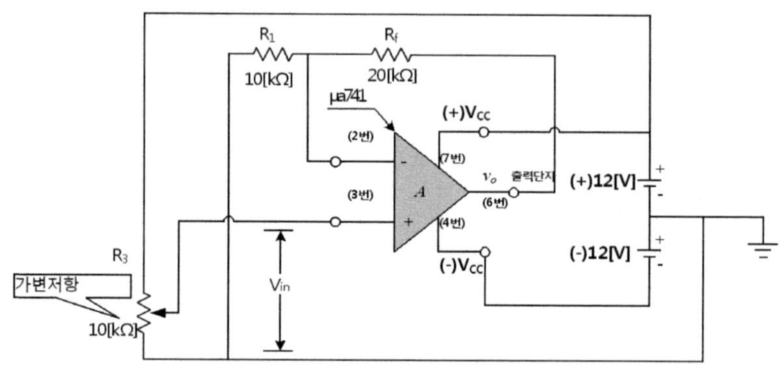

① OP-Amp 2번와 3번 단자의 전압을 측정한다.

	전압
(2번단자) 전압	
(3번단자) 전압	
3번단자와 2번단자의 전압차	

② OP-Amp 증폭도를 계산한다.

③ V_{in} 전압을 가변하면서 Vo 출력전압의 변화를 확인한다.

V_{in} 전압	Vo 출력전압 (이론값)	Vo 출력접압 (측정값)
1〔V〕		
2〔V〕		
3〔V〕		
4〔V〕		

4. 다음은 OP-Amp를 이용한 반전증폭기 회로이다.

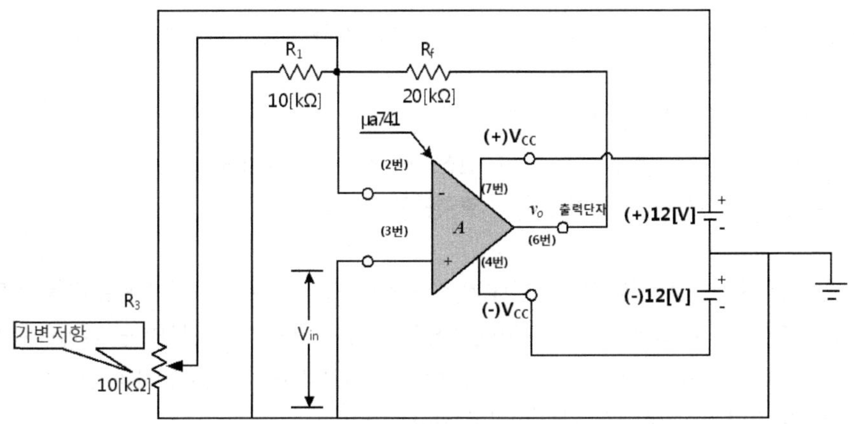

① OP-Amp 2번와 3번 단자의 전압을 측정한다.

	측정전압
(2번단자)전압	
(3번단자) 전압	
3번단자와 2번단자의 전압차	

② OP-Amp 증폭도를 계산한다.

③ V_{in} 전압을 가변하면서 Vo 출력전압을 측정한다.

V_{in} 전압	Vo 출력전압 (이론값)	Vo 출력접압 (측정값)
1[V]		
2[V]		
3[V]		
4[V]		

• 요점정리 •

1. "연산증폭기"는 두 입력단자 사이의 전압의 차를 증폭하는 소자이다.

2. 연산증폭기 단자의 구성은 다음과 같다.
   ① 전원단자 ② 반전입력단자=(−)입력단자
   ③ 비반전입력단자=(+)입력단자 ④ 출력단자

3. "궤환"이란 출력전압을 피드백(궤환저항)을 거쳐서 입력단자로 다시 보내는 것을 말하며, "부궤환"은 OP-Amp의 두 입력단자(반전입력, 비반전입력)의 전압차이를 없애주는 역할을 하기 때문에, 부궤환회로를 사용하면 반전입력단자와 비반전입력단자의 전압차가 없는 동전위가 되며, 이것을 "가상단락"이라고 한다.

4. "정궤환"은 두 입력단자(반전입력, 비반전입력)의 전압차를 증가시킨다.

5. 부궤환회로 중에서 반전증폭회로는 (+) 입력단자를 접지하고, (−) 입력단자에 증폭할 입력신호가 가해지도록 회로를 구성하고, (−) 입력단자의 전압은 0[V], 즉 "가상접지" 상태가 된다.

6. 부궤환회로 중에서 비반전증폭회로는 (+) 입력단자에 증폭할 입력신호를 가하며, 출력신호는 입력신호와 같은 위상이다.

연습문제

1. 다음 문장의 안에 적당한 말을 넣어서 문장을 완성하여라.

   ① 그림은 OP-Amp 회로 기호를 나타내고 있으며, 여기에서 (−)라고 표시하고 있는 단자를 (가) (______)단자라고 하며, (+)라고 표시하고 있는 단자를 (나) (______)단자라고 한다.

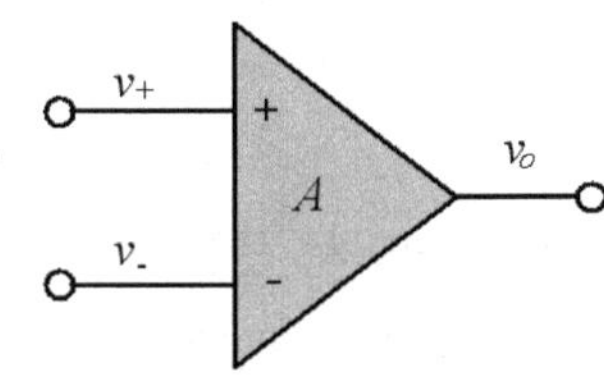

   ② OP-Amp가 이상적인 증폭기인 경우에는 다음과 같은 특성을 갖는다.

   ㉮ 증폭도가 (가____)

   ㉯ 입력 바이어스 전류가 (나______)

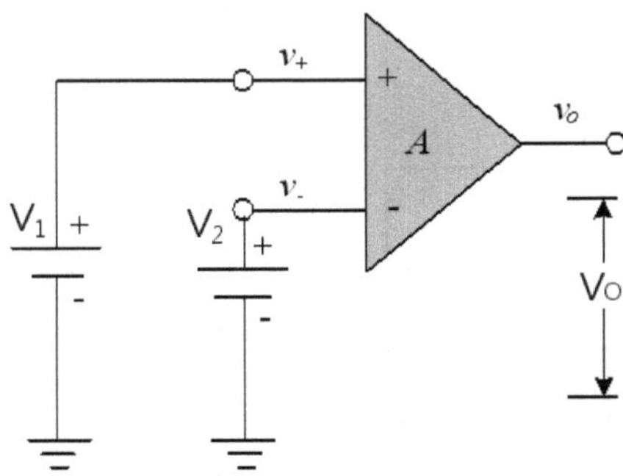

2. 다음 회로에서 입력전압 Vlin을 다음과 같이 하였을 때, 출력전압 Vo는 대략 어떠한 값이 되는가?(단, OP-Amp의 증폭도는 무한대로 보고 전원전압은 ±15〔V〕를 사용하고 있다.)

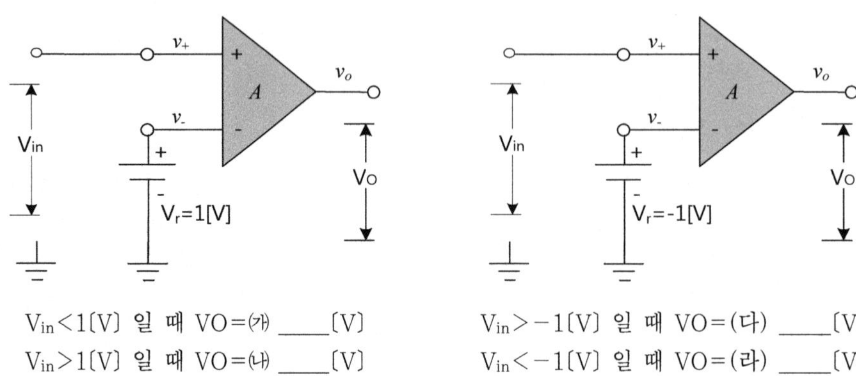

V_{in} < 1〔V〕 일 때 VO=(가) ____〔V〕 V_{in} > −1〔V〕 일 때 VO=(다) ____〔V〕

V_{in} > 1〔V〕 일 때 VO=(나) ____〔V〕 V_{in} < −1〔V〕 일 때 VO=(라) ____〔V〕

3. 다음 문장의 ( ) 안에 적당한 말을 넣어서 문장을 완성하여라.

① 궤환을 거는 방법은 정궤환과 부궤환이 있으며, 증폭도가 실질적으로 감소하도록 궤환을 거는 방법을 (가)________이라고 하며, 증폭도가 증가하도록 궤환을 거는 방법을 (나) ______라고 한다.

② 그림 (a)와 같이 출력전압의 일부를 비반전입력단자에 되돌리면 (가)__궤환이 걸리게 되며 또한 그림 (b)와 같이 출력전압의 일부를 반전입력단자에 되돌리면 (나)__궤환이 걸리게 된다.

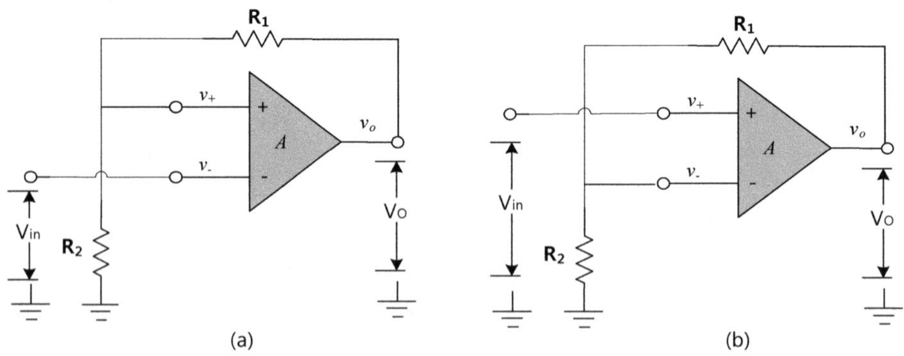

4. 다음 회로는 OP-Amp를 사용한 반전증폭회로이다.(단, 전원전압은 ±12[V])

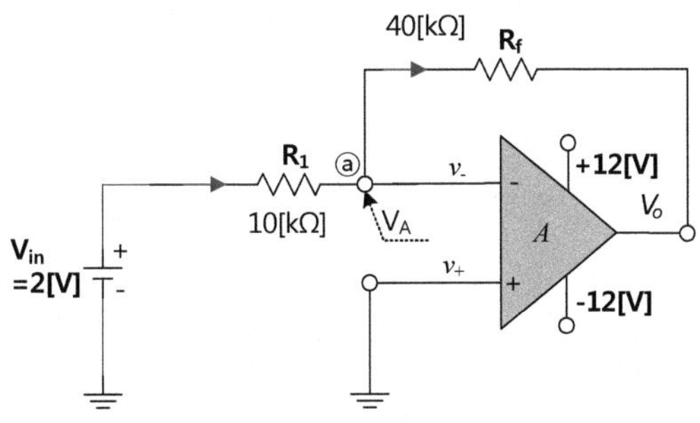

① V_A 전압은 몇 [V]인가?

② 증폭도는?

③ 출력전압 Vo은 몇 [V]인가?

5. 다음 회로는 OP-Amp를 사용한 비반전증폭회로이다.(단, 전원전압은 ±12[V])

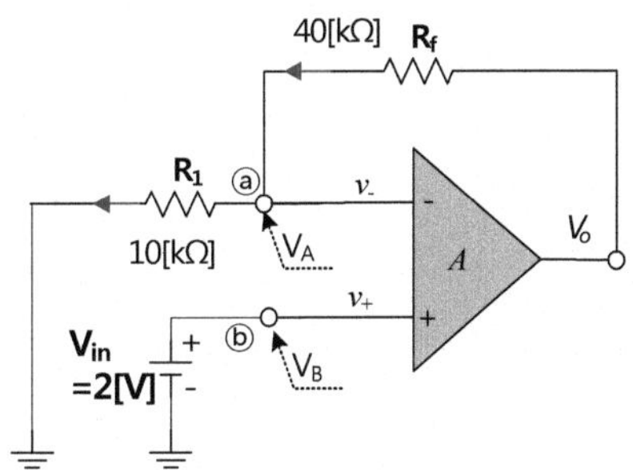

① V_A 전압은 몇 [V]인가?

② 증폭도는?

③ 출력전압 Vo은 몇 [V]인가?

제 9 장

센 서

학습목표

1) 센서의 개념에 대하여 이해한다.
2) 온도, 광, 근접센서에 대하여 이해한다.

1. 센서의 개요
2. 온도센서
3. 광센서
4. 근접센서
◆ 연습문제

제 9 장

센 서

1 센서의 개요

1.1 센서란?

① 센서란 "온도, 광, 압력, 습도 등의 물리량이나 화학량을 감지하여 처리하기 쉬운 신호(주로 전기신호)로 바꾸어주는 소자 또는 장치"로 정의할 수 있다. 센서는 크게 물리센서와 화학센서로 나눌 수 있다. 물리센서는 빛, 전기, 자기, 열, 역학에 관련된 물리량을 계측하는 것이며, 화학센서는 기체 및 액체상태의 화학성분의 양을 계측하는 것이다.

예) ☞ 온도센서(온도 검출) → 써미스터, 열전대

☞ 광센서(빛의 검출) → CdS, 포토 다이오드, 포토 트랜지스터

☞ 위치의 검출 → 포텐셔미터, 차동 변압기

② 물리센서

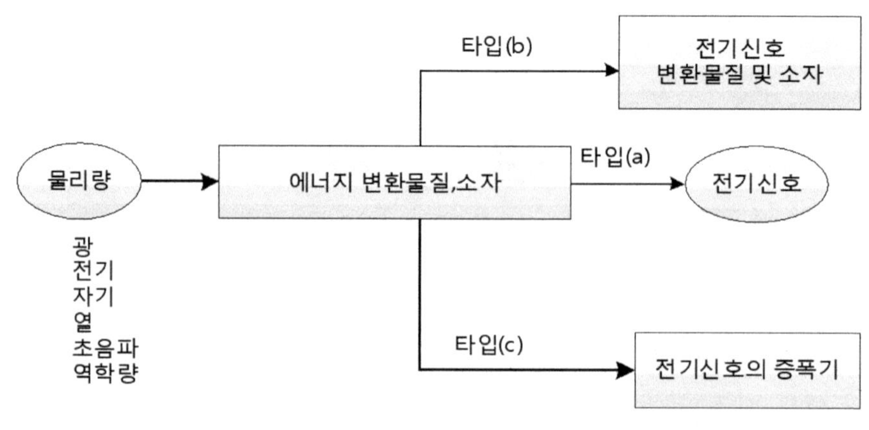

그림 1.1 물리센서의 종류

1.2 대표적인 센서

1) 광센서

① 광센서는 빛을 이용하여 대상을 검출하는 소자이며, 인간의 감각기관 중에서 시각에 해당되는 것이 광센서이다.

② 광센서는 빛의 양, 물체의 모양이나 상태·움직임 등을 감각하는데, 눈의 구실을 하는 것이 렌즈이다.

③ 광센서를 사용하면 로봇을 자동적으로 이동시킬 수가 있다. 초음파나 적외선을 로봇의 전방에서 발사하여, 물체로부터 되돌아오는 빛의 강약으로 제 위치를 안다. 장애물로부터 멀어져 있으면 받는 빛은 약해지고, 가까워지면 강해진다. 그러므로 어느 일정한 빛의 세기에서 정지하도록 로봇에게 가르쳐놓으면 앞쪽에 물체가 있을 때 판단해서 정지한다.

2) 자기센서

① 자기센서는 자기장 또는 자력선의 크기·방향을 측정하는 센서로 전자기유도현상에 의하여 전선에 발생하는 전류를 이용하여 자기에너지를 검출·측정한다.

② 반도체에 흐르는 전류에 대해 수직으로 자기장을 걸면 전압이 발생하는 홀 효과(Hall effect)나, 자기장의 영향으로 전기저항이 증대하는 자기저항 효과 등을 이용하는 것이다.

③ 여러 종류가 있지만 홀 소자, MR소자(자기저항효과 소자), 써치코일(헤드)이 대표적이다. 테이프리코더, VTR, 자기디스크의 자기헤드 등에 응용한다.

3) 온도(열)센서

① 열을 감지하여 전기신호를 내는 센서로 일반적으로 접촉식과 비접촉식으로 나뉘어진다. 여기서 접촉식은 측정대상이 되는 물체에 온도센서를 직접 접촉시키는 방식으로 온도 측정의 기본이 된다.

② 비접촉식은 물체로부터 방사되는 열선을 측정하는 방법을 이용하므로 접촉으로 인해 발생하는 문제가 없다. 또한 매우 떨어진 물체를 계측할 수 있으므로, 접촉식으로는 측정할 수 없는 경우에도 측정이 가능하다. 그러나 방사에너지를 모으기 위한 렌즈 등의 각종 광학계나 기타 보조재료를 필요로 하므로 일반적으로 고가이다.

4) 전자제어 시스템의 구성

① 전자제어 시스템의 구성은 그림 1.2와 같이 검출부, 제어부, 부하로 구성되어 있다. 예를 들어 가로등을 자동으로 점멸하는 회로에서는 먼저 CdS를 검출기로 사용하여 빛의 세기를 검출하여 반도체로 구성된 제어부에 인가하여, 제어부에서는 빛의 세기를 판별하여 가로등을 점등하거나 소등한다.

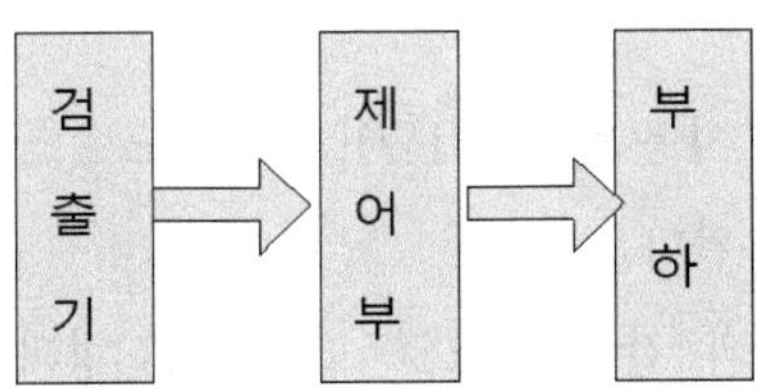

그림 1.2 전자제어 시스템 구성도

2 온도센서

2.1 온도센서(온도의 검출)

1) 온도센서란?

온도센서는 용광로, 전기난로나 전기담요 등의 온도제어에 사용하고 있는 온도검출기로서 써미스터, 열전대, 측온저항체 등이 있다.

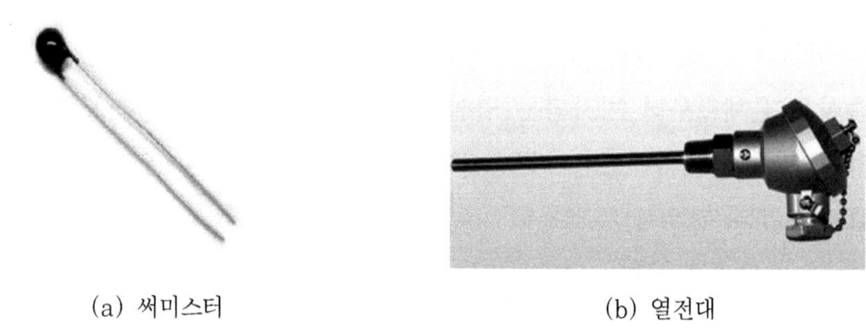

(a) 써미스터　　　(b) 열전대

그림 2.1 써미스터와 열전대

2.2 써미스터(Thermistor)

① 써미스터는 망간이나 니켈의 산화물을 혼합하여 만든 것으로, 모양도 비교적 자유롭게 만들 수 있고 소형으로 가격도 저렴하고 일반적으로 온도 검출기로서 매우 많이 사용되고 있다.

② 그러나 일반적으로 최고 사용온도가 120[℃] 정도로 낮고, 그 이상의 온도 범위에서는 다음의 열전대가 이용된다.

③ 써미스터는 일종의 저항과 같은 것으로 크게 PTC형과 NTC형으로 나눈다. PTC형은 온도가 상승하면 저항값도 증가하는 형태이며, 일반적으로 많이 사용되고 있는 NTC형은 그림 2.2와 같이 온도(T)가 변화하면 그 저항값(R_{TH})이 변화하는 것으로 즉, 온도가 상승하면 저항값은 감소되고, 온도가 저하하면 반대로 저항값은 증가한다.

④ NTC 써미스터의 사용 용도는 온도감지, 온도보상, 액위, 풍속, 진공검출, 돌입전류 방지, 지연소자 등으로 사용되며, PTC 써미스터는 모터 기동, 자기 소거, 정온발열, 과전류 보호용으로 사용된다.

⑤ 그림 2.2(a), (b)와 같은 회로를 구성하면 써미스터의 저항값 변화를 전류나 전압의 변화로서 인출한다.

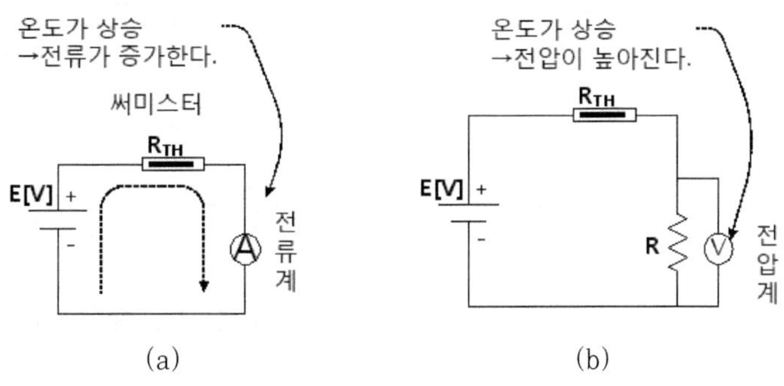

그림 2.2 써미스터의 저항값 변화

⑥ 그림 2.2(a)의 경우 회로에 흐르는 전류 I는 $I=E/R_{TH}$가 되어 R_{TH}가 변화하면 전류의 값이 변화한다.

⑦ 그림 2.2(b)의 경우 저항 R의 양단의 전압 V는 $V=R \cdot E/(R+R_{TH})$가 되어 R_{TH}가 변화하면 전압의 값이 변화한다.

⑧ 그림 2.3(b)와 같은 특성을 가진 써미스터를 사용하여 온도를 전류로 변화하기 위하여 그림 2.2(a)와 같은 회로를 구성한다. 써미스터의 온도가 25〔℃〕에서 50〔℃〕로 변화하였을 때의 전류계 지시가 어떻게 되는가를 보기로 한다.

⑨ 써미스터의 주위 온도가 25〔℃〕인 경우에는 써미스터의 저항값이 13〔㏀〕이 되므로 전류계의 지시는 0.92〔㎃〕가 된다. 또한 50〔℃〕인 경우에는 써미스터의 저항값이 8〔㏀〕이 되므로 전류의 지시는 1.5〔㎃〕가 된다.

⑩ 이번에는 그림 2.4의 회로는 써미스터를 사용하여 온도를 전압으로 변환하는 그림이다.

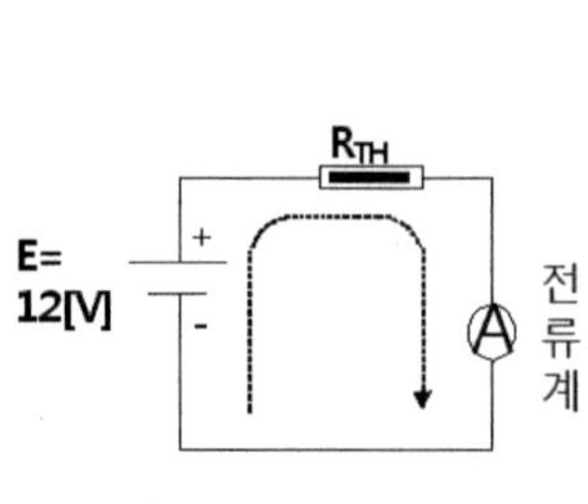

(a) 써미스터 회로

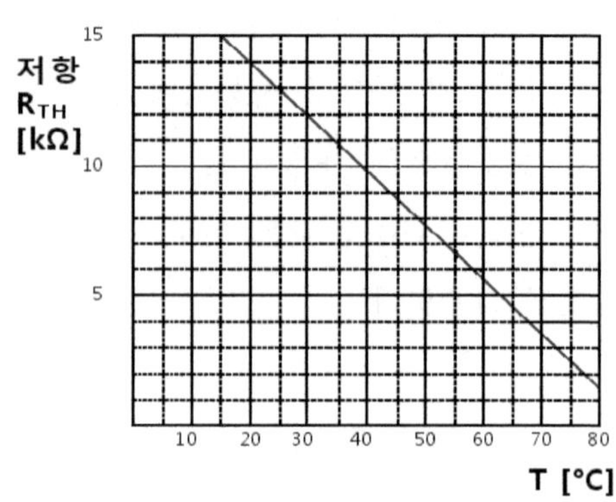

(b) 특성곡선(1)

그림 2.3 써미스터 회로 및 특성 곡선(1)

써미스터의 온도가 25〔℃〕에서 50〔℃〕로 변화하였을 때, 출력전압 〔V〕는 어떻게 될 것인가?

25〔℃〕일 때 ⇒ R_{TH}=13〔kΩ〕 따라서 V=0.86〔V〕

50〔℃〕일 때 ⇒ R_{TH}=8〔kΩ〕 따라서 V=1.33〔V〕

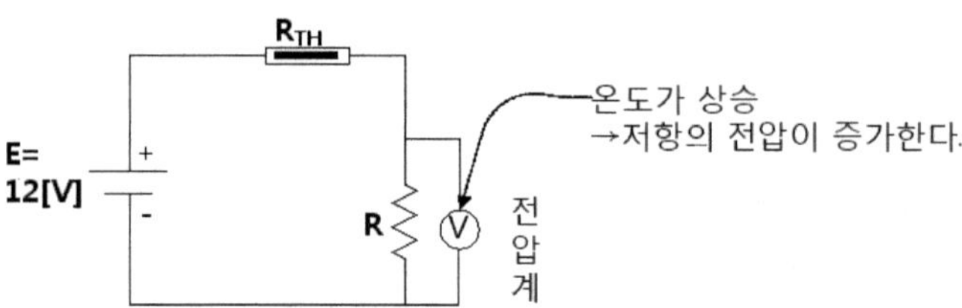

그림 2.4 써미스터 회로

이와 같이 써미스터를 사용하면 온도의 변화를 전류나 전압의 변화로 인출할 수 있다. 일반적으로 이 출력을 제어부에 입력으로 인가하여 온도를 제어를 한다.

2.3 열전대(Thermo couple)

① 써미스터는 온도의 변화에 의하여 저항값이 변화하는 것이고, 열전대는 온도에 의하여 전압을 발생하는 것이다. 그림 2.5(b) 특성에서 알 수 있는 바와 같이 온도가 상승할수록 열기전력이 발생한다.

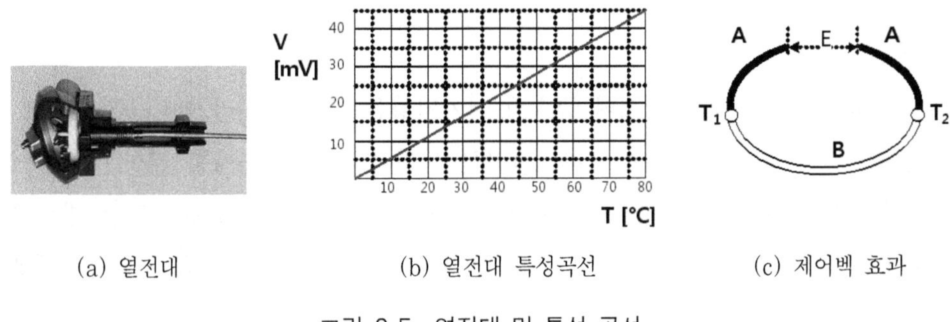

(a) 열전대 (b) 열전대 특성곡선 (c) 제어벡 효과

그림 2.5 열전대 및 특성 곡선

② 그림 2.5(c)와 같이 열전대는 재질이 다른 2종류의 도선 A, B를 접속하였을 때, 2개의 접합부 T_1과 T_2 사이에 온도차가 있으면 그 온도차에 따라서 기전력 E[V]가 발생하는 것이다. 이 현상은 발명자의 이름을 취하여 "제어벡 효과(Seebeck Effect)"라고 한다.

③ 따라서 그림 2.6과 같이 한편의 접속점(온도고정단자)의 온도를 일정하게 유지하도록 하고, 다른 쪽(온도측정단자)을 온도 검출을 하려고 하는 부분에 부착하면 이 2개의 단자 사이의 온도차에 따라서 열기전력이 발생하여 온도를 검출할 수 있다.

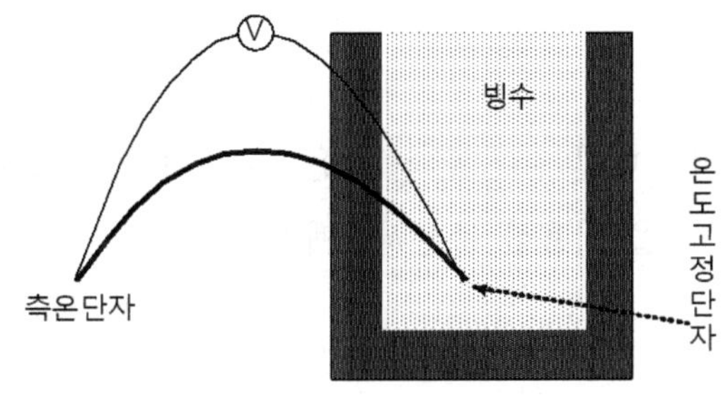

그림 2.6 온도고정방법

④ 열전대는 이와 같이 한편의 접속점을 어떠한 기준의 온도로 고정해야 하는 불편한 점이 있다. 따라서 일반적으로 써미스터를 사용하며 전기가열로와 같은 매우 높은 온도를 측정하는 경우등에 열전대가 사용된다.

2.4 측온저항체

1) 원리

금속은 고유저항값을 갖고 있으며 금속의 전기저항은 온도가 올라가면 증가하므로 이 저항을 측정함으로써 온도를 알 수 있다. 이러한 원리로 만든 온도계를 저항온도계이다. 이러한 특성을 이용하여 순도가 아주 높은 저항체을 감온부로 만들어 온도측정 대상체에 접촉시켜 온도를 감지하게 한다. 그리고 온도 크기에 따라 변한 저항값을 저항측정기로 계측하여 온도눈금으로 바꾸어 읽는 전기식 온도계이다.

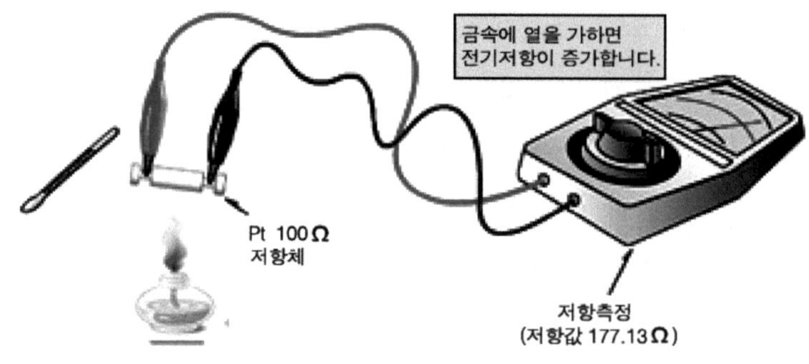

그림 2.7 측온저항체의 원리

2) 측온저항체 종류

측온저항체는 백금, 구리, 니켈 같은 금속 측온저항체와 써미스터(Thermistor), 반도체(Silicon, Germanium) 등을 이용한 측온저항체가 있다.

3) 측온저항체 종류별 사용온도

① 측온저항체의 종별

종별	기호	사용온도〔℃〕			R_{100}/R_0
		저온용	중온용	고온용	
백금 측온저항체	Pt	−200~60	0~355	0~550	1.3901
니켈 측온저항체	Ni	−50~60	0~350	-	1.6000
구리 측온저항체	Cu	-	0~120	-	1.4250

② 공칭항값에 의한 분류

공칭저항값이란 0〔℃〕에서의 저항값을 말한다.

㉮ 100〔Ω〕: 0〔℃〕에서 저항이 100〔Ω〕인 저항체(가장 많이 사용)

㉯ 50〔Ω〕: 0〔℃〕에서 저항이 50〔Ω〕인 저항체

㉰ 25〔Ω〕: 0〔℃〕에서 저항이 25〔Ω〕인 저항체

☞ 백금선의 표준 온도계수는 $\alpha=0.00385$〔Ω〕/〔℃〕이다. 이 의미는 온도가 1〔℃〕 변화되면 저항값은 0.00385〔Ω〕이 변화한다는 것이다.

3 광센서

3.1 빛의 성질

1) 직진

① 빛은 공기중이나 수중을 통과하는 경우 항상 똑바로 통과

② 투과형센서에 외장 슬릿을 사용하여 미세 물체를 검출한다.

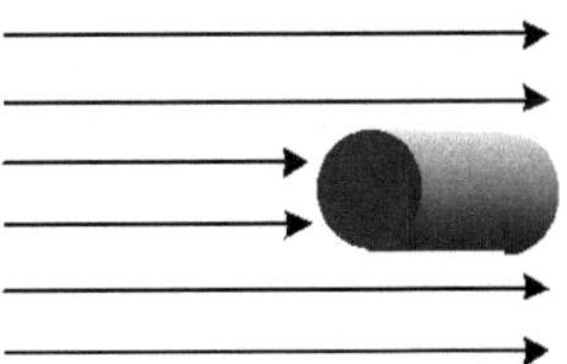

2) 굴절

빛이 굴절율이 다른 경계면에 입사했을 때, 그 경계면을 통과 후 진행 방향이 바뀌는 형상을 말한다.

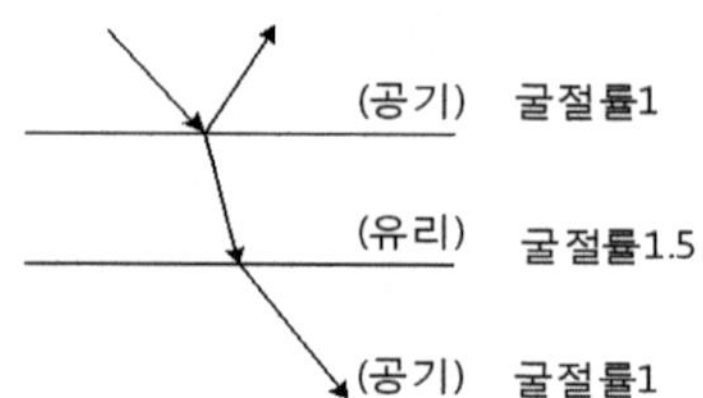

3) 반사(경반사, 회귀 반사, 확산 반사)

① 정반사 : 거울이나 유리와 같은 평면상에서 빛은 입사각과 동일한 각도로 반사

② 회귀반사

㉮ 3개의 평면을 서로 직교하듯이 조합한 형상을 코너큐브라 한다.

㉯ 코너큐브를 향해서 투광하면 정반사를 반복하여, 최종적인 반사광은 투광과 마주 보는 방향으로 진행.

㉰ 많은 회귀 반사판은 수 〔mm〕각의 코너큐브를 규칙적으로 배열한 구성이 된다.

③ 확산반사 : 백지 등 광택성이 없는 표면상에서는 빛이 다양한 방향으로 반사.

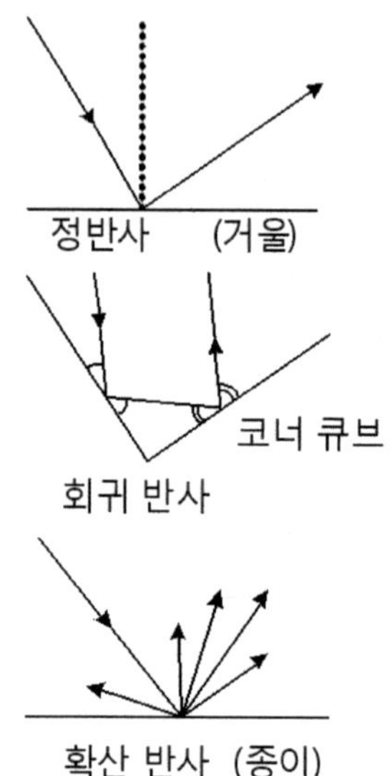

3.2 광센서의 종류

우리들은 항상 눈으로 보거나 귀로 듣거나 또는 손으로 접촉하는 것에 의해서 물체의 유무를 알 수 있다. 즉, 시각이나 청각, 촉각이 인간의 경우 센서(검출기)에 해당하는 것이다. 광센서는 이 인간의 눈에 해당하는 것으로 대표적인 것은 CdS와 포토다이오드와 포토트랜지스터 등이 있다.

그림 3.1 여러 가지 광센서

1) CdS(황화 카드뮴)

① CdS도 써미스터와 같이 저항의 일종이나, 써미스터는 온도에 의해서 저항값이 변화하는 것에 대하여 CdS는 빛의 세기에 의해서 저항값이 변화하는 점이 다르다.

㉮ CdS에 빛이 강하게 조사된다. → 저항값은 감소한다.

㉯ CdS에 빛이 약하게 조사된다. → 저항값은 증가된다.

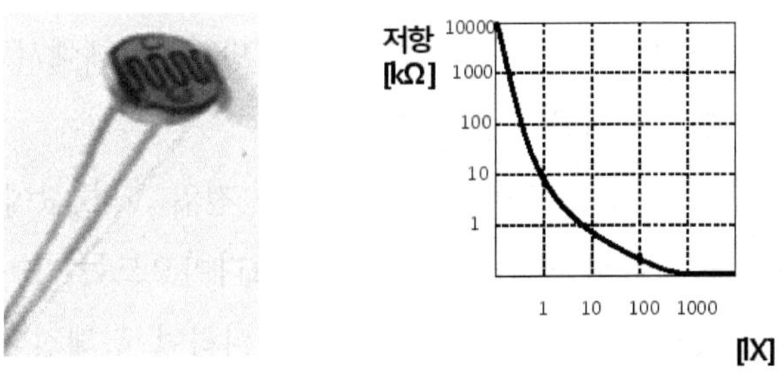

그림 3.2 CdS 및 특성 곡선

② 써미스터와 동일하게 CdS를 사용하여 그림 3.3(a) 또는 (b)와 같은 회로를 구성하면 빛의 세기를 전류나 전압의 값으로 인출할 수 있다. 이 CdS는 다른 광센서에 비하여 감도가 매우 높아, 전자 카메라와 가로등, 자동스위치 등에 널리 이용되고 있다.

③ 그러나 CdS의 결점은 응답 속도가 느리다는 것이다. CdS에 가하고 있는 빛이 변화하여도 CdS의 저항값은 바로 추종하여 변화할 수 없고 어느 정도의 시간 지연이 발생한다.

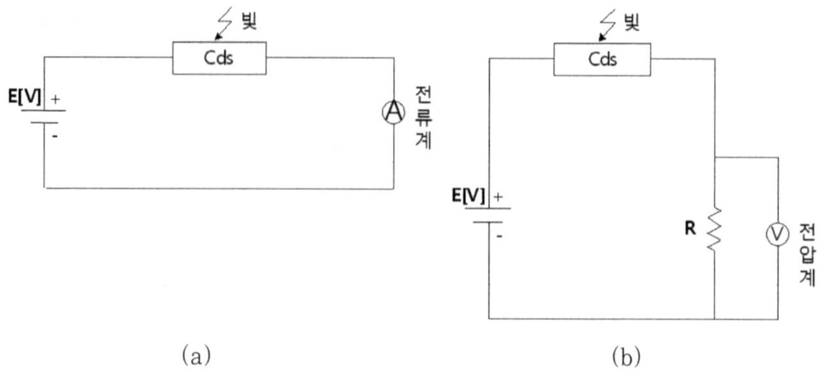

(a)　　　　　　　　　　　　(b)

그림 3.3 CdS 기본회로

2) 포토다이오드(Photo diode)

① 포토다이오드는 CdS와 같이 빛의 검출기로서 매우 많이 사용되고 있는 것으로 그 이름과 같이 다이오드의 일종이다.

② 포토다이오드를 동작시키기 위하여 그림 3.4와 같이 다이오드에 보통 가하는 전압과는 반대로 전류가 흐르지 않는 방향, 즉 역방향 전압을 가하여 사용한다. 이와 같이 역방향전압을 가하면 본래의 전류가 흐르지 않지만 이 상태에서 포토다이오드에 빛이 닿으면 그 세기에 따라서 전류가 흐르게 된다.

③ 이 때에 흐르는 전류의 값은 다이오드에 가하는 전압 V의 값에는 별로 영향이 없고 조사된 빛의 세기에 따라서 변화한다. 즉, 포토다이오드는 수 볼트의 역방향전압을 인가하면 전류의 값은 대체적으로 빛의 세기에 의하여 정해진다. 이러한 것으로부터 포토다이오드는 "빛의 세기를 전류로 변환하는 소자"라고 한다.

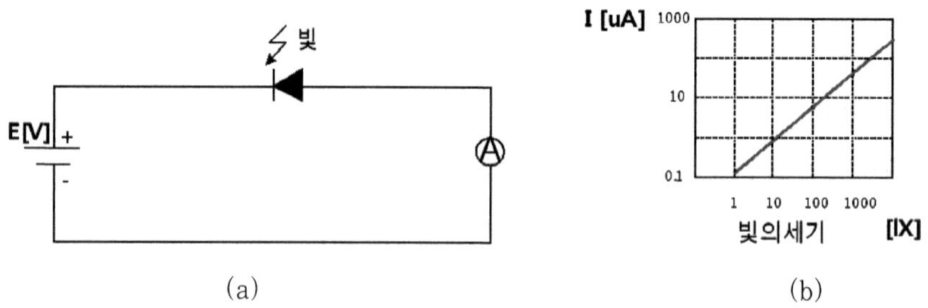

(a)　　　　　　　　　　　　(b)

그림 3.4 포토다이오드 및 특성 곡선

④ 또한 포토다이오드도 CdS와 동일하게 빛의 세기를 전압으로 인출할 수도 있다. 즉, 그림 3.4(a)와 같이 포토다이오드로부터의 전류를 저항에 흐르게 하면 저항의 양단에서 빛의 세기에 따라서 V=I×R에 해당하는 전압이 얻어진다.

⑤ CdS는 감도는 민감하였으나 응답속도가 느려 지연되는 결점이 있었다. 이것에 대하여 포토다이오드는 지연 시간이 수 〔μS〕 이하라는 매우 빠른 응답성을 가지고 있다. 그 반면에 빛의 세기에 대한 출력(전류의 변화)은 매우 적고, 따라서 감도가 좋다고 말할 수 없는 것이다.

3) 포토트랜지스터(Photo transistor)

① 그림 3.5(a)와 같이 포토다이오드를 하나의 트랜지스터로 증폭시킨 것을 "포토트랜지스터(Photo transistor)"라고 하며, 그림 3.5(b)와 같이 2개의 트랜지스터를 결합하여 증폭한 것을 "달링톤 포토트랜지스터"라고 한다.

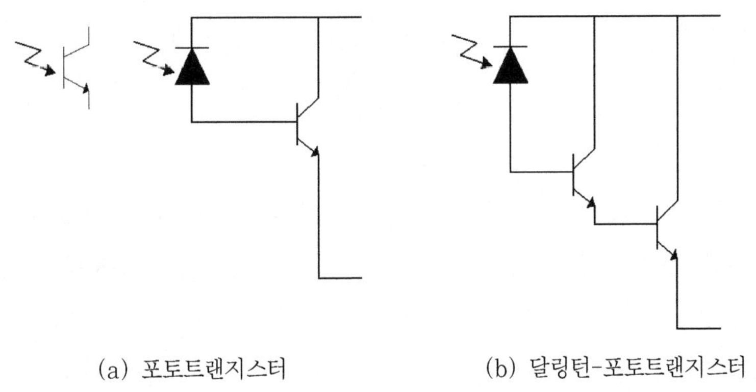

(a) 포토트랜지스터　　(b) 달링턴-포토트랜지스터

그림 3.5 포토트랜지스터

② CdS나 포토다이오드 등은 기본적으로는 빛의 검출기이지만 이러한 것을 잘 이용하여 물체의 유무나 위치의 검출에 이용할 수 있다.

③ 예를 들면 광원과 포토트랜지스터를 그림 3.6과 같이 서로 바라보게 두면 그 사이를 물체가 통과할 때, 광원으로부터의 빛을 차단하기 때문에 포토트랜지스터의 출력이 변화함으로 물체의 위치를 검출할 수가 있는 것이다.

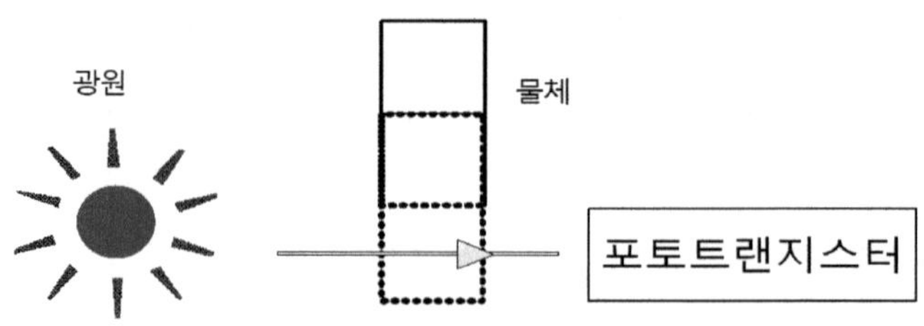

그림 3.6 포토트랜지스터를 이용한 물체의 위치 검출

3.3 자동화용 광전센서

광전센서는 빛의 다양한 성질을 이용해서 물체의 유무나 표면상태의 변화 등을 검출하는 센서이다. 광전센서는 주로 빛을 내는 투광부와 빛을 받는 수광부로 구성되어 있다. 투광된 빛이 검출전압에 의해 차단되거나 반사하거나 하여 수광부에 도달하는 양이 변화한다. 수광부는 이 변화를 검출하여 전기신호로 변환하여 출력한다. 사용되는 빛으로는 가시광(주로 적색, 색판별용으로 녹색, 청색)과 적외광이 대부분이다.

1) 특징

① 검출거리가 예를 들어 투광형은 10〔m〕 이상의 검출거리를 잡을 수 있으며 다른 검출센서(자기, 초음파 등)으로는 불가능한 장거리 검출이 가능하다.

② 검출전압에 대해 제약이 적다.
검출전압에 따라 차광이나 반사를 검출원리로 하고 있으므로 근접센서와 같이 검출전압이 금속으로 한정되는 것과는 달리, 유리, 플라스틱, 목재, 액체 등 대부분의 물체를 검출할 수 있다.

③ 응답시간이 짧다.
빛 그 자체가 고속이며, 또한 센서의 회로가 전부 전자부품으로 구성되어 있기 때문에 기계적인 동작시간을 포함하지 않아 응답시간은 매우 짧아진다.

④ 분해능이 높다.
고도의 설계기술에 의해 투광빔을 작은 스폿으로 하거나 특수한 수광 광학계를 구성하여 높은 분해능을 실현할 수 있다. 그 결과 미소 물체의 검출이나 고정밀도의 위치

검출이 가능해진다.

⑤ 비접촉으로 검출이 가능

검출전압에 기계적으로 접촉하지 않고 검출할 수 있으므로 검출전압도 센서도 상하지 않다. 따라서 센서를 오래 사용할 수 있다.

⑥ 색의 판별이 가능

검출전압에 따른 빛의 반사율이나 흡수율은 투광된 빛의 파장과 검출전압의 색 조합에 따라 다르다. 이 성질을 이용하여 검출전압의 색을 검출할 수 있다.

⑦ 간단한 조정

가시광을 투광하는 타입에서는 투광 빔이 눈에 보이기 때문에 검출전압에 대한 위치 조정이 쉽다.

2) 검출방식에 따른 분류

① 투과형 광전센서

㉮ 검출방식

- 투광기에서 빛이 수광기로 들어가도록 투광기와 수광기를 마주보게 설치한다.
- 검출전압이 투광기와 수광기의 사이에 들어와서 빛을 차단하면 수광기에 들어가는 빛의 양이 감소하고 이 감소량을 포착하여 검출한다.

㉯ 특징

- 동작의 안정도가 높고 검출거리가 길다.(수 〔cm〕~수 십 〔m〕)
- 검출물체의 통과 경로가 변화해도 검출 위치는 변하지 않는다.
- 검출물체의 광택, 색, 기울기 등의 영향이 적다.

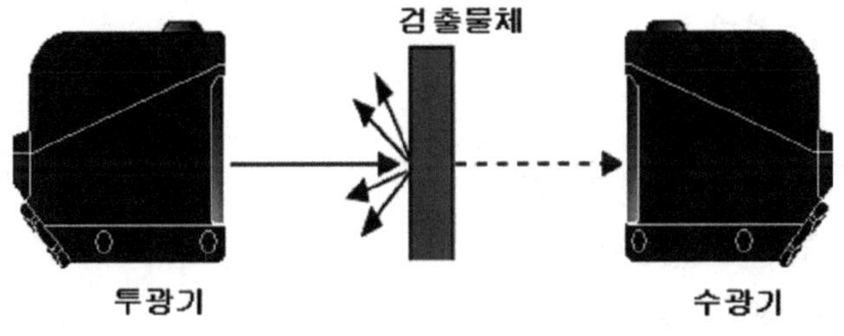

그림 3.7 투과형 광센서

② 확산반사형 광전센서

㉮ 검출방식

- 투수광기 일체형으로 통상 수광부로 빛은 돌아가지 않다.
- 투광부에서 나온 빛이 검출전압에 닿으면 검출전압에서 반사된 빛이 수광부에 들어가 수광량이 증가하며, 그 증가량을 포착하여 검출한다.

㉯ 특징

- 검출거리는 수 〔cm〕~수 〔m〕
- 간단한 설치 조정
- 검출전압의 표면상태에 따라서 빛의 반사광량이 변하여 검출안정성이 변한다.

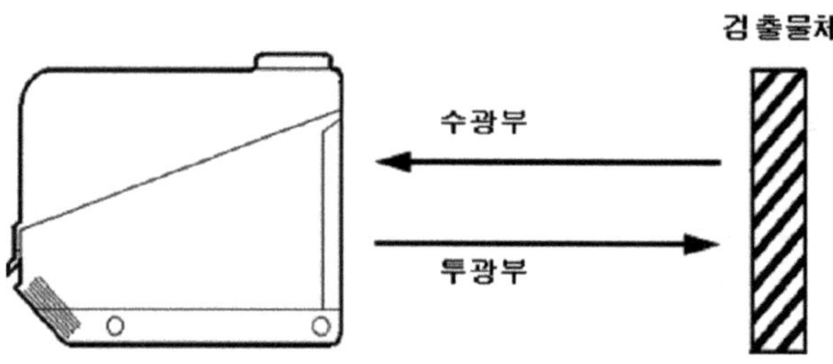

그림 3.8 확산 반사형 광센서

③ 회귀반사형 광전센서

㉮ 검출방식

- 투수광기 일체형에서, 통상 투광부에서 나온 빛은 마주보게 설치된 반사판에 반사되여 수광부에 돌아온다.
- 검출전압이 빛을 차단하면 수광부에 들어가는 빛의 양이 감소하며 이 감소를 포착하여 검출한다.

㉯ 특징

- 검출거리는 수 〔cm〕~수 〔m〕
- 배선, 광축 조정이 쉽다.
- 검출전압의 색, 기울기 등의 영향이 적다.
- 빛이 검출전압을 2회 통과하기 때문에 투명체의 검출에 적합.

- 검출전압의 표면이 거울면체인 경우, 표면반사광의 수광에 의해 검출전압이 없는 상태과 같아져 검출할 수 없는 경우가 있다.

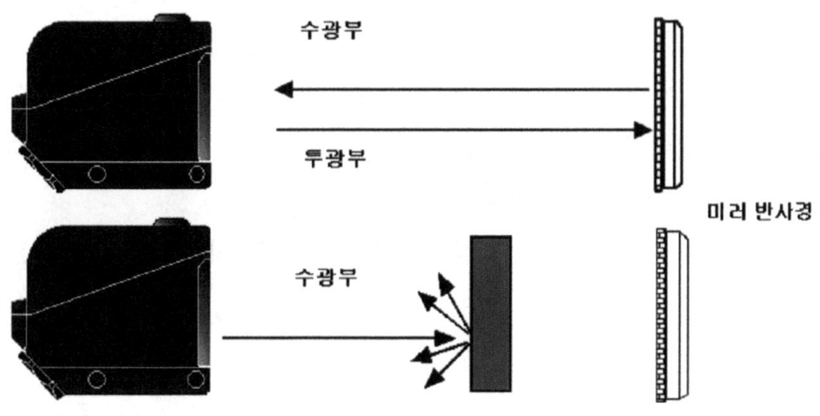

그림 3.9 회귀반사형 광센서

4 근접센서

4.1 근접센서란?

① 근접센서란 검출 대상에 접촉하지 않고 검출하는 것을 목적으로 하는 센서의 총칭이다. 검출 대상의 이동정보나 존재 정보를 전기적 신호로 전환한다. 전기적 신호로 전환하기 위한 검출방식으로는 전자유도에 의해 검출대상이 되는 금속체에 발생하는 와전류를 이용하는 방식, 검출체의 접근으로 전기적 용량의 변화를 이용하는 방식, 자석이나 리드스위치를 이용하는 방식이 있다.

② 특징

㉮ 비접촉으로 검출할 수 있으므로, 검출 대상물의 마찰이나 손상이 없다.

㉯ 리밋스위치 등은 물체와 접촉시켜 검출하는데, 근접센서는 물체의 존재를 전기적으로 검출하므로 접촉시킬 필요가 없다.

㉰ 무접점 출력방식이므로 수명이 길어진다.

반도체 출력을 채용하여 접점의 수명에 영향을 주지 않는다.

㉱ 광검출 방식과 달리 물이나 기름 등의 환경에서의 사용에 적합하다. 검출대상의 오염이나 기름, 물 등에 따른 영향을 거의 받지 않고 검출한다. 또한 불소수지 케이스 타입도 있으므로 내약품성이 뛰어난 제품도 있다.

㉲ 접촉식 스위치에 비해 고속반응이 가능하다.

㉳ 넓은 온도범위에서 대응 가능하며, −40[℃]에서도 사용할 수 있는 제품이나 +200[℃] 환경하에서 사용할 수 있는 센서가 있다.

㉴ 검출 대상의 물성에 따른 변화를 검출하므로, 표면의 색 등의 영향을 거의 받지 않다.

4.2 유도형 근접센서의 검출 원리

① 외부 자계의 영향으로 도체 표면에 발생하는 와전류에 따른 자기손실을 검출한다. 검출코일에 교류자계를 발생시켜 검출체가 되는 금속체에 발생한 와전류에 따른 임피던스의 변화를 검출하는 방식이다. 일반적으로 금속 등의 도체를 검출한다.

② 또한 별도의 방식으로, 주파수의 위상분석을 검출하는 알루미늄 검출센서나 작동 코일에 의해 임피던스 변화성분만을 검출하는 금속만을 검출하는 센서가 있다.

③ 검출체 쪽과 센서 쪽에서 외관상 트랜스와 같은 상태가 된다. 검출체측에서 직렬로 삽입한 유도성 리액턴스의 변화를 가지고 검출대상의 유·무를 감지할 수 있다.

④ 검출대상의 물체는 철, 알루미늄, 아연 등의 금속 및 비철금속 등이 있다.

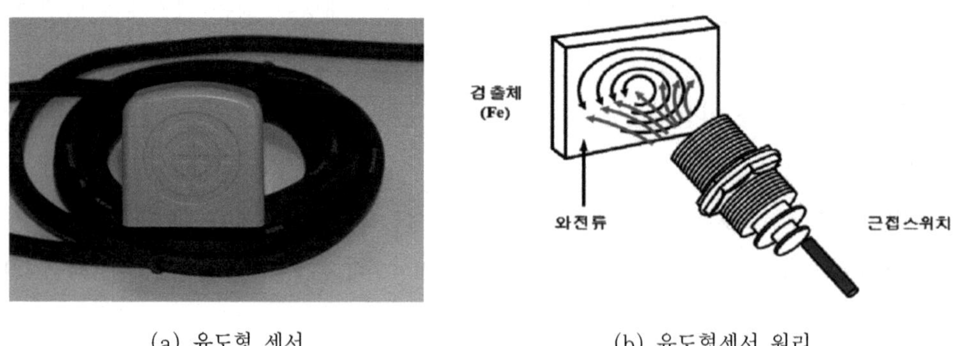

(a) 유도형 센서　　(b) 유도형센서 원리

그림 4.1 유도형 근접센서

☞ **와전류(맴돌이 전류)**

맴돌이 전류란 도체의 내부에서 국부적으로 소용돌이 모양으로 닫힌 통로를 흐르는 전류로서, 시간에 따라 변하는 자속이 철판을 투과하면 철판위에 유도전류가 발생하는데 이 때 발생한 전류를 "맴돌이 전류(와전류)"라고 한다.

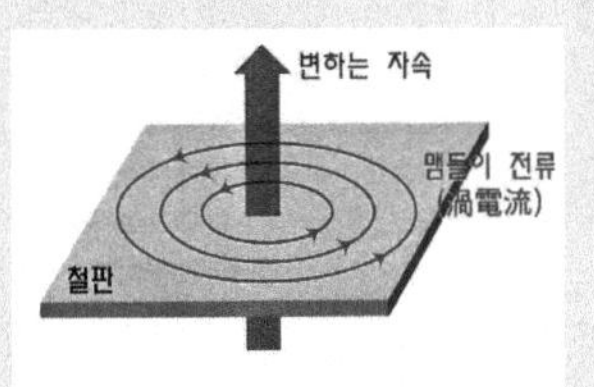

4.3 정전용량형 근접센서

① 검출체와 센서 사이에서 발생하는 정전용량의 변화를 검출하다.

② 용량분은 검출체의 크기나 거리에 따라 변화한다. 일반적인 정전용량형 근접센서의 경우, 콘덴서와 같이 평행하게 배치된 2장의 평행판 사이에서 정전용량을 검출하는 센서이다.

③ 평판은 각각 한쪽을 피측정물(가상으로 접지되어 있는 상태), 다른 한쪽이 센서 검출면이다. 이 두 극판에서 형성된 정전용량의 변화를 검출하는 것이다. 그 원리를 보면 그림 4.2(b)와 같이 극판에 (+)전압을 인가하면 극판면에는 (+)전하가 대지 쪽에는 (−)전하가 발생하면서 극판과 대지사이에 전계가 발생한다. 물체가 극판 쪽으로 접근 하면 정전유도 현상에 의하여 물체가 극판에서 멀어지면 분극현상이 약해져서 정전용량이 적어지고, 반대로 극판 쪽으로 접근하면 분극현상이 커져 극판면의 (+)전하가 증가하여 정전용량이 커지는데 이 변화량을 검출하여 물체의 유무를 판별합니다.

④ 검출 가능물체는 검출대상의 유전율에 따라 변화하지만, 금속뿐만 아니라 플라스틱, 수지, 우유팩, 물 등이 검출대상이다.

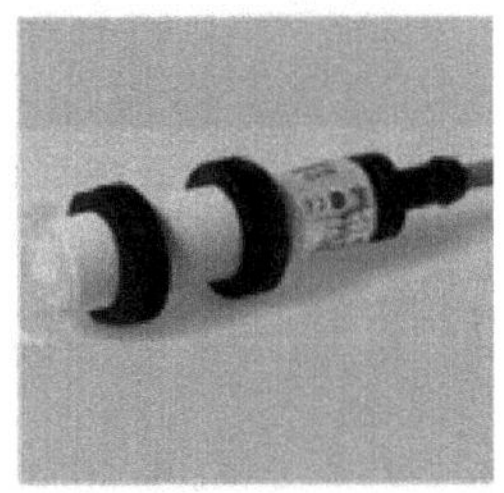

(a) 정전용량형 센서

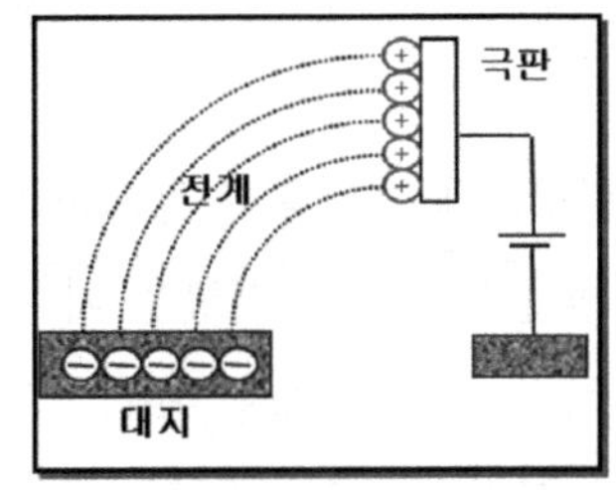

(b) 정전용량형 센서원리

그림 4.2 정전용량형 근접센서

실험실습

1. 실험기기 및 부품
   1) 브레드보드
   2) 저항
   ① 10〔kΩ〕
   3) 센서
   ① 써미스터 ② CDS

2. 써미스터의 양 단자에 테스터를 연결하여 다음의 경우에 대하여 저항값을 측정하라.
   ① 실온의 저항값(써미스터를 실온에 두었을 때) _____〔kΩ〕, _____〔℃〕
   ② 체온의 저항값(써미스터를 손으로 잡았을 때) _____〔kΩ〕, _____〔℃〕

3. 온도변화를 전압으로 인출하기 위하여 그림 2.4와 같이 회로를 구성하라.
   (여기서 R=10〔kΩ〕, V=5〔V〕)
   먼저 실험 1에서 측정한 실온상태와 체온을 감지하여 출력전압 V를 계산하고, 테스터를 사용하여 출력전압 V를 측정한 다음 계산치와 비교하라.

   계산치 측정치
   (1) 실온일 때 : _____〔V〕, _____〔V〕
   (2) 체온일 때 : _____〔V〕, _____〔V〕

4. CdS의 저항값을 테스터를 사용하여 다음의 경우에 대하여 측정하라.
   ① 손으로 빛을 완전히 차단했을 때 : _____〔kΩ〕
   ② 손으로 10〔㎝〕 이격 그림자에 위치했을 때 : _____〔kΩ〕
   ③ 창문가의 햇볕에 위치했을 때 : _____〔kΩ〕

• 요점정리 •

1. "센서"란 온도, 광, 압력, 습도 등의 물리량이나 화학량을 감지하여 전기신호로 바꾸어 주는 전기・전자소자이다.

2. "써미스터"는 온도에 의하여 저항값이 변화되는 가변저항과 같은 역할을 하는 소자이며, 크게 PTC형과 NTC형으로 나누어지고, PTC형은 온도가 상승하면 저항값이 증가하고, NTC형은 온도가 상승하면 저항값은 감소, 온도가 떨어지면 반대로 저항값은 증가한다.

3. "열전대"는 제어백효과를 이용하여 온도를 측정하며, 두 종류의 금속으로 접합하여 만든 온도센서이다.

4. "측온저항체"는 금속선에 온도를 가하면 전기저항이 증가하는 특성을 이용하여, 저항값의 변화에 의하여 온도를 측정한다..

5. "CdS(황화 카드뮴)"는 빛의 세기에 의해서 저항값이 변화하는 센서로, 센서주위가 밝으면 센서 저항값은 감소하고, 어두우면 센서 저항값은 증가한다.

6. "포토다이오드"는 빛의 세기에 따라서 애노드와 캐소드 사이의 저항값을 변화시켜 전류로 변환하는 소자이다.

7. "포토트랜지스터(Photo transistor)"는 포토다이오드와 트랜지스터를 결합한 소자로서 빛의 밝기에 따라서 컬렉터와 이미터사이의 저항값을 변화시켜 빛을 전류로 변환하는 소자이다.

8. 자동화용 광센서는 투과형, 직접반사형, 회귀반사형이 있다.

9. "근접센서"란 검출 대상에 접촉하지 않고 물체의 유무를 검출하는 센서이다.

연습문제

1. 아래의 내용이 설명하는 원리는 무엇인가?

   서로 다른 두 금속으로 폐회로를 구성하고, 양접합부에 온도차를 주었을 때 양접합부에는 접촉 전위차 불평형이 발생하면서 저온측 접합점으로부터 고온측으로 열전류가 이동하게 되는 것이다.

2. 다음 (1)~(6)의 센서는 각각 무엇을 검출하기 위한 것인가를 (가)~(다) 중에서 선택하여라.

   ① 써미스터 (가) 온도센서
   ② 포토다이오드 (나) 광센서(빛의 검출)
   ④ CdS
   ⑥ 열전대 (다) 위치센서

3. 다음의 문장은 각각 어떤 센서에 대하여 설명한 것인가를 답하여라.

   ① 온도의 검출에 사용하며 소형으로 가격이 염가이고, 일반적으로 120〔℃〕 정도 이하인 곳에서 널리 사용되고 있다.
   ② 빛의 검출에 사용되며 감도는 아주 좋으나 응답속도가 느리다.
   ③ 물체의 위치 검출에 사용되며 매우 고정밀도로 전자 마이크로미터 등에 응용되고 있다.

4. 빛의 세기를 전류로 변환하는 소자는 무엇인가?

5. 온도가 올라가면 금속의 전기저항이 증가하는 성질을 이용한 센서는 무엇인가?

제 10 장

전동기 및 컨버터 회로

학습목표

1) 직류전동기와 3상유도전동기에 대하여 이해한다.
2) DC-DC Converter의 원리에 대하여 이해한다.

제 10 장

전동기 및 컨버터 회로

1 직류전동기(DC모터)

1.1 직류전동기 원리 및 구조

1) 직류전동기의 구조

직류전동기의 구성은 크게 계자(Stator)와 전기자(armature)로 구성된다.

① "계자"란 전동기의 내부에 일정한 자기장을 발생하는 부분으로 영구자석 또는 전자석이 사용된다.

② "전기자"는 실제 전동기가 회전하는 부분으로 외부에서 전류를 입력 받아서 토크를 발생하는 부분이다. 전기자권선을 슬롯(권선을 감는 홈)에 감는다.

그림 1.1 직류전동기의 계자구조

이수가 많을수록 토크가 맥동이 작고, 회전의 불규칙한 변동도 적어 원활하게 회전한다. 이 때문에 저속회전에서 토크 변동, 회전변동이 작은 전동기가 필요한 경우 슬롯수가 많은 전동기가 사용된다.

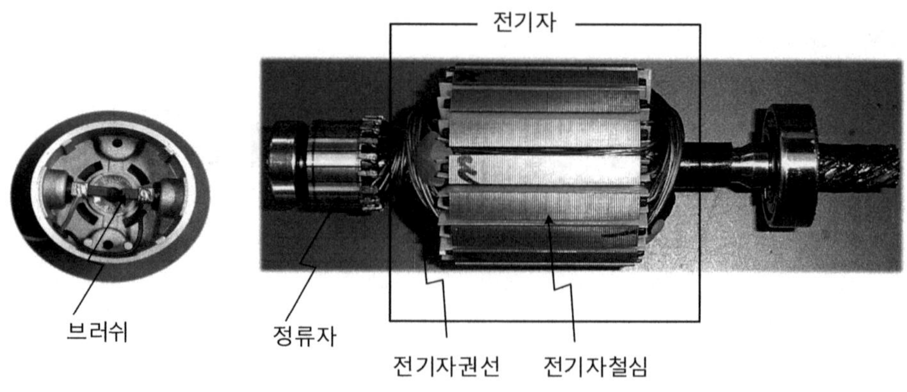

그림 1.2 직류 전동기의 구조 - 전기자와 정류자, 브러쉬

③ 전기자는 연속적으로 회전하여야 하므로 정류자(commutator)가 설치된다. 정류자의 역할은 브러시를 거쳐 공급되는 전류를 차례차례 전환하여 전기자가 어느 위치에 있어도 일정한 방향으로 회전하도록 한다.

☞ **토크(Torque)란**

"회전력"이라고도 하며, 물체를 회전운동을 하려고 할 때에 필요로 하는 힘을 토크라 한다.

2) 직류전동기 회전원리

① 자계 내에서 자유롭게 회전할 수 있는 도체(전기자)를 설치하고 외부에서 직류전원을 공급받기 위하여 정류자와 브러쉬를 부착한 다음 전류를 공급하면 플레밍의 왼손법칙에 따라서 도체가 힘을 받는다.

② 그림 1.3(a)와 같이 플레밍의 왼손법칙에 따라서 N극에 가까이 있는 도체 ⓐ는 위쪽 방향으로 힘을 받고, S극 가까이 있는 도체 ⓑ는 아래쪽 방향으로 힘을 받아서 시계 방향으로 회전하게 되며, 발생하는 회전력은 자계의 세기와 도체를 흐르는 전류의 곱에 비례한다.

③ 그림 1.3(d)와 같이 도체가 회전을 하여 위치가 바뀐 경우를 고려하면 도체 ⓐ와 도체 ⓑ의 위치가 반대로 되기 때문에 회전방향이 역회전 위치로 되어 전동기로 사용할 수 없다. 이를 방지하기 위하여 전류공급이 항상 자계에 대하여 일정한 방향으로 흐

르도록 직류전류를 공급하여 회전방향이 변화하지 않고 한쪽 방향으로만 회전하도록 하고 있다.

③ 정류자는 전기자권선과 결합되어 있는 기계적인 장치이며, 위치에 관계없이 동일한 방향으로 전기자전류가 항상 흐르도록 한다. 즉, 전기자를 계속해서 회전시키기 위해서는 전기자가 180° 회전할 때마다 공급되는 직류전류의 방향을 전환시켜 동일 방향의 토크를 계속 얻도록 역할을 하는 것이 정류자와 브러쉬이다.

④ 공급되는 직류가 브러쉬를 거쳐 전기자권선으로 흐르고 고정된 브러쉬에 정류자가 접촉하면서 회전하기 때문에 브러쉬와 정류자의 마모 및 오염이 발생하고, 분진과 소음이 발생하게 된다.

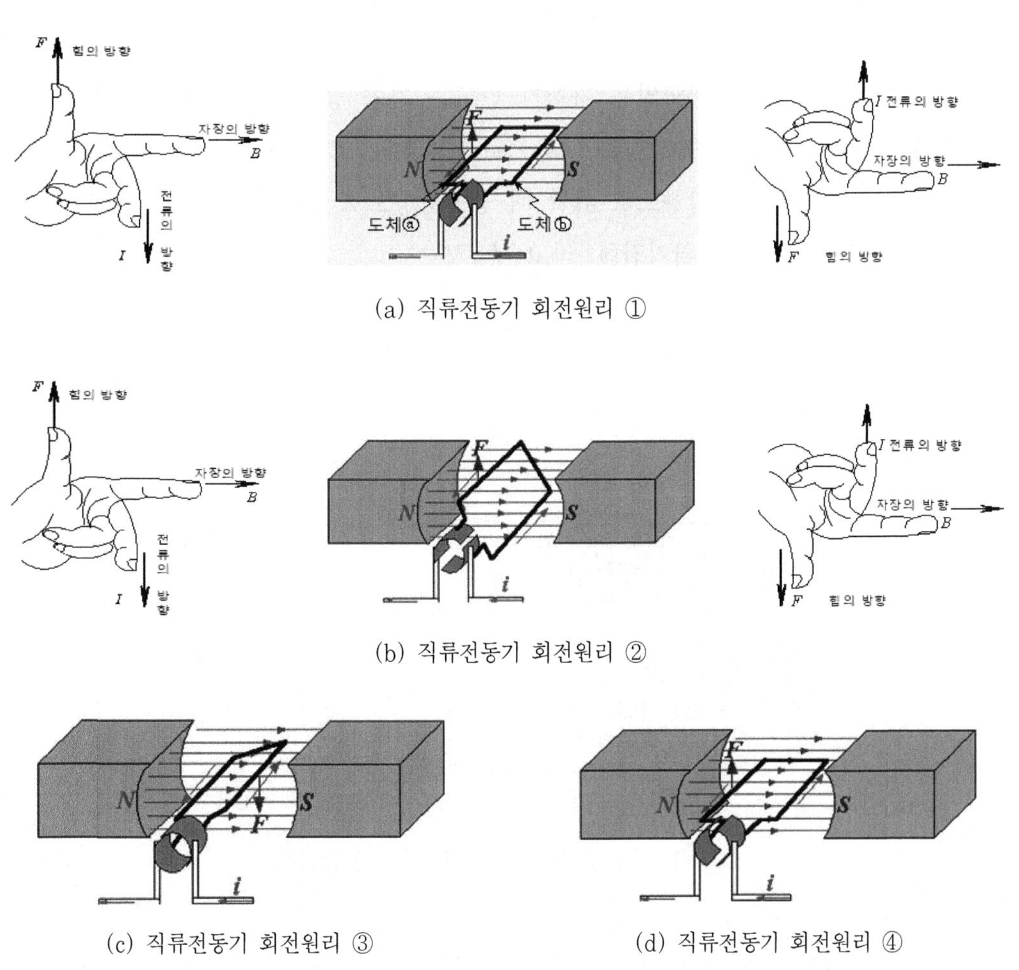

(a) 직류전동기 회전원리 ①

(b) 직류전동기 회전원리 ②

(c) 직류전동기 회전원리 ③

(d) 직류전동기 회전원리 ④

그림 1.3 직류전동기의 회전원리

1.2 직류전동기 기본식

① 직류전동기는 2개의 코일(계자권선, 전기자권선)이 철심에 감겨 있는 형태이다. 각각의 코일을 전기적으로 표현하여서 직류전동기의 역기전력과 토크식을 알아보자. 정지하고 있는 계자코일, 전기자코일의 전기적인 등가회로는 도체 저항 R과 인덕턴스 L로 등가회로를 나타낼 수 있다.

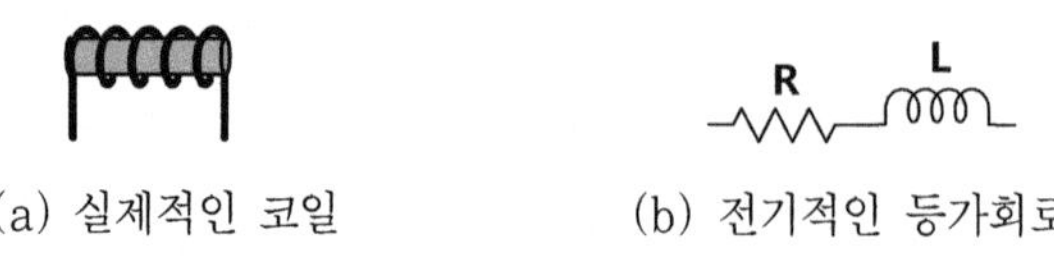

(a) 실제적인 코일　　　　(b) 전기적인 등가회로

그림 1.4 계자코일, 전기자코일의 등가회로

② 그림 1.5와 같이 전기자코일은 자계가 만드는 자속 중에 이동하기 때문에 플레밍의 오른손법칙에 의하여 자속방향과 직각으로 이동하는 코일에는 오른손의 엄지손가락을 이동방향, 인지를 자속방향으로 취할 때 중지방향으로 전류를 흐르게 하여서, 발생한 전압을 "E(속도기전력＝역기전력)"라고 부르면

$$E = k \times 자속 \times 속도 \ (k : 상수)$$

로 정의할 수 있다.

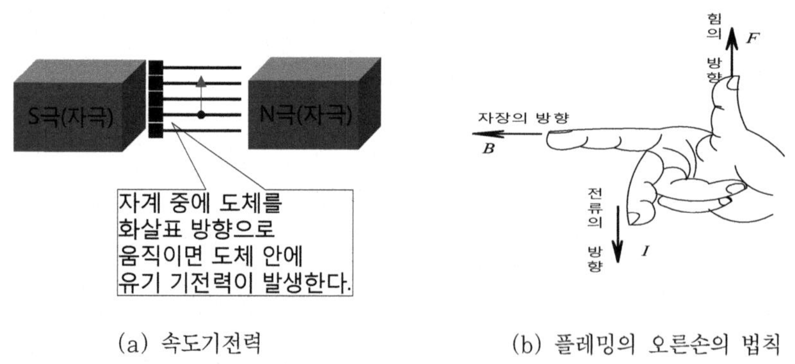

(a) 속도기전력　　　　(b) 플레밍의 오른손의 법칙

그림 1.5 속도기전력과 플레밍의 오른손법칙

여기서 자속의 크기는 계자전류(I_f)의 세기에 비례하고 전동기의 회전속도를 "N(rpm/ min)"이라고 하면

$$E = k \times I_f \times N$$

으로 정의할 수 있다.

③ 한편 토크(T)에 대해서는 플레밍의 왼손법칙에 따르고, 전자력은 자속밀도와 도체 전류(I_a)의 곱에 비례하고 또한 자속밀도는 계자전류(I_f)에 비례하므로, 결국

$$T = k_t \times I_f \times I_a$$

라고 할 수 있다.

④ 속도기전력에 의한 전류는 직류전원으로부터 흐르는 전류에 반대되는 방향으로 발생한다. 따라서 "반대"된다는 의미에서 이 속도기전력을 "역기전력"이라고 한다. 즉, 전동기의 공급전압 V_s와 반대되는 극성으로 발생한다.

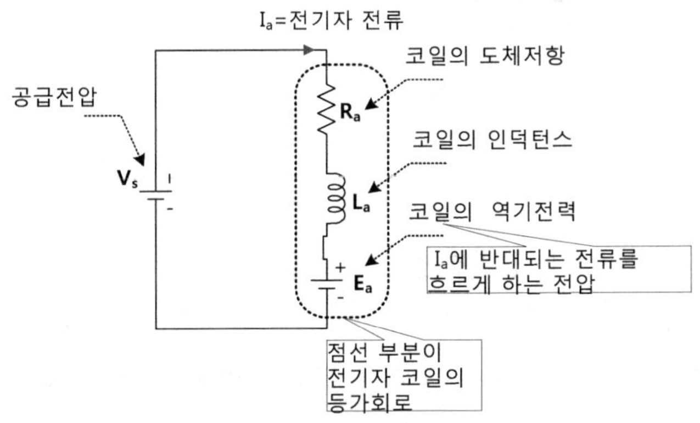

그림 1.6 전기자 코일의 등가회로

1.3 직류전동기 종류

직류전동기는 전기자코일과 계자코일의 연결 방법에 따라서 직권식, 분권식, 복권식 등이 있다.

1) 직권전동기

① 계자권선이 전기자권선과 직렬로 접속되어 있는 방식으로 부하전류에 따라 계자전류가 변하여 회전속도가 부하량에 반비례하게 되고 토크는 전류의 제곱에 비례하게 되

어 빈번한 운전과 큰 기동토크를 필요로 하는 전차의 구동 및 하역기계 등의 부하에 적용한다.

② 변속도 특성 때문에 제어용으로는 부적합하고, 자동차의 시동전동기, 크레인, 전동차 등에 사용된다.

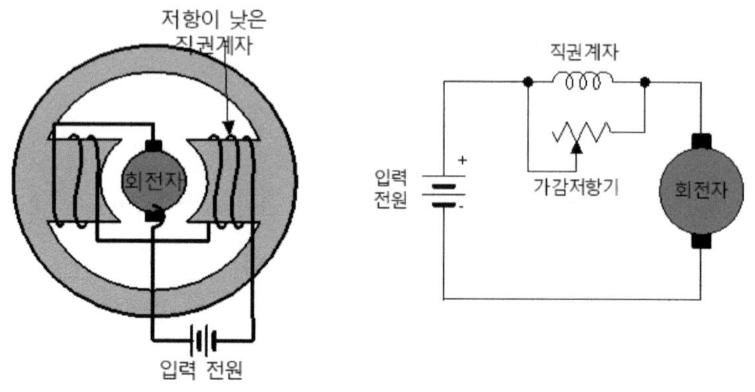

그림 1.7 직권전동기

2) 분권전동기

① 계자권선이 전기자권선과 동일전원에 대하여 병렬로 접속되어 있는 방식으로 부하가 변하여도 계자전류는 일정하므로 정속도 특성을 갖는 전동기이다. 주로 계자전류를 변경하여 속도를 제어하며 송풍기, 펌프 등의 산업용에 이용된다.

② 컨베이어 벨트, blower, 공작기계 등에 사용된다.

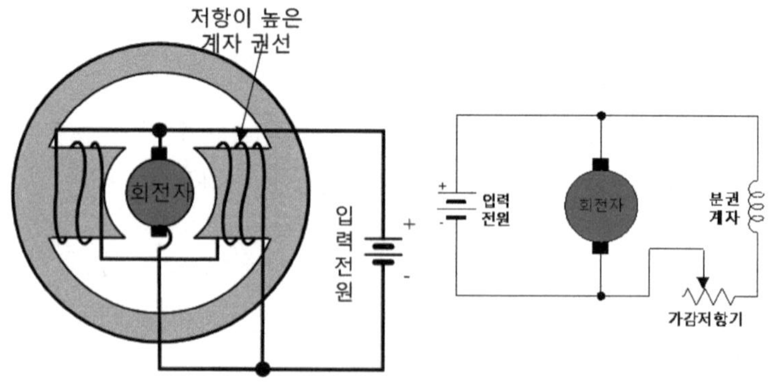

그림 1.8 분권전동기

1.4 전동기와 반도체의 접속방법

대표적으로 전동기와 전력용반도체를 연결하는 방법에 대하여 알아보자.

① 그림 1.9(a)와 같은 방법은 전동기를 트랜지스터의 이미터측에 접속하고, 입력전압 E로 구동하는 방법(정전압 구동법)이다. 이 회로의 특징은 전압이득이 1이고, 입력임피던스가 높고, 출력임피던스가 낮으므로 전동기를 제어하는데 많이 사용되지 않는다.

② 그림 1.9(b)와 같은 방법은 부하를 트랜지스터의 컬렉터측에 접속하고, 컬렉터전류를 일정하게 하면서 구동하는 방법(정전류 구동법)이다.

③ 그림 1.9(c)와 같은 방법은 MOSFET를 사용한 구동방법이다. FET는 전압제어소자이므로 이것을 이용하며 전동기의 제어회로를 구성하는 경우, 일반적인 트랜지스터에서는 볼 수 없는 우수한 제어특성을 가지고 있다.

④ 그림 1.9(d)와 같은 방법은 사이리스터(SCR)를 사용한 구동법의 예를 나타낸 것이다. 사이리스터는, 반파의 교류전압에 의한 위상제어법에 사용하는 소자로, 이 소자를 사용하는 회로는 비교적 대전력에 적합하다.

⑤ 그림 1.9(e)와 같은 방법은 트라이액(양방향성 다이리스터)를 사용한 구동방법이다. 이것도 앞의 사이리스터와 마찬가지로, 교류의 위상제어를 하고 있으나, 트라이액의 경우에는 교류전력의 전파제어법을 활용한다.

⑥ 그림 1.9(f)와 같은 방법은 다이오드를 사용한 방법인데, 이것을 제어회로라고 부르기는 어색하지만, 이것도 전동기를 정역전하는 방법으로 사용할 수 있다.

⑦ 그림 1.9(g)와 같은 방법은 컴프리멘터리(complementary : 보상형)대치접속에 의한 전동기의 정역전회로의 예이다. 이 회로에서는 베이스전압이 높고, 낮음에 따라서 전동기를 정역회전시킬 수 있다.

⑧ 그림 1.9(h)와 같은 방법은 가장 일반적인 브리지 접속법에 의한 전동기의 정역전회전의 예를 나타내고 있다. 이것은 컴프리멘터리 대치접속 방법보다 부품의 개수는 많지만 하나의 전원으로 구동할 수 있으므로 광범위하게 사용된다.

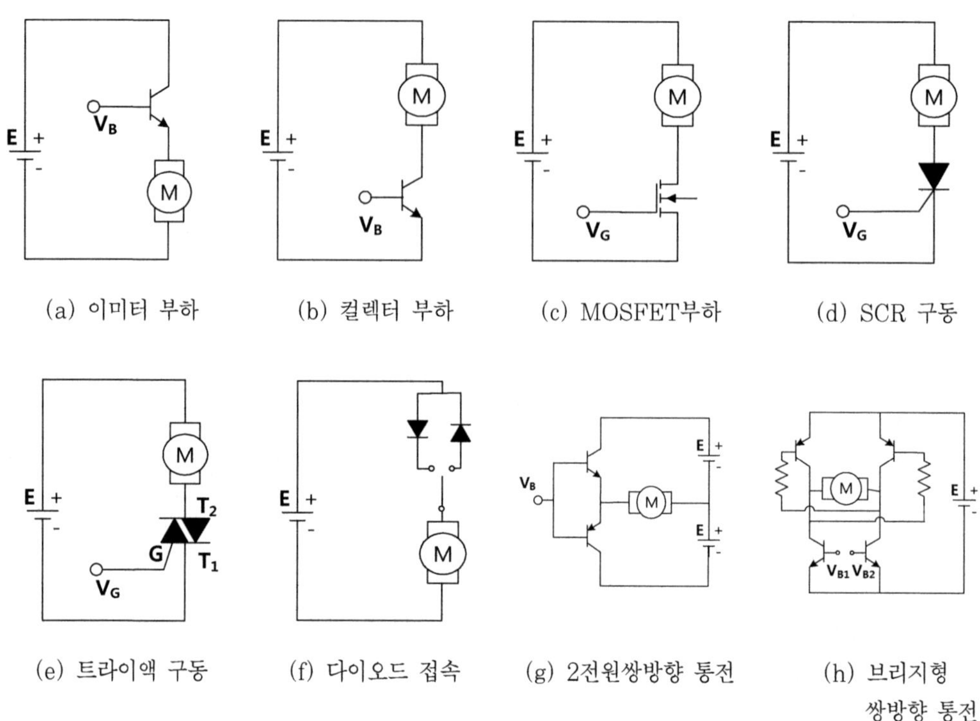

그림 1.9 전동기와 반도체의 접속

☞ **MOSFET**

Bipolar Junction Transistor의 동작원리는 Base와 Emitter간에 순방향전압이 인가될 때 Emitter에서 방출된 전자가 Base를 지나서 Collector로 넘어가는 것으로 Base 전류의 크기에 따라서 Emitter에서 방출되는 전자의 수를 조절한다. 이런 BJT와 대응되는 Transistor가 MOSFET으로 BJT의 Emitter, Base, Collector 단자에 대응되는 Source, Gate, Drain 단자가 있다. BJT에서 Base 전류를 이용하여 Emitter와 Collector 간에 흐르는 전류의 크기를 조절하듯이, MOSFET에서는 Gate 전압을 이용하여 Drain과 Source 사이에 흐르는 전류를 조절하게 된다.

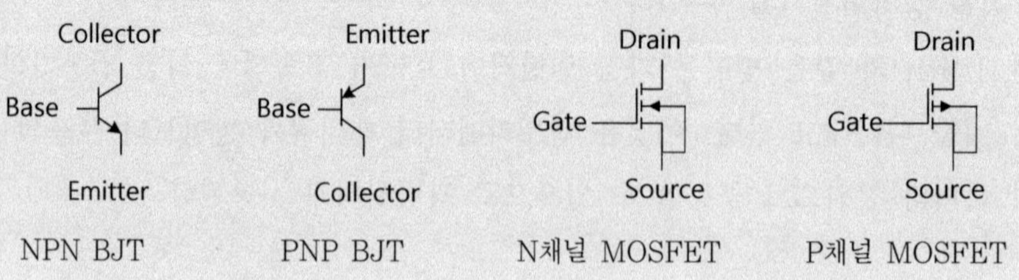

1.5 PWM 제어

① 전동기의 전력제어 기법에는 여러 가지가 있지만, 그 중에 하나가 PWM(Pulse Width Modulation)제어법이 있다. 이 방식은 "펄스폭 변조 제어법"이라고도 하며 ON펄스 통전폭을 임의로 변화(변조)시켜서 전동기의 입력전력을 제어하는 것이다. 그림 1.10 (b)는 PWM 제어법을 설명하기 위한 파형도인데 여기서는 3가지 펄스폭에 대하여 설명한다.

㉮ 그림 ⓐ는 듀티가 가장 길기 때문에 트랜지스터의 C−E가 ON되는 시간이 길어서 전동기에 공급되는 평균전압이 크고, 따라서 회전수도 비례하여 높다.

㉯ 그림 ⓑ는 듀티가 작기 때문에 트랜지스터의 C−E가 ON되는 시간이 짧기 때문에 전동기에 공급되는 평균전압이 적어서 회전수도 비례하여 낮다.

㉰ 그림 ⓒ는 듀티가 50[%]이며 평균전압과 회전수는 ⓐ와 ⓑ의 중간이다.

② 전동기의 권선은 인덕턴스를 포함하고 있으므로 이것에 의한 자기유도작용에 의하여 큰 스파크 모양의 전압이 발생한다. 이것은 트랜지스터를 파괴할 뿐만 아니라 큰 전기 노이즈를 회로주변에 제공한다.

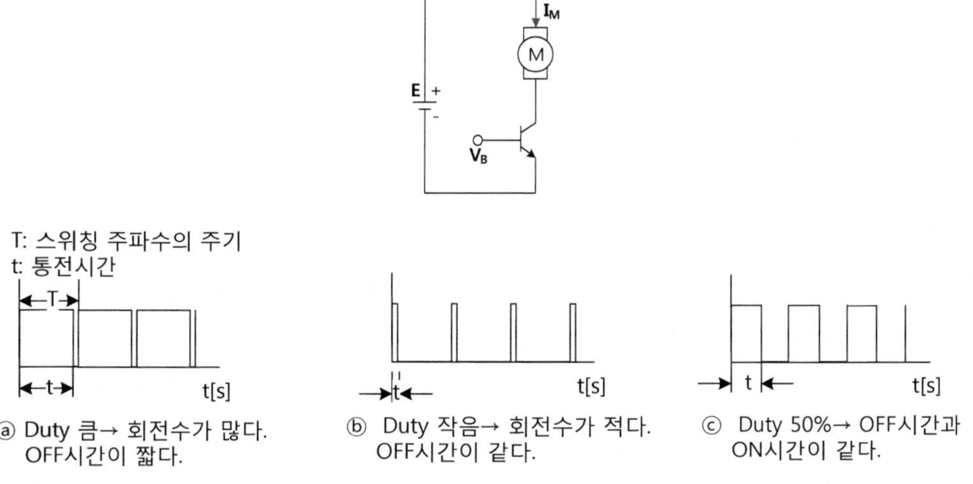

그림 1.10 PWM 제어(스너브 다이오드 없는 경우)

③ 이 대책으로 그림 1.11과 같이 전동기권선에 스너브 다이오드를 삽입하여 전동기 OFF시에 유발하는 스파크 모양의 써지전압을 전동기로 회생시켜 전동기 자체의 권선저항에서 열로 소비하게 방법을 사용한다. 이것에 의하여 높은 레벨의 써지전압이 소멸시켜 뿐만 아니라 그 에너지를 전동기에 흐르게 하여 전동기에 흐르는 전류를 연속적으로 하여 전동기의 움직임도 매우 원활하게 한다.

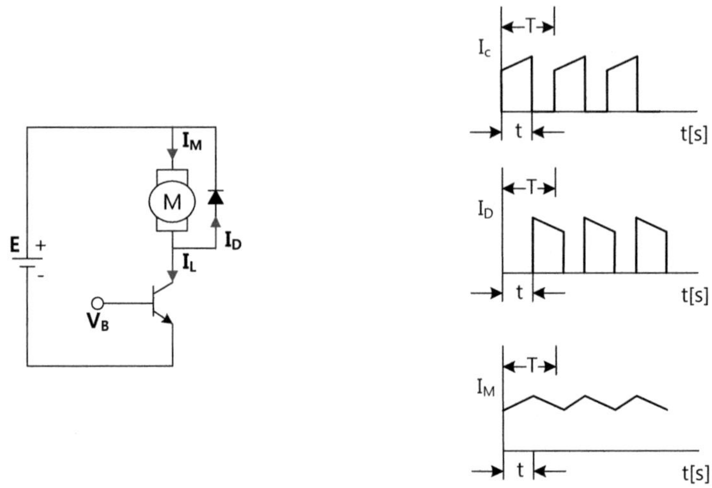

그림 1.11 PWM 제어(스너브 다이오드 있는 경우)

1.6 포토커플러

1) 포토커플러의 구조와 원리

그림 1.12 (b)는 LED를 D_1, Transistor를 Q_1이라 하면, 우측의 Q_1의 Transistor를 보면 보통 트랜지스터와 다르다는 것을 금방 알 수 있는데, 바로 "Base가 없다"는 것이다. 보통의 트랜지스터는 베이스에 적당한 전류를 흘려줌으로서, C−E를 도통시켜 스위치 기능을 하고 신호를 전달해준다. 하지만 여기에서는 D_1을 점등함으로서 이 "빛"이 Q_1의 Transistor에 전달되어 Q_1의 베이스 전류가 흐르고, C-E를 도통시켜서 신호를 전달한다. 이것이 바로 포토커플러의 원리이다.

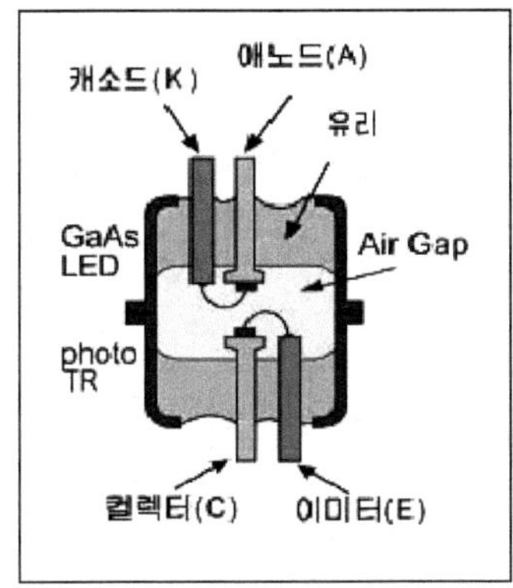

(a) 포토커플러 구조

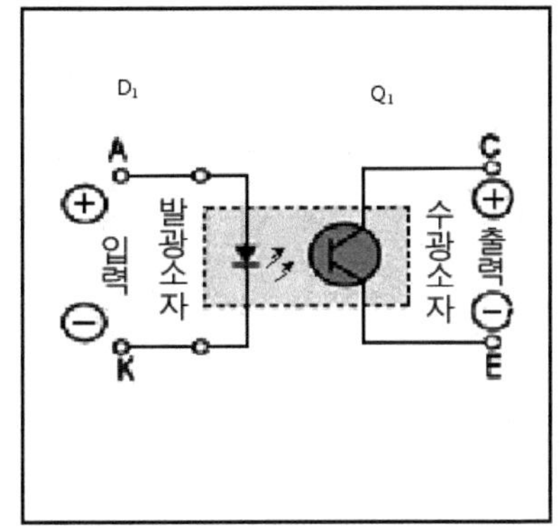

(b) 포토커플러 회로기호

그림 1.12 포토커플러의 구조와 회로기호

2) 포토커플러 회로

① 포토커플러를 이용한 TTL IC 입력

24[V]전압이 인가된 스위치의 ON/OFF 상태를 마이크로프로세서 또는 TTL IC에서 입력을 받기 위해서는 24[V] 스위치전원 그라운드와 5[V] 디지털 IC의 전원 그라운드를 포토커플러를 사용하여 전기적으로 분리해야만 노이즈에 의한 오동작 없이 신호입력을 받을 수 있다.

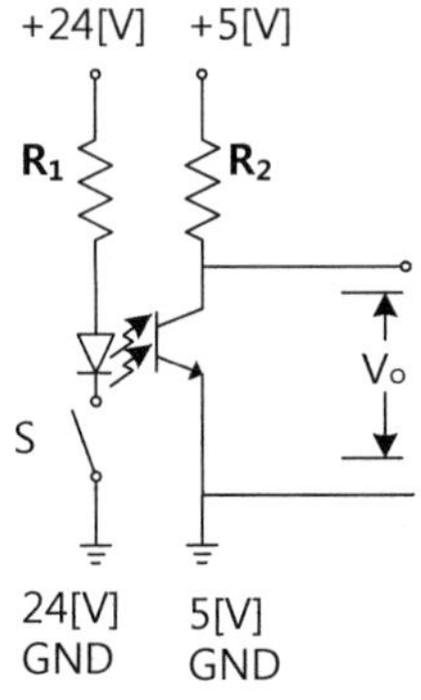

그림 1.13 포토커플러를 이용한 TTL IC 입력회로

② 포토커플러를 이용한 디지털 IC 출력

㉮ 디지털 IC나 마이크로프로세서에 의하여 인덕턴스를 가진 전기부하를 제어할 경우 부하측에 나오는 큰 써지전압, 전류를 마이크로프로세서, 디지털 IC회로 쪽으로 전달할 수 없게 전기적으로 절연이 필요하기 하기 때문에 포토커플러를 이용한다.

㉯ 포토커플러 출력단에 Relay, 또는 트랜지스터 등을 연결하여서 인덕턴스를 가진 부하를 제어할 수 있다.

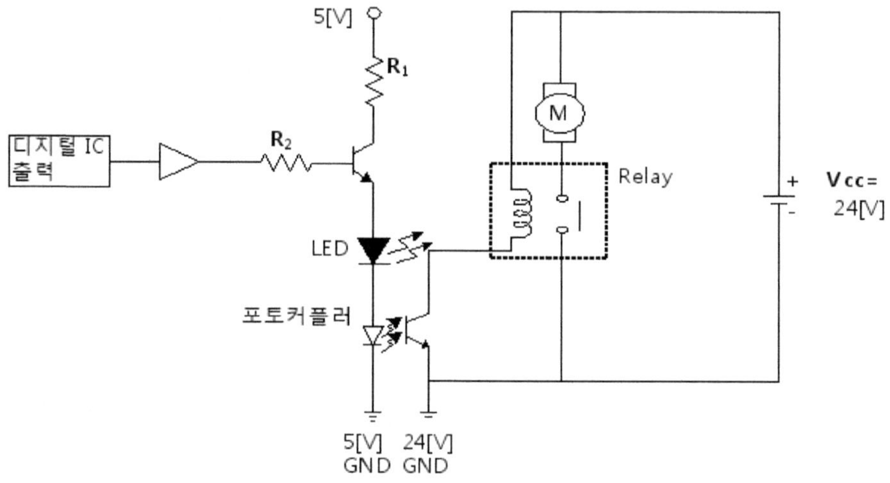

그림 1.14 포토커플러를 이용한 TTL IC 출력회로

2 3상 유도전동기

2.1 유도전동기 원리

① 유도전동기의 원리가 되는 아라고의 원판은 그림 2.1과 같이 맴돌이전류(와전류)의 발생과 존재를 입증하는 실험 장치로 구리원판(圓板)에 영구자석을 놓고, 자석을 회전시키면 자석의 두 극에서 발생하는 자기력선(磁氣力線)이 구리판을 통과하는 자기

력선의 부분적인 변화를 가져와, 전자유도작용에 의하여 이 변화를 막기 위한 와전류가 발생한다.

② 와전류와 자기력선 사이에 플레밍의 왼손법칙에 따른 힘이 작용하여 구리판이 자석을 따라 회전하게 됩니다. 따라서 원판은 자속이 이동하는 방향으로 끌려서 자석보다 조금 늦은 속도로 회전하게 된다. 이 원리에 의하여 회전하는 전동기를 "유도전동기"이다.

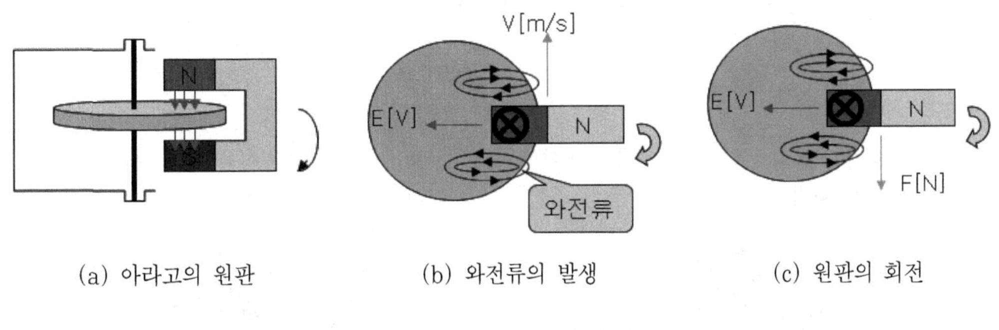

(a) 아라고의 원판 (b) 와전류의 발생 (c) 원판의 회전

그림 2.1 아라고의 원판

③ 아라고 원판의 원리를 자세히 살펴보면 그림 2.1(a)와 같이 원판 중심에 축을 설치하여 중심축을 고정시키고 말굽자석을 주위에 설치하여 시계방향으로 말굽자석을 회전시킨다.

④ 그림 2.1(b)와 같이 자석을 시계방향으로 움직이는 것을 원판에서 보면 정지하고 있는 자계속에서 원판을 반시계방향으로 움직이게 하는 것과 같기 때문에 플레밍의 오른손법칙에 따라서 원판을 중심으로 향하는 기전력이 발생한다. 이 기전력에 의하여 맴돌이 전류가 흐르고 그림 2.1(c)와 같이 자장 내에서 전류가 흐름에 따라서 플레밍의 왼손 법칙에 의하여 시계방향으로 전자력이 작용하여 원판은 시계방향으로 회전하기 시작한다.

⑥ 이것이 유도전동기의 회전원리이며 원판이 토크를 발생하기 위해서는 원판의 회전속도는 말굽자석의 속도보다 천천히 돌아야 한다.

⑦ 전동기의 회전자가 큰 토크(회전력)로 회전하기 위해서 자석이 기계적으로 회전하는 대신 전자석의 N, S을 이용하여 회전하는 회전자기장을 이용한다.

2.2 3상 유도전동기 구조

3상 유도전동기의 주요 부분은 회전자기장을 만들기 위하여 3상권선을 감은 고정자(stator)와 회전자기장으로 인하여 회전하는 회전자(rotor)로 구성된다.

1) 고정자틀(HOUSING)

고정자는 고정자 틀(HOSING), 고정자철심, 고정자권선으로 이루어져 있고 고정자 틀은 "HOUSING 또는 FRAME, BRACKET"이라고 하며, 이것이 유도전동기의 외관을 구성한다.

① 부하측 브래킷 : 프레임과 결합한 베어링을 지지한다.

② 프레임 : 고정자철심을 넣고 브래킷을 지지한다.

③ 공전측 브래킷 : 프레임과 결합한 베어링을 지지한다.

④ Terminal Cover : 고정자 리드선이 나오는 출구이다.

그림 2.2 유도전동기 고정자 틀의 구조

2) 고정자(STATOR)

3상 유도전동기는 고정자권선에 교류가 흐를 때 발생하는 회전자기장(rotating magnetic field)에 의해서 회전자에 토크가 발생하여 전동기가 회전하게 된다.

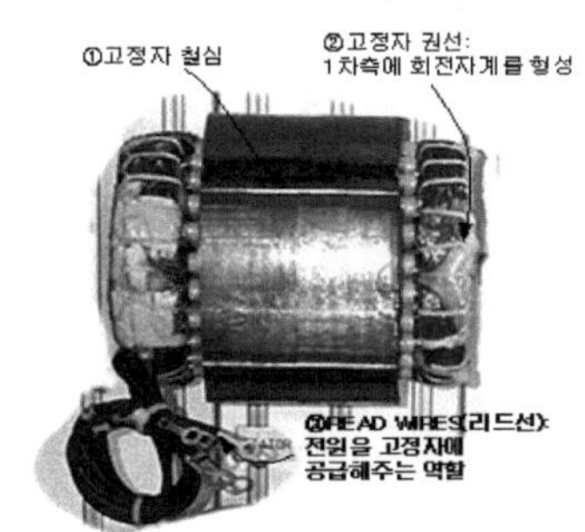

그림 2.3 유도전동기 고정자 권선

3) 회전자(ROTOR)

① 회전자는 고정자권선에 의해 발생된 자속이 회전자, 또는 회전자 권선과 쇄교하여 와전류가 발생하고 회전자의 전자력에 의해 발생된 토크가 축(SHAFT)을 통하여 외부로 전달하는 역할을 한다.

② 유도전동기는 회전자의 구조에 따라서 농형, 권선형으로 분류된다.

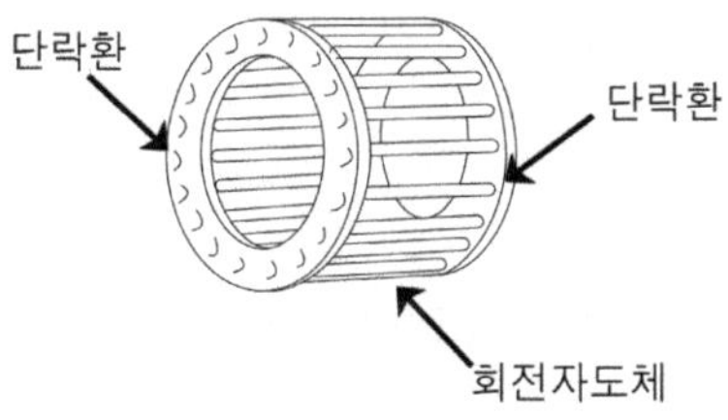

회전자권선이 여러 개의 도체(Bar)와 이 도체를 단락시키는 단락환(End Ring)으로 구성되어 있는 것을 "농형회전자(Squirrel-Cage Rotor)"라 한다.
고정자권선에 의해 발생된 자속이 회전자와 쇄교하여 와전류가 발생되고 회전자의 전자력에 의해 토크가 발생된다.

(a) 농형유도전동기

회전자권선이 고정자권선처럼 다상권선으로 되어 있고, 회전자권선은 슬립링(Slip Ring)과 브러쉬(Brush)를 통해 외부저항(기동저항)과 연결하여 이 외부저항을 조절하여 기동전류의 제한과 기동회전력을 제어한다.

(b) 권선형 유도전동기

그림 2.4 유도전동기 회전자

③ 볼 베어링(BALL BEARING)

회전자를 항상 똑바른 위치를 유지하고 고속으로 안전하게 회전시키는 역할을 한다.

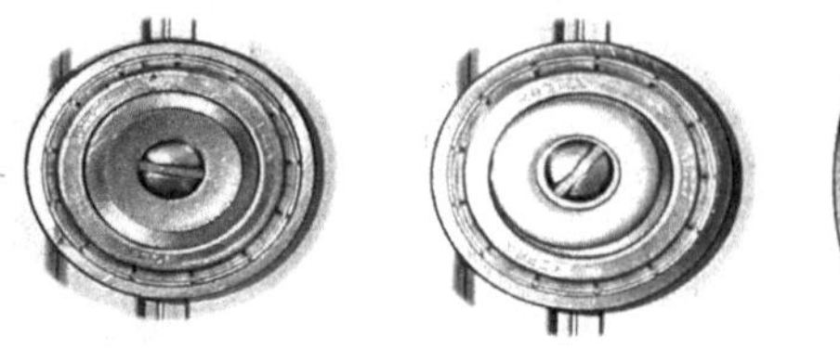

그림 2.5 BALL BEARING

④ 냉각팬

전동기축과 연결되어서 전동기의 회전속도와 함께 회전하여 전동기 내부의 온도상승을 저감시킨다.

그림 2.6 유도전동기 냉각팬

2.3 3상 회전자계

1) 회전자계의 의미

그림 2.7과 같이 영구자석을 A점을 중심으로 해서 시계방향으로 회전시키면 자속의 방향도 점선방향으로 회전하게 될 것이다. 이렇게 시간에 따라 자속의 방향이 A점을 중심으로 회전하는 자계를 "회전자계"라고 한다

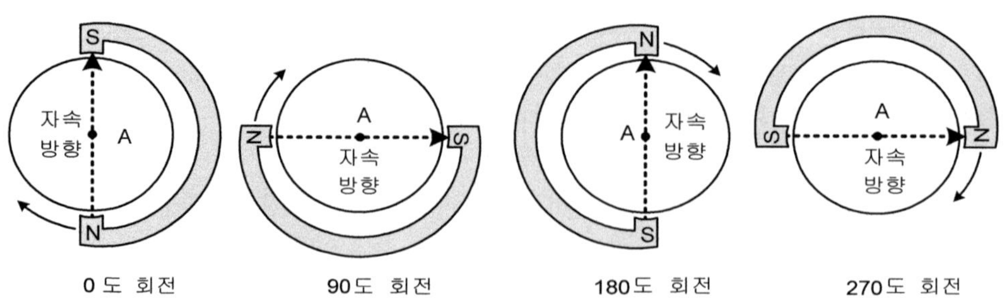

그림 2.7 회전자계

2) 회전자계의 발생

그림 2.8은 실제 유도전동기의 권선배치를 나타내고 있다. 고정자는 얇은 규소강판에 원형으로 구멍을 뚫고, 이것을 포개 쌓은 적층철심의 홈에 3조의 권선(3상권선)을 감는다. 여기에 3상 교류를 흘려주면 회전자계가 발생한다. 고정자 속에 공극을 통하여 적당히 권선한 성형철심이 있다. 이것을 “고정자”라고 하며, 고정자권선을 “1차 권선”, 여기에 흐르는 전류를 “1차 전류”, 회전자권선을 “2차 권선”, 여기에 흐르는 전류를 “2차 전류”라 한다.

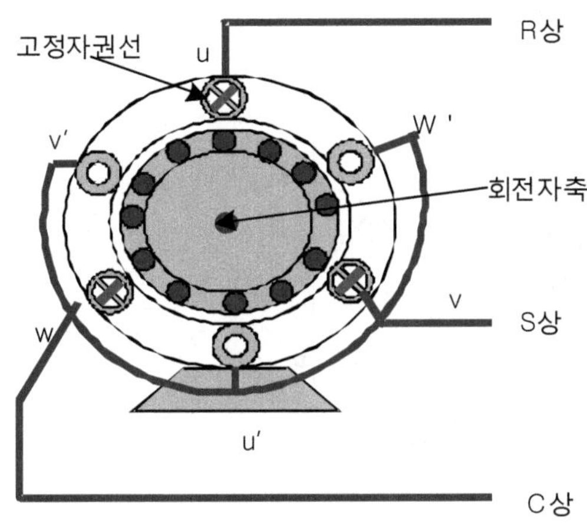

그림 2.8 3상유도전동기 권선(2극기)

① 그림 2.9(a)와 같은 고정자권선에 3상교류를 흘리면 각 코일에 흐르는 전류는 그림 2.9(b)와 같이 3상전류가 시간 t_1, t_2, t_3, ……와 같이 변함에 따라서 코일에 의하여 만들어지는 합성자속이 순차적으로 변하여, 다시 말해 자장이 시계방향으로 회전하여 회전자장(회전자계)이 발생한다. 자세히 회전자장이 생기는 원리를 살펴보자. i_u, i_v , i_w를 각각 uu′, vv′, ww′에 흐르는 전류라 하면 $t=t_1$일 때의 i_u, i_w는 (+)전류, $i_{u'}$, $i_{w'}$는 (−)전류, i_v는 (−)전류, 따라서 $i_{v'}$는 (+)전류가 된다. 즉, i_u , $i_{v'}$, i_w를 (+)전류, $i_{u'}$, i_v , $i_{w'}$를 (−)전류로 표시하여 (+)전류는 바깥쪽에서 안쪽으로 흘러들어가고 (−)전류는 안쪽에서 바깥쪽으로 흘러나오는 것을 각각 ⊗, ⊙ 표시로 나타내면, 앙페르의 오른나사의 법칙에 따라 그림 2.9(b)의 ①처럼 자기장이 생긴다.

같은 방법으로 $t=t_2$, $t=t_3$ …… 일 때의 자기장의 방향을 알아보면 그림 2.9(b)와 같이 회전한다. 즉, 3상 전류의 흐르는 방향이 바뀜에 따라 N, S극도 순차적으로 시계방향으로 회전하며 회전자장(회전자계)이 발생한다. 즉, 자석을 회전시키는 대신 전자석을 사용하면 전류방향에 따라서 자석을 회전하는 것과 같은 효과가 나타난다.

② 그림 2.9(b)와 같이 ①에서부터 ⑥까지 3상전류에 의하여 회전하는 자기장의 형태를 볼 수 있는데 이것을 "회전자계"라고 말하며 2극의 회전자계는 3상 교류의 1사이클로서 원주위를 1회전한다.

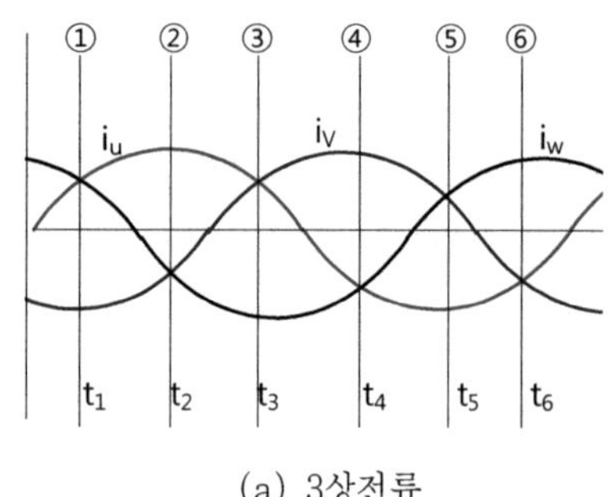

(a) 3상전류

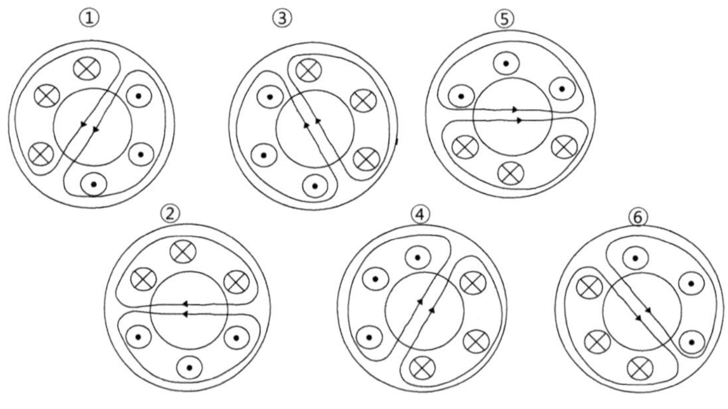

(b) 회전자계

그림 2.9 3상 2극 회전자계

☞ **전류의 방향표시**

전류의 방향을 일일이 화살표로 표시하는 것은 불편하므로 일반적으로는 그림과 같이 점과 가위표로 표시한다. 여기서 점(●)은 전류가 흘러나오는 방향을 표시하고 가위표(×)는 전류가 흘러 들어가는 방향을 표시한다

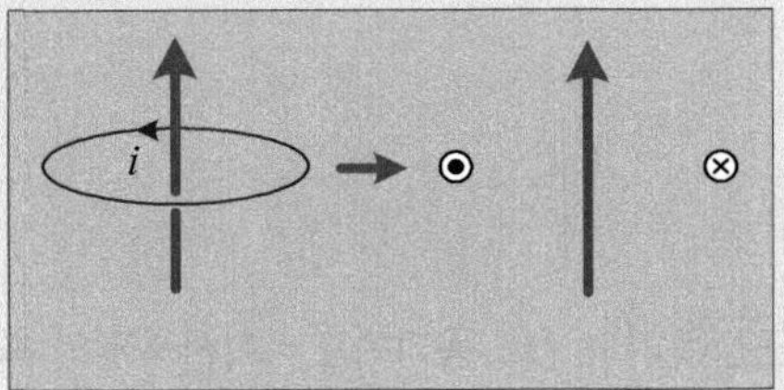

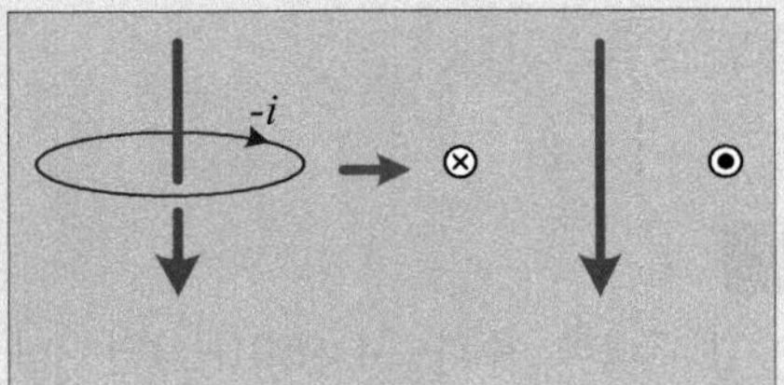

③ 4극 유도전동기의 경우에는 회전자계는 원주를 따라 3상 교류의 1사이클로 1/2 회전한다. 일반적으로 P극(P는 유도 전동기 내부의 자석의 수)의 유도전동기에서는 3상 교류의 1사이클에서 2/P 회전하게 된다. 따라서 회전자계가 회전하는 속도를 나타내는 동기속도 N_S는 극수 P 및 전원주파수 f와의 관계를 다음과 같이 정의할 수 있다.

$$N_S = \frac{120}{P} \times f$$

(N_S : 동기속도[rpm], f : 전원주파수[Hz])

④ 유도전동기의 회전자는 고정자권선에 흐르는 전류에 의해 생긴 회전자기장의 자속과 회전자전류 사이에 토크가 발생하여 회전한다. 이 때 회전자전류는 회전자의 속도가 회전자계속도(회전자기장 속도=동기속도)보다 늦어야 흐르게 된다. 왜냐하면 회전자가 동기속도보다 느리게 회전해야 회전자속을 끊으므로 회전자에 기전력이 발생하여서 와전류를 만들 수 있기 때문이다.

따라서 전동기가 토크를 발생하여 회전하기 위해서는 회전자의 속도는 반드시 동기속도 이하로 되어야 한다. 전동기의 속도(회전자의 속도=실제 전동기의 회전속도)N이 동기속도 N_S보다 어느 정도 느린가를 나타내는데, 슬립은 동기속도에서 회전자의 속도의 차에 대한 동기속도 N_S와의 비를 "슬립(slip)"이라 하며 다음 식으로 나타낸다.

$$s\,(\text{슬립}) = \frac{N_S - N}{N_S} = \frac{\text{동기속도} - \text{회전자의 속도}}{\text{동기속도}}$$

⑤ 위의 수식을 회전자의 속도로 정의하면 $N = N_S(1-s)$으로 정의된다.

⑥ 전동기의 회전자가 정지하고 있을 때 s=1, 동기속도로 회전하고 있을 때는 s=0이 되며, 전부하시의 슬립은 소형 전동기에서 s=5~10〔%〕, 중형 및 대형 전동기에서는 s=2.5~5〔%〕 정도이다. s가 커지면 회전자의 속도는 감소하고, s가 작아지면 속도는 증가한다.

예제

극수(P)=4극, 주파수 f=60〔Hz〕인 3상 유도전동기의 Ns(동기속도=회전자계의 속도)?

풀이

$$Ns = \frac{120 \times f}{p} = \frac{120 \times 60}{4} = 1800\,[rpm]$$

2.4 단상 유도전동기 구조

1) 단상 유도전동기 개요

단상 유도전동기는 정지상태에서는 회전자계가 생기지 않기 때문에 어떤 형태로든 회전자계 또는 회전자계를 만들어 주어야 기동이 가능하게 된다.

2) 분상 기동형

① 분상 기동형은 그림 2.10과 같이 권선을 주권선과 기동권선으로 나누어 기동시에만 기동권선이 연결되도록 한 것이다. 전압이 가해지면 리액턴스가 큰 주권선에 흐르는 전류는 리액턴스가 작은 기동권선에 흐르는 전류보다 위상이 뒤지게 되므로 회전자계가 형성되어 회전자는 이 회전자계에 의해서 회전을 시작한다.

② 회전속도가 정격속도의 약 75〔%〕 정도에 달하면 원심력 스위치에 의해서 기동권선은 분리된다. 분상 기동형 유도전동기는 팬, 송풍기 등에 사용한다.

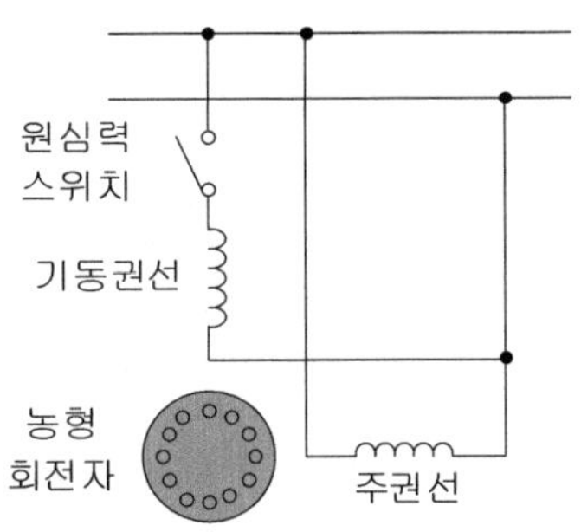

그림 2.10 분상 기동형 단상 유도전동기

3) 콘덴서 기동형

① 기동권선 회로에 직렬로 콘덴서를 연결해서 주권선의 지상전류와 콘덴서의 진상전류로 인해 두 전류사이의 상차각이 커져서 분상 기동형보다 더 큰 기동토크를 얻을 수 있도록 한 것이다.

② 콘덴서 기동형 전동기는 다른 단상 유도전동기에 비해서 효율과 역율이 좋고 진동과 소음도 적기 때문에 운전상태가 양호하다.

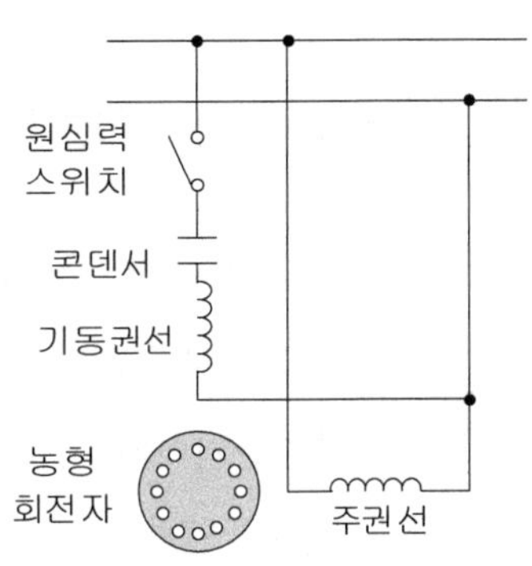

그림 2.11 콘덴서 기동형 단상 유도전동기

4) 콘덴서 기동 콘덴서형

① 기동방식은 콘덴서 기동형과 동일하나 기동용 콘덴서 C_S와 운전용 콘덴서 C_R를 사용한다는 점이 다르다. 기동할 때는 C_S와 C_R가 동시에 병렬도 투입되어 큰 정전용량으로 기동하고 기동이 끝나면 C_S는 원심력 스위치에 의해서 분리되나 C_R는 그냥 남아서 전동기의 역율을 개선한다.

② 단상 유도전동기는 토크의 순시 값이 맥동하여 진동 및 소음이 생기기 쉬우나 콘덴서 전동기는 거의 원형에 가까운 회전자계가 생기므로 소음, 진동측면에서 운전상태가 매우 양호하다. 일반적으로 기동용 콘덴서는 전해콘덴서를 사용하고 운전용은 유입 콘덴서를 사용한다.

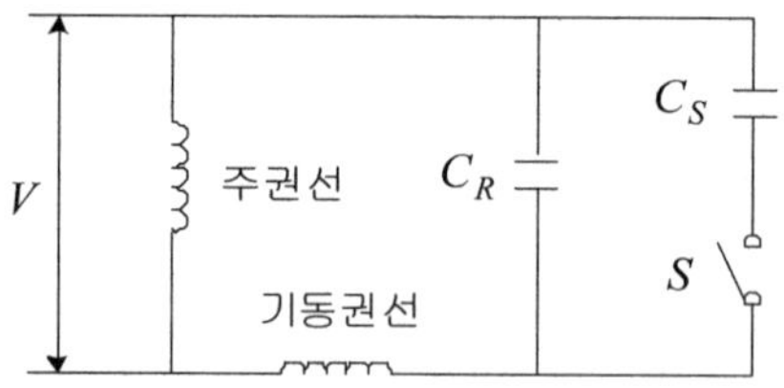

그림 2.12 콘덴서 기동 콘덴서형 단상 유도전동기

3 DC-DC Converter

3.1 전력변환의 기본원리

1) DC - DC Converter의 개요

① DC-DC 컨버터는 임의의 직류전원을 부하가 요구하는 형태의 직류전원으로 변환시키는 전력변환기이다. DC-DC 컨버터의 구성은 그림 3.1과 같이 전력용 반도체 스위치, 콘덴서, 인덕터 및 변압기로 구성한다. DC-DC 컨버터에서 반도체스위치는 입력측에서 출력측으로 전달되는 에너지를 제어하는 기능을 하며 인덕터와 콘덴서는 에너지를 전달하는 매개역할을 하거나 출력전압의 불필요한 리플성분(ripple Componets)을 제거하기 위한 필터역할을 한다. 한편 입력측과 출력측의 전압이득의 조절이나 전기적인 절연(isolation)을 위해 변압기가 추가될 수 있다.

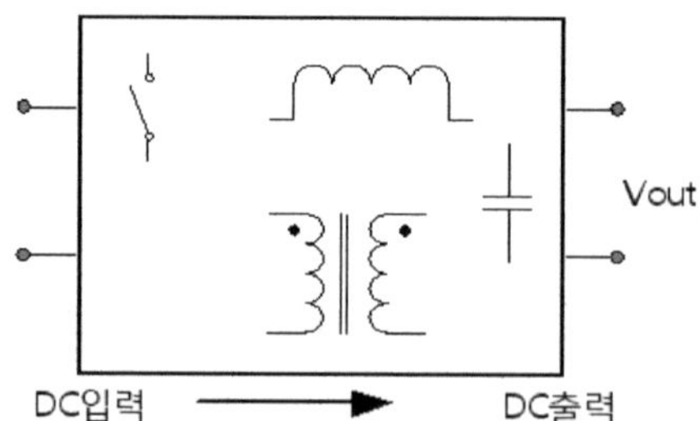

그림 3.1 DC-DC Converter의 구조

② 그림 3.2는 DC-DC 컨버터의 변환원리를 설명하기 위해 출력이 저항부하를 연결하여 가장 간단한 형태의 컨버터를 나타낸다. 그림 3.2(a)에서 스위치 S는 ⓐ를 기준점으로 ⓑ 혹은 ⓒ점과 연결된다. 스위치 S의 동작에 따른 출력전압과 출력전류의 파형은 그림 3.2(b)와 같다. 그림 3.2(a)에서 스위치 S가 접점 ⓑ에 연결되면 출력전압 V_{out}는 입력전압과 같고, 스위치 S가 접점 ⓒ에 연결되면 출력전압은 영(zero)이 된다. 부하를 저항으로 가정하면 부하전류 i_{out} 는 V_{out}/R_L이 된다.

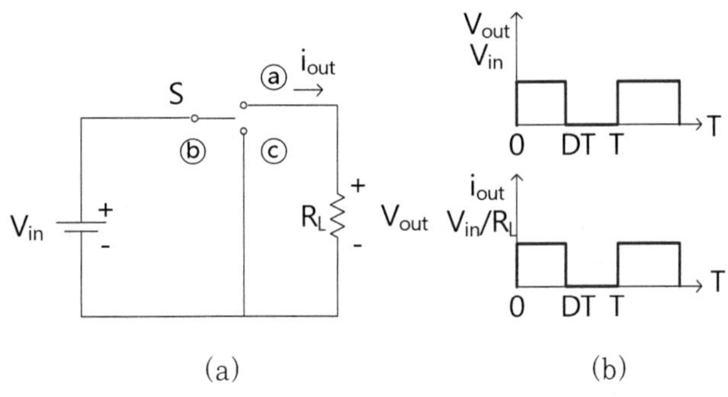

그림 3.2 DC-DC Converter의 변환원리

③ 주기 T(스위치가 ON시간 + OFF시간)에 대해 스위치 접점 ⓐ, ⓑ에 연결되는 시간은 "DT", 접점 ⓒ에 연결되는 시간은 "(1−D)T"라고 하면, 입력 에너지는 DT시간 동안에는 출력측에 전달되며, (1−D)T 시간 동안에는 출력측에 전달되지 않는다.

☞ **시비율(D)**

$$\text{시비율D} = \frac{\text{스위치ON시간}}{\text{스위칭주기(스위치ON시간+스위치OFF시간)}}$$

출력전압의 평균값은 $V_{out} = \frac{1}{T} \cdot [DT \cdot V_{in} + (1-D)T \cdot 0] = DV_{in}$

출력측에 전달되는 평균전력 P_{out}

$$P_{out} = \frac{1}{T} \cdot \left[DT \cdot \frac{V_{in}^2}{R} + (1-D)T \cdot 0\right] = D\frac{V_{in}^2}{R}$$

이 된다.

DC-DC 컨버터의 평균전압과 평균전력은 스위치 S의 ON,OFF 동작에 의해 시비율을 0에서 1까지 변화시킴으로써 원하는 전압 또는 전력을 제어가 가능하다.

예제

그림 3.2 회로에서 입력전압이 200〔V〕로 일정할 때, 스위치 S의 스위칭 주기가 100〔us〕이고 시비율 D는 0.4일 때 다음의 값을 구하여라.(단, 출력저항은 R_L은 10〔Ω〕이다.)

① 평균 출력전압 V_{out}　　② 평균 출력전력 P_{out}

풀이

① 평균 출력전압 $V_{out} = D \times V_{in} = 0.4 \times 200 = 80\,[V]$

② 평균 출력전력 $P_{out} = D\,\dfrac{V_{in}^2}{R} = 0.4 \times \dfrac{200^2}{10} = 1600\,[W] = 1.6\,[kW]$

3.2 Buck(Step Down) Converter

"강압형 Converter"라고도 하며 입력단과 출력단이 같은 접지를 공유하는 회로에 사용한다. 일정한 주기로 스위칭하는(ON/OFF를 반복하는) 스위칭소자를 이용하여, 스위치가 ON 되어 있는 동안 입력전원이 회로에 연결되고 OFF 되어 있는 동안은 차단된다. 이와 같이 주기적으로 연결되었다 차단하는 펄스전압을 L−C 필터를 통해 평활하여 직류전압을 출력한다. 기본적으로 직류전압을 주기적으로 잘라내어(chopping) 만들어진 펄스전압을 평균하여 출력전압을 형성하는 원리인데, 이와 같은 방식의 컨버터를 "전압원(voltage feed) Converter"라고 하며, 출력전압은 입력전압보다 항상 작다. 한 주기 내에서 스위치가 ON되어 있는 시간이 길수록 펄스전압의 폭이 넓어지고, 스위치가 ON되어 있는 시간이 짧을수록 펄스전압의 폭이 좁아지기 때문에 출력전압 $V_{out} = D \cdot V_{in}$이 된다.

1) 회로동작

① 이 컨버터의 회로동작을 알아보면, 우선 스위치 S가 도통일 때 입력전압에 의하여 인덕터 L에 에너지가 축적되면서 입력측으로부터 에너지가 출력측으로 전달되고, 이때 다이오드 D는 차단된다.

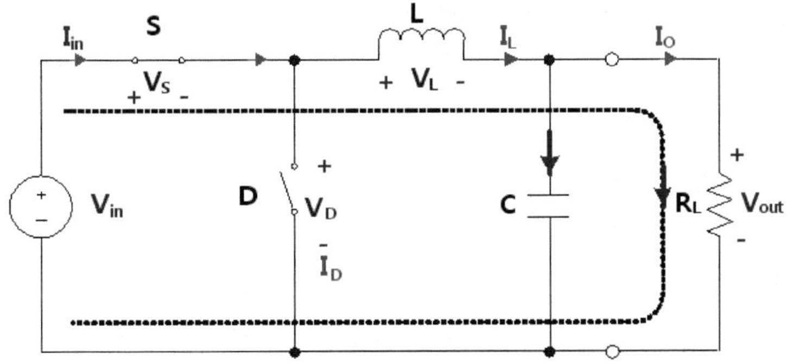

그림 3.3 Buck(Step-Down) Converter 회로동작(1)

② 다음에 스위치 S가 차단되면 ON시에 인덕터 L에 축적된 에너지가 환류 다이오드 D를 통하여 출력측으로 전달된다. 이와 같이 스위치의 ON, OFF의 시간 비율을 조정하여 안정화된 출력전압을 얻고 출력전압은 $V_{out} = V_{in} \times D$가 된다.

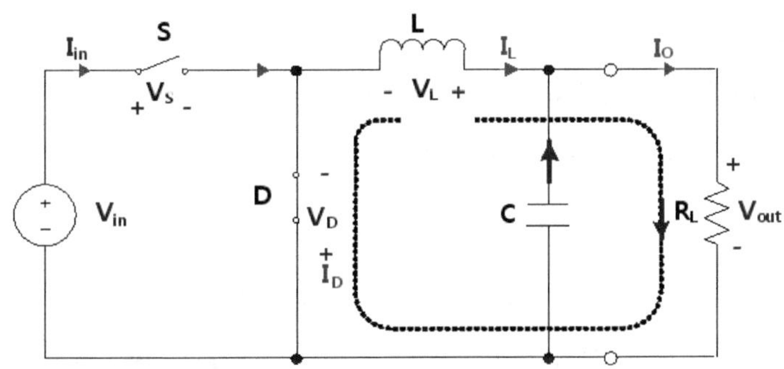

그림 3.4 Buck(Step-Down) Converter 회로동작(2)

예제

Buck 컨버터 회로에서 입력전압이 200[V]이고, Converter의 스위칭주파수는 100[kHz]이며 시비율이 0.5로 스위칭할 때 평균 출력전압값은?(단, 출력저항 R_L은 10[Ω]이다.)

풀이

$$V_{out} = D \cdot V_{in} = 0.5 \times 200[V] = 100[V]$$

3.3 Boost(Step Up) Converter

① "승압형 Converter"라고도 하며, 벅 컨버터와 마찬가지로 입력단과 출력단의 접지를 공유하는 회로에 사용한다. 스위치가 ON되어 있는 동안은 입력전원이 인덕터 양단에 연결되어 전류가 충전되고, 스위치가 OFF 되면 충전된 전류가 부하측 필터로 전달된다. 벅 컨버터와 달리 부스트 컨버터는 부하측의 필터 입장에서 볼 때, 전류가 주기적으로 흘러들어오다 끊어지는 것을 반복하기 때문에 "전류원(current feed) 방식"이라고 불리며 출력단의 전류는 항상 입력단 전류보다 작다.

② 회로동작의 원리상 손실성분이 없기 때문에 입력전류×입력전압=출력전류×출력전압의 관계에서부터 출력전압이 입력전압보다 항상 높게 나타나는 특징이 있으며 출력전압 $V_{out}=V_{in}/(1-D)$가 된다.

1) 회로동작

① 이 컨버터의 회로동작을 알아보면, 우선 스위치 S가 도통일 때 입력전압에 의하여 인덕터 L에 에너지가 축적되고 다이오드 D는 차단된다. 이 때 출력측에서는 출력필터 C의 전하가 부하저항 R_L을 통하여 방전된다.

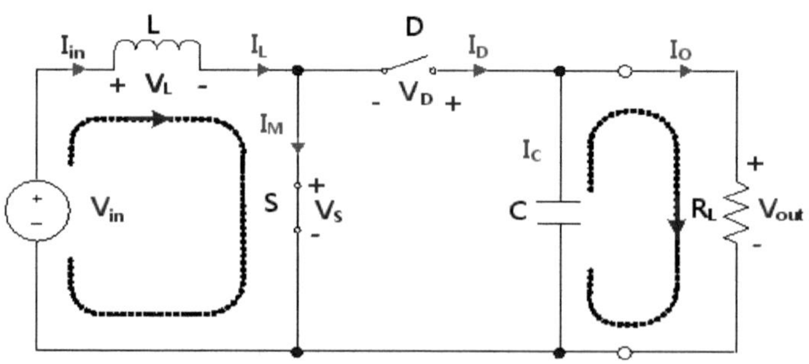

그림 3.5 Boost(Step-Up) Converter 회로동작(1)

② 다음에 스위치 S가 차단되면 L에 축적되었던 에너지는 다이오드 D를 통하여 출력측으로 방출된다.

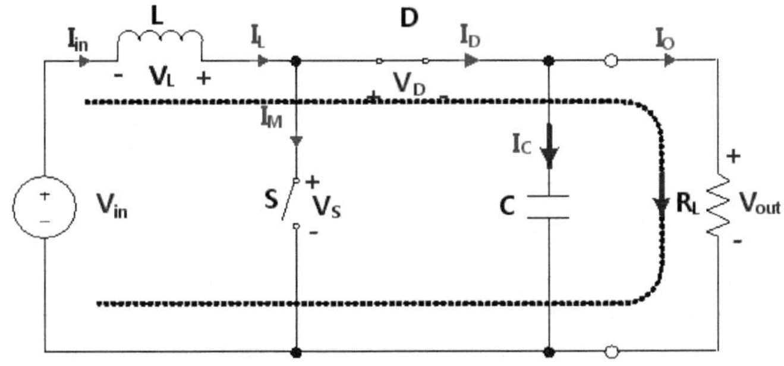

그림 3.6 Boost(Step-Up) Converter 회로동작(2)

예제

Boost 컨버터 회로에서 입력전압이 200[V]이고, Converter의 스위칭 주파수는 100[kHz]이며 시비율이 0.6으로 스위칭할 때 평균 출력전압값은?(단, 출력저항 R_L은 10[Ω]이다.)

풀이

$$V_{out} = \frac{V_{in}}{1-D} = \frac{200}{(1-0.6)} = 500[V]$$

3.4 Buck-Boost(Step Down, Step Up) Converter

이 컨버터는 명칭에서도 알 수 있듯이 출력전압이 입력전압보다 낮을 수도 있고 높을 수도 있다. 즉, Buck형 및 Boost형의 출력특성을 동시에 갖으며, 출력전압의 극성을 반전하는 것이 가능하다.

1) 회로동작

① 이 컨버터의 회로동작을 알아보면, 우선 스위치 S가 도통일 때 입력전압에 의하여 인덕터 L에 에너지가 축적되고 다이오드 D는 차단된다. 이때 출력측에서는 출력필터 C의 전하가 부하저항 R_L을 통하여 방전된다.

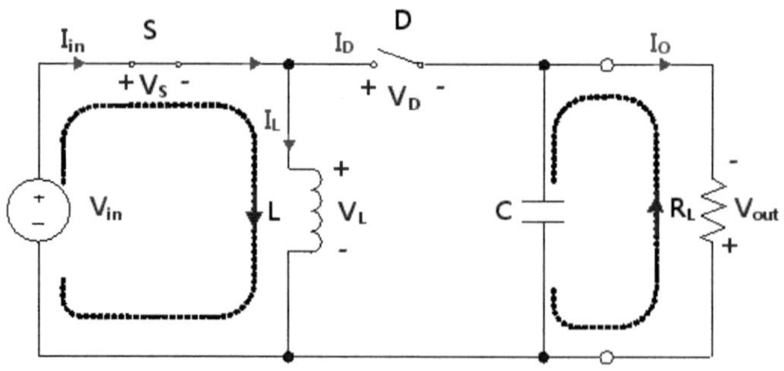

그림 3.7 Buck-Boost Converter 회로동작(1)

② 다음에 스위치 S가 차단되면 L에 축적되었던 에너지는 다이오드 D를 통하여 출력측으로 방출된다.

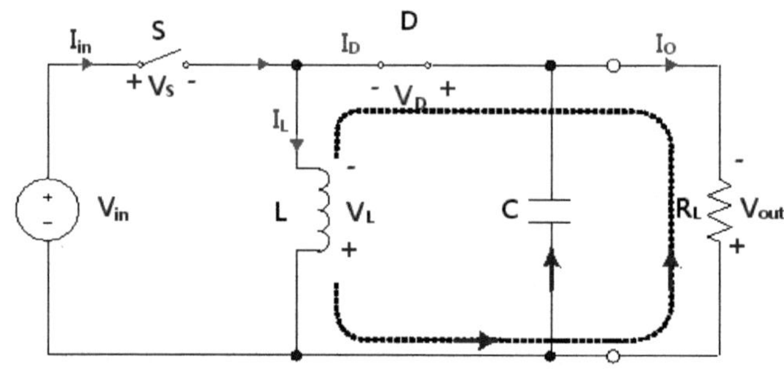

그림 3.8 Buck-Boost Converter 회로동작(2)

③ 입력전압과 출력전압의 관계식은 다음과 같다.

$$V_{out} = \frac{D}{1-D} V_{in}$$

④ 시비율 D와 전압전달비 $G_V = V_{out}/V_{in} = D/(1-D)$의 그래프를 보면 $D < 0.5$의 범위에서는 $V_{out} < V_{in}$이 되어서 Buck Converter로 동작하며, $D > 0.5$의 범위에서는 $V_{out} > V_{in}$이 되어서 Boost-Converter로 동작한다.
한편 $D = 0.5$에서는 $V_{out} = V_{in}$이 된다.

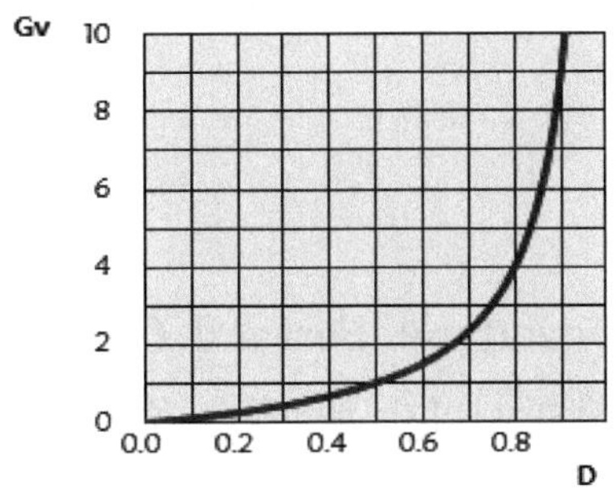

그림 3.9 Buck-Boost Converter 출력특성

예제

Buck-Boost 컨버터 회로에서 입력전압이 100〔V〕이고, 출력전압 V_{out}이 200〔V〕이다. Converter의 스위칭주파수는 100〔kHz〕일 때 시비율 D는?(단, 출력저항 R_L은 10〔Ω〕이다.)

풀이

① $V_{out} = \dfrac{D}{1-D} \times V_{in}$

② $\dfrac{D}{1-D} = \dfrac{V_{out}}{V_{in}} = \dfrac{200}{100} = 2$ ∴ 시비율 $D = \dfrac{2}{3}$가 된다.

3.5 절연형 Converter

실제 스위칭전원의 응용에 있어서 많은 경우에 고전압 또는 누설전류로 인한 사고 위험으로부터 사용자를 보호하기 위하여 입력과 출력 사이에 전기적인 절연이 필요하다. 이 때 절연에는 고주파 트랜스포머를 이용하며, 이 컨버터를 "절연형 DC-DC Converter"라고 한다. 이 때 사용되는 트랜스포머는 절연 목적 외에 1, 2차 권선비에 의해 출력전압의 크기를 조절한다. 절연형 Converter는 고주파 트랜스포머가 삽입되어 있다는 점을 제외하고는 비절연형 Converter와 기본특성이 동일하며, 절연형Converter에는 다음과 같은 5가지 회로가 주로 사용한다.

① Flyback Converter

② Forward Converter

③ Push-Pull Converter

④ Half-Bridge Converter

⑤ Full-Bridge Converter

위의 회로들 중 Flyback Converter와 Forward Converter는 주로 수 백 와트 이하의 소형 전원회로에 주로 적용되고 나머지 회로들은 주로 큰 전력용량을 가지는 전원회로에 적용된다.

3.6 Flyback Converter

1) 동작 원리

① 이 Converter의 회로동작을 살펴보면, 스위치 S가 도통하면 트랜스포머의 1차측 권선으로 전류가 흐르게 되고, 이 권선에는 입력전압이 유기된다. 한편 2차측 권선에는 흑점의 방향에 의해 1차측과 반대 극성의 전압이 유기되므로 Diode D가 역바이스되어 차단된다. 따라서 1차권선의 자화 인덕턴스에만 에너지가 축적된다.

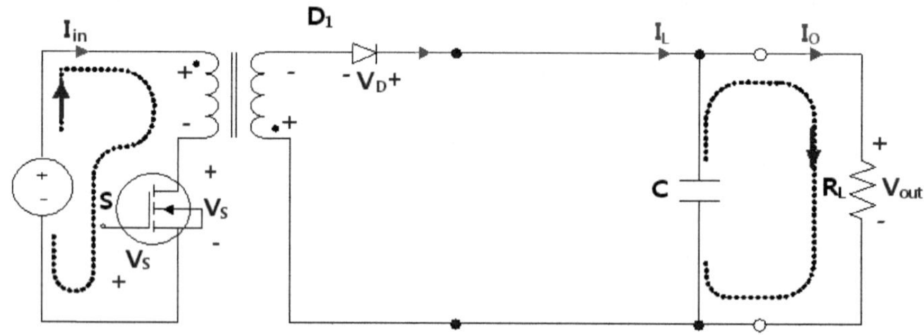

그림 3.10 Flyback Converter 회로동작(1)

② 다음 스위치 S가 차단되면 2차측 권선에는 전 상태와 반대극성의 전압이 유기되어 Diode D를 도통시킴으로써 트랜스포머의 자화인덕턴스에 축적된 에너지를 출력측으로 방출시킨다.

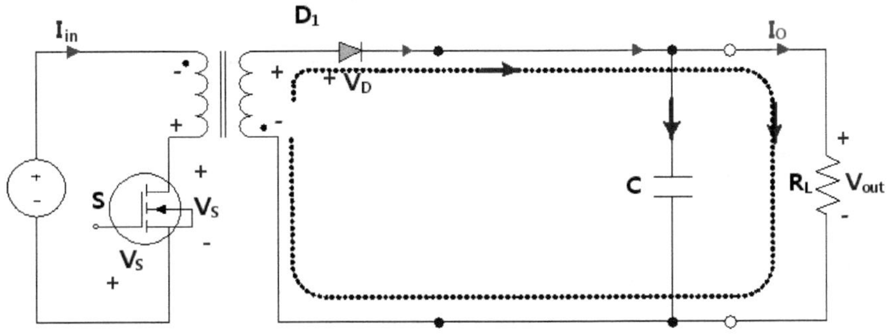

그림 3.11 Flyback Converter회로동작(2)

③ Flyback Converter의 출력전압은

$$V_{out} = \frac{N_2}{N_1}\left(\frac{D}{1-D}\right)V_{in}$$

(N_1 : 트랜스포머의 1차측 권수, N_2 : 트랜스포머의 2차측 권수)

3.7 Forward Converter

절연형 Converter의 대표적인 한 예로서 출력 용량이 500[W]급 정도까지의 중전력용으로 많이 응용되고 있는 Converter이다. 기본적인 특성은 고주파 절연 트랜스포머를 제외하면 Buck Converter와 동일하며 안정성이 뛰어난 특징도 가지고 있다.

1) 동작원리

① Forward Converter는 Buck Converter와 동작 특성이 동일하다. 이 Converter의 동작원리를 살펴보면 주스위치 S가 도통하면 입력전류가 흐르고 트랜스포머의 1차측에는 흑점방향으로 입력전압이, 2차측에도 흑점방향으로 권선비에 비례한 출력전압이 발생하여 Diode D_1은 도통, D_2는 차단상태가 된다. 따라서 입력측으로부터의 전류는 트랜스포머를 통하여 출력측으로 전달됨과 동시에 출력필터의 인덕터 L에는 에너지가 축적된다.

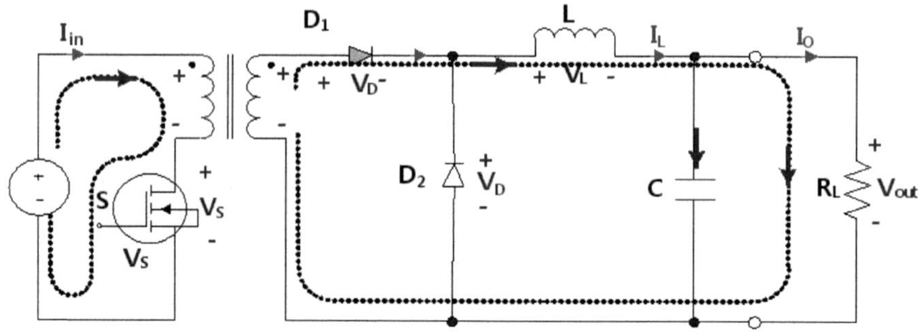

그림 3.12 Forward Converter 회로동작(1)

② 다음에 S가 차단되면 트랜스포머의 2차측에는 흑점과 반대방향으로 전압이 발생하게 되어서 D_1은 차단, D_2는 도통이 되어서 L에 축적된 에너지는 출력측으로 방출한다.

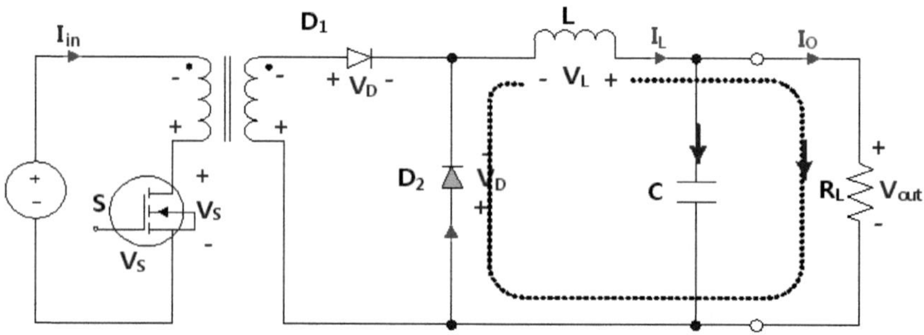

그림 3.13 Forward Converter 회로동작(2)

Forward Converter의 출력전압은

$$V_{out} = \frac{N_2}{N_1} D V_{in}$$

(N_1 : 트랜스포머의 1차측 권수, N_2 : 트랜스포머의 2차측 권수)

실험실습

1. 실험기기 및 부품
   1) 브레드보드
   2) DMM
   3) 오실로스코프
   4) 저항
      ① 51〔Ω〕 1/4〔W〕 ② 100〔Ω〕 1/4〔W〕 ③ 2.2〔kΩ〕 1/4〔W〕 ④ 4.7〔kΩ〕1/4〔W〕
   5) 다이오드 및 LED
      ① 1N4002 ② 1N4937 ③ LED
   6) 트랜지스터
      ① 2SC1815 ② 2SD560
   7) MOSFET
      ① IRF 740
   8) 포토커플러
      ① 4N25
   9) 릴레이
      ① D1A12
   10) 직류전동기

2. 다음과 같이 회로를 구성하고 다이오드를 이용하여 직류전동기를 정역전운전을 한다.

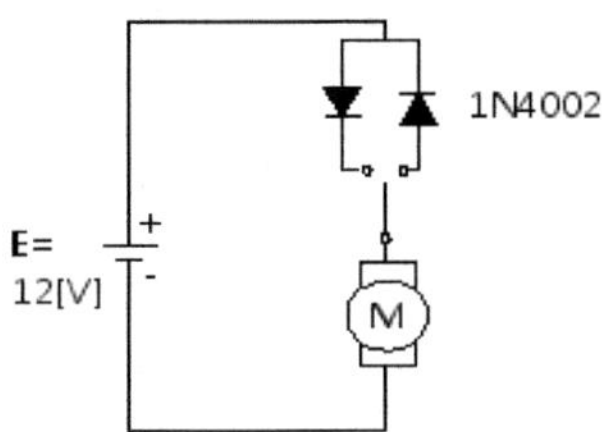

3. 다음과 같이 회로를 구성하고 스너버 다이오드가 없을 때와 있을 때의 전동기의 역기전력 파형을 비교한다.

① 스너브 다이오드가 없을 때

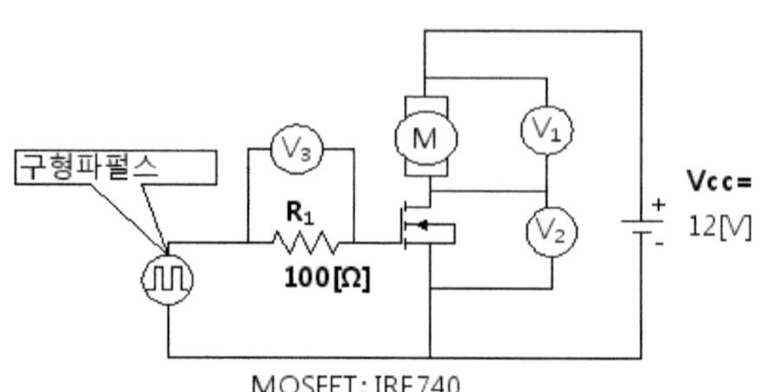

㉮ V_1의 파형을 도시한다.	㉯ V_2의 파형을 도시한다.	㉰ V_3의 파형을 도시한다.

② 스너브 다이오드가 있을 때

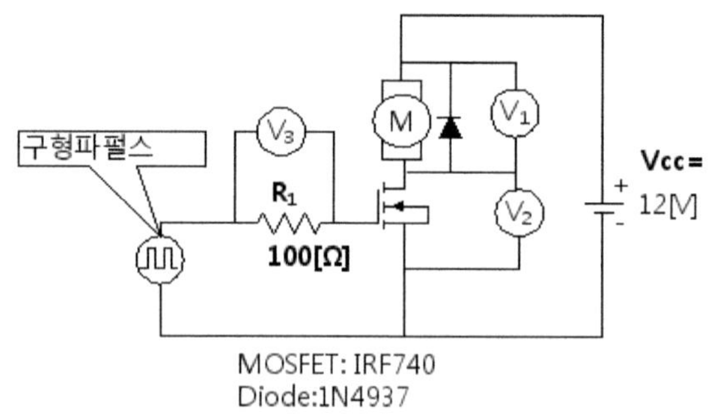

㉮ V_1의 파형을 도시한다.	㉯ V_2의 파형을 도시한다.	㉰ V_3의 파형을 도시한다.

4. 다음과 같이 회로를 구성하고 포토커플러를 이용하여 직류전동기를 ON/OFF한다.

① 릴레이를 이용한 직류전동기 제어

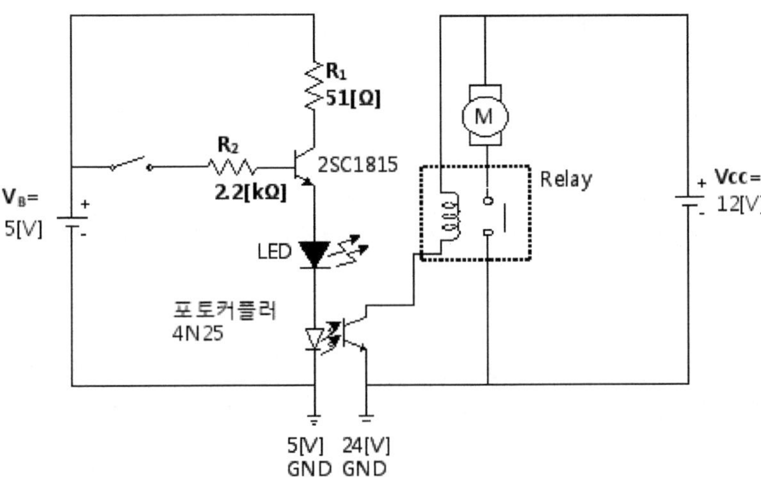

② 트랜지스터를 이용한 직류전동기제어

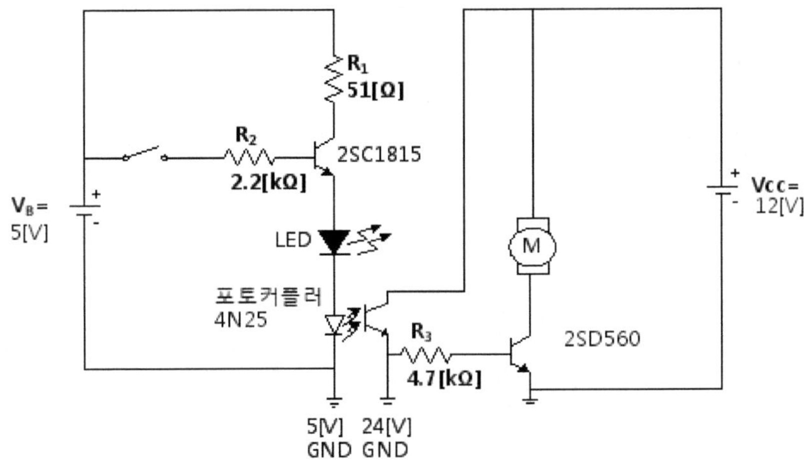

• 요점정리 •

1. "직류전동기"는 자기장 내에 있는 도체에 직류전류를 흘리면 플레밍의 왼손법칙에 의해 도체에 전자력이 발생하여 회전한다.

2. 직류전동기의 속도기전력은 직류전원으로부터 흐르는 전류에 반대되는 방향으로 발생하며, 따라서 "반대" 된다는 의미에서 이 속도기전력을 "역기전력"이라 한다.

3. 직류전동기는 전기자 코일과 계자 코일의 연결 방법에 따라서 직권식, 분권식, 복권식 방식이 있다.

4. PWM제어(Pulse Width Modulation) 방식은 "펄스폭 변조 제어법"라고 하며, ON펄스의 통전폭을 임의로 변화(변조)시켜서 전동기의 입력전력을 제어한다.

5. 유도전동기의 동기속도 N_S는 다음과 같이 정의한다.

$$N_S = \frac{120}{P} \times f$$ (N_S : 동기속도 [rpm], f : 전원주파수[Hz])

6. DC-DC 컨버터는 임의의 직류전원을 부하가 요구하는 형태의 직류전원으로 변환시키는 전력변환기이다.

연습문제

1. 직류 전동기의 종류는?

2. 다음은 회로의 직류전동기 제어방식은?

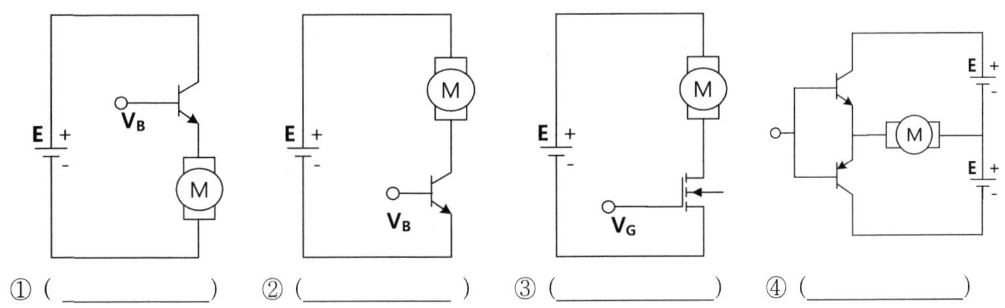

① (____________) ② (____________) ③ (____________) ④ (____________)

3. 유도전동기의 회전자계와 극수, 전원주파수와 관계식은 무엇인가?

4. 유도전동기의 극수(P)=4극, 주파수 f=100〔Hz〕일 때 동기속도는?

찾 아 보 기

【한글】

ㄱ

ㄴ

ㄷ

ㄹ

ㅁ

ㅂ

ㅅ

ㅇ

ㅈ

ㅊ

ㅋ

ㅌ

ㅍ

【영문】

◆ 참고문헌

1. Electric Circuits Fundamentals, Floyd, Prentice Hall, 2003년
2. Principles of Electric Circuits, Floyd, Prentice Hall, 2000년
3. Operational Amplifiers and Linear Integrated Circuits, Robert F. Coughlin, Prentice Hall, 2000년
4. 아날로그회로(1), 사노 토시카스 외 1명, 대광서림, 1996년
5. 전자기학의 ABC, 후쿠시마 하지메, 전파과학사, 1994년
6. 펄스회로, 스가야 미쯔오 외 1명, 대광서림, 2002년
7. New 저항, 콘덴서 코일, ICHISAKU TAJIMA, 한진, 2010년
8. 일렉트로닉스, MALVINO, 대영사
9. 처음으로 배우는 전기전자의 기초, 양재면, 조원사, 2004년
10. 전기전자통신 공학도를 위한 기초실험, 정훈, 기전연구사, 1995년
11. 전기전사란 무엇인가, 조한철 외 3녕, 골든벨, 2001년
12. 생활속의 전기전자, 신윤기, 인터비젼, 2009년
13. 기초전기전자+전자회로실습, 박종화 외 5명, 복두출판사, 2009년
14. 전자회로, 이상철 외 6명, ITC, 2005년
15. 전자회로, 장학신 외 4명, 광문각, 2006년
16. 전력전자공학, 노의철 외 2명, 문운당, 2004년
17. 전기전자회로 보는 법, 신원향, 골든벨, 2009년
18. 전기전자기초, 지일구, 기전연구사, 2004년
19. EnCyber 두산백과사전

전기전자 기초

2026년 1월　5일 제1판제1인쇄
2026년 1월 10일 제1판제1발행

저　자　지일구, 오창록
발행인　나　영　찬

발행처 **기전연구사**

경기도 하남시 하남대로 947 하남테크노밸리U1센터
B동 1406-1호
전 화 : 02)2235-0791/2238-7744/2234-9703
FAX : 02)2252-4559

등 록 : 1974. 5. 13. 제5-12호

정가 23,000원

ISBN 978-89-336-1082-4
www.kijeonpb.co.kr